시퀀스 제어 &
PLC 제어 실무 기술

최 완 호 저

동일
출판사

Preface • 머리말

자동제어는 제어방식에 따라 다양하게 제어되지만 크게 시퀀스 제어, PLC 제어방식을 현장에서는 가장 많이 이용되는 방식이다.

본 저자는 현장에서 다년간 실무경험을 토대로 시퀀스 제어의 기기요소특성과 동작특성, 기본 제어회로에서 응용제어까지 폭넓게 저술하였으며, 또한 현장에서 가장 많이 이용되는 전동기 제어설비와 유공압 제어설비까지 아주 쉽게 기술하였습니다.
최근의 자동제어의 꽃이라고 하는 PLC는 설계기술, 구축기술, 프로그램기술, 고장진단까지 총망라한 내용으로 자동화 분야 엔지니어기술 향상 및 대학 실습교육에 무리가 없도록 저술하였습니다.

시퀀스 제어 및 PLC에 대한 많은 서적이 출판되었지만 현장에서 실제 많이 이용되는 설비를 토대로 기본에서 응용까지 종합적으로 정리된 책은 찾아보기 힘든 편입니다. 그리하여 본 저자는 자동화분야 엔지니어에 입문하시는 분이나 자동제어를 공부하는 학생들까지 쉽게 이해하고 접목할 수 있도록 하였으며, PLC 고장분석과 Noise까지 본 저자가 현장에서 경험을 토대로 저술하였습니다.

최선을 다하는 마음으로 집필하였지만 부족한 점이 많이 있을 거라 사려 됩니다. 이러한 점을 계속 수정 보완하여 이 책을 구입하신 여러분께 도움이 되도록 최선을 나하겠습니다. 끝으로 이 책이 출판되기까지 애써주신 동일출판사 여러분께 감사의 말씀을 드립니다.

저자 씀

Contents • 목 차

Contents • 목 차

Contents • 목 차

Programmable Logic Controller

시퀀스 제어 & PLC 제어 실무 기술

제 1 장 자동 제어 개요

1.1 자동 제어의 개념

어떤 대상물의 현재 상태를 사람이 원하는 상태로 조절하는 것을 제어(control)라 하며, 제어하려는 물리량을 제어량이라 한다. 스위치를 여닫는 것처럼 제어량을 원하는 상태로 하기 위한 입력 신호를 제어 명령이라 하며, 사람의 손이 가지 않고 제어 장치에 의해서 제어 명령이 자동적으로 이루어지는 것을 자동 제어라 한다.

1.2 자동 제어의 종류

(1) 시퀀스 제어(sequence control)

정성적 제어와 그것에 필요한 명령 처리를 자동적으로 하는 제어, 즉 미리 정해 놓은 순서에 따라 제어의 각 단계를 순차적으로 하는 제어를 말한다(전기 밥솥, 전기 세탁기, 각종 기계・장치의 기동, 운전 장치 등).

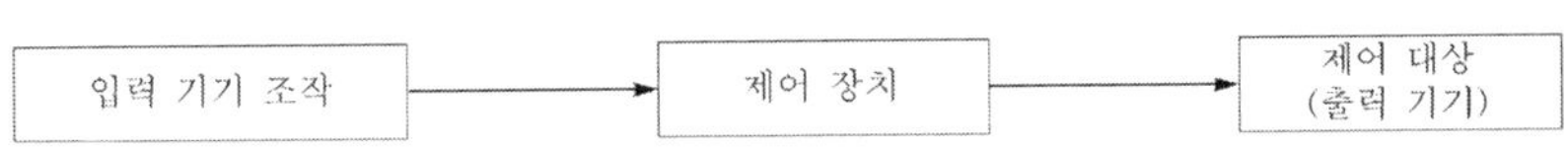

〈그림 1-1〉 시퀀스 제어계

(2) 피드백 제어(feedback control)

출력 신호(제어량)를 입력 신호로 되돌아오게 하는 것을 되먹임이라고 하며, 되먹임에 의해 현재의 출력과 목표 값 사이의 차가 생기면 자동적으로 수정 목표 값으로 제어한다(전기로의 온도 제어, 서보 모터의 위치 제어 등).

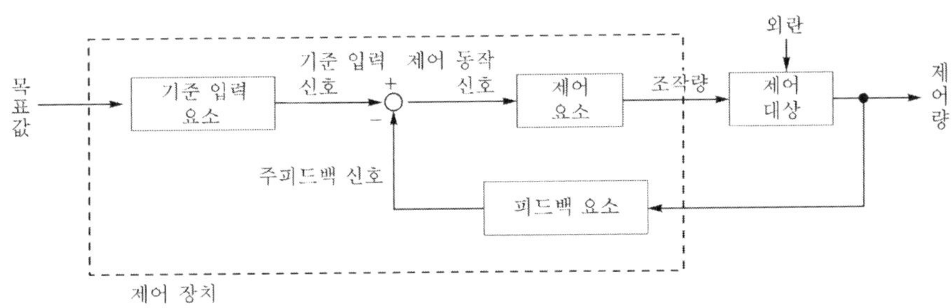

〈그림 1-2〉 피드백 제어계

제 2 장 시퀀스 제어(Sequence Control)

2.1 시퀀스 제어의 개요

시퀀스 제어는 미리 정해 놓은 순서에 따라 제어의 각 단계를 순차적으로 제어하는 순차 제어 방식이다.

시퀀스 제어계를 구성하는 조작용 기기, 즉 푸시 버튼 스위치, 검출 스위치에 의해서 조작이 되면, 제어 장치부인 전자 계전기, 타이머, 카운터에 의해서 제어되어 출력기기를 구동하게 된다.

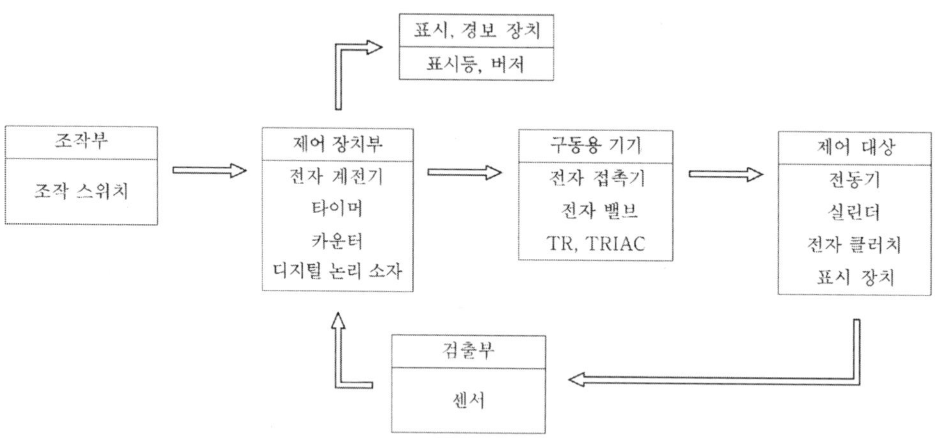

〈그림 2-1〉 시퀀스 제어의 구성

2.2 시퀀스 제어에서 사용되는 용어

① **여자** : 전자 릴레이의 코일에 전류를 흘려 여자시키는 것

② **소자** : 전자 릴레이의 코일에 전류를 차단하여 자화 성질을 잃게 하는 것

③ **연동** : 전자 릴레이 코일이 여자, 소자되는 경우 복수적으로 같이 동작되는 것

④ **자기 유지** : 릴레이의 가동부가 동작 후 계속해서 동작 기능을 유지하는 것

⑤ **인칭(inching** : 寸動**)** : 기기의 미소 시간 동작을 위해 미소 시간의 조작 시에만 기기가 동작 하는 것

⑥ **인터록(interlock)** : 복수의 동작을 관련시키는 것으로 어떤 조건이 갖춰지기까지 타동

작을 저지시키는 것

⑦ **순시** : 코일이 여자되면 즉시 동작하는 상태

⑧ **한시** : 입력 신호가 가해진 후 출력 접점이 동작 시까지의 시간 간격을 말하며, 한시 동작과 한시 복귀가 있음.

2.3 시퀀스 제어의 종류

(1) 유접점 시퀀스 제어(relay sequence control)

제어회로에 사용되는 제어기기가 접점으로만 되어 있는 기기인 스위치, 전자 계전기, 타이머, 카운터를 이용하여 제어하는 방식으로, 일명 릴레이 시퀀스 제어 방식이라고 한다. 〈그림 2-2〉는 3상 농형 유도 전동기 직입 기동 회로로서 간단한 시퀀스 유접점 제어 방식이다.

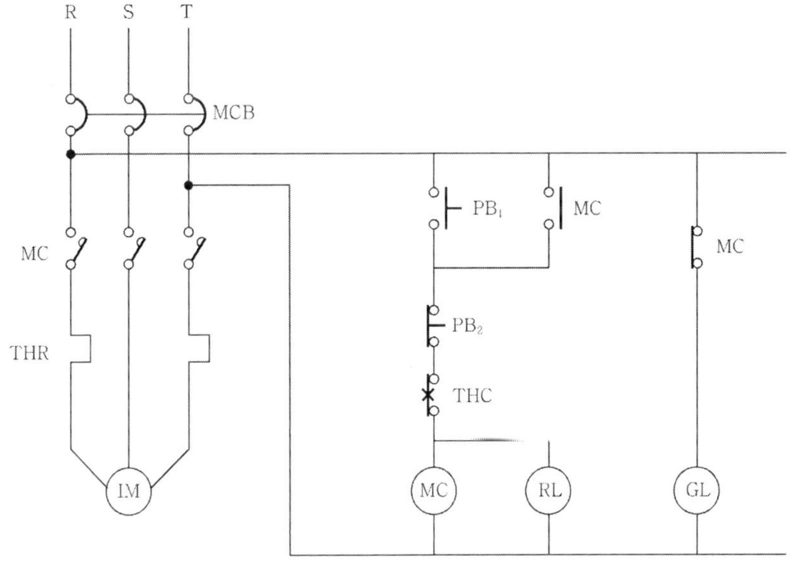

〈그림 2-2〉 유접점 시퀀스 제어 방식

(2) 무접점 시퀀스 제어(logic sequence control)

제어 장치를 구성하는 제어계를 디지털 논리 소자, 반도체 소자를 이용하여 제어하는 방식으로, 유접점 시퀀스 제어 방식에 비해 동작 속도가 빠르고, 진동・충격에 강하며, 전반이 소형화되는 데 반해 노이즈 및 온도, 습도, 먼지에 대한 오작동이 일어날 수 있는 단점이 있다.

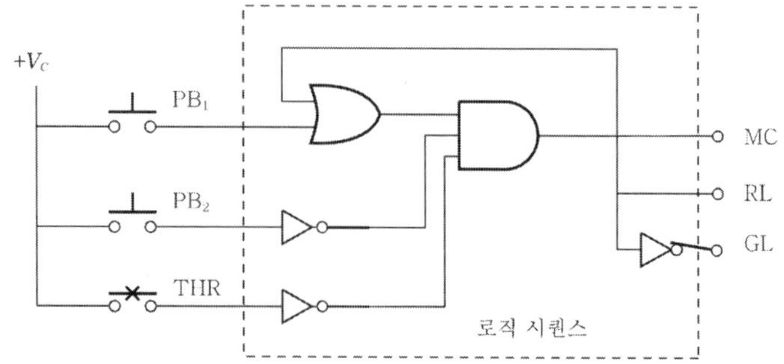

〈그림 2-3〉 무접점 시퀀스 제어 방식

2.4 접점의 종류

(1) a접점(arbeit contact)

조작하고 있는 동안에만 닫히는 접점으로, 조작 전 열려 있는 접점을 말하며, 메이크 접점(make contact)이라고도 한다.

(2) b접점(break contact)

조작하고 있는 동안에 열리는 접점으로, 조작 전 닫혀 있는 접점을 말하며, 브레이크 접점이라고 한다.

(3) c접점(change-over contact)

절환(전환) 접점이라는 뜻으로, a접점과 b접점을 공유하고 있으며, 조작 전 b접점에 가동부가 접촉되어 있다가 누르면 a접점으로 이동한다.

구분	a 접점	b 접점	c 접점
접점 기호	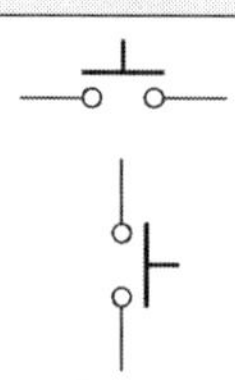	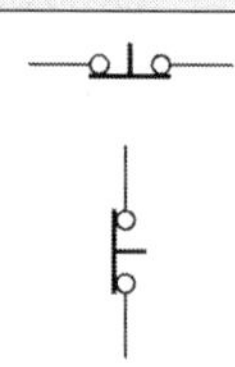	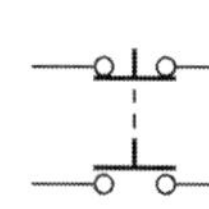 b접점 a접점

〈그림 2-4〉 접점의 종류

(4) 주요 개·폐 접점의 그림 기호

개·폐 접점 명칭		그림 기호 계열 1(1EC) a접점	계열 1(1EC) b접점	계열 2 a접점	계열 2 b접점	설 명
수동 조작 개폐기 접점	전력용 접점	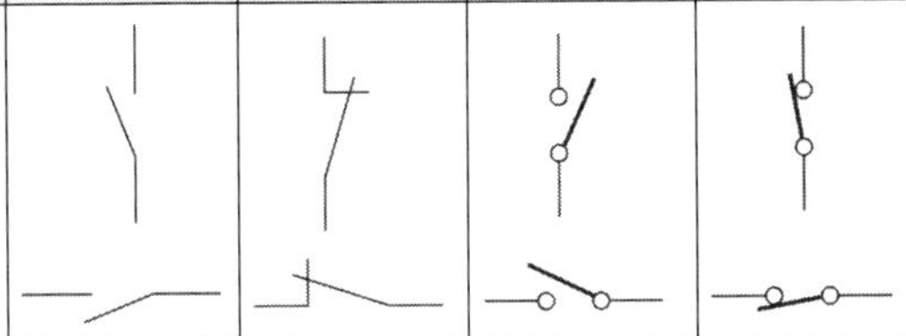				접점 조작에 있어서 개회로, 폐회로를 모두 수동으로 하는 접점이다. 예 : 나이프 스위치, 코드 스위치, 텀블러 스위치는 로 표시
	수동 조작 자동 복귀 접점 (푸시형)	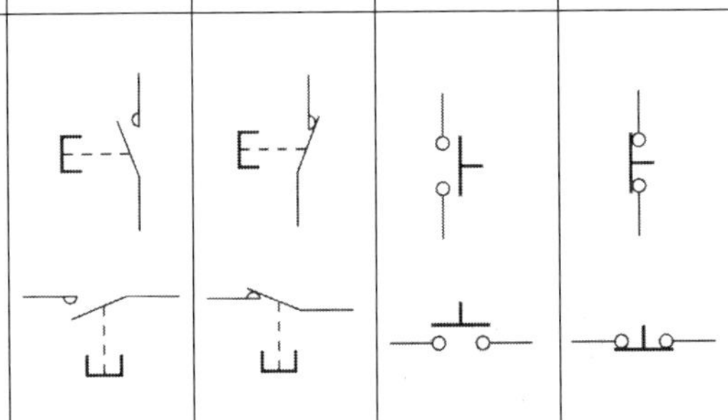				수동으로 조작하면 폐회로 또는 개회로로 하나 손을 떼면 스프링 등의 힘으로 자동 복귀하는 접점이다. 계열 1에 있어서 푸시 버튼 스위치의 접점은 일반적으로 자동 복귀하므로 따로 자동 복귀 표시를 하지 않아도 된다. 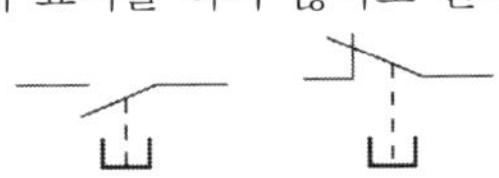
전자 릴레이 접점	계전기 접점	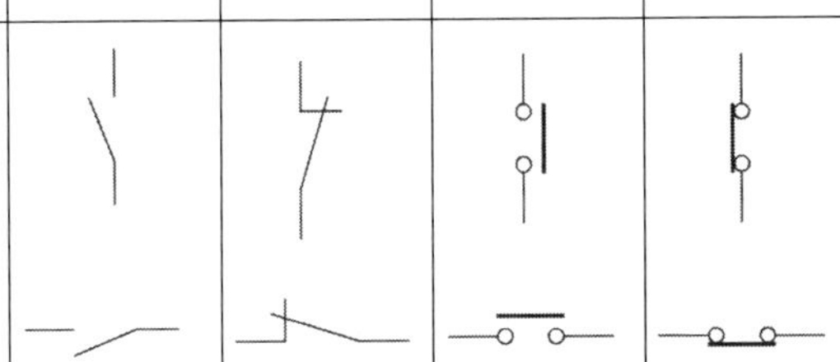				전자 릴레이가 여자(전자 코일에 전류 가 흐르는 것)되면 a접점은 닫히고 b접점은 열리며, 소자(전자 코일의 전류를 끊는 것)되면 원래의 상태로 복귀하는 접점을 말한다. 일반적으로 전자 릴레이 접점이 이에 해당한다.
	수동 복귀 접점	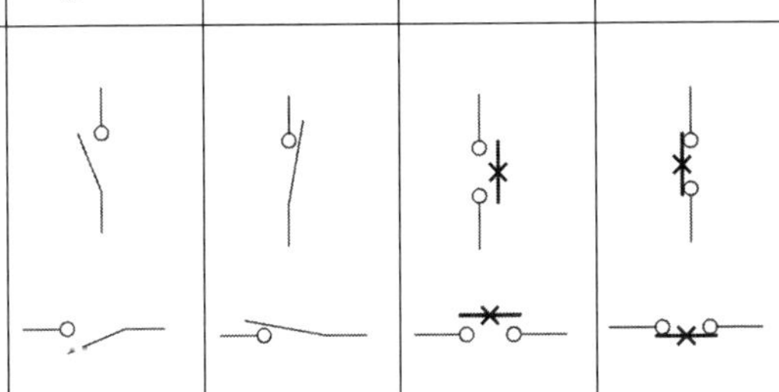				전자 릴레이가 여자되면 폐로(a접점) 또는 개로(b접점)되나 소자하더라도 기계 적 또는 자기적으로 유지되어 다시 수동으로 복귀 조작을 하든가 전자 코일 을 부세하지 않으면 원래의 상태로 복 귀하지 않는 접점을 말하며, 수동 복귀의 열동 릴레이 접점이 이에 해당한다.
한시 릴레이 접점	한시 동작 접점	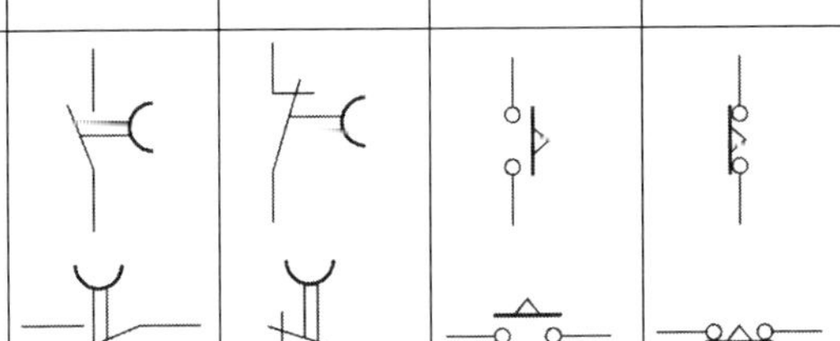				전자 릴레이 가운데 소정의 입력이 주어진 다음 접점이 폐로 또는 개로되는데, 특히 시간으로 폐회로, 개회로 간격을 일정하게 설정한 것을 시한 릴레이(타이머)라 한다. • 한시 동작 접점 : 시한 릴레이가 동작할 때 시간 지연(시한)을 맡는 접점 • 한시 복귀 접점 : 시한 릴레이가 복귀 할 때 시간 지연(시한)을 맡는 접점
	한시 복귀 접점	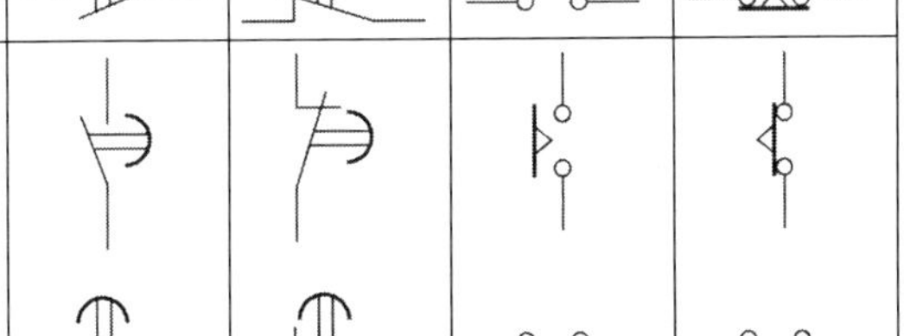				

2.5 시퀀스 제어기기

(1) 조작 스위치

조작용 스위치는 시퀀스 제어 명령을 조작하는 스위치로서, 푸시 버튼 스위치, 토글 스위치, 전환 스위치가 있으며, 직접 사람이 조작한다.

① 푸시 버튼 스위치(push button switch)

푸시 버튼 스위치 동작 원리는 조작부를 누르면 접점 상태가 변하는 것으로 b접점은 개로되고 a접점은 폐로된다. 조작부에서 손을 떼면 스프링에 의해 자동으로 원상 복귀한다. 그러므로 수동 조작 자동 복귀 기능을 갖고 있다.

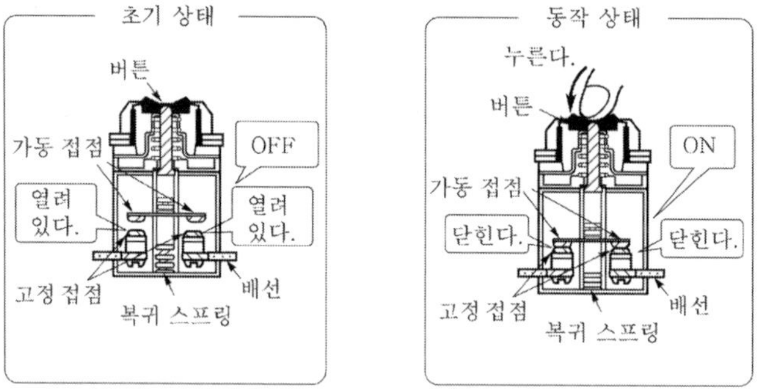

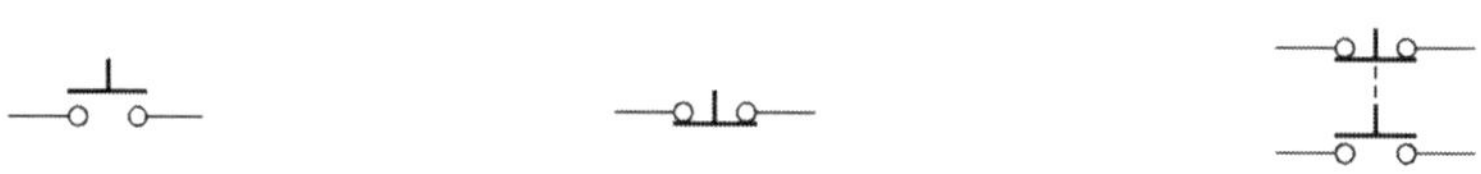

(a) a접점　　(b) b접점　　(c) c접점

〈그림 2-5〉 푸시 버튼 스위치 외관 및 접점 종류

② 유지형 스위치

사람이 일단 수동 조작을 하면 b접점은 개로되고 a접점은 폐로된다. 이때 손을 떼어도 지속적으로 유지되고, 다시 수동 조작을 하면 원상 복귀되는 수동 조작 수동 복귀 기능을 갖고 있으며, 셀렉터 스위치, 토글 스위치가 있다.

(a) a접점 (b) b접점 (c) c접점

〈그림 2-6〉 셀렉터 스위치 및 접점 종류

(2) 검출 스위치

검출용 스위치는 기계 또는 장치에 필요한 곳에 설치하여 물체의 유・무나 위치, 온도, 압력, 속도, 레벨 등을 검출하여 제어 장치부에 신호를 전달하는 일종의 센서이다.

① 리밋 스위치(limit switch)

접촉부에 물체가 닿게 되면 접촉자가 움직여 접점이 개폐되는 스위치이다.

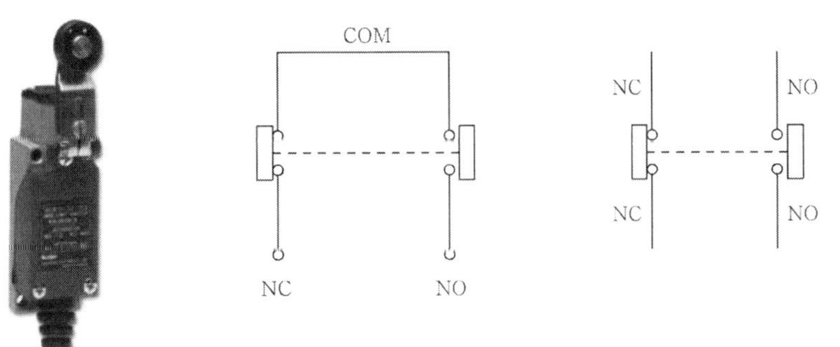

(a) 접점(3단자인 경우) (b) 접점(4단자인 경우)

〈그림 2-7〉 리밋 스위치 및 접점 종류

② 근접 스위치

㉮ 근접 스위치 종류와 구조

검출 물체가 근접했을 때 검출 대상 물체의 유・무를 판별하는 무접점 방식의 검출 센서로서, 고주파 발진형 근접 센서와 정전 용량형 근접 센서가 있다.

고주파 발진형 근접 스위치는 검출면 내부에 발진용 검출 코일이 있으며, 이 코일의 가까이에 금속체가 존재하거나 접근하면 전자 유도 작용으로 인해 금속체 내에 유도 전류 가 흘러 검출 코일의 인덕턴스 변화가 발생되는 것을 검출하여 출력 신호를 발생시키는 것이다.

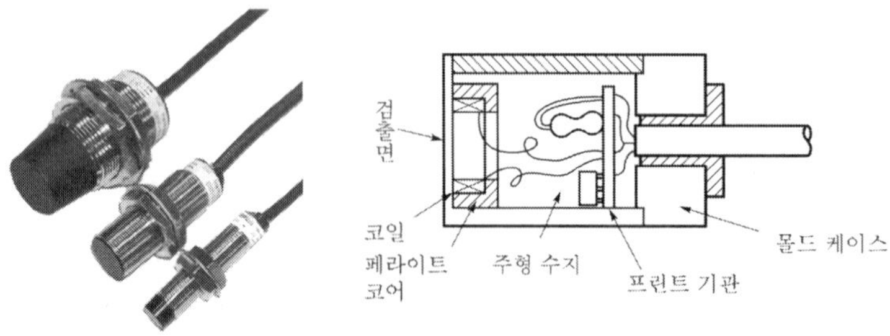

〈그림 2-8〉 근접 스위치 및 구조

〈그림 2-8〉은 대표적인 근접 스위치의 구조를 나타낸 것으로, 몰드 케이스 내에는 주형 수지로 고정되어 있어서 환경이 나쁜 장소에서도 사용이 가능하고, 내진동, 내 충격성이 우수하다. 또한, 그림에 나타낸 것과 같이 내부는 반도체 소자로 구성되어 있어 가동부분 이 없고 수명이 길며 보수가 불필요하다. 근접 스위치의 형상으로는 원주형과 사각형 외에 금속봉이나 구(球)의 검출에 적합한 관통형, 박판형 근접 스위치 등이 있다.

근접 스위치의 검출 거리는 일반적으로 5~20mm 정도가 표준으로 비교적 작다. 그러나 이것도 철을 기준으로 했을 때의 검출 거리로, 철 이외의 금속이나 도금의 영향에 따라 검출 거리가 크게 변하므로 선정 시 주의해야 한다. 〈그림 2-9〉는 검출 물체의 재질에 따른 검출 거리의 변화 관계를 나타냈다.

한편 정전 용량형 근접 스위치는 검출부에 유도 전극을 가지고 있어 이 전극과 대지 간에 물체가 존재하거나 접근하면 유도 전극과 대지 간의 정전 용량이 크게 변하여 그 변화량을 검출하여 출력 신호를 발생시키는 형태의 근접 스위치이다.

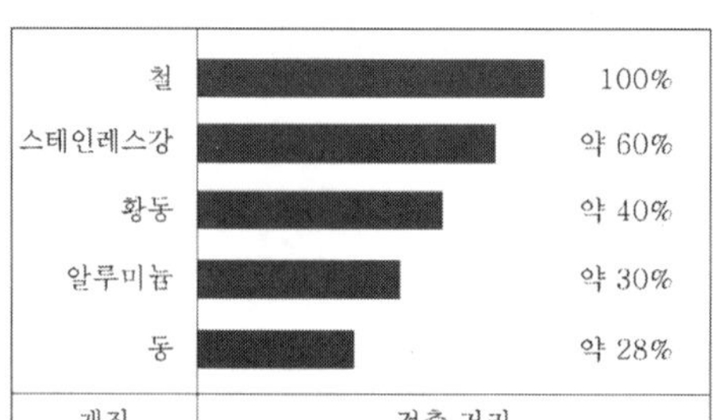

〈그림 2-9〉 검출 물체에 따른 검출 거리 변화

검출 물체는 금속체를 포함한 나무, 종이, 플라스틱, 물 등으로 공기와 스티로폼을 제외한 거의 모든 물체의 검출이 가능하다.

㉯ 근접 스위치 응용 설비

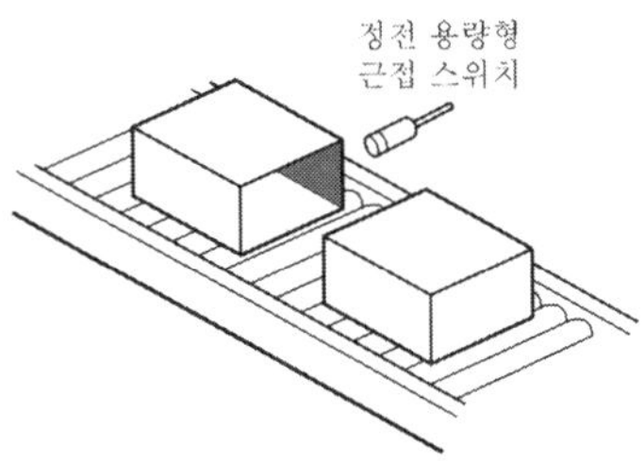

(a) 포장내의 물체 검출

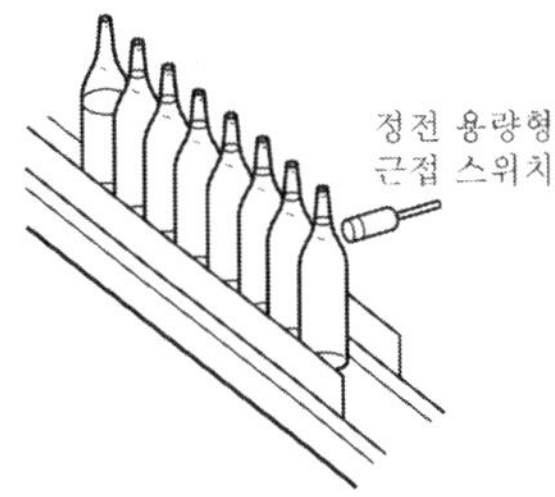

(b) 병의 카운터

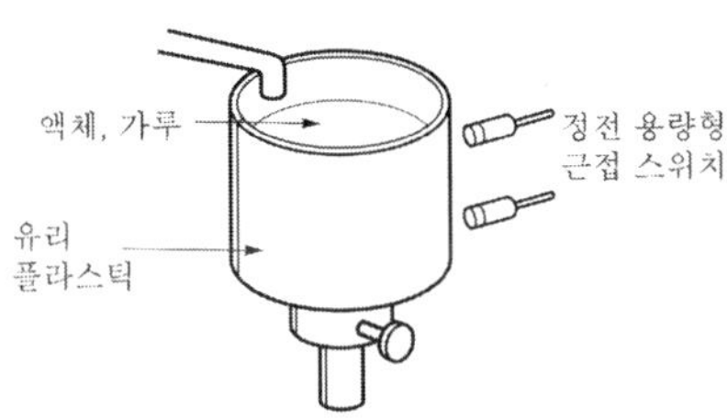

(c) 레벨 검출

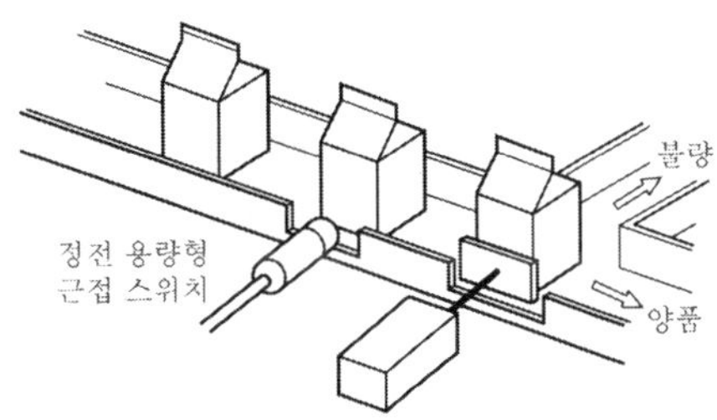

(d) 우유 팩의 내용물 검출

〈그림 2-10〉 근접 스위치의 응용

㉰ 출력 형식에 따른 배선 방법 : 근접 스위치 전원 방식에 따라 직류형, 교류형이 있고, 직류형은 2선식과 3선식이 있으나 3선식은 출력 형식에 따라 NPN 출력형과 PNP 출력형이 있다.

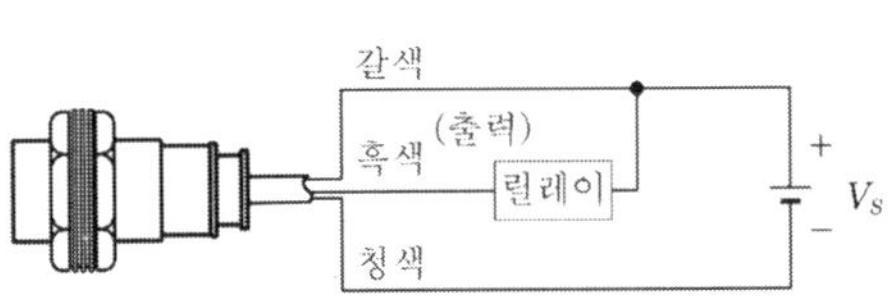

(NPN 출력형 부하 접속)

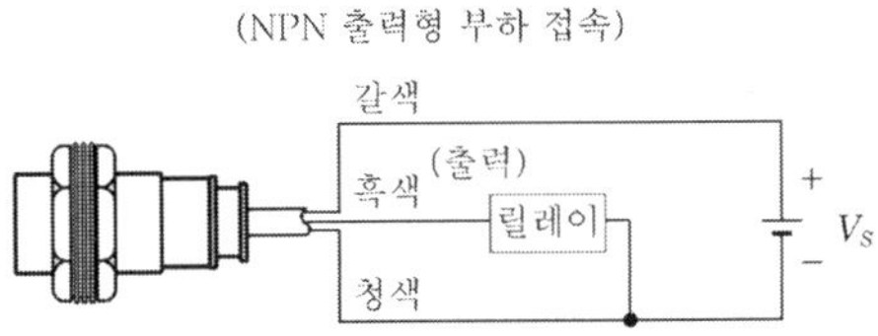

(PNP 출력형 부하 접속)

〈그림 2-11〉 직류형 근접 스위치

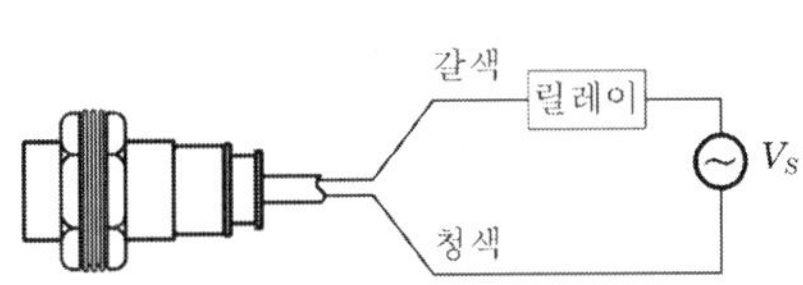

〈그림 2-12〉 교류형 근접 스위치

③ 광전 스위치(photo switch)

광전 스위치 투광기의 광원으로부터의 광을 수광기에서 받아 검출체의 접근에 의해 광 변화를 검출하여 스위칭 동작을 얻어내는 광전 센서로서, 빛을 투과시키는 물체를 제외하고는 모든 물체의 검출이 가능하다. 또한, 검출 거리도 10mm에서부터 수십m에 이르는 것까지로 근접 스위치에 비해 현저히 길고, 검출 기능도 물체의 유무나 통과 여부 등의 간단한 검출에서부터 물체의 대소 분별, 형태 판단, 색채 판단 등 고도의 검출을 할 수 있으므로 자동 제어, 계측, 품질 관리 등 모든 산업 분야에 활용되고 있다. 대표적인 광전 스위치는 검출 방식에 따라 투과형과 미러 반사형, 직접 반사형 광전 스위치로 분류된다.

〈그림 2-13〉 광전 스위치

㉮ 투과형 광전 스위치

㉠ 〈그림 2-14〉의 ⓐ와 같이 투광기와 수광기로 구성되며, 설치할 때는 광축이 일치하도록 일직선상에 마주 보도록 해야 한다. 동작 원리는 광축이 일치해 있기 때문에 투광기로부터 나온 빛은 수광기에 입사되는데, 만일 검출체가 접근하여 빛을 차단하면 수광기에서 검출 신호가 발생한다.

㉡ 투과형 광전 스위치는 검출 거리가 가장 길고, 검출 정도도 높으나 투명 물체의 검출은 곤란하다.

㉯ 미러 반사형 광전 스위치

㉠ 〈그림 2-14〉의 ⓑ와 같이 투광기와 수광기가 하나의 케이스로 조립되어 있고, 반사경으로 미러를 사용한다. 동작 원리는 투광기에서 발사되는 광은 미러에 반사되어 돌아와 수광기에서 감지되나 센서와 미러 사이에 미러보다 반사율이 낮은 물체가 광을 차단하면 신호 출력을 낸다.

㉡ 이 형식의 광전 스위치는 광축 조정이 쉬우나 반사율이 높은 물체는 검출이 곤란하다.

㉰ 직접 반사형 광전 스위치

㉠ 직접 반사형 근접 스위치는 미러 반사형처럼 투광기와 수광기가 하나의 케이스에

내장되어 있으며, 투광기로부터 나온 광선은 검출 물체에 직접 부딛혀 그 표면에 반사하고, 수광기는 그 반사광을 받아 출력 신호를 발생시키는 것으로 그 원리를 〈그림 2-14〉 ⓒ에 나타냈다.

㉡ 직접 반사형 검출 스위치는 검출 영역이 넓고 광축 조정 및 설치가 용이하나 검출 거리가 짧다.

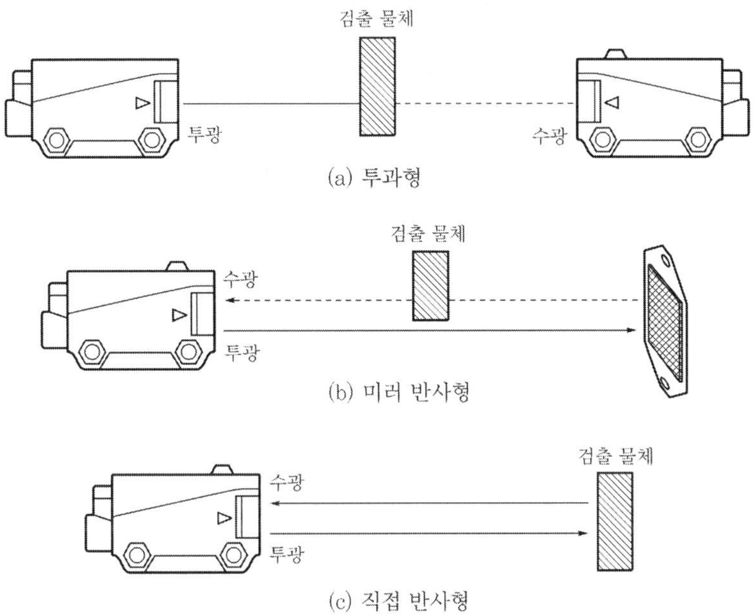

〈그림 2-14〉 광전 스위치 검출 방식

(3) 전자 계전기(relay)

전자 계전기는 릴레이라고 하며, 철심이 감겨진 코일에 전류를 흘려서 여자시키면 전자력에 의해 가동 철편을 움직여서 접점을 개폐하는 기능을 가진 계전기이다.

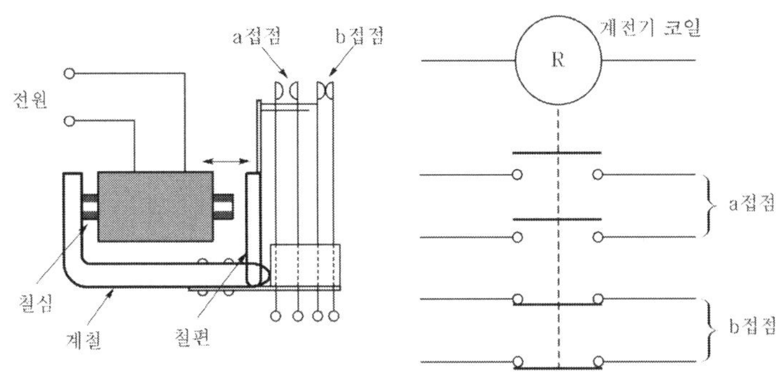

〈그림 2-15〉 전자 계전 구조

릴레이 정격 전압은 교류용은 6~200V이고 직류용은 6~100V가 있으며 여자 전류는 5~150mA이고 접점 용량은 약 1A이다. 접점 구조에 따라 8핀(2a2b), 11핀(3a3b), 14핀(4a4b)이 있으며, 소켓을 사용하여 배선하고, 릴레이를 소켓에 삽입시키는 방식과 마그넷형 릴레이가 있다.

〈그림 2-16〉은 가장 많이 쓰고 있는 8핀, 11핀 릴레이 구조와 소켓이다.

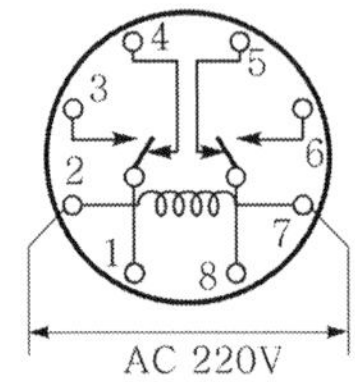

(a) 8핀 내부 회로도

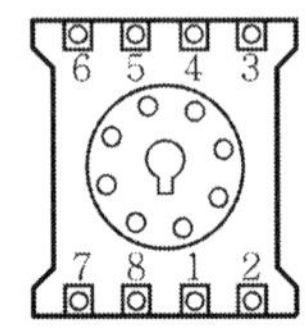

(b) 8핀 소켓

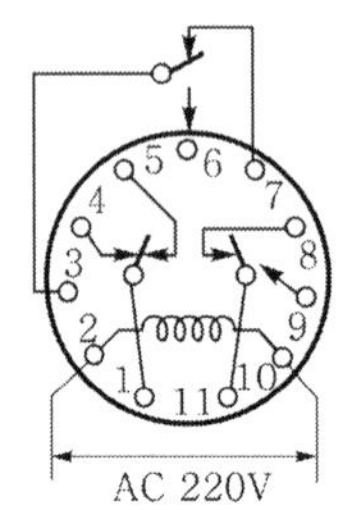

(c) 11핀 내부 회로도

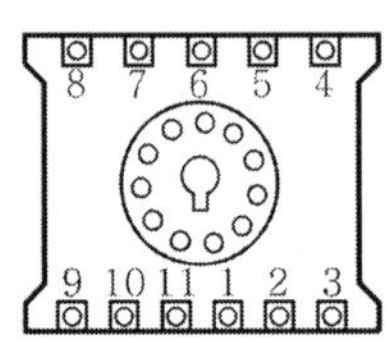

(d) 11핀 소켓

〈그림 2-16〉 전자 계전기 내부 구조와 소켓 구조

(4) 전자 개폐기(magnetic switch)

전자 개폐기란 전자석에 의해 접점을 개폐하는 전자 접촉기와 전기적인 고장 시 과전류에 의해 동작하는 과전류 계전기(overcurrent relay)가 조합되어 조작 스위치에 의해 동작하는 개폐기이다.

① 전자 개폐기의 구조

㉮ **전자 접촉기(magnetic contact)** : 전자 접촉기는 고정 철심에 감긴 코일에 전원이 가해지면 철심이 전자석이 되어 가동 철심을 흡인하게 되어 접점을 열거나 닫는 역할을 하고, 코일에 전원이 끊어지면 스프링의 힘으로 접점은 원위치에 복귀한다. 〈그림 2-17〉 ⓐ는 전자 접촉기의 외형과 내부 구조도이고, ⓑ는 4a-1b 경우의 전자 접촉기 기호이다.

전자 개폐기(MS)＝전자 접촉기(MC)＋과전류 계전기(OCR)

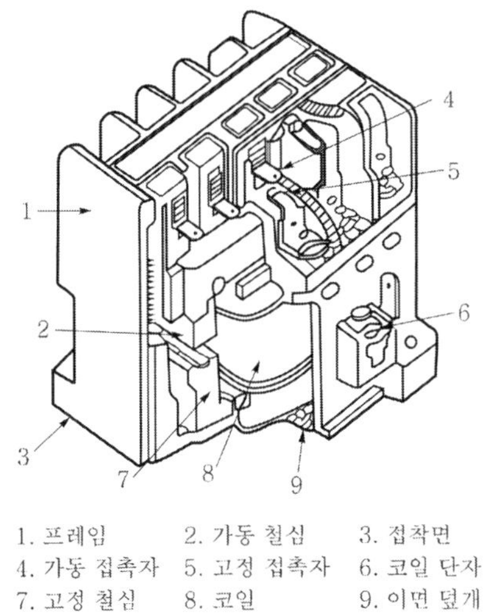

(a) 전자 접촉기 내부 구조

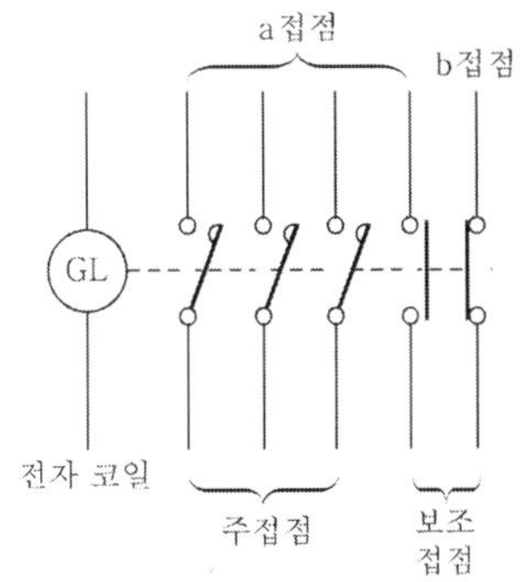

(b) 4a−1b의 전자 접촉기

〈그림 2-17〉 전자 접촉기 구조

㈏ **주접점과 보조 접점** : 주접점은 3상 또는 단상인 경우 전원선과 직접 연결되는 부분으로, 전동기의 입력 단자에 연결된다. 보조 접점은 푸시 버튼 스위치를 눌렀다 놓아도 전자 코일의 자기 유지에 의하여 계속 동작되며, 스위치의 조작과 표시 등을 동작시키는 작용으로 사용되는 접점이다. a접점과 b접점이 있고, 접점 수에 따라 5a−2b 및 4a−1b, 4a−2b 등 여러 가지가 있다.

② **과전류 계전기(overcurrent relay)**

㈎ 과전류 계전기는 전동기가 운전 중 전기적인 고장에 의해 동작하는 것으로서 전동기를 보호해 주는 보호 계전기이다. 과전류 계전기 종류는 열동형, 전자형, 유도형이 있으며, 과거에는 열동형을 많이 사용했으나 열동형의 주위 온도에 따라 동작 시간이 문제가 되어 전동기가 소손되는 현상이 있었다. 그리하여 최근에는 전자식 과전류 계전기(EOCR)가 많이 사용되고 있다.

㈏ **열동형 과전류 계전기** : 열동형 과전류 계전기는 전동기가 운전 중 과전류가 흐르면 온도가 상승되면서 바이메탈이 팽창되어 수동 복귀 접점을 동작시키는 방식이다. 〈그림 2-18〉은 열동형 과전류 계전기 내부 구조이다.

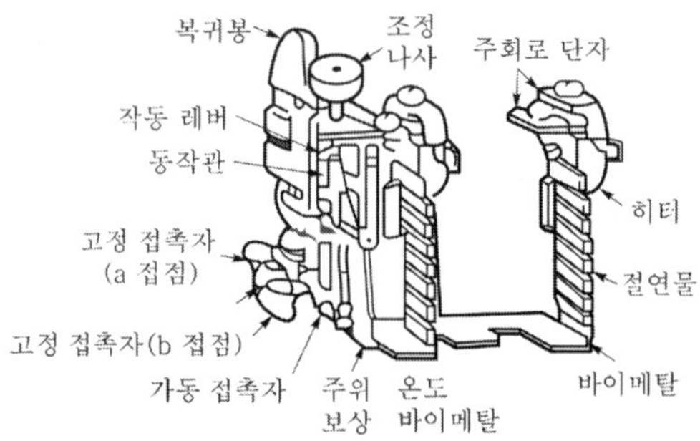

〈그림 2-18〉 열동형 과전류 계전기 내부 구조

㉰ **Trip 전류 눈금** : 트립 전류값의 통전으로 계전기가 동작하는 눈금으로서, 눈금 전류값 80%의 전류로는 동작되지 않는다.

㉱ **정격 전류 눈금** : 전동기의 허용 부하 전류값을 표시하는 눈금으로서, 눈금 전류값의 통전으로는 동작하지 않고 눈금 전류값의 125%에 동작하게 눈금을 매긴 것이다.

㉲ **과전류 계전기 사용법** : 사용 전에 반드시 과전류 계전기의 조정 전류 눈금을 전동기 전부하 전류로 조정하고 트립봉을 눌러 제대로 동작되는가 확인 후 복귀봉을 눌러 부하를 건다. 사용 중 과전류 계전기가 동작되면 위험한 신호이므로 원인을 제거한 후 복귀봉을 가볍게 눌러 재사용한다.

(a) 전류 눈금 (b) 백분율 눈금

〈그림 2-19〉 과전류 계전기 전류 조종기

(5) 타이머(timer)

타이머는 입력 신호가 주어지면 설정 시간 후에 접점이 동작하여 출력기기를 동작하는 시한 타임 릴레이다.

타이머의 종류는 모터식 타이머와 전자식 타이머가 있고, 최근에는 전자식 타이머가 주로 많이 사용되고 있으며, 타이머의 동작 방법에 따라 한시 타이머(ON delay timer)와 순시 타이머 (OFF delay timer)가 있다.

① 한시 타이머(ON delay timer)

한시 타이머는 한시 동작 순시 복귀 기능을 갖고 있는 타이머로서, 〈그림 2-21〉은 타이머의 기본 회로도이다. 푸시 버튼 스위치 PB_1을 누르면 2번과 7번인 타이머 코일 T가 여자 되고, 순시 접점 1번과 3번이 붙어 PB_1에서 손을 떼어도 자기 유지되어 L_1은 점등된다. 설정 시간 t초가 지나면 한시 b접점 T-b인 8번과 5번 접점이 개로되고, T-a인 8번과 6번이 폐로되어, 표시등 L_1이 소등됨과 동시에 L_2가 점등된다. PB_2가 OFF되면 타이머가 소자되어 모든 접점이 즉시 복귀하고 L_2도 소등된다.

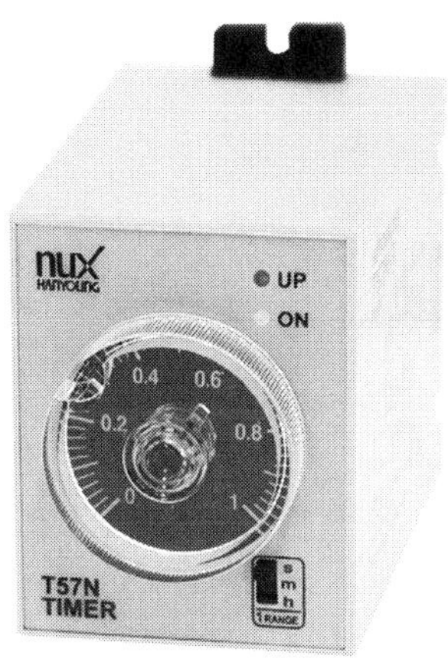

타이머의 외형

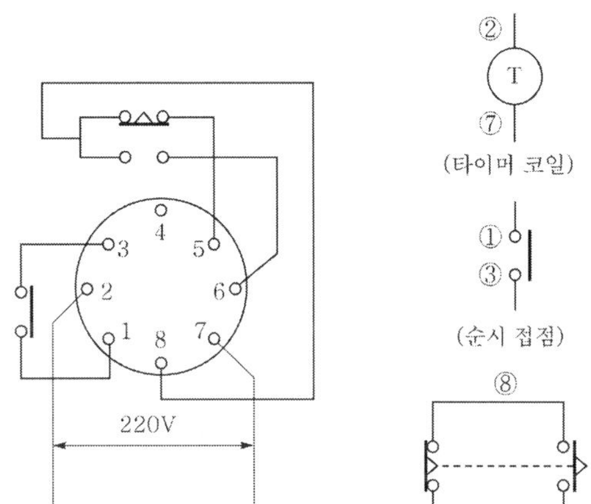

〈그림 2-20〉 한시 타이머 외형과 내부 구조

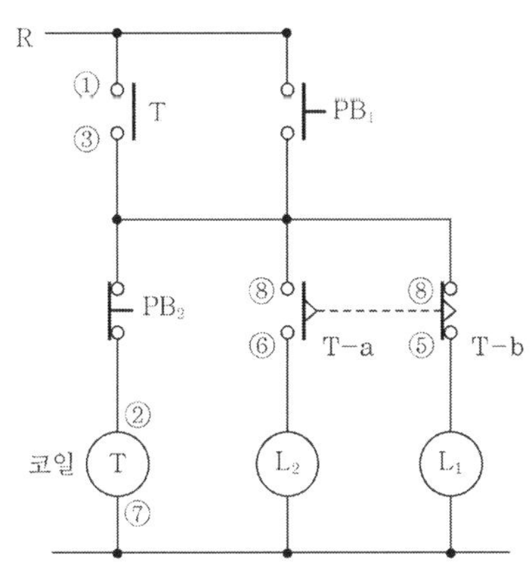

〈그림 2-21〉 한시 타이머 기본 회로도

② 순시 타이머(OFF delay timer)

순시 타이머는 순시 동작 한시 복귀 기능을 갖고 있는 타이머로서, 〈그림 2-23〉은 순시 타이머의 기본 회로도이다. 전원 220V가 인가되면 L_1이 바로 점등된다. 푸시 버튼 스위치 PB_1을 누르면 타이머 코일이 여자 되고 순시 접점에 의해 자기 유지됨과 동시에 ⑧번, ⑤번 접점과 ⑧번, ⑥번 접점이 즉시 동작하게 된다. 그리하여 L_1이 소등되고 L_2가 점등된다. 푸시 버튼 스위치 PB_2를 누르면 타이머 코일이 소자되어 ①번과 ③번 순시 접점은 즉시 복귀 되고 타이머는 설정에 들어간다. 설정 시간 t초 후에 ⑧번과 ⑤번, ⑧번과 ⑥번이 복귀되어 L_2가 소등되고 L_1이 다시 점등된다.

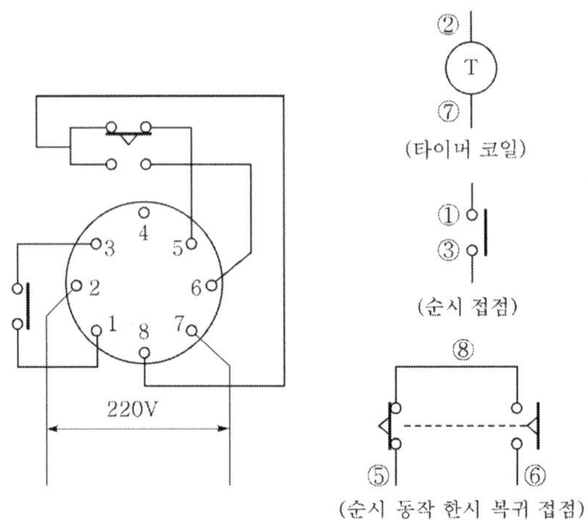

〈그림 2-22〉 순시 타이머 외형과 내부 구조

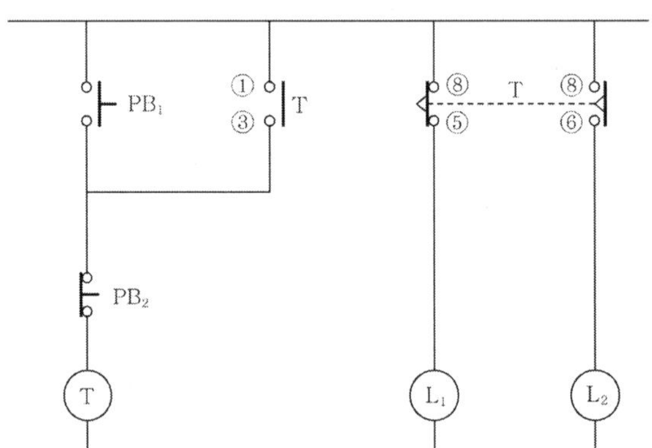

〈그림 2-23〉 순시 타이머 기본 회로도

2.6 시퀀스 제어의 기본 회로

(1) 정지 우선 회로

PB_1을 ON하면 MC가 여자되고 보호 접점에 의해 자기 유지된다. PB_2를 OFF하면 MC가 소자 되어 원상 복귀한다. PB_1과 PB_2를 동시에 누르면 MC가 여자되지 못하므로 이 회로의 주목적은 전동기를 급히 정지시키고자 할 때 사용된다. 대부분 시퀀스 제어회로는 정지 우선 회로이다.

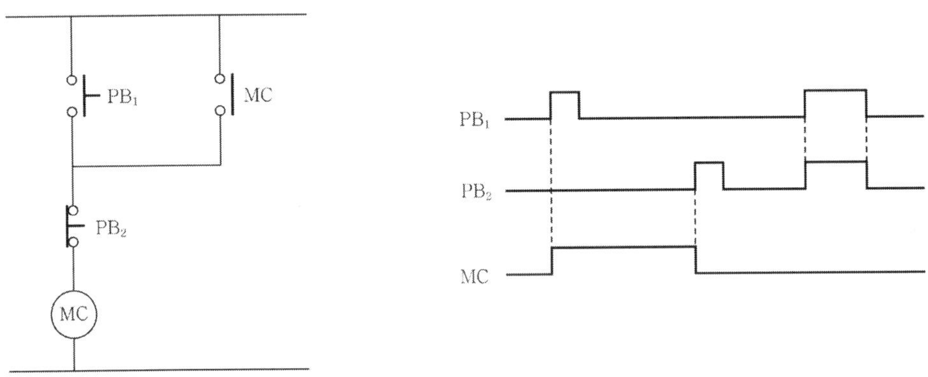

〈그림 2-24〉 정지 우선 회로

(2) 기동 우선 회로

PB_1을 ON하면 MC가 여자되고, 보조 접점에 의해 자기 유지되며 PB_2를 OFF하면 MC가 소자되어 원상 복귀된다. PB_1과 PB_2를 동시에 누르면 MC가 여자되어 전동기가 운전되는 기동 우선 회로이다.

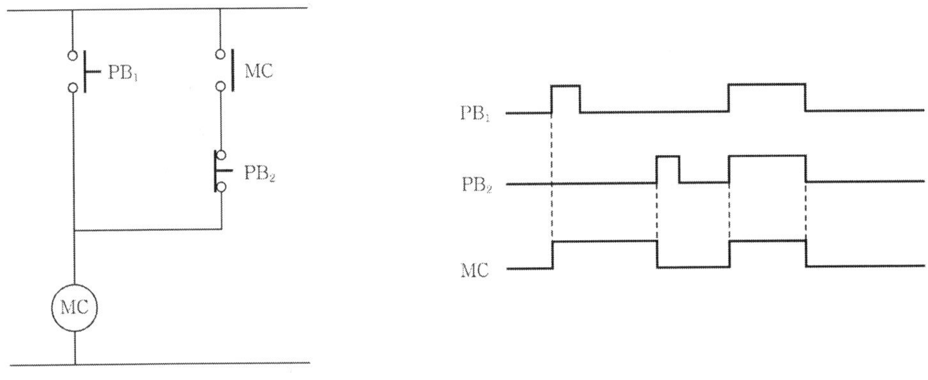

〈그림 2-25〉 기동 우선 회로

(3) 인터록(interlock) 회로(선입력 우선 회로, 병렬 우선 회로)

PB_1을 ON하면 MC_1이 여자되고 보조 접점 b접점은 개로되며 a접점이 폐로되어 자기 유지된다. MC_1이 먼저 여자된 상태에서 PB_2를 ON하더라도 MC_2는 여자되지 못하는 선입력 우선 회로이다. 만약 기계 A가 동작될 때 기계 B는 동작되지 않아야 되는 설비나 3상 유도 전동기 정·역 설비에서 전동기가 정회전 중일 때 역회전용 전자 접촉기가 투입되면 단락 사고가 일어나게 된다. 이와 같이 동시에 운전되면 안 되는 설비에서 많이 이용된다.

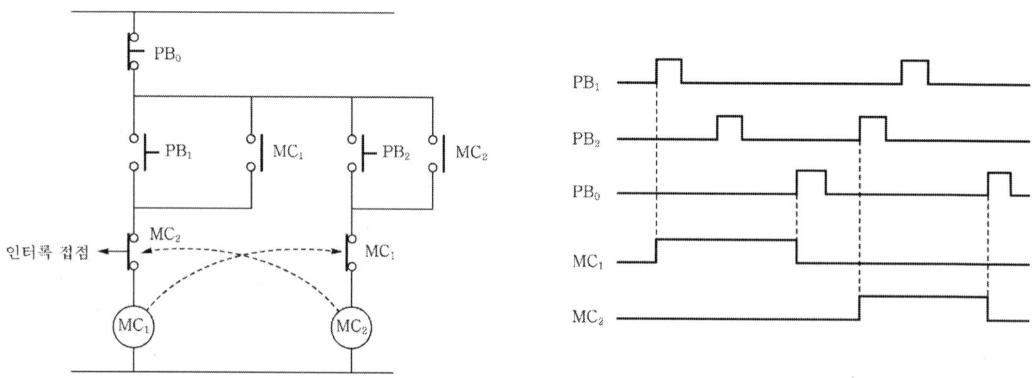

〈그림 2-26〉 인터록 회로

(4) 후입력 우선 회로(新입력 우선 회로)

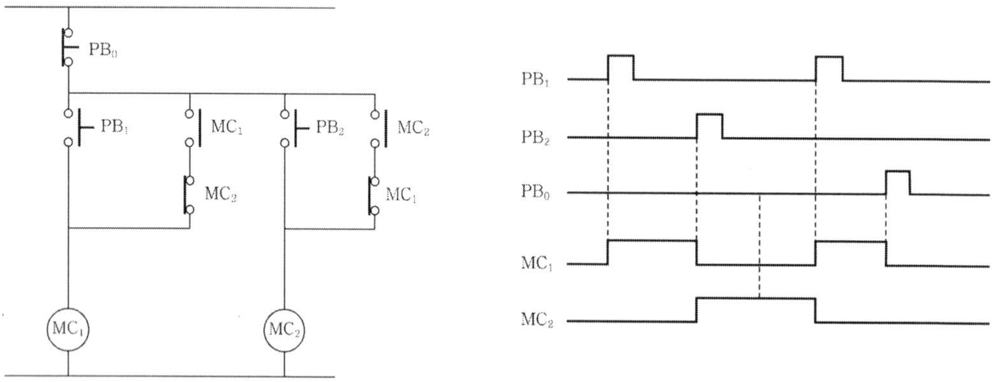

〈그림 2-27〉 후입력 우선 회로

(5) 직렬 우선 회로(순차 제어회로)

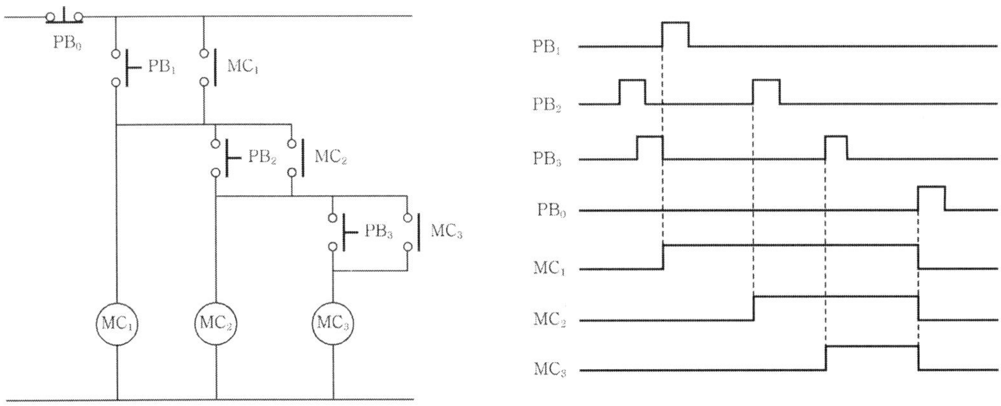

〈그림 2-28〉 순차 제어회로

(6) 타이머 기본 회로

① 일정 시간 동작 회로

푸시 버튼 스위치 PB를 ON하면 전자 접촉기 MC와 타이머 T가 여자되어 전동기가 운전되고, 타이머는 설정에 들어간다. 일정 시간이 되면 한시 동작 순시 복귀 b접점이 개로되어 MC가 소자되어 자기 유지 접점도 개로되며 타이머도 소자된다. 그리하여 전동기가 정지하게 된다.

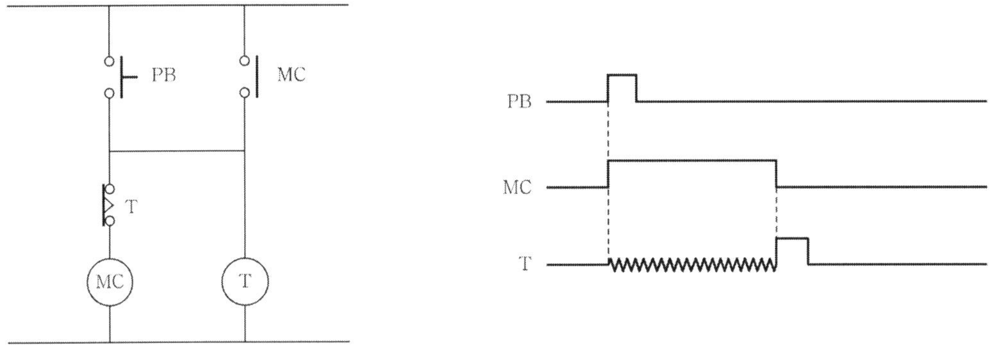

〈그림 2-29〉 한시 동작 회로

② 반복 회로

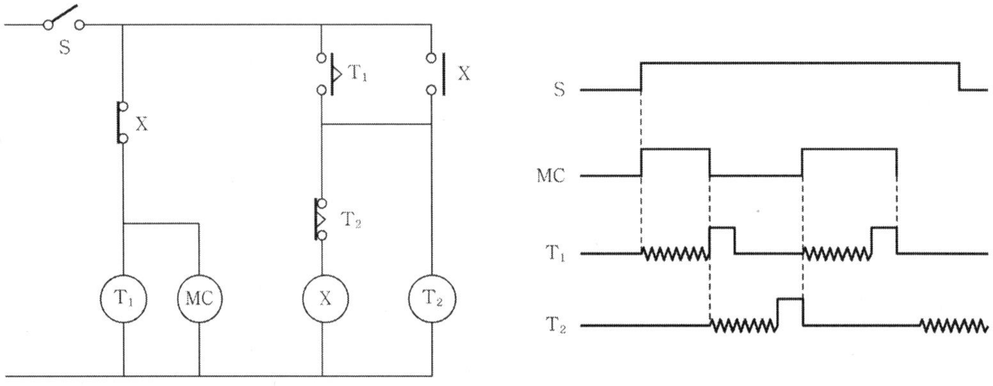

〈그림 2-30〉 반복 회로

2.7 3상 유도 전동기 시퀀스 제어회로

(1) 3상 유도 전동기 정·역 회로

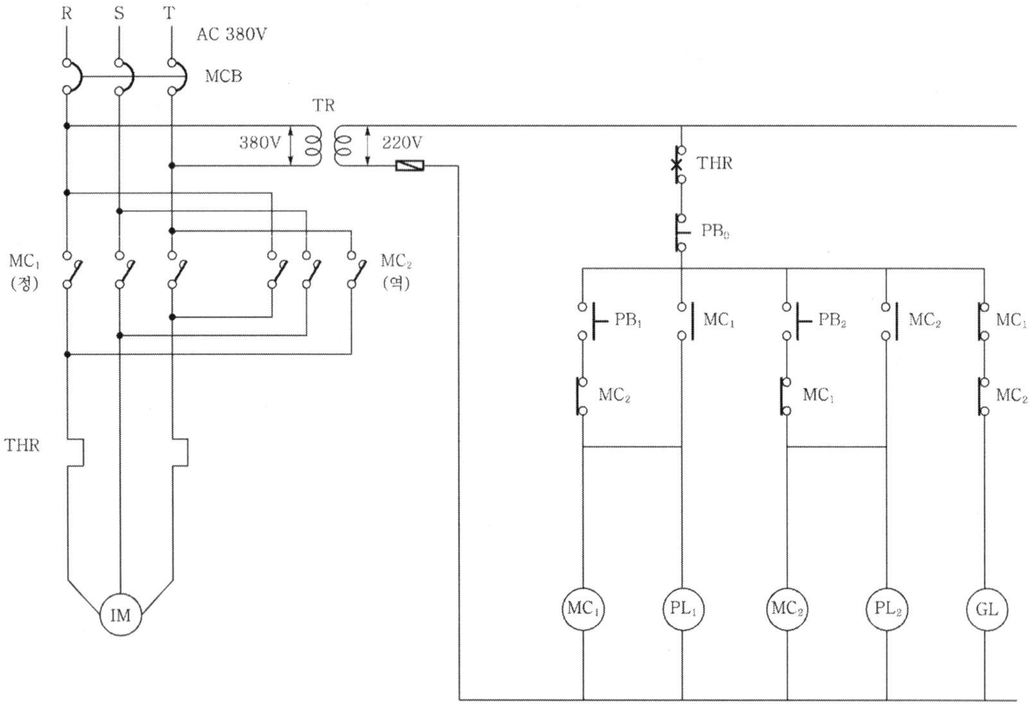

〈그림 2-31〉 3상 유도 전동기 정·역 회로

위 회로도의 동작을 살펴보면 다음과 같다.

① MCB를 투입하면 GL이 점등된다.
② PB_1을 ON하면 MC_1이 여자되고 PL_1이 점등되며 전동기는 정회전하게 된다.
③ PB_0을 OFF하면 MC_1이 소자되고 PL_1이 소등되며 전동기는 정지한다. 그리고 GL이 점등 된다.
④ PB_2를 ON하면 MC_2가 여자되고 PL_2가 점등되며 전동기는 역회전한다.
⑤ PB_0을 OFF하면 MC_2가 소자되고, PL_2가 소등되며 전동기가 정지하고 GL이 점등된다.

(2) 3상 유도 전동기 직입 기동 회로

기동 시 전동기 정격 전압을 직접 인가시켜서 기동하는 방식으로, 기동 시 기동 전류가 5~7배 정도의 전류가 흐르기 때문에 5HP 이하의 소용량 전동기에만 주로 이용된다.

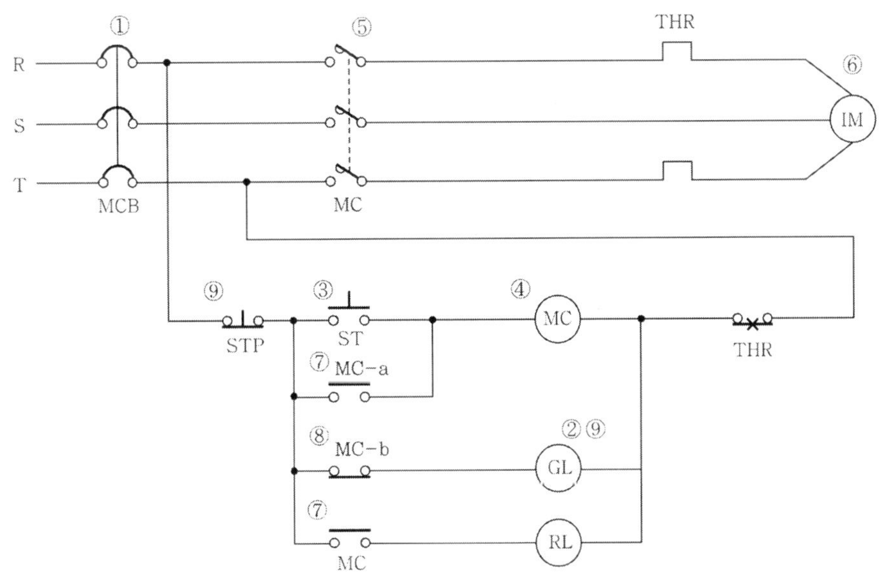

〈그림 2-32〉 직입 기동 회로

위 회로도의 동작을 살펴보면 다음과 같다.

① 회로에 전원을 투입시키기 위하여 배선용 차단기 MCB를 넣는다.
② 배선용 차단기 MCB를 넣으면 전원이 투입된 상태를 알리는 녹색등 GL이 점등된다.
③ 기동 스위치 ST를 누른다.
④ 기동 스위치 ST를 누르면 전자 접촉기 코일 MC가 여자된다.

⑤ 전자 접촉기 코일 MC가 여자되면 주 접점 MC가 닫힌다.

⑥ 주 접점 MC가 닫히면 유도 전동기 IM이 기동된다.

⑦ 전자 접촉기 코일 MC의 작동에 의해서 MC의 a접점 MC-a가 닫혀 자기 유지되고 RL이 점등된다.

⑧ 전자 접촉기 MC가 여자되면 MC-b가 열리고 녹색 표시등 GL이 소등된다.

⑨ STP를 누르면 전자 접촉기 MC가 소자되고 RL이 소등되며, GL이 점등된다. 그리고 전동기가 정지하게 된다.

(3) 3상 유도 전동기 리액터 기동 회로

전동기의 1차 측에 직렬로 기동 리액터를 넣어 기동시켜서 전동기에 걸리는 전압을 낮추고 속도가 상승되면 기동 리액터를 차단시켜 전 전압이 인가되도록 하는 감전압 기동법을 말한다.

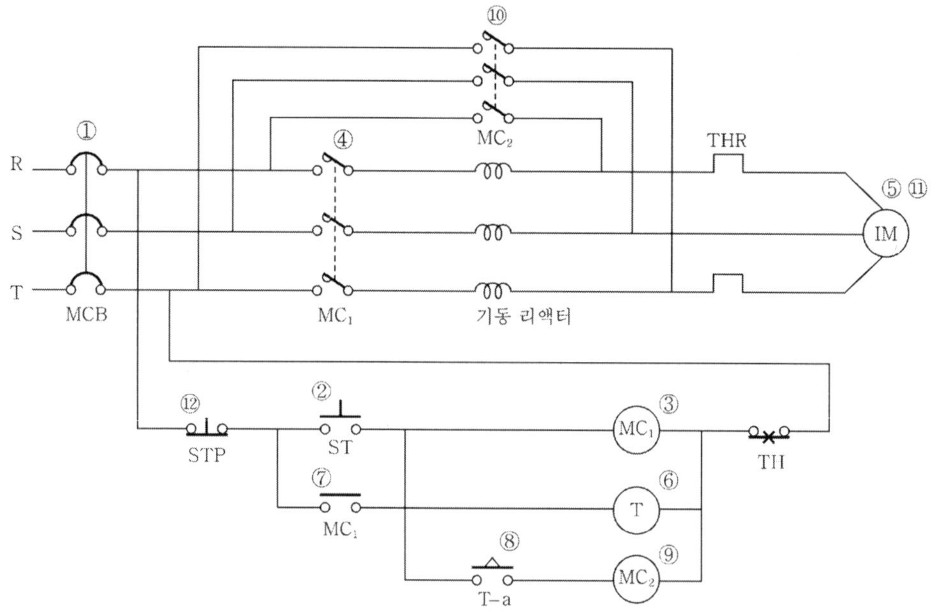

〈그림 2-33〉 리액터 기동 회로

회로도의 동작을 살펴보면 다음과 같다.

① 회로에 전원을 투입시키기 위하여 배선용 차단기 MCB를 넣는다.

② 기동 스위치 ST를 누른다.

③ 기동 스위치 ST를 누르면 기동 전자 접촉기 MC_1이 여자된다.

④ 기동 전자 접촉기 MC_1이 여자되면 기동 주접점 MC_1이 닫힌다.

⑤ 기동 주접점 MC_1이 닫히면 유도 전동기 IM이 기동된다.
⑥ 기동 스위치 ST를 누르면 타이머 Ⓣ도 여자된다.
⑦ 기동 전자 접촉기 MC_1이 여자되면 MC_1의 a접점이 닫히고 자기 유지된다.
⑧ 타이머 Ⓣ의 설정 시간 후 Ⓣ의 한시 a접점 T-a가 닫힌다.
⑨ T-a가 닫히면 운전 전자 접촉기 MC_2가 여자된다.
⑩ 운전 전자 접촉기 MC_2가 여자되면 운전 주접점 MC_2가 닫힌다.
⑪ 운전 주접점 MC_2가 닫히면 유도 전동기 IM은 운전 상태가 된다.
⑫ STP를 누르면 MC_2가 소자되어 전동기는 정지하게 된다.

(4) 3상 유도 전동기 Y-△ 기동 회로

전동기 기동 시 계자 권선을 Y 결선으로 하여 기동 전압을 정격 전압의 $\frac{1}{\sqrt{3}}$로 감소시켜 기동하는 방식으로 기동 시 기동전류가 직입 기동 시에 비해 $\frac{1}{3}$배로 감소시키는 감전압 기동 방식이다. 기동이 완료되면 계자 권선을 △ 결선하여 정격 전압으로 계속 운전하게 된다.

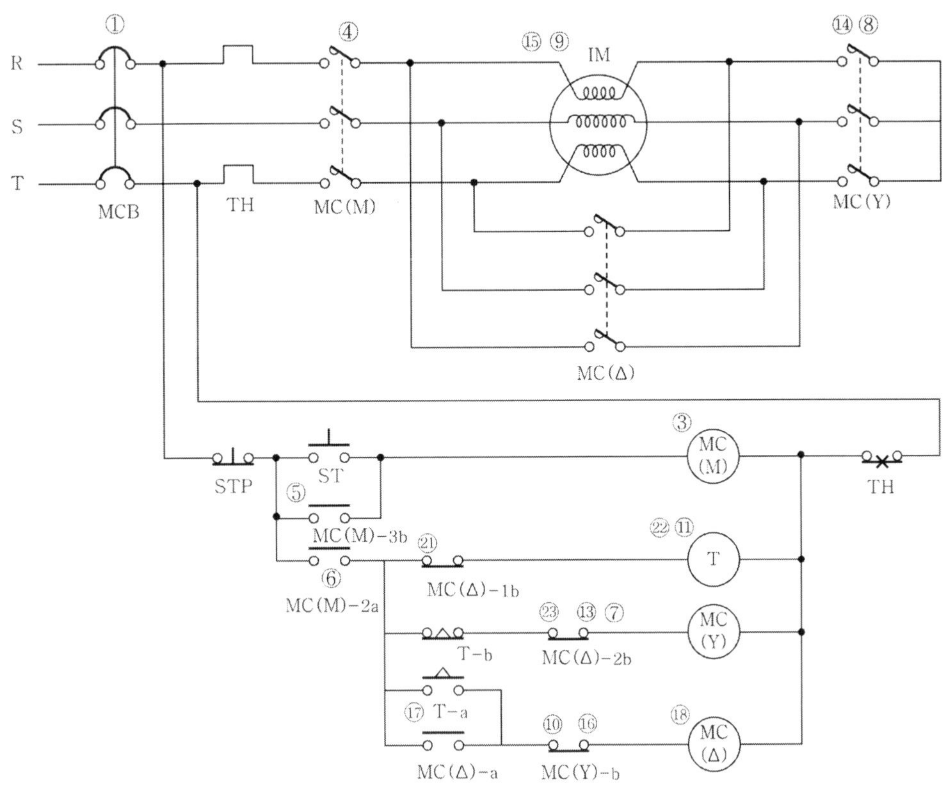

〈그림 2-34〉 Y-△ 기동 회로

위 회로도의 동작을 살펴보면 다음과 같다.

① 회로에 전원을 투입하기 위하여 배선용 차단기 MCB를 넣는다.
② 기동 스위치 ST를 누른다.
③ 기동 스위치 ST를 누르면 주접촉기 MC(M)가 여자된다.
④ 주접촉기 MC(M)가 여자되면 MC(M)의 주접점 MC(M)가 닫힌다.
⑤ 주접촉기 MC(M)의 작동에 의하여 MC(M)의 a접점 MC(M)-1a가 닫혀 자기 유지된다.
⑥ 주접촉기 MC(M)의 작동에 의하여 MC(M)의 a접점 MC(M)-2a가 닫힌다.
⑦ MC(M)-2a가 닫히면 Y 접촉기 MC(Y)가 작동한다.
⑧ MC(Y)가 여자되면 MC(Y)의 주 접점 MC(Y)가 닫힌다.
⑨ 주 접점 MC(M)과 MC(Y)가 닫히면 유도 전동기 IM이 기동된다.
⑩ MC(Y)가 여자되면 MC(Y)의 b접점 MC(Y)-b가 열려 인터록이 된다.
⑪ MC(M)-2a가 닫히면 타이머 Ⓣ가 여자되고 설정에 들어간다.
⑫ 설정 시간이 되면 Ⓣ의 한시 b접점 T-b가 열린다.
⑬ T-b가 열리면 MC(Y)가 소자된다.
⑭ MC(Y)가 소자되면 MC(Y) 주접점이 열린다.
⑮ MC(Y)가 소자되면 MC(Y)의 b접점 MC(Y)-b가 닫힌다(인터록이 풀린다).
⑯ 타이머 Ⓣ의 설정 시간이 되면 Ⓣ의 한시 a접점 T-a가 닫힌다.
⑰ T-a가 닫히면 △ 접촉기 MC(△)가 여자된다.
⑱ MC(△)가 여자되면 △ 접촉기 주접점 MC(△)가 닫힌다.
⑲ 주접점 MC(△)가 닫히면 유도 전동기 IM은 운전으로 들어간다.
⑳ MC(△)의 작동에 의하여 MC(△)의 b접점 MC(△)-1b가 열린다.
㉑ MC(△)-1b가 열리면 타이머 Ⓣ가 작동을 정지한다.
㉒ MC(△)의 여자에 의하여 MC(△)의 b접점 MC(△)-2b가 열린다(인터록된다).
㉓ MC(△)의 여자에 의하여 MC(△)의 a접점 MC(△)-a가 닫히어 자기 유지되고 타이머가 소자되어 T-a와 T-b는 원상 복귀한다.
㉔ STP 정지 버튼 스위치를 누르면 MC(M)와 MC(△)가 소자되고 전동기는 정지하게 된다.

(5) 3상 유도 전동기 기동 보상기법 기동 회로

전동기를 기동 시 단권 변압기 강압용을 이용하여 감전압 기동하고, 기동 완료 후에 정격 전압을 인가시켜서 계속 운전하게 된다.

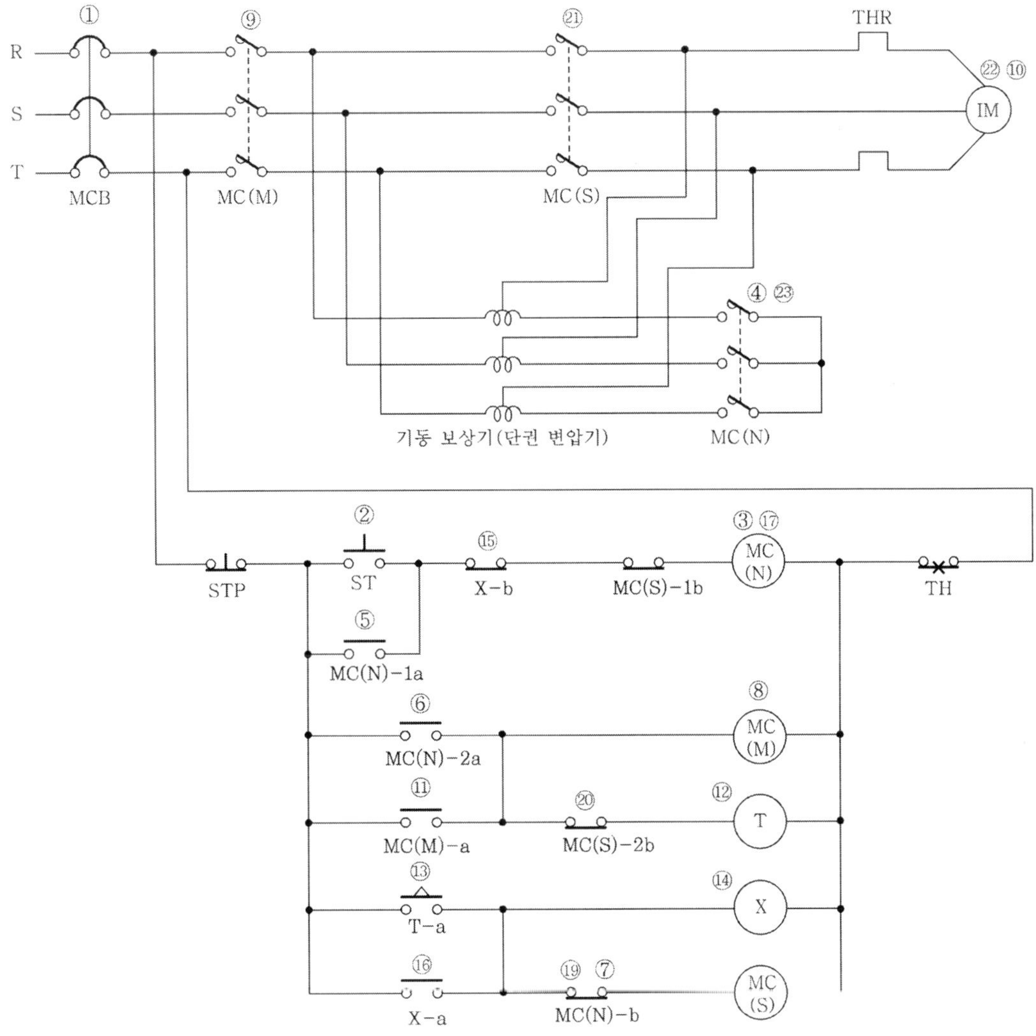

〈그림 2-35〉 기동 보상기법 기동 회로

회로도의 동작은 다음과 같이 일어난다.

① 회로에 전원을 투입하기 위하여 배선용 차단기 MCB를 넣는다.

② 기동 스위치 ST를 누른다.

③ 기동 스위치 ST를 누르면 변압기용 전자 접촉기 MC(N)가 여자된다.

④ 변압기용 전자 접촉기 MC(N)가 여자되면 변압기용 주접점 MC(N)이 닫혀 단권 변압기 회로가 형성된다.

⑤ 변압기용 전자 접촉기 MC(N)의 여자에 의하여 MC(N)의 a접점 MC(N)-1a가 닫혀 자기 유지된다.

⑥ 변압기용 전자 접촉기 MC(N)의 여자에 의하여 MC(N)의 a접점 MC(N)-2a가 닫힌다.

⑦ 변압기용 전자 접촉기 MC(N)의 여자에 의하여 MC(N)의 b접점 MC(N)−b가 열려 인터록된다.

⑧ MC(N)−2a에 의하여 주전자 접촉기 MC(M)가 여자된다.

⑨ 주전자 접촉기 MC(M)이 여자되면 주회로 주 접점 MC(M)이 닫힌다.

⑩ 주 접점 MC(M)이 닫히면 유도 전동기 IM이 기동된다.

⑪ 주전자 접촉기 MC(M)의 여자에 의하여 MC(M)의 a접점 MC(M)−a가 닫혀 자기 유지된다.

⑫ MC(N)−2a에 의하여 타이머 Ⓣ의 작동이 시작되고 MC(M)−a가 닫혀 자기 유지된다.

⑬ 설정 시간 후 타이머 Ⓣ의 한시 a접점 T−a가 닫힌다.

⑭ T−a가 닫히면 보조 릴레이 Ⓧ가 여자된다.

⑮ 보조 릴레이 Ⓧ가 여자되면 Ⓧ의 b접점 X−b가 열린다.

⑯ 보조 릴레이 Ⓧ가 여자되면 Ⓧ의 a접점 X−a가 닫혀 자기 유지된다.

⑰ X−b에 의하여 MC(N)이 소자된다.

⑱ MC(N)가 소자되면 주 접점 MC(N)가 열린다.

⑲ MC(N)가 소자되면 MC(N)의 보조 a접점이 열리고 보조 b접점 MC(N)−b가 닫힌다.

⑳ MC(N)−b가 닫히면 운전용 전자 접촉기 MC(S)가 작동한다.

㉑ 운전용 전자 접촉기 MC(S)가 여자되면 운전용 주 접점 MC(S)가 닫힌다.

㉒ 운전용 주 접점 MC(S)가 닫히면 유도 전동기 IM은 운전으로 들어간다.

㉓ 운전용 접촉기 MC(S)의 여자에 의하여 MC(S)의 b접점 MC(S)−1b가 열리어 인터록 된다.

㉔ 운전용 접촉기 MC(S)의 여자에 의하여 MC(S)의 b접점 MC(S)−2b가 열린다.

㉕ MC(S)−2b가 열리면 타이머 Ⓣ가 소자된다.

㉖ 타이머 Ⓣ가 소자되면 Ⓣ의 한시 a접점 T−a가 열린다.

㉗ STP를 누르면 MC(M), 보조 릴레이 Ⓧ, MC(S)가 소자되고 전동기는 정지하게 된다.

제 3 장 유 · 공압 제어

3.1 유 · 공압 제어의 개요

유 · 공압 시스템은 발생시킨 압력을 구동기기(actuator)에 가하여 구동기기를 전 · 후진 혹은 회전시켜 원하는 효과를 얻는 것이다. 구성 요소는 다음과 같이 5가지로 나눌 수 있다.

(1) 압력 발생 장치

펌프를 회전 또는 왕복 운동시켜 흡입과 토출 과정을 반복하여 압력을 발생시키는 장치이다.

(2) 압력 제어 밸브

발생된 압력을 유 · 공압 시스템에 알맞은 압력으로 조절하거나 유 · 공압 관로의 중간에 삽 입되어 압력을 제어하는 기능을 갖고 있는 밸브를 말한다.

(3) 방향 제어 벨브

구동기기에 유입되는 유량의 유로를 바꿔 주는 벨브로서, 구동기기의 전진, 후진, 정회전, 역회전을 가능하게 해주는 밸브이다.

(4) 유량 제어 밸브

구동기기에 유입되는 유량, 혹은 흘러나오는 유량을 제어하여 구동기기의 속도를 조정해 주는 밸브이다.

(5) 구동기기

일정한 단면적을 갖고 있는 기기로서, 주어진 단면적에 압력을 가해주면 전진, 후진, 정회전, 역회전을 하는 기기이다.

3.2 전자 밸브

전자 밸브는 솔레노이드 코일과 철심으로 구성되어, 코일에 전류를 통전하면 철심이 자화되어 자석이 되는 것을 밸브의 제어에 응용한 것이다. 전자석에는 여러 종류가 있는데 전자 밸브에 사용되는 것은 플런저형이 대부분이고, 플런저형에는 T형과 I형 플런저가 있다.

〈표 3-1〉 전자 밸브의 구분

구 분		기 호	내 용
제어 위치의 수	2위치 밸브	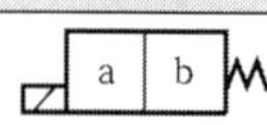	두 개의 밸브 몸통 위치를 갖춘 전자 밸브
	3위치 밸브	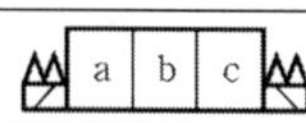	세 개의 밸브 몸통 위치를 갖춘 전자 밸브
	4위치 밸브	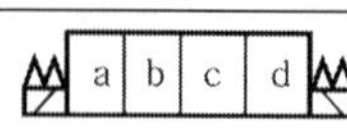	네 개의 밸브 몸통 위치를 갖춘 전자 밸브
중앙 위치에서 흐름의 형식	올포트 블록	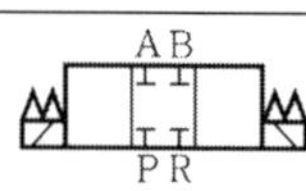	3위치 밸브에서 중앙 위치의 모든 포트가 닫혀 있는 형식
	PAB 접속 (프레셔 센터)	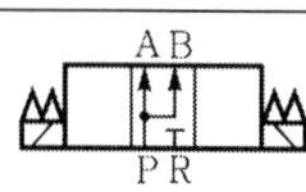	3위치 밸브에서 중앙 위치의 상태가 P, A, B처럼 되어 있는 통로의 접속
	ABR 접속 (멕조스트 센터)	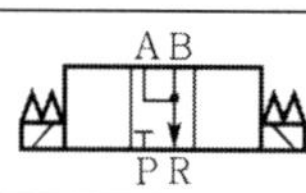	3위치 밸브에서 중앙 위치의 상태가 A, B, R처럼 되어 있는 통로의 접속
정상 위치 흐름의 형식	정상 상태 닫힘형 (노멀 클로즈)	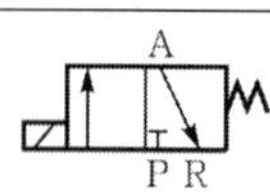	정상 위치가 닫힌 위치인 상태
	정상 상태 열림형 (노멀 오픈)	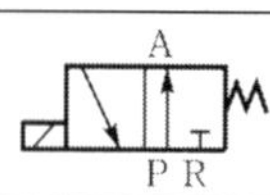	정상 위치가 열린 위치인 상태
복귀의 형식	스프링 복귀	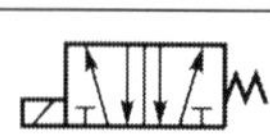	조작력을 제거했을 때 스프링으로 밸브 몸통을 정상 위치에 복귀시키는 방법
	공기압 복귀	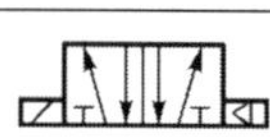	조작력을 제거했을 때 공기압으로 밸브 몸통을 정상 위치에 복귀시키는 방법
	디텐트	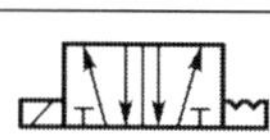	밸브 몸통을 복귀 또는 눈금에 의해 어느 위치를 유지
솔레노이드의 수	싱글 솔레노이드	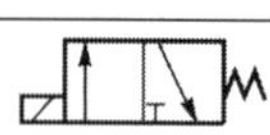	코일이 한 개 있는 전자 밸브
	더블 솔레노이드	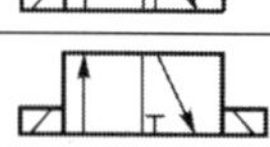	코일이 두 개 있는 전자 밸브
조작의 형식	직동식	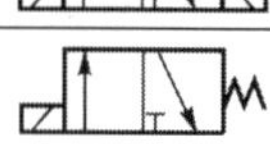	한뭉치로 조립된 전자석에 의한 조작 방식
	파일럿 작동식	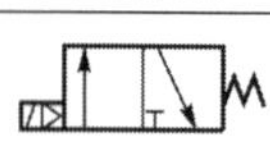	전자석으로 파일럿 밸브를 조작하여 그 공기압으로 조작하는 방식
전원	전압·주파수		• 코일을 구동하기 위한 전원 : 교류(100V, 200V), 직류(12V, 24V) 등 • 주파수 : 50Hz, 60Hz 등

플런저형이란 플런저가 코일 내부에서 축 방향으로 움직이는 것을 말하며, 그 구조를 〈그림 3-1〉에 나타내었다.

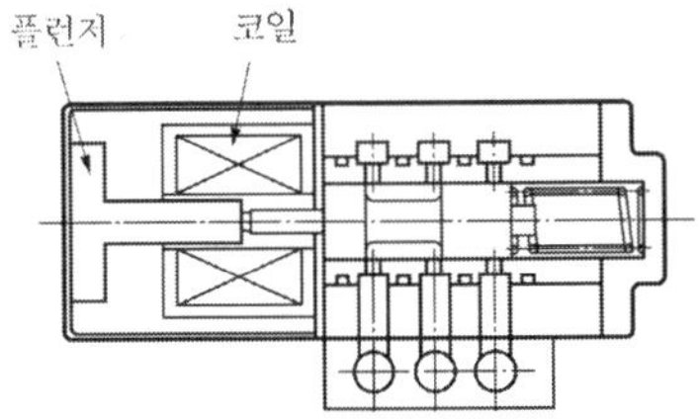

(a) T 플런저형

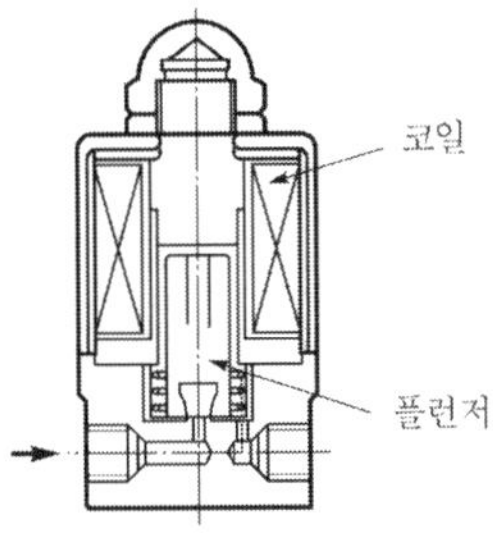

(b) I 플런저형

〈그림 3-1〉 플런저형 전자 밸브

T형 플런저형은 전자석의 흡인력, 행정 거리 등을 크게 할 수 있는 반면, 형상이 커서 소비전력 이 크다. 그러므로 T형 플런저는 슬라이드 밸브와 같이 밸브를 개폐시키기 위한 움직임이 긴 밸브나 큰 힘이 필요한 스폴형의 직동식에 많이 이용된다.

I 플런저형은 T형에 비해 흡인력이나 행정 거리가 작고 가동 철심을 직접 밸브 본체에 할 수 있어 밸브 전체를 소형화할 수 있다. I 플런저형은 주로 포핏식 밸브의 직동형이나 파일럿 작동형 밸브에 이용된다.

전원에 따라 분류하면 직류와 교류 전자석이 있다.

① 직류 전자석

직류는 전류값이 항상 일정하므로 솔레노이드가 안정되어 소리가 없고 플런저 흡착 시 흡인력이 매우 강하다. 직류 전원으로는 24V가 가장 많이 이용되고 48V, 12V, 6V 등 다양하게 쓰이고 있다.

직류 전자석의 특징은 다음과 같다.

㉮ 교류처럼 히스테리시스나 와전류에 의한 손실이 없으므로 온도 상승이 없다.

㉯ 흡인력에 맥동이 없고 떨리는 소리가 나지 않는다.

㉰ 여자 전류가 전 행정 거리에 일정하므로 과전류로 인한 코일의 파손이 없다.

② 교류 전자석

교류 전자석은 일반 전원을 사용하기 때문에 교류·직류 변환기가 필요 없고 응답성이 좋을 뿐 아니라 이동 거리도 길게 할 수 있다. 반면에 전압, 전류가 시간적으로 변화하기 때문에 울리는 소리가 난다.

교류 전자석의 특징은 다음과 같다.

㉮ 전원 회로 구성품을 쉽게 구할 수 있어 가격 면에서 안정적이다.
㉯ 전력은 흡수할 때는 커지지만 흡인 후에는 작아져서 소비 전력이 절감된다.
㉰ 직류에서는 시동 시 자기 유도 기전력 때문에 정격 전류에 도달할 때까지 시간이 걸리지만 교류는 1/2 사이클마다 자속이 변화하므로 가동 철심의 작동 속도가 빠르다.

3.3 액추에이터의 구조와 제어 원리

공기압 실린더는 현재 제조 라인의 자동화에서 사용 빈도가 매우 높은 액추에이터이며, 그 일부는 다른 액추에이터로의 대체가 곤란한 것도 있다. 실린더가 그 기능을 발휘하기 위해서는 방향 제어 밸브가 조합되어야 한다. 따라서 여기서는 액추에이터와 밸브와의 조합에 따른 기능 관계를 알아본다.

먼저 복동 실린더(double acting cylinder)는 압력이 피스톤 양쪽에 번갈아 공급되어 피스톤은 한 방향으로, 그 다음엔 다른 방향으로 이동하는 대표적인 직선 운동기기이다. 그러므로 복동 실린더를 제어하기 위해서는 한쪽은 압력을 공급하고 다른 한쪽은 배기시켜야 하므로 4포트 또는 5포트 밸브 1개가 조합되어야 하고, 3포트 밸브를 사용하여 제어할 경우에는 2개가 필요하다. 〈그림 3-2〉는 4포트 2위치 방향 제어 밸브를 이용하여 복동 실린더를 제어하는 원리도를 나타낸 것이다.

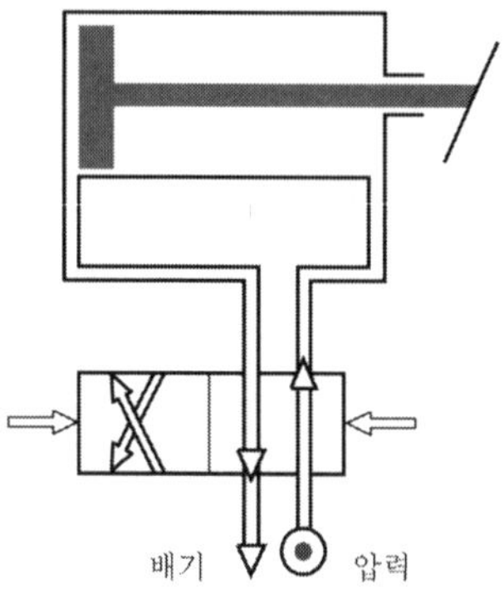

(a) 후진 위치

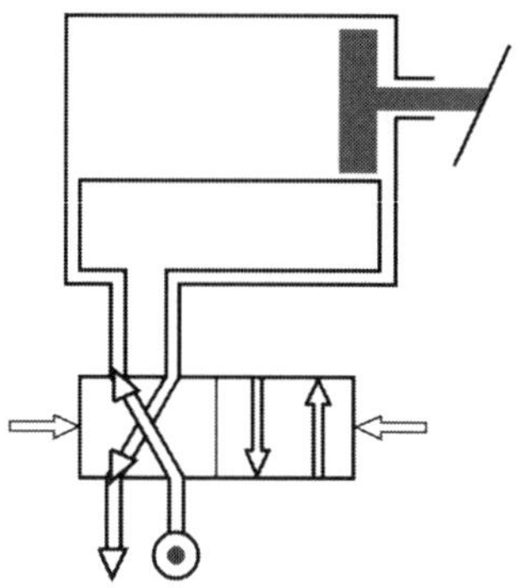

(b) 전진 위치

〈그림 3-2〉 복동 실린더의 제어 원리도

한편 단동 실린더(single acting cylinder)는 〈그림 3-3〉에 나타낸 바와 같이 어느 한 방향의 운동에만 압축 공기를 사용하고, 복귀는 스프링이나 외력 등에 의해 이루어지므로 3포트 밸브 1개로 충분하다.

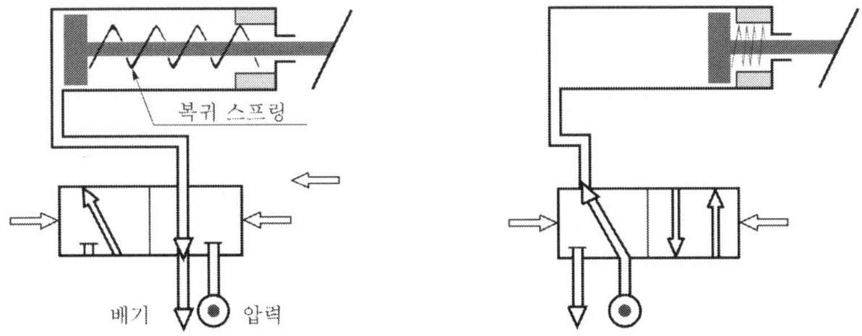

(a) 후진 위치 (b) 전진 위치

〈그림 3-3〉 단동 실린더의 제어 원리도

3.4 복동 실린더의 왕복 작동 회로

1개의 복동 실린더를 왕복 작동시키는 회로는 그 내용과 목적에 따라 여러 가지 종류가 있다. 여 기서는 편측(single) 전자 밸브와 양측(double) 전자 밸브를 각각 사용하여 복동 실린더를 왕복 작동시키는 기능의 회로에 대해 설명한다.

먼저 〈그림 3-4〉와 같이 편측 전자 밸브를 이용하여 복동 실린더를 제어하는 회로에 대해 살펴보자.

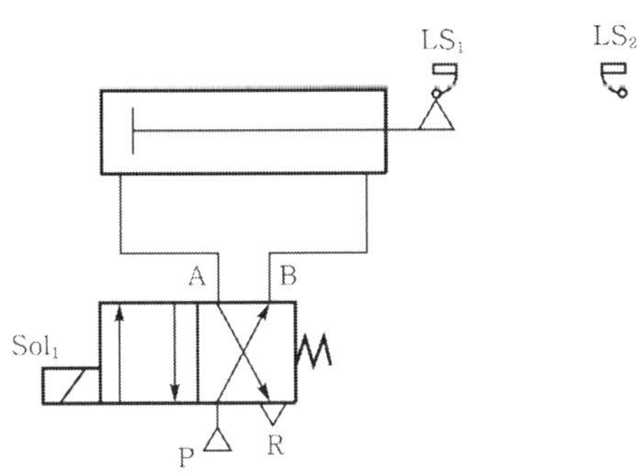

〈그림 3-4〉 편측 전자 밸브를 이용한 공기압 회로

방향 제어 밸브와 실린더와의 동작 원리는 앞서 설명한 바와 같이 솔레노이드 코일에 전류를 통전시키면 밸브의 제어 위치가 변환되어 압축 공기 P는 A 포트를 통해 실린더 헤드 측으로 흘러들어가 피스톤 로드를 전진시킨다.

한편, 솔레노이드 코일에 통전시켰던 전류를 차단하면 밸브는 내장된 스프링에 의해 원래의 상태 로 되돌아오고, 그에 따라 압축 공기 P는 B 포트를 통해 실린더 로드 측에 작용되어 피스톤 로드를 후진시키게 된다.

이상의 동작 내용을 전기 회로도로 나타낸 것이 〈그림 3-5〉이다. 〈그림 3-5〉는 실린더 제어의 가장 간단한 것으로, 누름 버튼 스위치 PB_1을 누르면 실린더는 전진하고, 누름 버튼에서 손을 때면 실린더가 후진하는 회로이다. 누름 버튼 스위치와 피스톤 로드의 움직임 관계는 그림 (b)의 시퀀스 차트에 나타내었다.

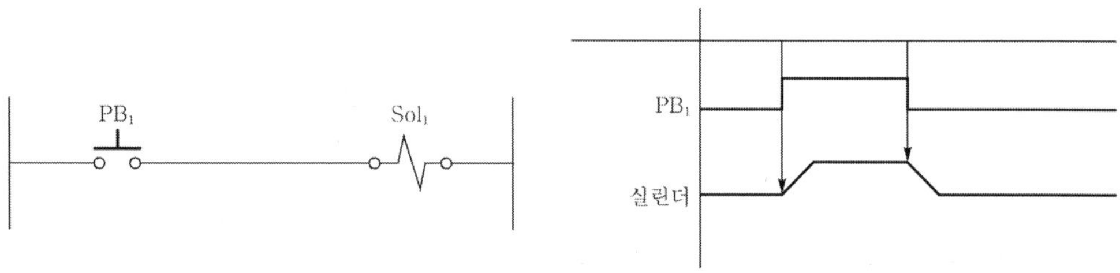

(a) 제어회로 (b) 시퀀스 차트

〈그림 3-5〉 편측 전자 밸브의 복동 실린더 왕복 작동 제어회로

그러나 〈그림 3-5〉의 회로는 실린더의 동작 시간 동안 누름 버튼 스위치를 누르고 있어야 하는 단점이 있다. 이와 같은 문제점을 해결하기 위해서는 〈그림 3-6〉의 회로도와 같이 릴레이를 사용하여 자가 유지 회로를 구성하면 해결 가능하다. 즉, 누름 버튼 스위치 PB_1을 누르면 릴레이 R_1이 여자되어 자기 유지되고, 동시에 실린더는 전진한다. 실린더를 복귀시키기 위해서는 누름 버튼 스위치 PB_2를 눌러야 한다. 그림 (b)는 실린더 동작의 시퀀스 차트를 나타낸 것이다.

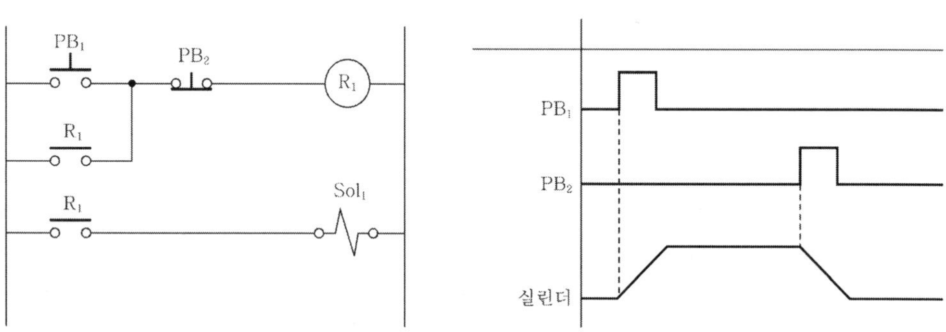

(a) 제어회로 (b) 시퀀스 차트

〈그림 3-6〉 편측 전자 밸브의 복동 실린더 왕복 작동 제어회로 Ⅱ

〈그림 3-6〉의 회로는 작업자가 실린더의 복귀 신호를 주어야만 비로소 복귀되나, 경우에 따라서는 실린더의 피스톤 로드가 전진단에 도달되면 스스로 복귀되어야 하는 경우도 있다. 이러한 경우에는 실린더 전진 끝단에 설치되어 있는 리밋 스위치 신호를 이용하면 된다. 즉, 〈그림 3-7〉의 회로도와 같이 자기 유지 해제 기능에 누름 버튼 스위치 PB_2 대신에 LS_2 리밋 스위치를 b접점 상태로 직렬 연결하면 된다.

회로의 동작 원리는 누름 버튼 스위치 PB_1을 누르면 자기 유지되고 실린더는 전진한다. 전진 끝단에 도달되어 리밋 스위치 LS_2가 작동되어 자기 유지가 해제되고 그에 따라 Sol_1에 통전되던 전류가 차단되므로 실린더는 즉시 복귀된다.

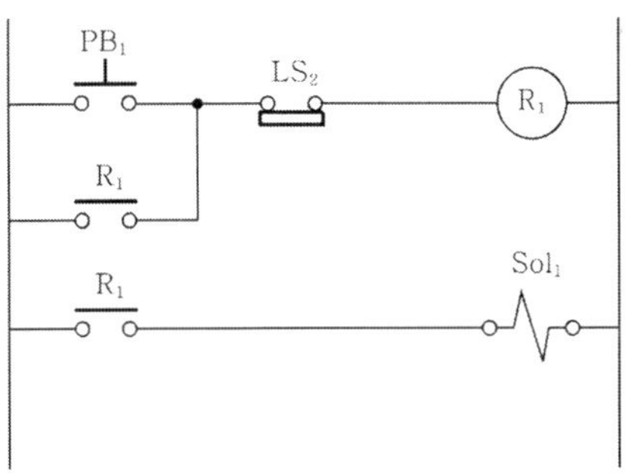

(a) 제어회로

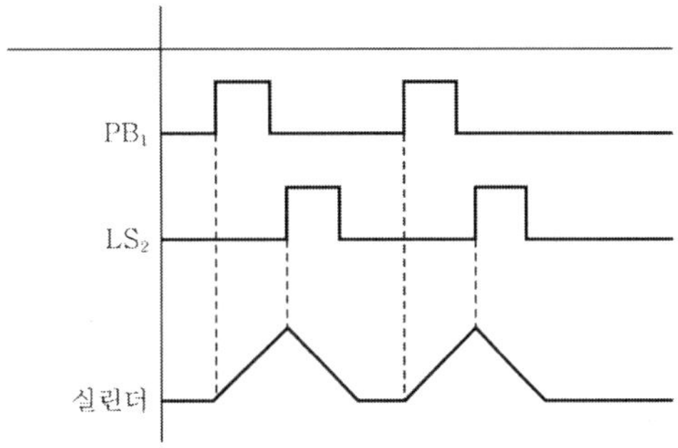

(b) 시퀀스 차트

〈그림 3-7〉 편측 전자 밸브의 복동 실린더 왕복 작동 제어회로 Ⅲ

만일 〈그림 3-7〉의 회로에서 작업자가 누름 버튼 스위치를 계속 누르고 있으면 어떠한 현상이 발생되는가에 대해 생각해 보자.

처음에 누름 버튼 스위치 PB_1을 누르면 릴레이 R_1은 여자되어 자기 유지되고 Sol_1에 통전시킨다. 그 결과 방향 제어 밸브가 변환되어 실린더를 전진시키게 된다.

실린더가 전진 끝단에 도달되어 리밋 스위치 LS_2에 의해서 자기 유지가 해제되고 동시에 실린더가 후진되나, 이때까지 누름 버튼 스위치 PB_1이 눌려 있다면 실린더가 후진하기 시작하여 리밋 스위치 LS_2를 떠나는 순간 즉시 LS_2 b접점이 원상태로 복귀되어 릴레이 R_1이 여자되고, 실린더는 다시 전진하게 된다. 즉, PB_1이 계속 눌려 있다면 실린더는 전진 끝단에서 진동하게 되어 확실한 운동 제어가 되지 않는 것이다.

이러한 문제점을 해결하기 위해선 다음 〈그림 3-8〉의 회로와 같이 후진 끝단 검출용 리밋 스위치 LS_1을 누름 버튼 스위치 PB_1 바로 다음에 직렬로 접속하면 된다.

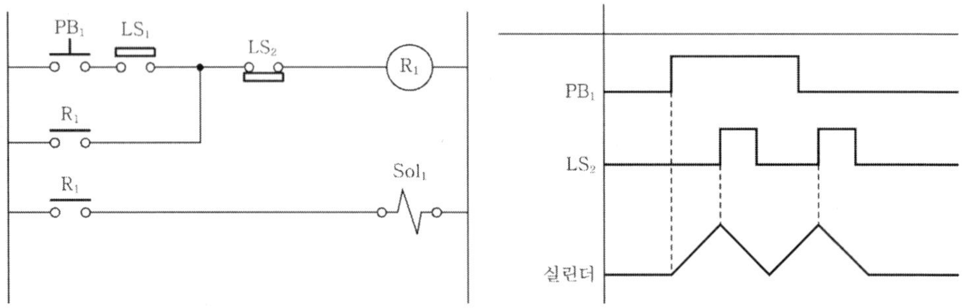

(a) 제어회로 (b) 시퀀스 차트

〈그림 3-8〉 편측 전자 밸브의 복동 실린더 왕복 작동 제어회로 Ⅳ

이제까지의 내용은 편측 전자 밸브를 이용한 복동 실린더 제어의 회로에 대해 알아보았다. 앞서도 언급한 바와 같이 전자 밸브는 솔레노이드의 장착 형식에 따라 솔레노이드가 1개인 것(편측 또는 싱글 전자 밸브)과 2개인 것(양측 또는 더블 전자 밸브)으로 구분된다. 공기압 액추에이터 제어인 경우는 양측 전자 밸브보다 편측 전자 밸브의 사용이 더 많다. 그 주된 이유는 공기압 방식은 작동 속도가 비교적 빠르기 때문에 솔레노이드에 통전하는 시간이 짧으므로 편측 전자 밸브를 사용해도 장시 간 통전으로 인한 코일의 발열이나 수명에 큰 영향을 미치지 않기 때문이다. 즉, 양측 전자 밸브는 편측 전자 밸브보다 솔레노이드 수가 많으므로 밸브 자체의 가격면에서 불리하다. 또한, 편측 전자 밸브는 제어 신호가 1개뿐이므로 PLC로 제어해도 출력이 1점만 소요되나 양측 전자 밸브는 2점이 소요되므로 결국 제어 장치의 코스트도 올리게 되는 원인이 된다. 그러므로 양측 전자 밸브를 꼭 적용해야 될 액추에이터를 제외하고는 편측 전자 밸브를 사용하는 것이 경제적이라 할 수 있다. 그러면 양측 전자 밸브를 사용하여 복동 실린더를 제어하는 회로에 대해 살펴보기로 한다. 〈그림 3-9〉의 공기압 회로도는 양측 전자 밸브를 이용하여 복동 실린더를 제어하는 구성도를 나타낸 것이다. 실린더의 피스톤을 전진시키기 위해서는 Sol_1에 통전시켜야 하고, 반대로 후진시키기 위해선 Sol_2에 통전시켜야 가능하다.

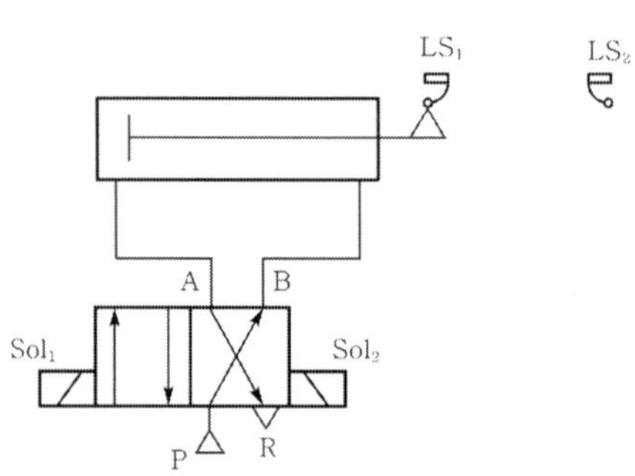

〈그림 3-9〉 양측 전자 밸브를 이용한 공기압 회로

이상의 기능을 회로도로 표현한 것이 〈그림 3-10〉의 (a)이고, (b) 그림은 시퀀스 차트를 나타낸 것이다.

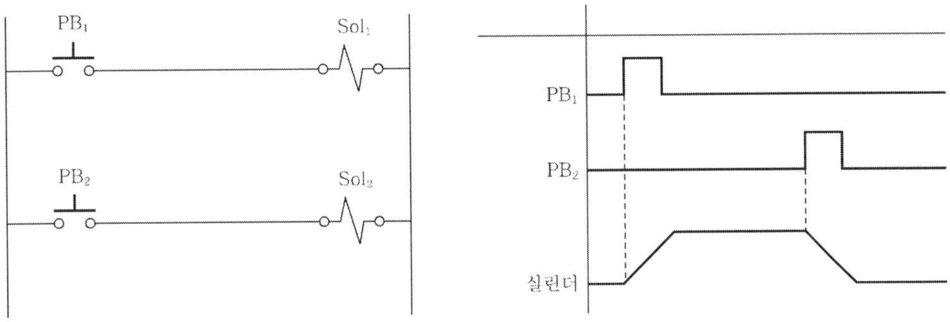

(a) 제어회로 (b) 시퀀스 차트

〈그림 3-10〉 양측 전자 밸브의 복동 실린더 왕복 작동 제어회로 Ⅰ

위 회로의 동작 원리는 먼저 누름 버튼 스위치 PB_1을 누르면 Sol_1에 통전되어 밸브의 제어 위치가 변환되므로 압축 공기는 P에서 A 포트를 통해 실린더 헤드 측에 작용되어 피스톤 로드를 전진시킨다. 또한, 누름 버튼 스위치 PB_2를 누르면 Sol_2가 여자되어 밸브의 제어 위치는 〈그림 3-9〉와 같이 초기 상태로 되돌아와 압축 공기가 P에서 B 포트를 통해 실린더 로드 측에 작용되므로 피스톤 로드는 후진하게 된다. 이와 같이 양측 전자 밸브를 사용하여 복동 실린더를 제어하려면 각각의 솔레노이드에 번갈아가면서 통전시키면 된다. 그러나 〈그림 3-10〉의 제어회로는 간단히 생각하면 아무런 문제도 없는 것 같지만, 만일 실수로 누름 버튼 스위치 PB_1과 PB_2가 동시에 눌러졌을 경우를 생각해 보자.
전자 밸브는 솔레노이드가 여자되어 제어 위치가 변환되면 실린더가 전진 중이라면 전진을 완료하고, 후진하기 시작하면 스트로크 끝까지 복귀하여 정지한다. 따라서 양측 솔레노이드에 동시에 통전되는 현상이 발생되면 실린더는 전진된 위치나 또는 후진된 상태에서 정지되어 움직이지 않는다. 그런데 솔레노이드에 통전된 시간이 길어지면 당연히 솔레노이드 코일이 발열하게 되고, 그에 따라 솔레노이드가 파손되는 원인이 되는 것이다. 이러한 현상을 신호 중복이라 하고, 제어회로 설계 시 에는 어떠한 경우라도 이 신호 중복이 발생되어서는 안 된다. 따라서 이와 같은 현상을 방지하기 위한 대책은 〈그림 3-11〉의 제어회로와 같이 릴레이의 b접점을 통해 상대측 회로가 동작할 수 없도록 인터록을 취하는 것이다.
〈그림 3-12〉의 제어회로는 실린더가 전진 끝단까지 도달되면 리밋 스위치 LS_2를 동작시켜 스스로 복귀하는 회로이다. 또한, 이 회로에서는 전진 신호인 PB_1과 후진 끝단에 설치되어 있는 리밋 스위치 LS_1을 직렬로 접속하여 누름 버튼 스위치를 계속 누르고 있으면 실린더가 연속적으로 왕복 작동되도록 구성하였다.

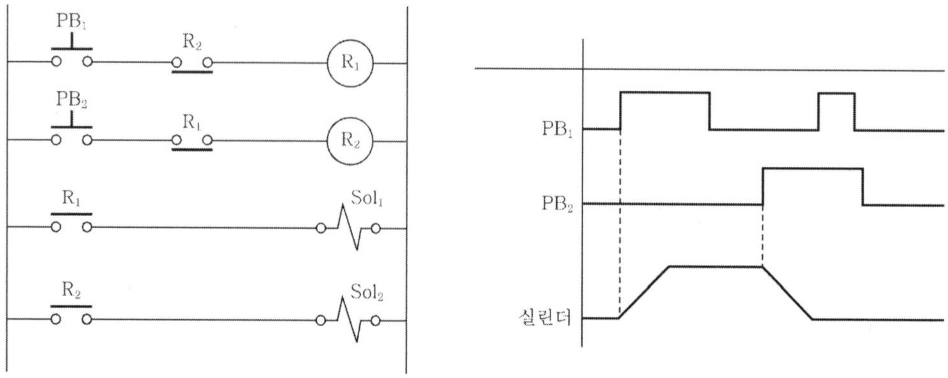

(a) 제어회로 (b) 시퀀스 차트

〈그림 3-11〉 양측 전자 밸브의 복동 실린더 왕복 작동 제어회로 Ⅱ

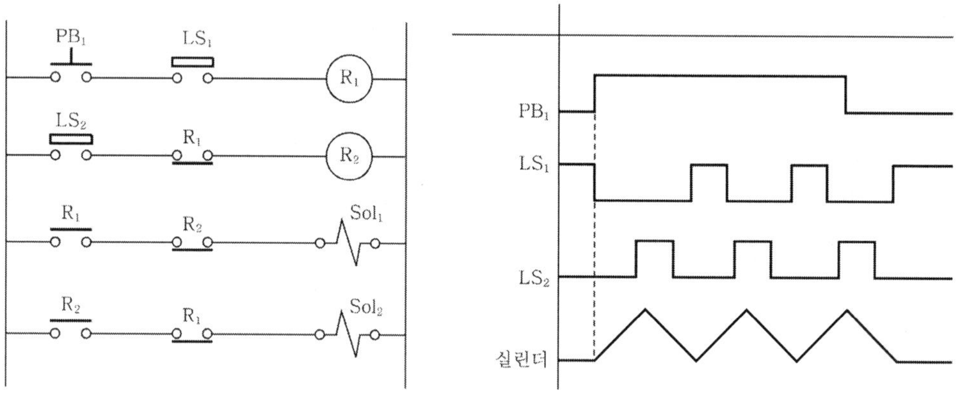

(a) 제어회로 (b) 시퀀스 차트

〈그림 3-12〉 양측 전자 밸브의 복동 실린더 왕복 작동 제어회로 Ⅲ

3.5 복동 실린더의 연속 왕복 작동 회로

기동 신호를 주면 복동 실린더가 연속적으로 전진과 후진을 반복하고, 정지 신호가 입력되면 피스톤 로드가 복귀된 상태에서 정지하는 회로에 대해 알아보자.

먼저 편측 전자 밸브를 이용하여 복동 실린더를 제어하는 예로, 회로 설계 모델용 공기압 회로는 〈그림 3-13〉과 같다.

누름 버튼 스위치 신호로 연속 왕복 작동시키기 위해서는 기본적으로 연속 기동 신호는 정지 신호가 입력될 때까지 자기 유지되어야 한다. 기동 신호가 자기 유지되면 정지 신호는 자기 유지를 해제시키는 기능으로 조합되어야 하므로 〈그림 3-14〉와 같이 된다.

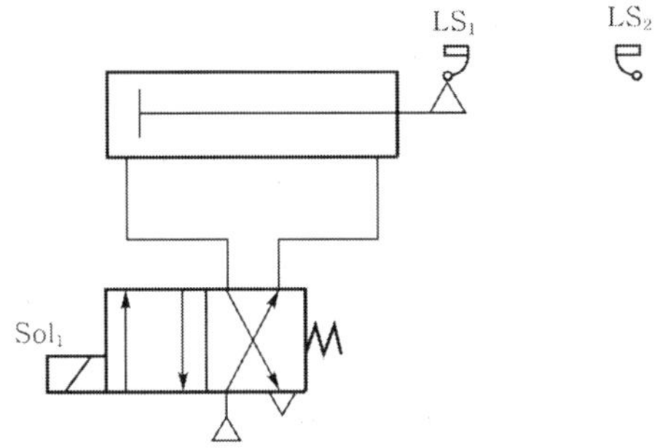

〈그림 3-13〉 편측 전자 밸브 공기압 회로

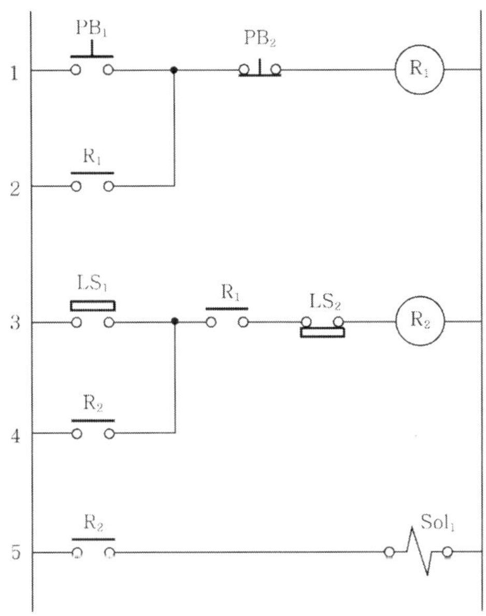

〈그림 3-14〉 편측 전자 밸브를 이용한 연속 왕복 작동 회로 Ⅰ

〈그림 3-14〉 회로의 동작 원리는 다음과 같다. 기동 신호인 PB$_1$을 누르면 릴레이 R$_1$이 여자되어 자기 유지된다. R$_1$이 자기 유지됨에 따라 3번 열의 R$_1$ a접점이 닫히게 되고 이때 실린더가 후진되어 있다면 리밋 스위치 LS$_1$이 눌려져 있기 때문에 릴레이 R$_2$가 여자되는 동시에 자기 유지되면서 솔레노이드에 통전시키게 된다. 솔레노이드가 여자되면 밸브가 위치 변환되어 실린더가 전진하게 되고, 전진 끝단에 도달되어 LS$_2$를 동작시키면 3번 열의 LS$_2$ b접점이 열려 R$_2$ 릴레이를 복귀시키게 된다. 그러면 이때까지 솔레노이드에 통전시켰던 R$_2$ a접점이 열려 밸브는 원위치로 복귀되고, 실린더도 후진한다. 실린더가 후진 완료하면 다시 LS$_1$ 리밋 스위치가 눌리게 되고, 이때까지 정지 신호인 PB$_2$가 입력되지 않았다면 R$_2$ 릴레이가 다시 동작하게 된다. 따라서 실린더는 재차 전진하게 되고, 이상의

동작을 정지 신호인 누름 버튼 스위치 PB_2를 눌러 R_1의 자기 유지를 해제할 때까지 반복하게 된다. 또한, 〈그림 3-15〉의 제어회로도 〈그림 3-13〉의 공기압 회로를 연속 왕복 작동시키는 기능의 회로로서 〈그림 3-14〉의 회로와는 다른 방법으로 설계된 것이다.

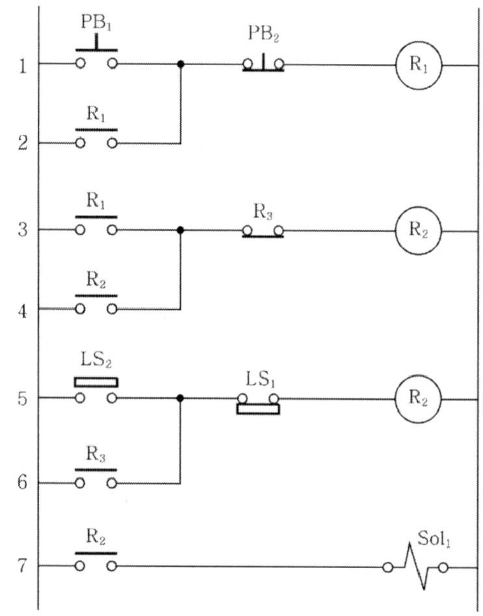

〈그림 3-15〉 편측 전자 밸브를 이용한 연속 왕복 작동 회로 Ⅱ

한편, 양측 전자 밸브를 이용하여 복동 실린더를 연속 왕복 작동시키는 기능의 회로를 〈그림 3-16〉과 〈그림 3-17〉에 나타내었다.

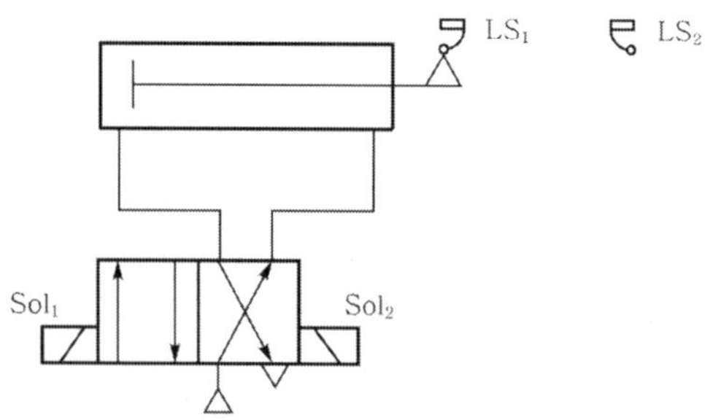

〈그림 3-16〉 양측 전자 밸브 공기압 회로

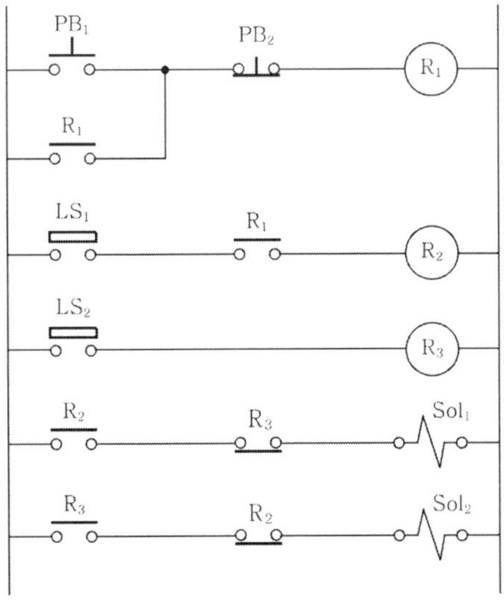

〈그림 3-17〉 양측 전자 밸브를 이용한 연속 왕복 작동 회로

이 회로의 경우도 마찬가지로 연속 동작 신호인 PB_1을 자기 유지시키고, 정지 신호인 PB_2는 자기 유지를 해제하도록 하여 구성하며, 실린더 전진 끝단과 후진 끝단에 설치되어 있는 리밋 스위치 신호로 각각의 솔레노이드에 번갈아 가면서 통전시켜 복동 실린더를 연속적으로 왕복 작동시키는 회로이다.

3.6 전진 끝단에서 일정 시간 정지하는 작동 회로

피스톤 로드를 전진 끝단에서 일정 시간 정지시킨 후 복귀시키는 경우는 자동화된 장치나 기계에서 종종 찾아볼 수 있다. 이와 같은 경우는 타이머 릴레이를 사용하여 회로를 구성하면 간단히 그 기능을 얻을 수 있다.

〈그림 3-18〉의 제어회로는 〈그림 3-13〉의 공기압 실린더를 전진시킨 다음, 전진 끝단에서 일정 시간 정지시킨 후 스스로 복귀하도록 구성한 회로이다.

동작 원리는 기동 신호인 누름 버튼 스위치 PB_1을 누르면 R_1이 여자되어 자기 유지되고, 동시에 R_1의 a접점을 통해 솔레노이드를 통전시켜 실린더를 전진시킨다. 전진 끝단에 도달되면 리밋 스위치 LS_2가 동작되어 릴레이 R_2를 여자시킨다. 릴레이 R_2가 여자되면 자기 유지되고 동시에 타이머 릴레이 T_1이 작동한다. 타이머가 작동하기 시작해 미리 설정한 시간에 도달하면 타임업되어 1열의 타이머 b접점을 열어 R_1의 자기 유지를 해제시키고 그로 인해 실린더는 후진하는 것이다.

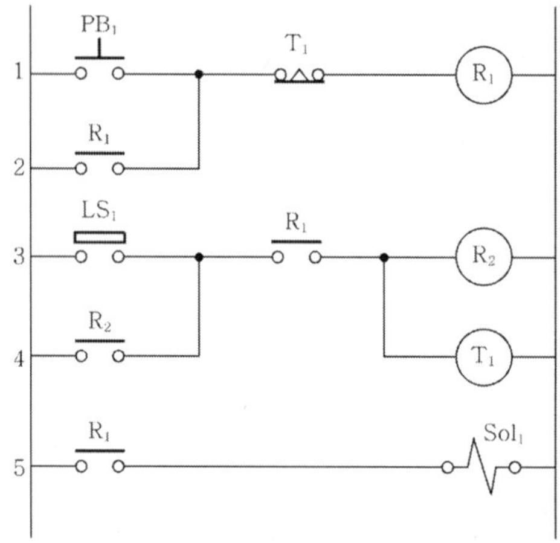

〈그림 3-18〉 전진 끝단에서 일정 시간 정지하는 회로

이상으로 실린더 동작의 기본 회로를 마치고 다음 항에서는 자동화된 기계에서 자주 쓰이는 여러 개의 공기압 실린더를 순차 작동시키는 회로에 대해 알아본다.

3.7 2개 이상 실린더의 순차 작동 회로

자동화장치나 기계 등은 공유압 실린더나 전기 모터, 클러치, 브레이크 등 다수의 액추에이터가 정해진 순서에 따라 동작되어 목적을 달성하는 것이다. 이와 같이 미리 정해진 순서에 따라 작업의 각 단계를 순차적으로 진행시키는 회로를 시퀀스 회로 또는 순차 작동 회로라고 한다.

여기서는 2개 이상의 공기압 실린더를 순차 작동시키는 기능의 회로를 릴레이와 PLC로 제어했을 때를 비교 설명한다.

두 개의 복동 실린더로 구성된 기계에서 기동 신호를 주면 A 실린더가 전진하며 이어서 B 실린더가 전진하여 전진 끝단에 도달되면 복귀하고, 마지막으로 A 실린더가 복귀하여 1사이클이 종료되는 조건의 회로를 살펴보자.

전자 밸브를 이용하여 공기압 액추에이터를 제어하는 전기 회로를 작성할 경우 먼저 공기압 회로와 검출기의 배치도를 나타내야 한다. 이것은 공기압 액추에이터를 제어하는 전자밸브가 편측이냐 또는 양측이냐에 따라 제어회로는 전혀 다르고, 검출기의 유・무에 따라서도 회로의 형태가 달라지 기 때문이다. 〈그림 3-19〉가 앞서 설명한 동작 내용의 공기압 회로와 시퀀스 차트이며, 그리고 〈그림 3-20〉은 A・B 실린더의 시퀀스 제어회로이다.

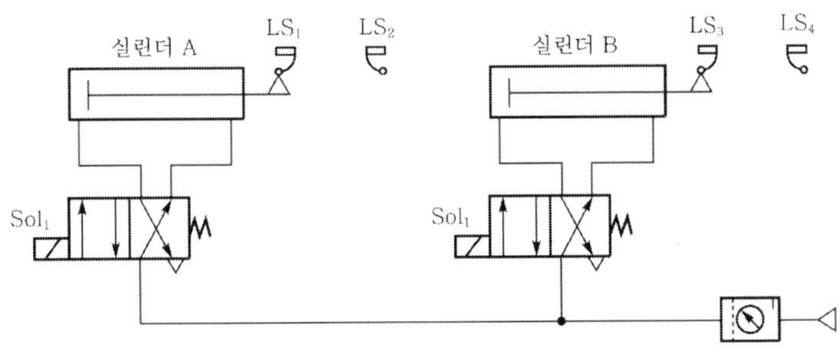

(a) 공기압 회로

(b) 시퀀스 차트

〈그림 3-19〉 공기압 회로와 시퀀스 차트

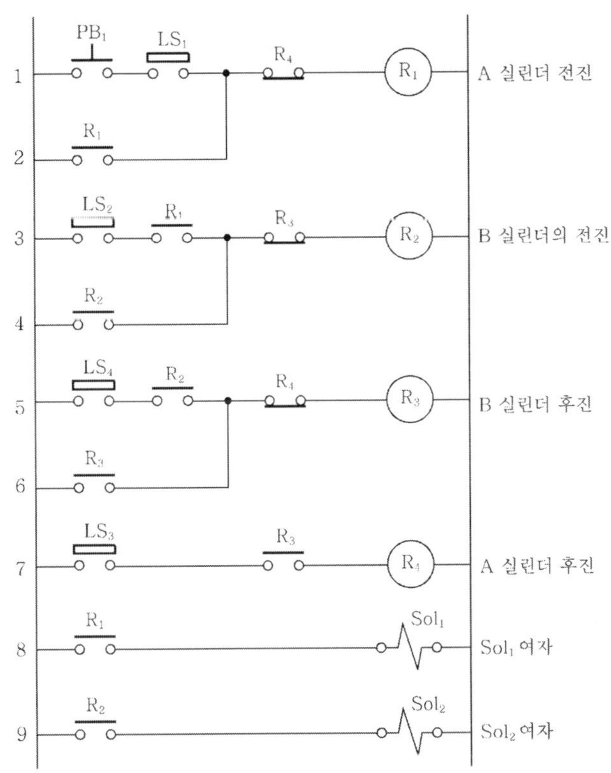

〈그림 3-20〉 시퀀스 제어회로

3.8 유공압 시퀀스 제어

예제 3.1 단동 실린더의 제어회로 실습 / 편측 전자 밸브 이용

1. 문제

누름 버튼을 누르면 단동 실린더가 전진하고, 누름 버튼에서 손을 떼면 후진되어야 한다.

2. 실습 목표

전자(솔레노이드) 밸브에 의한 단동 실린더 제어회로의 구성을 익힌다.

3. 구성기기

① 단동 실린더 [pPS-25-75] - 1개
② 3포트 2위치 편측 전자 밸브 [pSV-3321-C] - 1개
③ 누름 버튼 스위치 [SP-3003-B] - 1set
④ 릴레이 [RL-304C] - 1set
⑤ DC Power Supply [PS-7400-2] - 1set
⑥ 연결 케이블 [CA-1054] - 1set

4. 회로도

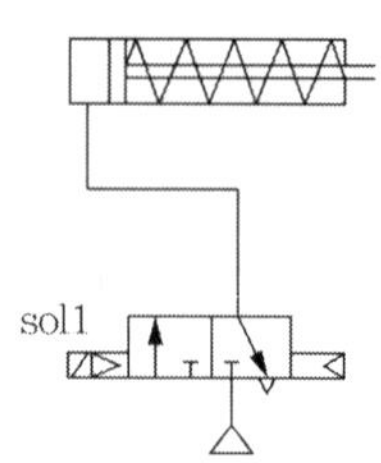

〈그림 3-21〉 공압 회로도

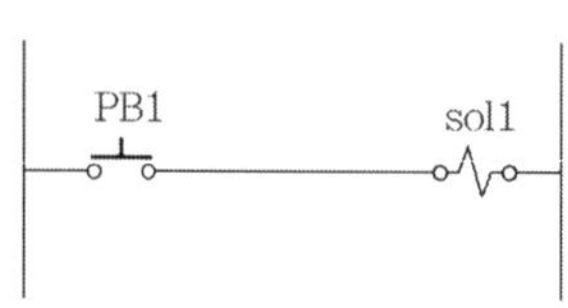

〈그림 3-22〉 직접 제어회로

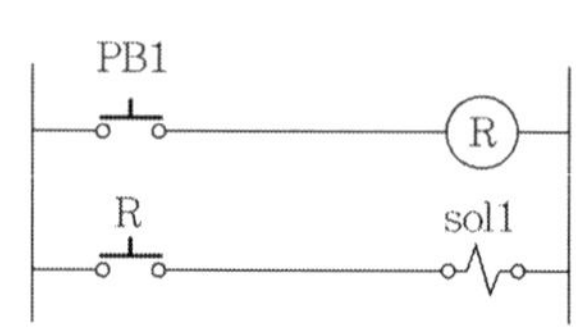

〈그림 3-23〉 간접 제어회로

5. 동작 설명

전기-공압 회로도를 작성할 때는 먼저 공압 회로도를 그려야 한다. 이것은 실린더를 제어하는 전자 밸브가 편측(single), 혹은 양측(double)이냐에 따라 제어하는 전기회로가 완전히 달라지기 때문이다.

〈그림 3-21〉은 3포트 2위치 편측 전자 밸브로 공압 단동 실린더를 제어하는 구성도이며, 〈그림 3-22〉와 〈그림 3-23〉은 공압 실린더를 제어하는 전기회로이다.

〈그림 3-22〉는 직접 제어회로로 누름 버튼 스위치 PB1을 ON시키면 솔레노이드가 여자되어 밸브가 위치전환되고 실린더가 전진한다. 누름 버튼에서 손을 떼면 솔레노이드에 통전했던 전류가 끊기므로 밸브가 원위치되어 실린더가 후진되는 회로이다.
〈그림 3-23〉은 릴레이로 신호를 중계하여 전자 밸브를 제어하는 회로이다.

예제 3.2 복동 실린더의 제어회로 실습(I) / 편측 전자 밸브 이용

1. 문제

복동 실린더가 전진신호용 누름 버튼을 ON시키면 전진하고, 후진 신호용 누름 버튼을 누르면 후진되어야 한다.

2. 실습 목표

전자 밸브에 의한 복동 실린더 제어회로의 구성을 익힌다.

3. 구성기기

① 복동 실린더 [pPD-25-125] - 1개
② 5포트 2위치 편측 전자 밸브 [pSV-3521] - 1개
③ 누름 버튼 스위치 [SP-3003-B] - 1set
④ 릴레이 [RL-304C] - 1set
⑤ DC Power Supply [PS-7400-2] - 1set
⑥ 연결 케이블 [CA-1054] - 1set

4. 회로도

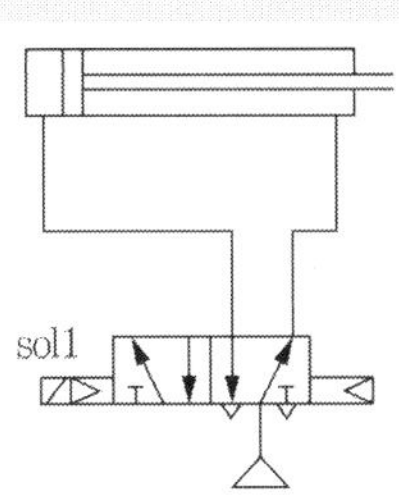

〈그림 3-24〉 공압 회로도

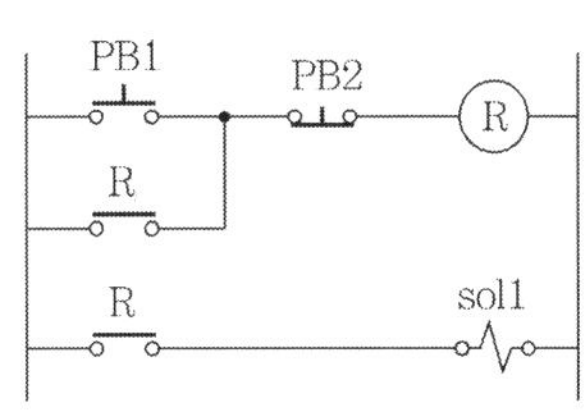

〈그림 3-25〉 제어회로

5. 동작 설명

공압 복동 실린더를 제어하려면 4포트 밸브나 5포트 밸브가 필요하다. 〈그림 3-24〉의 공압 회로도는 5포트 2위치 편측 전자 밸브로 복동 실린더를 제어하는 구성도이고, 〈그림 3-25〉가 제어회로이다.

〈그림 3-25〉는 누름 버튼 스위치 PB1을 누르면 릴레이에 의해 자기 유지되고, 실린더가 전진한다. 복귀는 PB2를 ON시켜 자기유지를 해제하면 밸브가 원위치되고 실린더가 후진하게 된다. 이와 같이 편측 전자 밸브로 실린더를 제어하려면 자기유지회로가 필요하다.

예제 3.3 복동 실린더의 제어회로 실습(II) / 양측 전자 밸브 이용

1. 문제

복동 실린더가 전진신호용 누름 버튼을 ON시키면 전진하고, 후진 신호용 누름 버튼을 누르면 후진되어야 한다.

2. 실습 목표

양측(double) 전자 밸브에 의한 복동 실린더 제어회로의 구성을 익힌다.

3. 구성기기

① 복동 실린더 [pPD-25-125] - 1개
② 5포트 2위치 양측 전자 밸브 [pSV-3522] - 1개
③ 누름 버튼 스위치 [SP-3003-B] - 1set
④ 릴레이 [RL-304C] - 1set
⑤ DC Power Supply [PS-7400-2] - 1set
⑥ 연결 케이블 [CA-1054] - 1set

4. 회로도

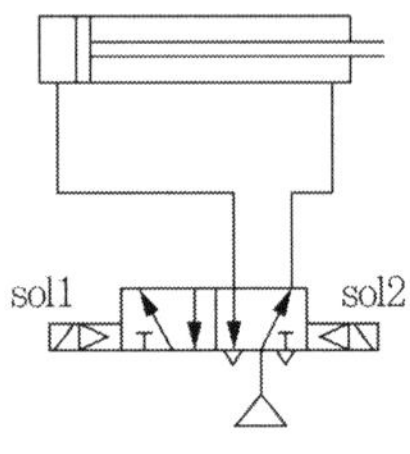

〈그림 3-26〉 공압 회로도

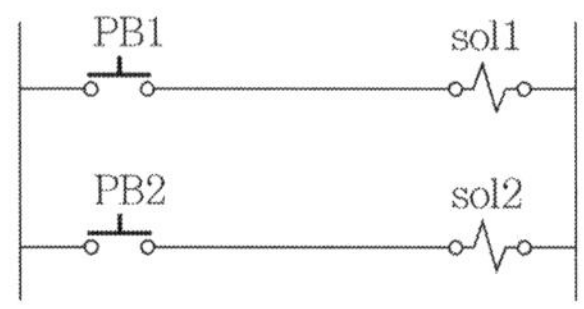

〈그림 3-27〉 직접 제어회로

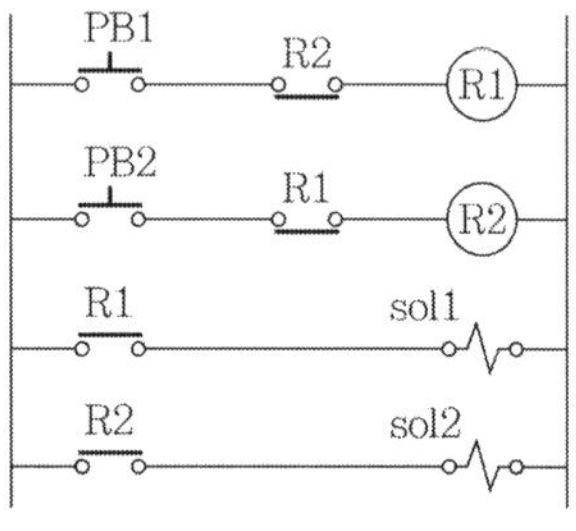

〈그림 3-28〉 간접 제어회로

5. 동작 설명

공압 실린더를 제어하는 전자 밸브가 양측인 경우는 신호를 주었다 제거해도 밸브는 반대 신호를 줄 때까지 그 상태를 유지하므로 편측 전자 밸브에서와 같이 반드시 자기유지회로를 구성할 필요가 없다. 〈그림 3-27〉은 직접 제어회로로, 누름 버튼 스위치 PB1을 누르면 PB1과 PB2가 동시에 눌려진다면 전자 밸브의 양측 솔레노이드가 여자되고 실린더는 그

상태로 있으나 통전시간이 길어지면 솔레노이드가 타 버리는 일이 발생된다. 이것을 방지하기 위해서는 〈그림 3-28〉과 같이 인터록 회로를 구성해야 한다. 즉, 〈그림 3-28〉에서는 R1이 ON되어 있는 동안은 R2가 여자될 수 없고, 반대로 R2가 ON되어 있는 동안은 R1이 동작할 수 없도록 인터록을 취한 회로이다. 다만 위의 두 회로에서 누름 버튼을 누르고 있는 조작시간은 솔레노이드가 여자되어 밸브가 위치 전환시킬 시간만큼 충분히 길어야 한다는 것이다.

예제 3.4 복동 실린더의 자동복귀회로(I) / 리밋 스위치 이용

1. 문제

복동 실린더가 누름 버튼 스위치를 누르면 전진하고, 전진 끝단에 도달된 후 스스로 복귀되어야 한다.

2. 실습 목표

① 실린더의 자동복귀 회로에 대해 알아본다.
② 리밋 스위치의 구조 원리를 이해한다.

3. 구성기기

① 복동 실린더 [pPD-25-125] - 1개
② 5포트 2위치 편측 전자 밸브 [pSV-3521] - 1개
③ 누름 버튼 스위치 [SP-3003-B] - 1set
④ 릴레이 [RL-304C] - 1set
⑤ 리밋 스위치 [pLS-361C] - 1개
⑥ DC Power Supply [PS-7400-2] - 1set
⑦ 연결 케이블 [CA-1054] - 1set

4. 회로도

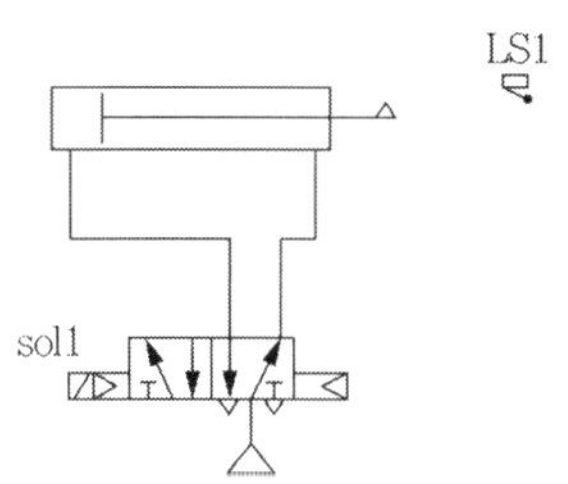

〈그림 3-29〉 공압 회로

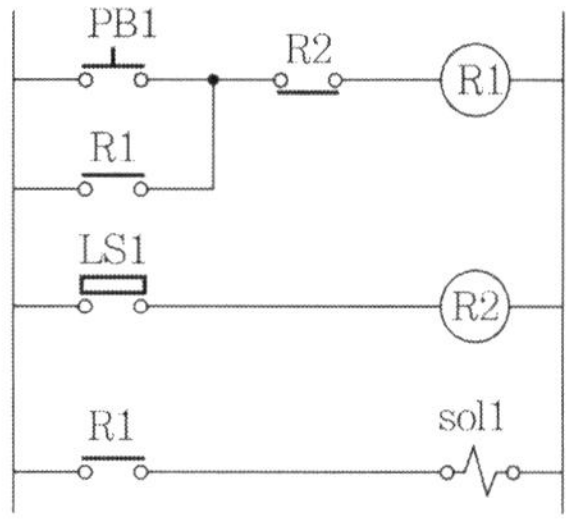

〈그림 3-30〉 제어회로

5. 동작 설명

〈그림 3-30〉은 〈그림 3-29〉의 공압 회로를 작동시키는 제어회로로서 누름 버튼 스위치 PB1을 누르면 R1 릴레이가 여자되고 자기유지되며, 동시에 솔레노이드 코일에 통전시켜 실린더를 전진시킨다.

실린더의 피스톤이 전진 완료되어 LS1 리밋 스위치를 ON시키면 R2 릴레이가 여자되어 솔레노이드에 통전하고 있는 R1 릴레이를 복귀시킴에 따라 5포트 밸브가 공기압에 의해 원위치되고, 실린더가 후진한다. 다시 실린더를 전진시키려면 누름 버튼 스위치를 눌러야 한다.

예제 3.5 복동 실린더의 자동복귀회로(II) / 타이머 이용

1. 문제

복동 실린더가 누름 버튼 스위치를 누르면 전진하고 스스로 복귀되어야 한다.

2. 실습 목표

타이머를 이용한 회로 구성을 이해한다.

3. 구성기기

① 복동 실린더 [pPD-25-125] - 1개
② 5포트 2위치 편측 전자 밸브 [pSV-3521] - 1개
③ 누름 버튼 스위치 [SP-3003-B] - 1set
④ 릴레이 [RL-304C] - 1set
⑤ 타임 릴레이 세트 [TR-3002] - 1set
⑥ DC Power Supply [PS-7400-2] - 1set
⑦ 연결 케이블 [CA-1054] - 1set

4. 회로도

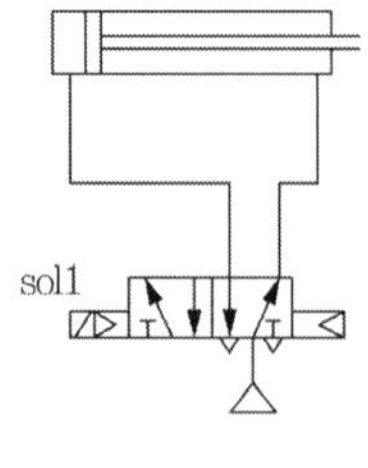

〈그림 3-31〉 공압 회로

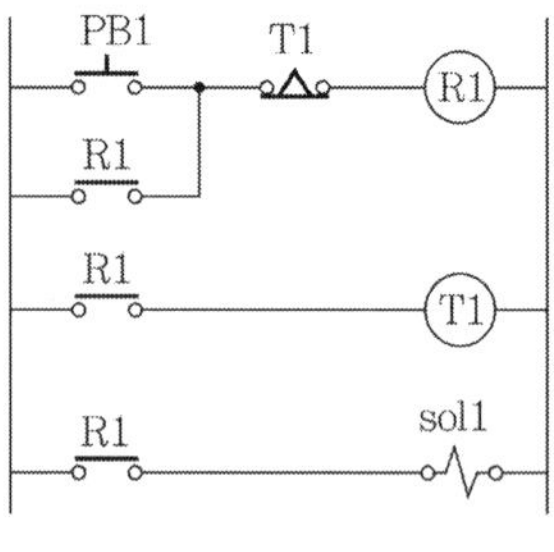

〈그림 3-32〉 제어회로

5. 동작 설명

〈그림 3-32〉는 〈그림 3-31〉의 공압 회로를 동작시키는 제어회로로, 공압 회로에 나타낸 바와 같이 리밋 스위치가 없는 경우의 자동복귀회로이다.

회로의 동작 원리는 시동 스위치인 PB1을 ON시키면 릴레이 R1이 여자되고 자기유지되며, 솔레노이드를 ON시켜 실린더를 전진시킨다. 동시에 타이머 T1이 동작하여 설정된 시간 후에 R1의 자기유지를 해제하므로 밸브가 공기압에 의해 원위치되어 실린더가 자동적으로 후진한다.

예제 3.6 복동 실린더의 연속 왕복 작동 회로(I) / 편측 전자 밸브의 경우

1. 문제

시동 신호를 주면 복동 실린더가 전진과 후진을 반복하고, 정지신호가 입력되면 반드시 후진된 상태에서 정지되어야 한다.

2. 실습 목표

실린더의 연속 왕복 작동 회로의 구성에 대해 알아본다.

3. 구성기기

① 복동 실린더 [pPD-25-125] - 1개
② 5포트 2위치 편측 전자 밸브 [pSV-3521] - 1개
③ 누름 버튼 스위치 [SP-3003-B] - 1set
④ 릴레이 [RL-304C] - 1set
⑤ 리밋 스위치 [pLS-361C] - 2개
⑥ DC Power Supply [PS-7400-2] - 1set
⑦ 연결 케이블 [CA-1054] - 1set

4. 회로도

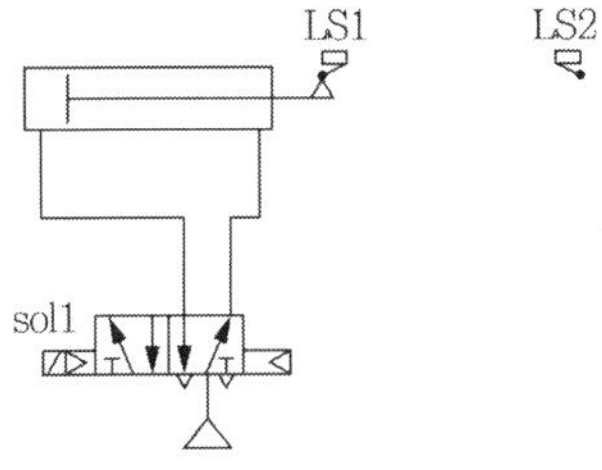

〈그림 3-33〉 공압 회로

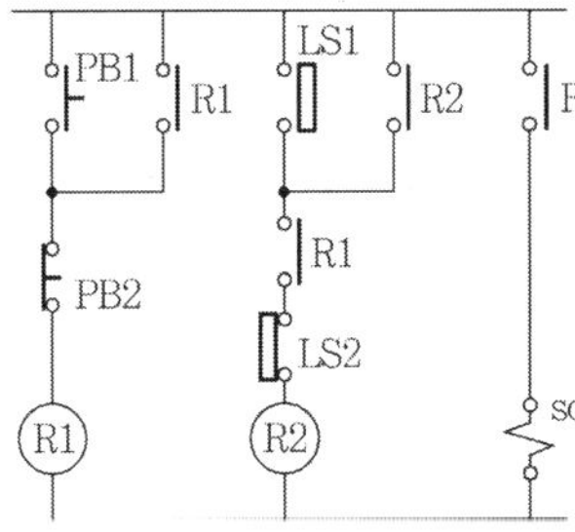

〈그림 3-34〉 제어회로

5. 동작 설명

〈그림 3-34〉에서 PB1은 기동 스위치이고, PB2는 정지 스위치이다. 먼저 PB1 누름 버튼 스위치를 누르면 릴레이 R1이 여자되고 자기유지된다. 이때 실린더가 후진되어 있어 LS1이 ON 상태이므로 R2가 여자되고 자기유지되며, 솔레노이드 sol1에 통전시켜 밸브가 위치전환되고 실린더가 전진한다. 실린더가 전진 완료되어 전진 끝단에 설치되어 있는 리밋 스위치 LS2가 ON되면 릴레이 R2 코일 위의 LS2가 b접점이므로 끊어져 R2의 자기유지를 해제시킨다.

따라서 R2 릴레이 a접점에 의해 sol1에 통전하던 전류가 끊기므로 밸브가 공기압에 의해 원위치되고 실린더가 후진한다. 실린더가 후진하면서 LS2에서 떨어지면 LS2가 OFF되므로 LS2 b접점은 다시 원위치되며, 실린더가 완전히 복귀하여 LS1 리밋 스위치를 ON시키면 다시 R2가 여자되어 자기유지되고 실린더가 전진한다. 즉, 이와 같이 R1이 ON되어 있는 동안은 실린더가 전진과후진운동을 반복하고, 정지시키기 위해서는 R1이 자기유지를 해제하는 PB2를 ON시키면 된다.

예제 3.7 복동 실린더의 연속 왕복 작동 회로(II) / 양측 전자 밸브의 경우

1. 문제

시동 신호를 주면 복동 실린더가 전진과 후진을 반복하고, 정지신호가 입력되면 반드시 후진된 상태에서 정지되어야 한다.

2. 실습 목표

실린더의 연속 왕복 작동 회로의 구성에 대해 알아본다.

3. 구성기기

① 복동 실린더 [pPD-25-125] - 1개
② 5포트 2위치 편측 전자 밸브 [pSV-3522] - 1개
③ 누름 버튼 스위치 [SP-3003B] - 1set
④ 릴레이 [RL-304C] - 1set
⑤ 리밋 스위치 [pLS-361C] - 2개
⑥ DC Power Supply [PS-7400-2] - 1set
⑦ 연결 케이블 [CA-1054] - 1set

4. 회로도

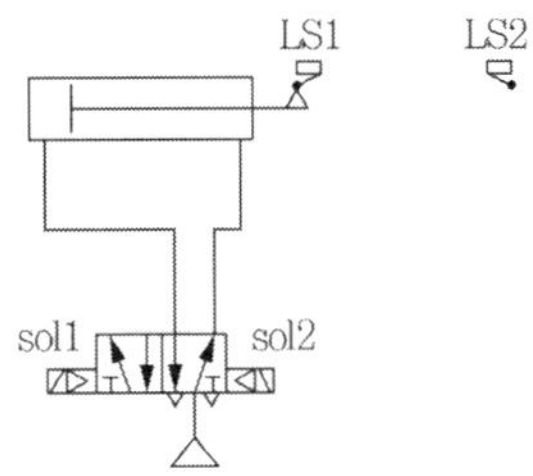

〈그림 3-35〉 공압 회로

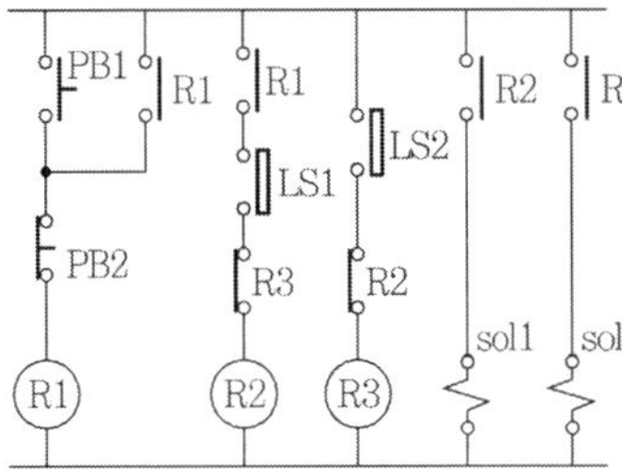

〈그림 3-36〉 제어회로

5. 동작 설명

〈그림 3-36〉은 〈그림 3-35〉의 공압 회로를 연속 왕복 작동시키는 제어회로로, 회로의 동작 원리는 앞서 〈그림 3-34〉와 같으나 복동 실린더를 제어하는 전자 밸브가 양측이므로 주 회로에 솔레노이드가 2개이고, 제어회로에서 자기유지 회로로 하지 않은 것이다.

예제 3.8 단동/연속 사이클 선택 회로(I) / 유지형 스위치 이용

1. 문제

복동 실린더가 단동 사이클 신호와 연속 사이클 신호에 의해 각각 선택 운전이 가능해야 한다.

2. 실습 목표

① 단동 사이클 및 연속 사이클의 개념을 익힌다.
② 단동 사이클 및 연속 사이클 선택회로의 구성을 이해한다.

3. 구성기기

① 복동 실린더 [pPD-25-125] - 1개
② 5포트 2위치 편측 전자 밸브 [pSV-3521] - 1개
③ 누름 버튼 스위치 [SP-3003B] - 1set
④ 릴레이 [RL-304C] - 1set
⑤ 리밋 스위치 [pLS-361C] - 2개
⑥ DC Power Supply [PS-7400-2] - 1set
⑦ 연결 케이블 [CA-1054] - 1set

4. 회로도

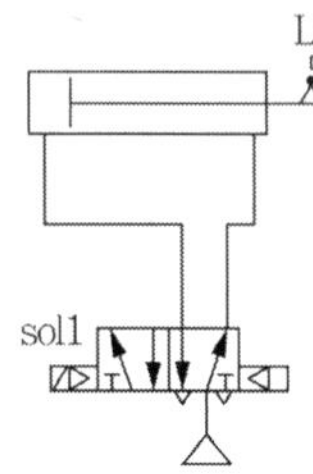

〈그림 3-37〉 공압 회로

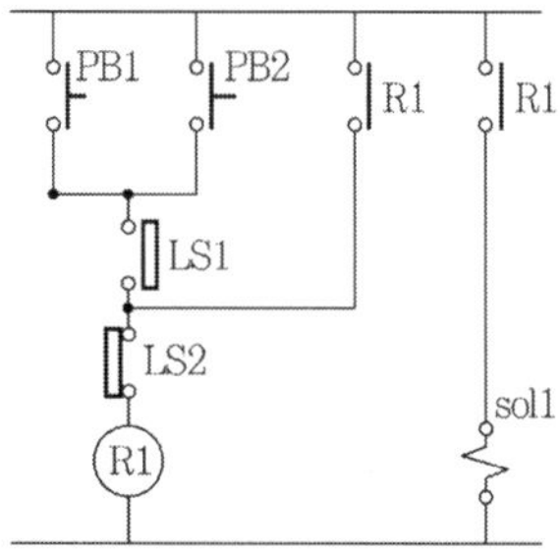

〈그림 3-38〉 제어회로

5. 동작 설명

〈그림 3-38〉은 누름 버튼 스위치와 셀렉터 스위치에 의해 단동 사이클과 연속 사이클을 각각 선택 운전하는 회로이다. 즉, PB1 누름 버튼 스위치를 눌렀다 떼면 R1이 여자되고 자기유지되며, 실린더가 전진한다. 전진 끝단에 도달되면 리밋 스위치 LS2를 ON시키고 그 신호로써 자동적으로 후진하여 1사이클이 종료되므로 이러한 사이클을 단동 사이클이라 한다.

한편 유지형 스위치인 PB2를 ON시키면 실린더가 전진과 후진을 계속적으로 유지형 스위치를 OFF시킬 때까지 반복한다. 이러한 사이클을 연속 사이클이라 한다.

예제 3.9 단동/연속 사이클 선택 회로(II) / 누름 버튼 스위치 이용

1. 문제

복동 실린더가 단동 사이클 신호와 연속 사이클 신호에 의해 각각 선택 운전이 가능해야 한다. 단동 사이클 신호와 연속 사이클 신호는 반드시 누름 버튼 스위치여야 한다.

2. 실습 목표

누름 버튼 스위치에 의한 단동/연속 사이클 선택회로의 구성을 이해한다.

3. 구성기기

① 복동 실린더 [pPD-25-125] - 1개
② 5포트 2위치 편측 전자 밸브 [pSV-3521] - 1개
③ 누름 버튼 스위치 [SP-3003-B] - 1set
④ 릴레이 [RL-304C] - 1set
⑤ 리밋 스위치 [pLS-361C] - 2개

⑥ DC Power Supply [PS-7400-2] - 1set

⑦ 연결 케이블 [CA-1054] - 1set

4. 회로도

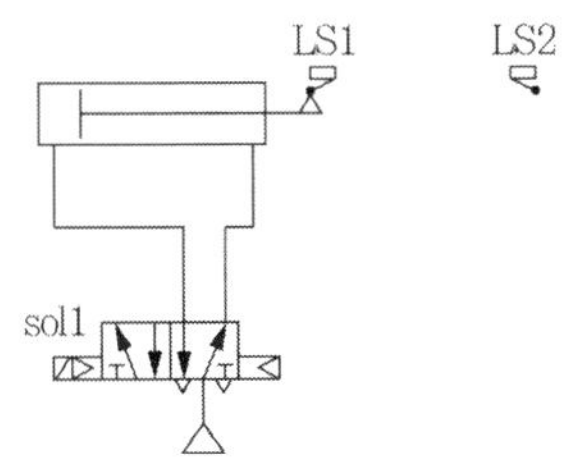

〈그림 3-39〉 공압 회로

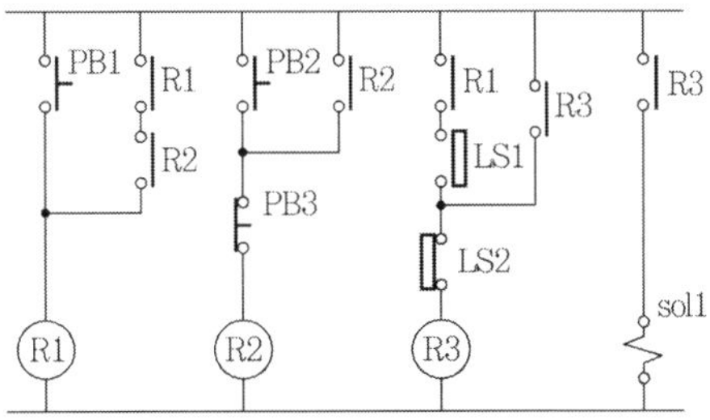

〈그림 3-40〉 제어회로

5. 동작 설명

〈그림 3-40〉은 〈예제 3.8〉의 제어회로와 기능은 같으나 단동 사이클 및 연속 사이클 선택 스위치에 누름 버튼 스위치를 이용한 예이다. 그리고 PB1은 단동 사이클 및 제어계의 시동 신호이고, PB2는 연속 사이클 신호로서 PB1은 단동 사이클 및 제어계의 시동 신호이고 PB2는 연속 사이클 신호로서, PB1 스위치를 한번 눌렀다 떼면 실린더가 전진하여 리밋 스위치 신호에 의해 스스로 복귀하여 정지한다. 연속 사이클 작업을 위해서는 PB2 스위치를 누르면 자기유지되고 실린더는 시동하지 않는다. 즉, PB2는 연속 사이클 선택 스위치일 뿐 제어계의 시동 스위치는 아니다. 이 상태에서 PB1을 누르면 실린더는 전진과 후진을 반복하고 연속 작업 정지 스위치인 PB3를 누르면 실린더가 복귀하여 정지한다.

예제 3.10 카운터 회로

1. 문제

복동 실린더가 시동 신호를 주면 연속적으로 왕복 작동해야 하고, 10회 동작하면 스스로 정지되어야 한다.

2. 실습 목표

카운터의 기능과 역할에 대해 알아본다.

3. 구성기기

① 복동 실린더 [pPD-25-125] - 1개

② 5포트 2위치 편측 전자 밸브 [pSV-3521] - 1개

③ 누름 버튼 스위치 [SP-3003-B] - 1set
④ 릴레이 [RL-304C] - 1set
⑤ 리밋 스위치 [pLS-361C] - 2개
⑥ 카운터 유닛 [DC-3041-M] -1개
⑦ DC Power Supply [PS-7400-2] - 1set
⑧ 연결 케이블 [CA-1054] - 1set

4. 회로도

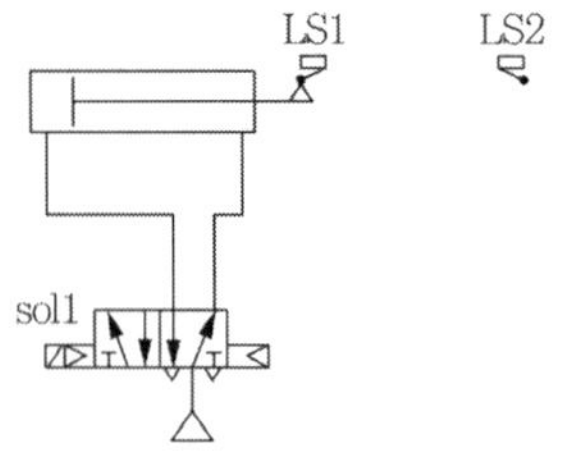

〈그림 3-41〉 공압 회로

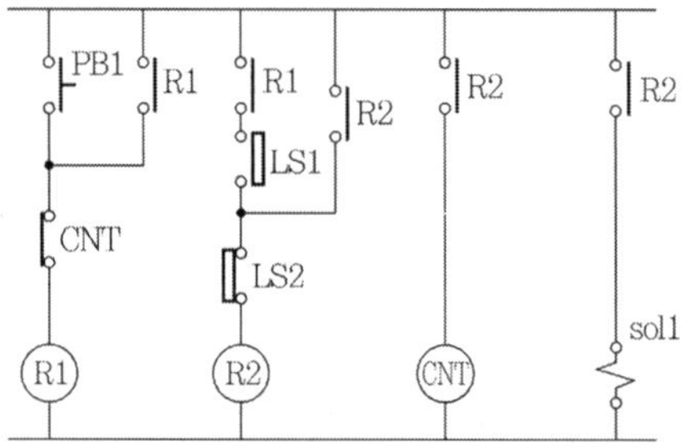

〈그림 3-42〉 제어회로

5. 동작 설명

〈그림 3-42〉는 기계의 동작 횟소 계수를 위한 카운터 회로의 예로서 PB1을 누르면 실린더가 전진과 후진을 반복한다. 그리고 실린더를 제어하는 릴레이 R2의 a접점에 의해 카운터(CNT)가 계수를 하고 카운터의 설정치 만큼 실린더가 동작하면 카운터 출력 접점이 시동 신호인 R1의 자기유지를 해제시키므로 스스로 정지하는 회로이다.

예제 3.11 순차제어회로

1) A+B+B-A-의 회로 / 주회로 차단법

1. 문제

두 개의 복동 실린더가 시동 신호를 주면 A+B+B-A-의 순서로 순차작동 되어야 한다.

2. 실습 목표

① 시퀀스 회로의 구성을 이해한다.
② 주 회로 차단법의 설계 원리를 이해한다.

3. 구성기기

① 복동 실린더 [pPD-25-125] - 1개

② 복동 실린더 [pPD-25-125S] - 1개

③ 5포트 2위치 편측 전자 밸브 [pSV-3521-2] - 1set

④ 누름 버튼 스위치 [SP-3003-B] - 1set

⑤ 릴레이 유닛[RL-304C] - 2set

⑥ 리밋 스위치 [pLS-361C] - 4개

⑦ DC Power Supply [PS-7400-2] - 1set

⑧ 연결 케이블 [CA-1054] - 1set

4. 회로도

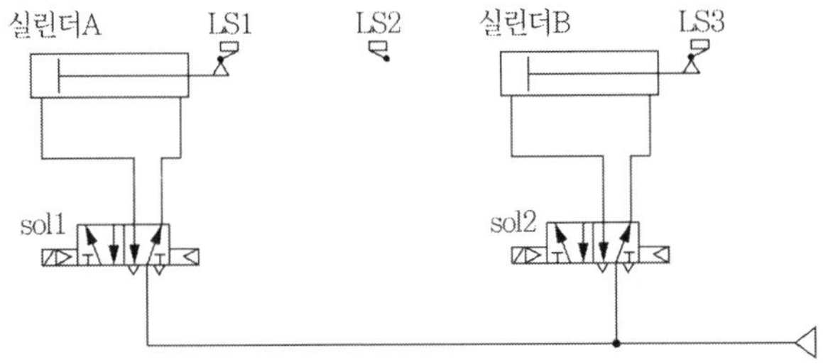

〈그림 3-43〉 공압 회로

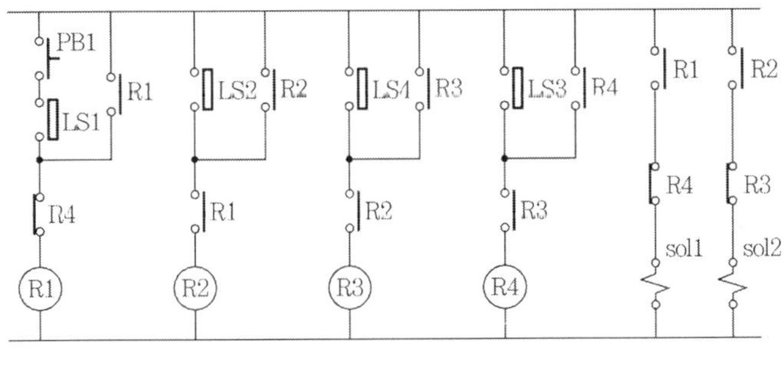

〈그림 3-44〉 제어회로

5. 동작 설명

〈그림 3-44〉는 〈그림 3-43〉의 공압 회로를 A+B+B-A-의 순서로 동작시키는 시퀀스 회로이다. 회로 설계의 특징으로는 제어회로 구간의 신호는 전부 자기유지하고 복귀 신호는 주 회로 구간에서 솔레노이드를 통전시키는 신호를 릴레이의 b접점으로 끊고 제어회로의 지기유지는 마지막 스텝 신호의 릴레이 b접전으로 첫 번째 릴레이의 자기유지를 끊음으로써 연속적으로 자기유지를 해제하도록 구성한 것이다.

2) A+B+A-B-의 회로 / 직관에 의한 설계법

1. 문제

두 개의 복동 실린더가 시동 신호를 주면 A+B+B-B-의 순서로 순차작동 되어야 한다.

2. 실습 목표

직관에 의한 시퀀스 회로 설계 원리를 이해한다.

3. 구성기기

① 복동 실린더 [pPD-25-125] - 1개
② 복동 실린더 [pPD-25-125S] - 1개
③ 5포트 2위치 편측 전자 밸브 [pSV-3521-2] - 1set
④ 누름 버튼 스위치 [SP-3003-B] - 1set
⑤ 릴레이 유닛[RL-304C] - 2set
⑥ 리밋 스위치 [pLS-361C] - 4개
⑦ DC Power Supply [PS-7400-2] - 1set
⑧ 연결 케이블 [CA-1054] - 1set

4. 회로도

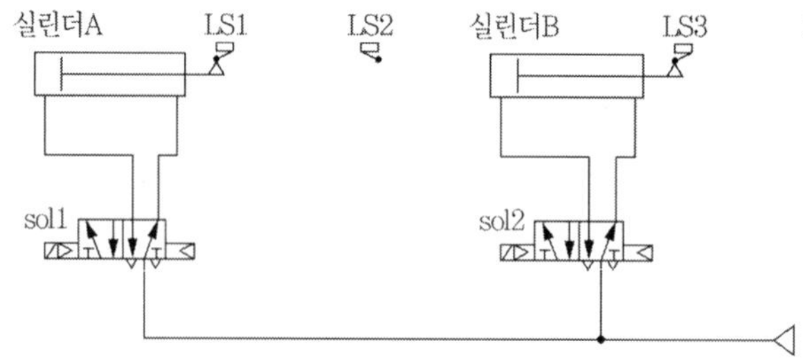

〈그림 3-45〉 공압 회로

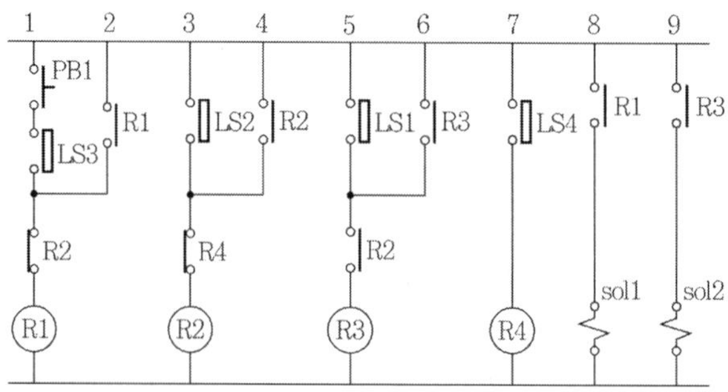

〈그림 3-46〉 제어회로

5. 동작 설명

〈그림 3-46〉은 직관에 의한 설계법으로 〈그림 3-45〉의 공압 실린더를 A+B+B-B-의 순서로 순차 작동시키는 회로이다.

회로의 동작 원리는 시동 스위치인 PB1을 누르면 릴레이 R1이 여자되고 자기유지된다. 그리고 8열의 R1 a접점에 의해 sol1이 ON되어 그 결과로 실린더 A가 전진한다. 실린더 A가 전진 완료되어 LS2 리밋 스위치가 ON되면 R2 b접점이 끊어져 R1이 OFF되므로 8열의 R1 a접점도 복귀되어 밸브는 내장된 스프링에 의해 원위치되고, 실린더 A가 후진한다. 실린더 A가 후진 완료되어 LS1 리밋 스위치가 ON되면 5열의 R2 a접점과 AND로 신호가 형성되어 R3 릴레이가 여자되고 자기유지되며, 9열의 R3 a접점에 의해 sol2가 ON되어 실린더 B를 전진시킨다. 실린더 B가 전진 완료되어 LS4가 ON되면 7열의 R4 릴레이가 여자되고 3열의 R4 접점이 열리므로 R3 릴레이가 OFF되어 실린더 B가 후진한다. 이렇게 하여 1사이클이 종료되고 모든 제어기기는 회로도와 같은 초기상태로 복귀한다.

3) A+B+A-B-의 회로 / 최소신호 차단법

1. 문제

두 개의 복동 실린더가 시동 신호를 주면 A+B+A-B-의 순서로 순차작동 되어야 한다.

2. 실습 목표

최소 신호 차단법의 회로 설계 원리를 이해한다.

3. 구성기기

① 복동 실린더 [pPD-25-125] - 1개
② 복동 실린더 [pPD-25-125S] - 1개
③ 5포트 2위치 양측 전자 밸브 [pSV-3522-2] - 1set
④ 누름 버튼 스위치 [SP-3003-B] - 1set
⑤ 릴레이 유닛[RL-304C] - 2set
⑥ 리밋 스위치 [pLS-361C] - 4개
⑦ DC Power Supply [PS-7400-2] - 1set
⑧ 연결 케이블 [CA-1054] - 1set

4. 회로도

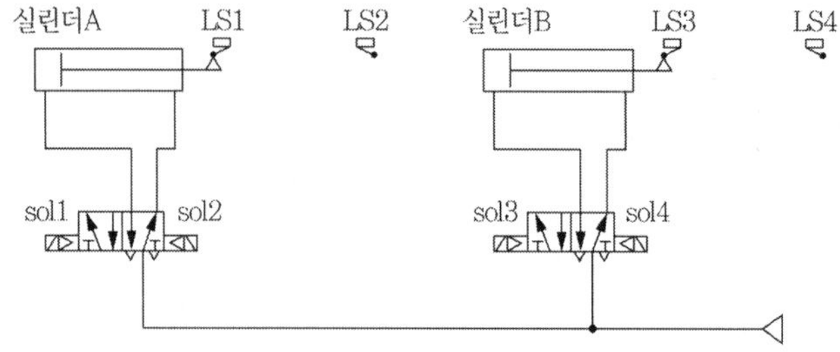

〈그림 3-49〉 공압 회로

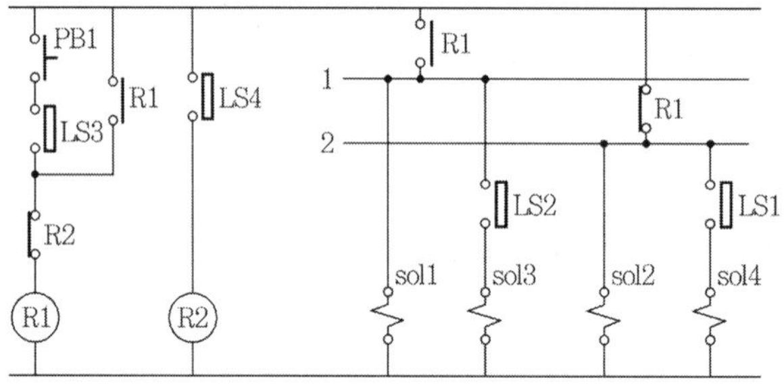

〈그림 3-50〉 제어회로

5. 동작 설명

〈그림 3-50〉은 〈그림 3-49〉의 공압 회로에서와 같이 양측 전자 밸브로 다수의 실린더를 순차작동시킬 때 이용되는 회로 설계법 중 하나인 최소 신호 차단법에 의한 설계법으로 구성한 제어회로이다.

동작 원리는 시동 스위치인 PB1을 ON시키면 R1 릴레이가 여자되고 자기유지되며, 주 회로 구간의 1라인에 전기가 공급되어 먼저 중계기기를 거치지 않은 sol1이 ON되어 실린더 A가 전진한다.

실린더 A가 전진 완료되어 LS2 리밋 스위치가 ON되면 1라인에서 LS2를 통해 sol3가 ON되어 실린더 B가 전진하게 된다. 실린더 B가 전진 완료되어 LS4가 ON되면 R2 릴레이가 여자되고 R2 b접점에 의해 R1 릴레이가 복귀되므로 이제는 주 회로 구간의 1라인은 신호가 사라지고 2라인에 신호가 존재한다. 그러므로 2라인에서 직접 연결된 sol2가 ON되어 세 번째로 실린더 A를 후진시키면 실린더 A가 후진 완료되어 LS1 리밋 스위치가 ON되면 sol4가 ON되고, 그 결과로 실린더 B가 복귀되고 1사이클이 종료된다.

4) A+B+B-A-의 회로 / 최대신호 차단법

1. 문제

두 개의 복동 실린더가 양측 전자 밸브로 구동되며, 시동 신호를 주면 A+B+B-A-의 순서로 순차작동 되어야 한다.

2. 실습 목표

최대 신호 차단법의 회로 설계 원리를 이해한다.

3. 구성기기

① 복동 실린더 [pPD-25-125] - 1개
② 복동 실린더 [pPD-25-125S] - 1개
③ 5포트 2위치 편측 전자 밸브 [pSV-3522-2] - 1set
④ 누름 버튼 스위치 [SP-3003-B] - 1set
⑤ 릴레이 유닛[RL-304C] - 2set
⑥ 리밋 스위치 [pLS-361C] - 4개

4. 회로도

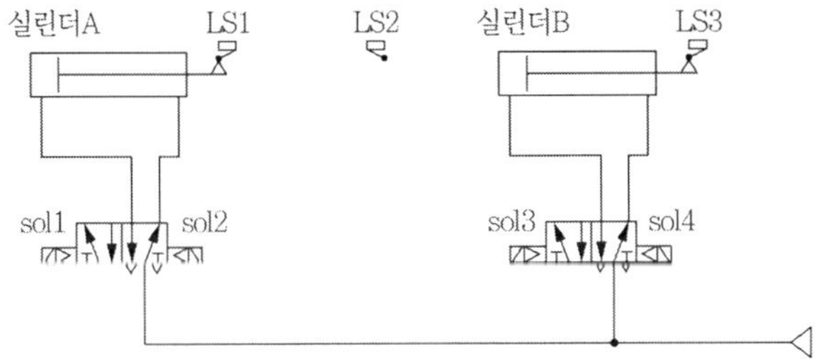

〈그림 3-51〉 공압 회로

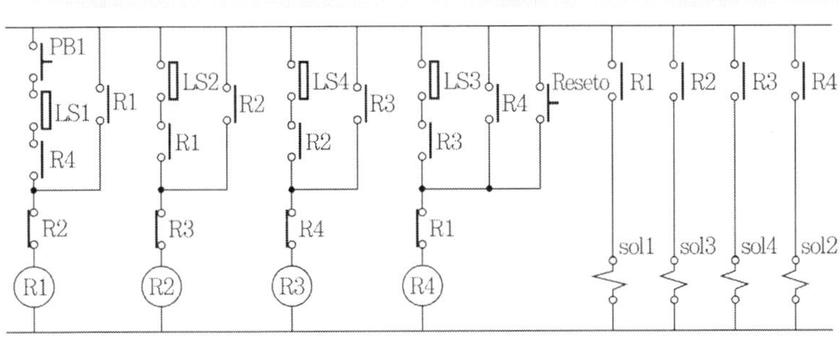

〈그림 3-52〉 제어회로

5. 동작 설명

〈그림 3-32〉는 최대 신호 차단법에 의한 실린더의 순차 작동 회로로서, 회로의 동작은 첫 사이클 기동 시에는 먼저 Reset 스위치를 누른 후 시동 스위치인 PB1을 ON시키면 먼저 R1이 여자되고 자기유지되며, 실린더 A가 전진한다. 실린더 A가 전진 완료되어 LS2 리밋 스위치가 ON되면 LS2와 전단계 보증신호인 R1에 의해 R2 릴레이가 여자되고 자기유지되며, 그 신호로서 sol3가 ON되어 실린더 B가 전진된다. 실린더 B가 전진 완료되어 LS4가 ON되면 LS4와 전 단계 신호인 R2에 의해 R3가 여자되고 자기유지되며, 전 단계 신호인 R2 릴레이는 OFF시키고 주회로 구간에서 R3에 의해 sol4가 여자되어 실린더 B가 후진한다. 실린더 B가 후진 완료되어 LS3가 ON되면 LS3와 전 단계 보증 신호 R3가 ON 되어 있으므로 R4 릴레이가 여자되고 자기유지되며, 전 단계 신호인 릴레이 R3을 복귀시키고 주회로 구간에서 sol2를 여자시키므로 실린더 A가 후진한다. 이렇게 하여 1 사이클이 종료되고 R4 릴레이가 ON된 상태이다. 이 상태에서 PB1을 다시 누르면 상기와 같은 동작을 반복한다.

···제 4 장 PLC(Programmable Logic Controller)

4.1 PLC 구성과 개요

PLC는 전원 장치부, 입력부, CPU, 출력부 및 주변기기로 구성되어 있다. 〈그림 4-1〉은 PLC의 기본 구성도이다.

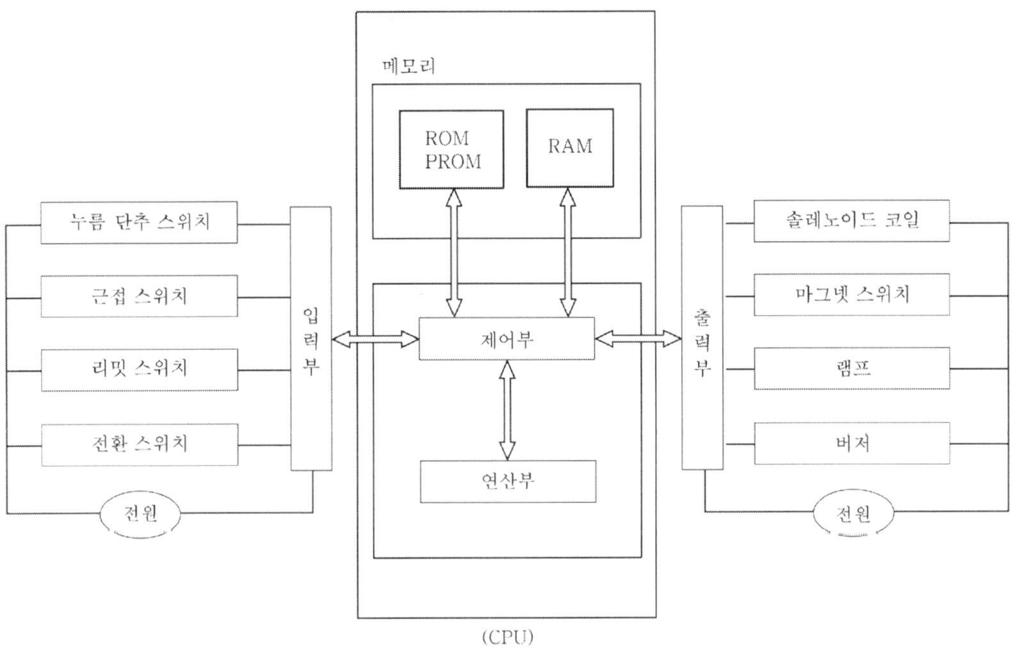

〈그림 4-1〉 PLC 구성

PLC는 입력기기를 입력 모듈에 배선하고 출력기기를 출력 모듈에 배선한 다음 입력기기가 동작하면 입력 data를 data 메모리 입력 영역에 리프레시한다. 그리고 제어・연산부에서는 프로그램 메모리에 들어 있는 program은 0번 step부터 마지막 step 명령까지 연산하여 그 결과를 data 메모리 출력 영역에 리프레시하면 출력기기가 제어된다.

4.2 PLC 입력부

(1) 입력기기

① 각종 스위치

② 각종 센서

㉮ 디지털 센서

㉯ 아날로그 센서(온도・압력・속도・유량 센서)

③ 각종 보호계 접점(EOCR, THR 등) 및 검출 신호

④ 각종 계측기 및 컴퓨터 신호

(2) 입력 모듈의 종류와 회로

Type	종 류
디지털 입력 모듈	• AC 입력 모듈 • DC 입력 모듈
특수 모듈	• A/D 변환 모듈 • 고속 카운터 모듈 • PID 제어 모듈 • 열전대 입력 모듈 • 측온 저항체 모듈

① AC 입력 모듈

푸시 버튼 스위치나 리밋 스위치가 동작될 때 AC 입력 전원을 통해 입력되는 전류는 정류기(정류 다이오드)에서 직류 신호로 변환되고, 이 전류에 의하여 포토 커플러의 발광 다이오드를 발광시킨다.

AC 입력의 경우에는 입력 신호의 코먼 선을 직류 전원(통상 DC 5V)으로 동작시키는 내부 회로의 신호 접지계 코먼 선과는 접속할 수 없다. 이 때문에 AC 입력은 필연적으로 포토 커플러나 절연 트랜스 등을 사용한 절연 형식의 사양으로 된다. 또한, AC 입력 모듈의 종류에는 입력 전압의 정격에 따라서 110V, 220V나 110/220V 겸용의 것도 있다.

〈그림 4-2〉는 포토 커플러 절연 형식의 AC 입력 모듈의 회로이고 〈표 4-1〉은 AC 입력 모듈의 사양 예를 나타낸 것이다.

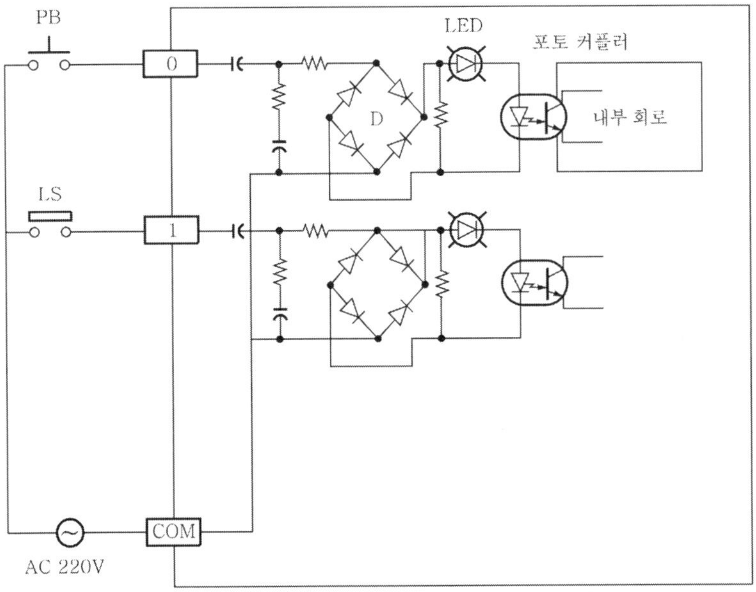

〈그림 4-2〉 AC 입력 모듈

〈표 4-1〉 AC 입력 모듈의 사양 예

사 양 \ 모델명		AC 입력 유닛
입력 점수		16점
절연 방식		photo coupler 절연
정격 입력 전압		110/220V AC(50/60Hz)
정격 입력 전류		7mA(60Hz)/1점
사용 전압		AC 95~240V
최소 ON 전압		65V
최대 OFF 전압		30V
응답 시간	OFF → ON	10ms 이하
	ON → OFF	10ms 이하
절연 전압		5,000V rms
코먼 방식		16점/1COM
동작 표시		LED 점등

② DC 입력 모듈

DC 입력 모듈에는 입력 전압의 정격에 따라 12V, 24V, 48V 등의 3종류가 가장 많이 사용 되고 있으며, 코먼 방식에 따라서도 싱크 입력(+ 코먼) 방식과 소스 입력(- 코먼) 방식이 있다. 또한, 절연 형식과 비절연 형식 등 그 종류가 많다.

〈그림 4-3〉에 나타낸 것은 싱크 입력 접속의 절연 형식 DC 입력 모듈의 예로, 회로도

에서 입력기기의 리밋 스위치 단자나 센서 단자는 제어·연산부와 직접 접속되어 있는 내부 회로와는 전기적으로 완전히 분리(절연)되어 있는 회로이다. 리밋 스위치나 센서를 통해 입력되는 신호는 포토 커플러의 발광 다이오드를 발광시켜 이 광에 의하여 수광소자(포트 트랜지스터)를 통전시킨다.

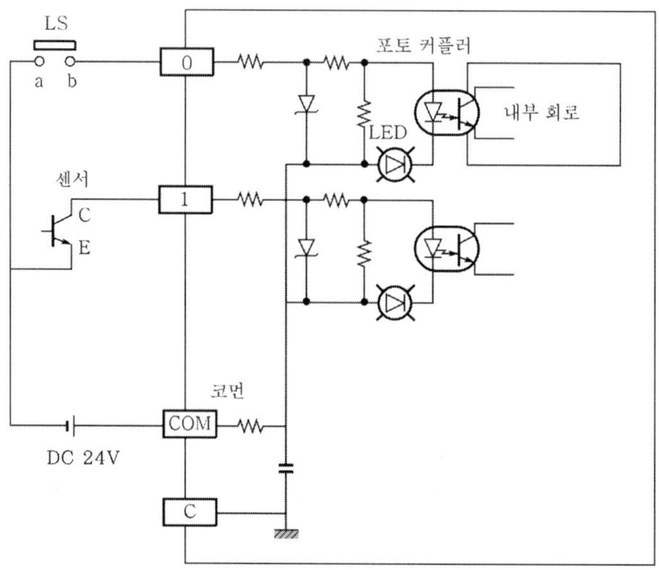

〈그림 4-3〉 DC 입력 모듈

〈표 4-2〉 DC 입력 모듈의 사양 예

사 양 \ 모델명		DC 입력 모듈 8점 DC 24V 싱크 입력 유닛
입력 점수		8점
절연 방식		photo coupler 절연
정격 입력 전압		DC 24V
정격 입력 전류		5mA(DC 14V), 13mA(DC 24V)
사용 전압		DC 12~26V
최대 동시 동작 점수		8점
최소 ON 전압		10V
최대 OFF 전압		8V
응답 시간	OFF → ON	16ms 이하
	ON → OFF	16ms 이하
내부 소비 전류		DC 5V, 140mA
사용 전압		2,500V rms
코먼 방식		8점/1COM
동작 표시		LED 점등

③ A/D 변환 모듈

전압, 전류, 온도, 속도, 압력, 유량 등과 같이 연속해서 변화하는 물리량을 아날로그 신호라고 부른다. 온도를 예를 들면, 〈그림 4-4〉와 같이 시간과 함께 물리량이 연속해서 변화한다. 그러나 이와 같이 변화하는 물리량(온도)을 직접 PLC에 입력할 수 없으므로 동일한 아날로그 값의 직류 전압 0~±10V, 또는 전류 4~20mA로 변환하는 신호 변환기(트랜스듀서)를 경유하여 PLC의 아날로그 모듈에 입력하여야 한다.

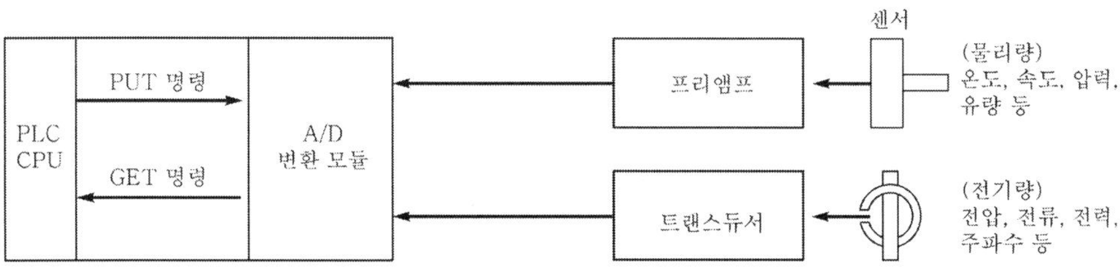

〈그림 4-4〉 A/D 변환 모듈 적용 방식

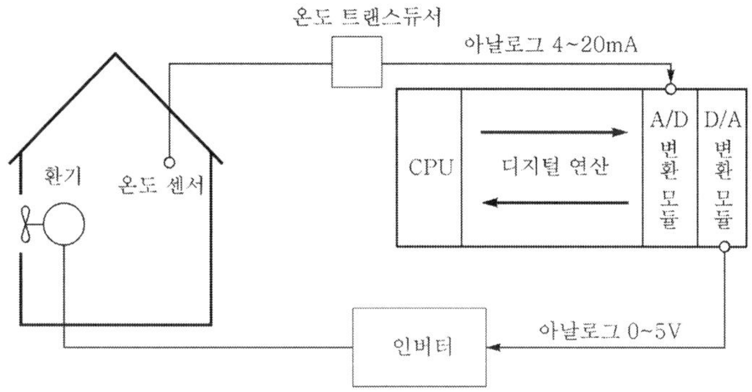

〈그림 4-5〉 A/D, D/A 모듈 적용 사례

〈표 4-3〉 A/D 변환 모듈의 사양 예

항 목	사 양
아날로그 입력	• DC 4~±20mA(입력 저항 250Ω) • DC 0~±10V(입력 저항 30kΩ) } 선택 사용
디지털 출력	±부호 binary 11bit(−2,048~+2,047)
분해능	• 전류 20A(±1/1,000) • 전압 5mV(±1/2,000)
총합 정도	±1% 이하
변환 속도	2.5ms/channel
채널 수	8channel/unit
절연	포토 커플러 절연, 채널 간은 비절연

④ 고속 카운터 모듈

PLC CPU의 카운터는 스캔 타임의 관계로 인해 1초당 10~20회 정도의 계수가 한계이다. 그러므로 이 이상의 고속 카운트는 CPU와는 독립적으로 설계된 고속 카운터 모듈을 사용해야 계수가 가능하다.

고속 카운터 모듈을 사용하면 메이커의 기종에 따라서 1,000카운트/s에서 50,000카운트/s까지 가능하므로 펄스 인코더 등에서 발신하는 신호를 수신할 수 있다.

〈표 4-4〉 고속 카운터 모듈의 사양 예

항 목	사 양
계수 범위	1~16, 772, 216
계수 입력	1상, 2상 DC 5/12/24V, 2~5mA
절연 방식	포토 커플러
계수 속도	1상, 2상 입력 공통 $t = 5\mu s$……50kpps
내부 비교	설정값(카운트 값, 설정값=카운트 값, 설정값) 카운트 값
외부 출력	설정값=카운트 값에서 ON 트랜지스터 출력, DC 12/24V, 0.5A
채널 수	2채널

(3) 입력 모듈 선정 기술

입력 모듈 선정 시 검토 항목은 다음과 같다.

① 디지털 입력 모듈 선정 기술

디지털 입력 모듈은 AC 입력 모듈과 DC 입력 모듈이 있다. 입력 모듈은 입력기기, 제어 설비, 주위 환경적인 요인에 따라 입력 모듈을 달리하여야 한다. 스위치와 같이 접촉 신뢰성이 높아야 되거나 입력기기 배선 길이가 장거리인 경우 및 AC 센서인 경우에는 AC 입력 모듈을 사용하는 것이 바람직하다. 반면에 조작반 스위치나 DC 센서인 경우 및 습기 및 결로가 많은 장소에서는 DC 입력 모듈이 좋다.

② 정격 전압

AC 입력 모듈 전원은 110V와 220V가 있다. 유접점 입력기기일 경우 어느 전압을 사용하여도 접점의 접촉 신뢰성에는 큰 문제는 없다. 다만, 이 경우에는 접촉 신뢰성보다 오히려 작업자의 감전 등을 고려한 안전성이나 접점의 ON/OFF 시 서지에 의한 PLC의 영향을 고려할 때에는 AC 110V를 사용하는 것이 바람직하나 배선 길이가 장거리일 때는 220V를 사용하는 것이 좋다.

DC 입력으로는 DC 5V, 12V, 24V, 48V 등이 많이 사용되고 있다. 앞서 설명했듯이 유접점의 접촉 신뢰성은 고전압이 더 유리하므로 입력기기의 정격 전압에 사용상 문제가 없다면 DC 24V나 48V를 채용하는 것이 바람직하다.
다만, 주의해야 할 점은 하나의 입력 전원으로 유접점이나 무접점 입력기기를 사용할 경우에는 당연히 정격 전압이 낮은 입력기기에 맞추어 입력 전원 전압을 선택하여야 한다는 것이다.

③ 정격 전류

PLC 입력 모듈의 한 점당 허용 전류로서, 5~10mA 정도이다. 한 점당 정격 전류는 클수록 안정적이며, 입력기기가 ON/OFF될 때 한 점당 정격 전류보다 큰 전류가 흐를 때는 저항을 접속하여 전류를 줄이거나 입력기기를 릴레이 방식으로 중계하여야 한다.

④ 절연 방식

PLC 입력 모듈은 입력부에 접속되는 외부기기와 전기적으로 절연된 절연 타입과 외부기기가 코먼 선을 통하여 제어 연산부와 전기적으로 이어져 있는 비절연 타입이 있다. 입력부와 외부 입력기기 간의 거리가 긴 경우나 모터나 전자 개폐기 등의 강전 회로의 영향을 받기 쉽고, 노이즈에 의하여 오신호가 발생할 염려가 있는 경우에는 절연 타입을 선택하여야 한다. 제어반 상의 조작 패널과 같이 짧은 배선으로 입력부에 접속할 수 있는 경우와 노이즈 환경이 양호한 경우에는 비절연 타입을 채용하여도 된다.
최근 PLC는 절연 타입으로 포토 커플러나 포토 다이오드 방식으로 대부분 절연되어 있다.

⑤ 입력 신호 표시 유·무

입력기기의 동작 상태를 표시해 주는 장치로서 표시 기능이 있는 모듈을 사용함으로써 입력기기, 입력기기 배선의 고장 유·무를 확인할 수 있어서 좋다.

⑥ 응답 시간

입력 모듈의 응답 시간은 프로그램 처리 속도인 스캔 시간보다 늦다. 그러므로 고속 정밀 제어 시는 입력 신호를 고속으로 수신하여야 하는데 이때 고속 카운터 모듈을 사용하여야 하며, 일반 제어 시에는 한 스캔씩 연산할 수 있는 명령어를 사용하여야 한다.
예를 들어 OFF → ON의 응답 시간이 5~10ms의 경우 푸시 버튼 스위치를 누르고 나서, 또는 트랜지스터를 ON하고 나서 5~10ms 후에 입력 모듈이 푸시 버튼 스위치와 트랜지스터가 ON한 것을 감지한다는 것이다. 즉, 푸시 버튼 스위치를 누르고 나서 입력 유닛이 입력 신호를 받을 때까지 요하는 시간 지연을 표시하고 있다.
또한, ON → OFF 응답 시간이 10~30ms인 경우에는 이 앞의 경우와 반대로 푸시 버튼 스위치를 OFF하여도 10~30ms 후에는 푸시 버튼 스위치가 OFF 상태로 된 것을 감지할 수 없다는 뜻이다.

이와 같이 입력 모듈은 입력 신호의 계속 시간(입력 신호의 폭)이 10ms 이하인 경우에는 입력 모듈이 입력기기 신호를 확실하게 받을 수 없을 우려가 있다. 특히, 신호폭이 10ms 이하의 펄스상의 신호 입력인 경우에는 더욱 고속 응답 시간을 갖는 모듈을 선택할 필요가 있다.

⑦ DC 입력 모듈 접속 방식

DC 입력 모듈에는 코먼 라인이 +측에 있는가, −측에 있는가에 따라 싱크(sink) 입력형과 소스(source) 입력 형식으로 나누어진다.

〈그림 4-6〉과 같이 싱크 입력은 외부 입력기기가 ON할 때 전류가 입력 단자에서 입력기 측으로 흘러나가는 형식이다. 또한, 소스 입력은 이와 반대로 코먼 단자에 전압을 인가함으로써 입력 단자로 향하여 전류가 흘러 들어가는 형식이다.

이 두 가지 방식의 차이점은 입력 신호선이 지락(地絡)했을 때 그림 (a)에서는 푸시 버튼 스위치가 눌려져 있지 않아도 입력 신호가 ON 상태로 되는 일이 발생한다. 이에 반해 그림 (b)는 ON 상태로 되는 일은 없다. 이것은 지락 사고의 측면에서는 소스 입력 방식이 싱크 입력 방식보다 안전성이 높다는 것을 의미한다. 따라서 PLC 설치 환경이 습기나 부식성 가스가 많아 절연성이 떨어지거나 신호선을 가동 상태로 사용해야만 하는 경우 등에는 소스 입력 방식을 채용하는 것이 바람직하다.

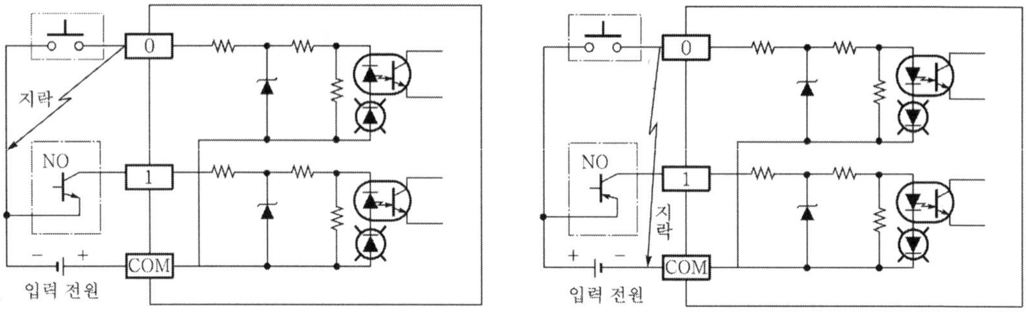

(a) 싱크 입력 방식　　(a) 소스 입력 방식

〈그림 4-6〉 DC 입력 모듈 접속 방식

한편, DC 입력 모듈에 접속되는 주된 입력기기로는 근접 센서나 광전 센서 등의 무접점 입력기기로, DC용 센서는 NPN 출력형과 PNP 출력 형식으로 나뉜다.

따라서 NPN 출력 형식의 센서는 코먼 라인이 + 측으로 되어 있는 싱크 입력의 DC 입력 모듈에만 접속되고, 소스 입력형의 모듈에는 직접 접속이 불가능하다. 반대로 PNP 출력 형식의 센서는 코먼 라인이 − 측으로 되어 있는 소스 입력의 DC 입력 모듈에만 접속이 가능하다. 최근에는 싱크 입력과 소스 입력형이 겸용으로 되어 있는 모듈이 있는데, 이 경우에는 PNP형 센서나 NPN형 센서를 다 이용할 수 있다.

(4) AC용 센서와 DC 센서의 배선 기술

여기서는 AC용 센서와 DC용 센서를 배선 시 직접 배선 기술과 릴레이 중계 방식으로 나누어 배선하는 방법에 대하여 나타내고 있다.

① AC용 센서 직접 배선 기술

AC용 센서를 입력 모듈에 직접 배선할 때에 AC 입력 모듈을 사용하여야 하며, 배선 방식은 〈그림 4-7〉에 나타낸 바와 같다.

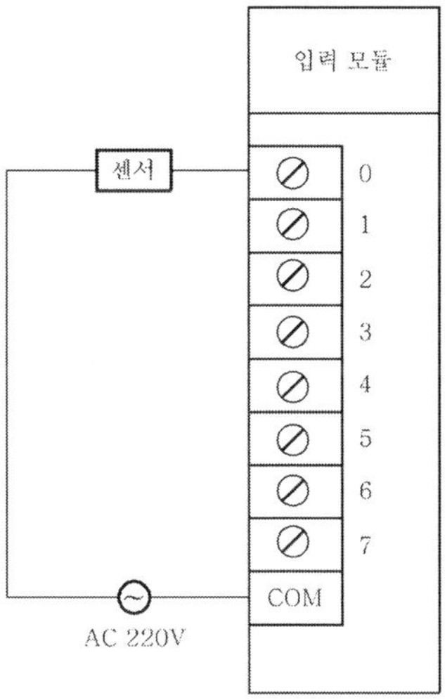

〈그림 4-7〉 AC용 센서 직접 배선 방식

② AC용 센서 릴레이 중계 방식

AC용 센서를 릴레이를 이용하여 중계할 때에는 AC용 입력 모듈, DC 입력 모듈 모두 사용 가능하며 DC 입력 모듈의 경우 소스 입력, 싱크 입력 모두 사용할 수 있다. 릴레이 중계 방식은 noise 영향 및 AC, DC 입력 모듈을 다 이용할 수 있다는 장점이 있는 반면, 응답이 늦고 설비비가 비싸다는 단점이 있다.

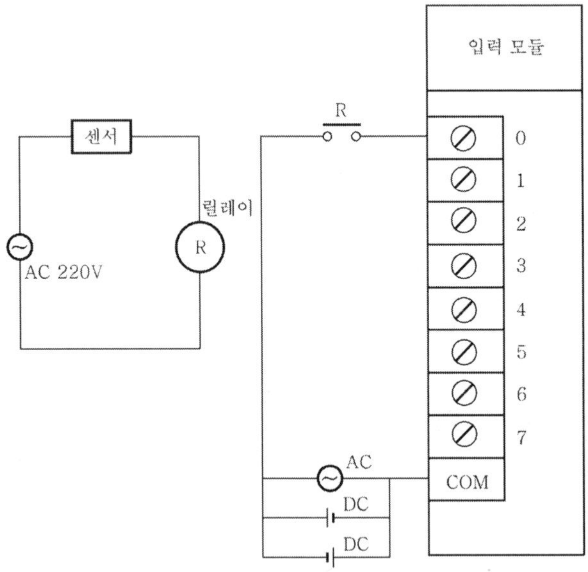

〈그림 4-8〉 AC용 센서 릴레이 중계 방식

③ DC용 센서 직접 배선 기술

DC용 센서를 직접 배선 시 PNP형 센서는 소스 입력형, NPN형 센서는 싱크 입력형 모듈을 사용하여야 한다.

릴레이 중계 방식에서는 AC용 입력 모듈, DC용 입력 모듈 모두 사용 가능하며 싱크 입력형, 소스 입력형도 모두 사용이 가능하다.

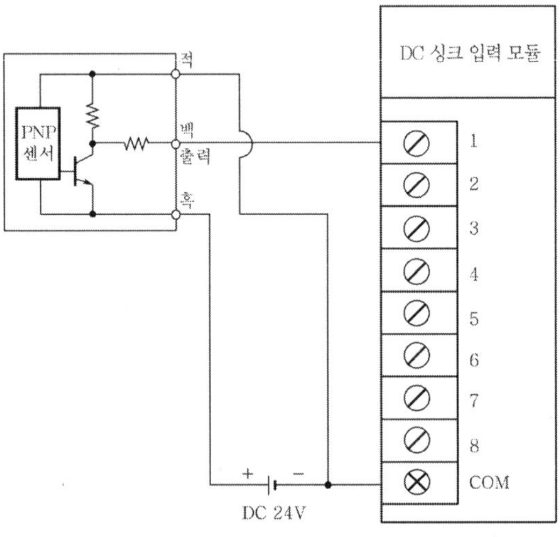

(a) NPN형 DC용 센서 직접 배선 방식

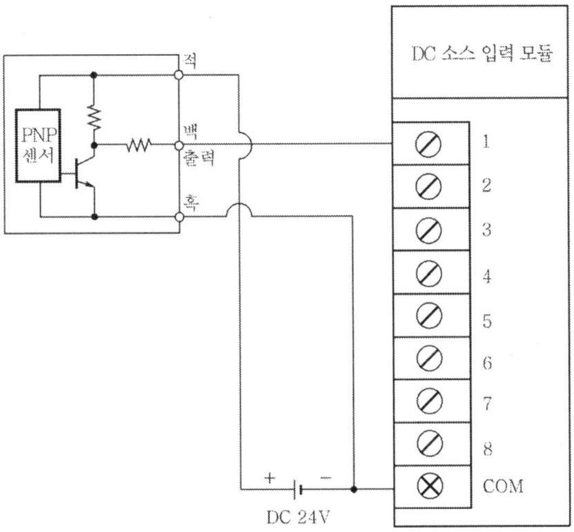

(b) PNP형 DC용 센서 직접 배선 방식

〈그림 4-9〉 DC용 센서 직접 배선 방식

④ DC용 센서 릴레이 중계 방식

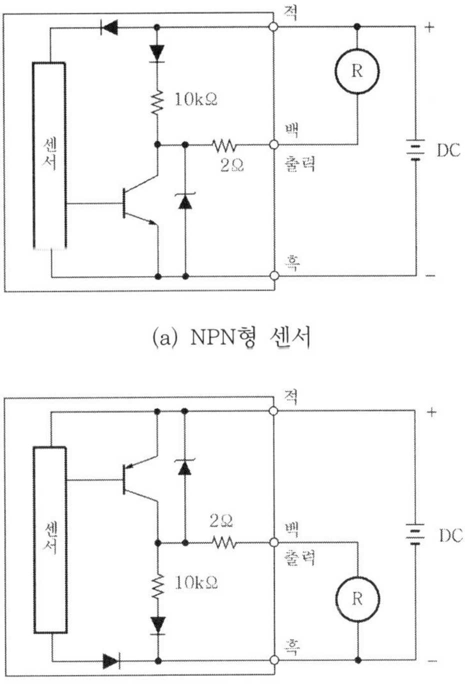

(a) NPN형 센서

(b) PNP형 센서

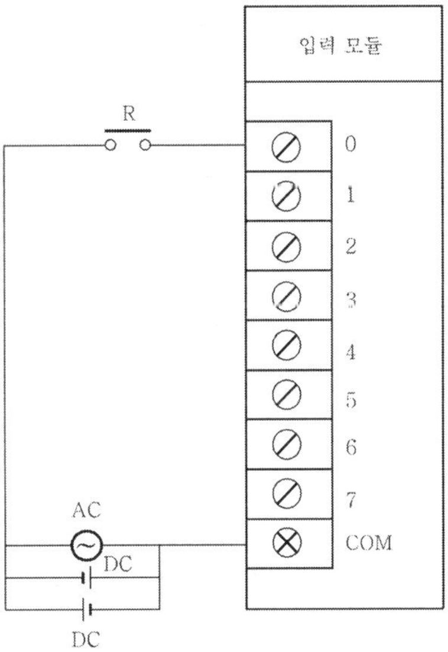

〈그림 4-10〉 DC용 센서 릴레이 중계 방식

릴레이 중계 방식은 PLC 입력 모듈을 AC용 모듈, DC용 모듈을 모두 사용할 수 있다.

(5) 입력부 구축 시 주의점과 Trouble 대책

① 입력기기 배선 시 한 bit에 입력기기를 병렬 접속하지 말고 각각의 bit에 단독 접속하여 배선한다.

② DC 입력기기를 AC 입력 모듈에 배선하고자 할 때 릴레이 중계 방식으로 배선하면 된다.

③ 입력기기를 직접 배선 시 특정 bit가 고장이 빈번한 경우에는 릴레이 중계 방식으로 배선해 보는 것도 바람직하다.

④ 입력기기 배선 길이가 장거리인 경우에는 리모트 방식으로 제어하는 것이 효율적이다.

⑤ PLC 입력 모듈 전원은 다른 기기 전원과 공용하지 않아야 된다.

⑥ 차후 고장에 대비하여 한 모듈당 한 bit는 여유를 주는 것이 좋다.

⑦ 입력기기 배선과 다른 전력선을 근접시키지 말아야 한다.

4.3 PLC 출력부

(1) 출력기기

PLC 출력기기는 크게 AC용, DC용으로 분류되고, 수 mA에서 수십 kW까지 다양하다. 대표적으로 전자 접촉기, 솔레노이드 밸브, 전자 클러치, 전자 브레이크, 버저, 표시등, 릴레이와 아날로그 제어 방식으로 제어되는 인버터 제어 신호, 제어용 전동기 드라이버 제어 신호 등이 있다.

(2) 출력 모듈의 종류와 회로

Type	종류	
디지털 출력 모듈	• 릴레이 출력 모듈 • 트라이액 출력 모듈	• 트랜지스터 출력 모듈
특수 모듈	• D/A 변환 모듈 • 음성 출력 모듈	• 위치 제어용 모듈

(3) 디지털 출력 모듈

① 릴레이 출력 모듈

릴레이 출력 모듈은 내부 릴레이에 의해 출력기기를 구동하는 방식으로, AC·DC 출력기기 모두 이용 가능하며, 응답 속도는 느리지만 대전류 출력기기에 적합하다. 다만, 릴레이는 수명이 정해져 있기 때문에 다른 방식에 비해 수명이 짧지만 출력기기로부터 유입되는 noise에 대하여 절연되기 때문에 일반 제어 설비에서 많이 이용되고 있다.

출력기기 동작이 빈번하거나 AC용 출력기기는 서지 킬러가 부착되어 있는 type으로 이용하는 것이 좋으며 서지 킬러가 부착되어 있지 않을 때에는 외부에 서지 킬러를 부착하여야 한다.

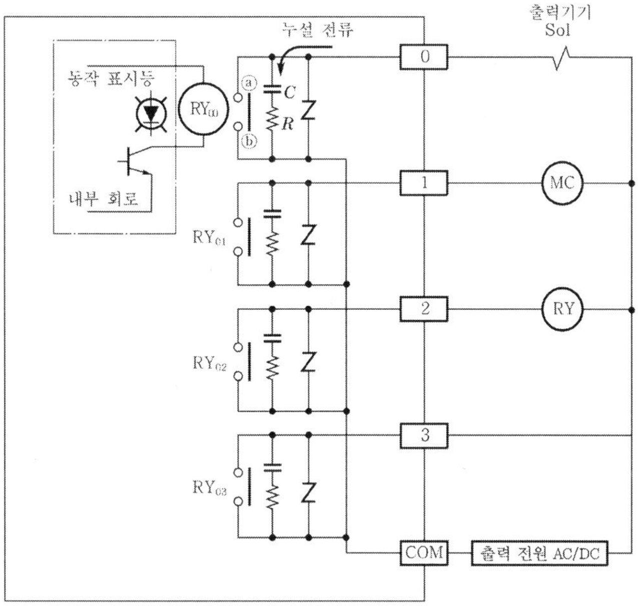

〈그림 4-11〉 릴레이 출력 모듈

〈표 4-5〉 릴레이 출력 모듈 사양

항 목 \ 형 명			KY10	KY11
1	출력 형식		접점 출력	접점 출력
2	출력 점수		16점	16점
3	절연 방식		릴레이 절연	릴레이 절연
4	정격 부하 전압		AC 220V DC 24V	AC 220V DC 100V
5	최대 인가 전압		AC 230V DC 100V	AC 230V DC 100V
6	최대 부하 전류	1점당	2A	2A
		4점당	8A	8A
7	응답 시간	OFF → ON	5ms	5ms
		ON → OFF	20ms	20ms
8	누설 전류		–	AC 220V, 2mA
9	동작 표시		LED 표시	LED 표시
10	외부 접속		단자 대 커넥터	단자 대 커넥터
11	코먼 접속		4점/1COM	4점/1COM
12	보호 방식		스파크 킬러 없음.	스파크 킬러 부착

② 트랜지스터 출력 모듈

트랜지스터 출력 모듈은 반도체 소자인 트랜지스터에 의해 출력기기를 ON/OFF시키는 모듈이다. 다른 방식에 비하여 수명이 길고, 개폐 빈도가 고빈도에 용이하다. 다만, 한 점당 정격 전류가 소전류이므로 약전류 출력기기 및 고속 정밀 제어기기에 적합하다.

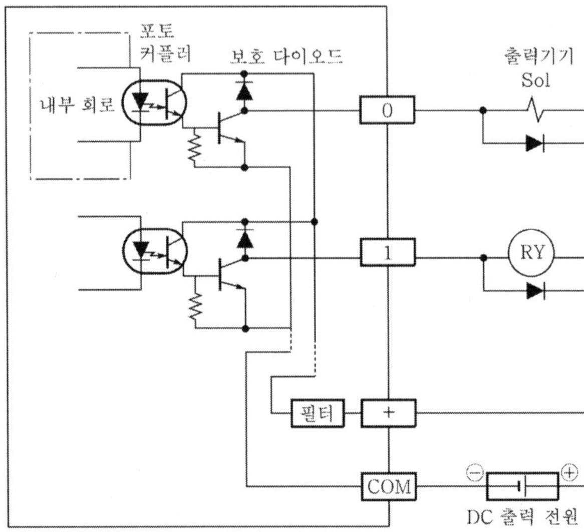

〈그림 4-12〉 트랜지스터 출력 모듈

〈표 4-6〉 트랜지스터 출력 모듈 사양

항 목 \ 모델명			AY40
1	입력 점수		16점
2	절연 방식		포토 커플러 절연
3	정격 부하 전압		DC 12/24V
4	사용 부하 전압 범위		DC 10.2~40V
5	정격 부하 전류		0.1A/1점
6	최대 돌입 전류		0.4A
7	응답 시간	OFF → ON	2ms 이하
		ON → OFF	2ms 이하
8	서지 킬러		서지 흡수용 다이오드
9	코먼 방식		8점/1COM
10	동작 표시		LED 점등

③ 트라이액 출력 모듈

트라이액 출력 모듈은 출력 증폭 요소로 트라이액을 사용한 것으로, 응답 속도가 통상 1ms 이하로 접점 출력에 비해 10배 이상 고속이며, 구동 개폐 부하 용량도 비교적 크다. 따라서 개폐 빈도가 큰 부하나 전자 솔레노이드 등의 코일 부하로 대용량 부하인 경우는 트라이액 출력 모듈을 사용하는 것이 바람직하다.

〈그림 4-13〉은 트라이액 출력 모듈 회로의 예로서, 포토 커플러에 의해 내부 회로와 절연된 상태를 보여 주고 있다. 일반적으로 트라이액 출력에 접속하는 부하는 서지 전압이 발생하기 쉬운 전자 접촉기나 전자 개폐기, 전자 솔레노이드, 대용량의 릴레이 등과 같은 유도 부하이다. 이들 기기에서 부하 전류가 200V에서 5A를 넘는 경우에는 노이즈를 발생시켜 외부에 영향을 줄 뿐만 아니라 출력 전원에까지도 영향을 끼칠 수 있으므로 배리스터가 부착된 출력 모듈을 채용하는 쪽이 좋다.

서지 킬러가 부착되어 있는 모듈은 누설 전류에 의해 출력기기가 오작동할 수 있으므로 주의하여야 한다.

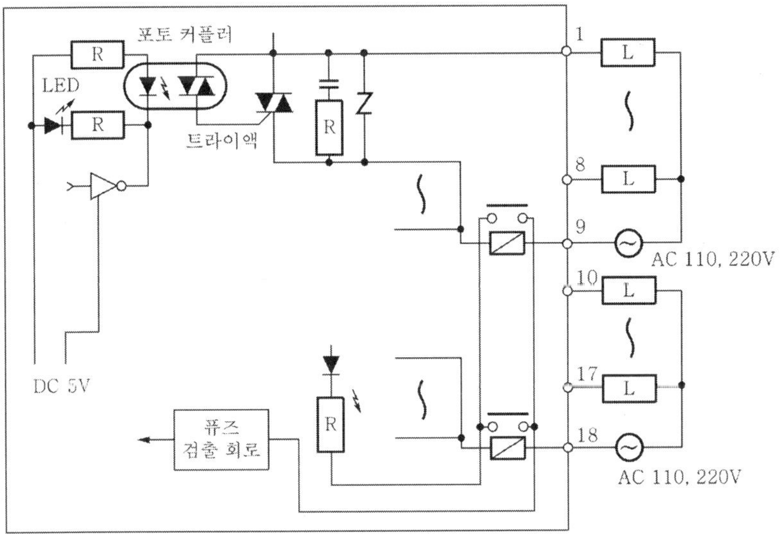

〈그림 4-13〉 트라이액 출력 모듈

〈표 4-7〉 트라이액 출력 모듈 사양

항 목 \ 모델명			AY22
1	입력 점수		16점
2	절연 방식		포토 커플러 절연
3	정격 부하 전압		AC 100~240V, 50/60Hz
4	최대 부하 전압		AC 264V
5	최대 부하 전류		2A/1점
6	응답 시간	OFF → ON	1ms 이하
		ON → OFF	1ms 이하
7	서지 킬러		CR 업소버 및 배리스터
8	코먼 방식		8점/1COM
9	동작 표시		LED 점등

④ 디지털 출력 모듈 특성 비교

항목 \ Type		릴레이 출력 모듈	트랜지스터 출력 모듈	트라이액 출력 모듈
1	출력 모듈 전원	AC・DC 겸용	DC 전용	AC 전용
2	정격 전류	크다.	작다.	크다.
3	서지 및 노이즈 영향	작다.	크다.	크다.
4	환경적인 영향	작다.	크다.	크다.
5	응답 시간	늦다.	빠르다.	가장 빠르다.
6	보호 장치	AC용 유도기기는 서지 킬러가 부착될 것	유도성 출력기기는 플라이 휠 다이오드를 부착할 것	서지 킬러 및 배리스터가 내장될 것
7	용도	일반 제어 설비에 적합	DC 정밀 고속 제어에 적합	AC 정밀 고속 제어에 적합
8	고장 빈도	크다.	작다.	작다.

(4) 특수 모듈

① D/A 변환 모듈

PLC CPU는 디지털 제어 연산 방식이기 때문에 AC・DC 제어용 전동기, 인버터, 유량 및 온도 조절을 제어하기 위해서는 디지털 신호를 아날로그 신호로 변환해야 된다. D/A 변환 모듈은 전압 출력 type과 전류 출력 type으로 구분되며, 전압 출력형의 전압은 -10~+10V, 전류 출력형은 4~20mA 등이 이용되고 있다.

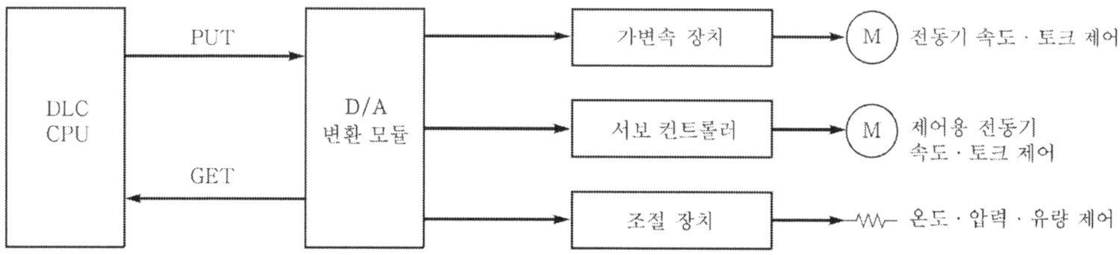

〈그림 4-14〉 D/A 변환 모듈 적용기기

〈표 4-8〉 GM 4/6 아날로그 출력 모듈 사양

항 목		G4F-DA 1A	G4F-DA 2V	G4F-DA 3V	G4F-DA 2I	G4F-DA 3I	G6F-DA 2V	G6F-DA 2I
적용 CPU		GM4-CPUA					G6M-CPUA	
아날로그 출력	전압	DC -10~10V	DC -10~10V		-	-	DC -10~10V	-
	전류	DC 4~20mA	-	-	DC 4~20mA		-	DC 4~20mA
	전압/전류 선택	출력 단자 선택	-	-	-	-	-	-
디지털 입력		-192~16191 -8092~8191	-48~4047					
최대 분해능	DC 1~5V	-	5μA(1/4,000)		-	-	5mV (1/4,000)	-
	DC -10~10V	1.25mA (1/16,000)	-	-	-	-	-	-
	DC 4~20mA	2.5μA (1/16,000)	-	-	4μA(1/4,000)		4μA(1/4,000)	
정밀도		±0.3% 이내 (full scale)	± 0.5% 이내(full scale)					
최대 변환 속도		3ms/ 전 채널	10ms/ 전 채널	15ms/ 전 채널	10ms/ 전 채널	15ms/ 전 채널	-	-
절대 최대 출력	전압	DC 15V	-	-	-	-	DC 15V	-
	전류	DC 24mA	-	-	-	-	-	DC 24mA
아날로그 입력 점수		2채널	4채널	8채널	4채널	8채널	4채널	
절연 방식		입력 단자와 PLC 전원 간 photo-coupler 절연(채널 간 비절연)						
외부 공급 전원	전압	-	-	-	-	DC 21.6~26.4V	-	-
	전류	-	-	-	-	230mA	-	-
내부 소비 전류(5V)		450mA	400mA	700mA	680mA	60mA	5V(40mA) 15V(80mA) -15V(60mA)	5V(40mA) 15V(120mA) -15V(25mA)

② 위치 결정 모듈

위치 결정 모듈은 서보 모터나 스테핑 모터를 제어하여 위치 결정을 하는 것이다. 서보 모터, 스테핑 모터를 사용하여 위치 결정을 하는 방식에는 〈표 4-9〉에 나타낸 것과 같은 종류가 있고 각 방식에 대한 특성은 다음과 같다.

〈표 4-9〉 위치 결정 방식의 종류

방 식		구 성	특 징
오픈 루프		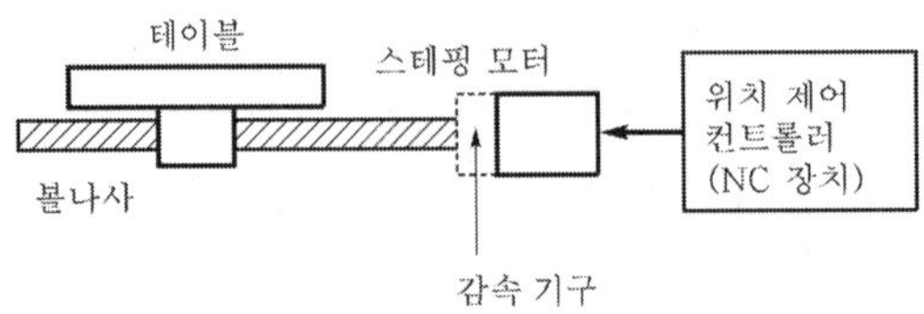	• 구조 간단 • 백 래시, 피치 오차 보정 곤란 • 소 용량 • 스피드 : 느림. • 과부하로 탈조의 염려 가 있음.
세미 클로즈드 루프	모터축 검출	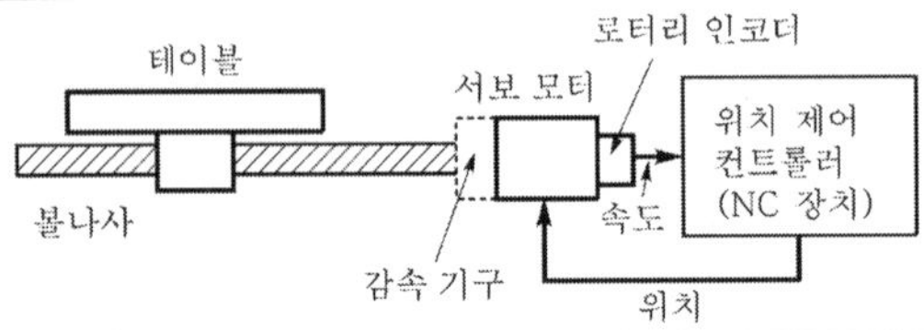	• 스피드 : 빠름. • 백 래시, 피치 오차 보정 가능 • 구조가 약간 복잡 • 제어계 안정
	이송 나사단 검출	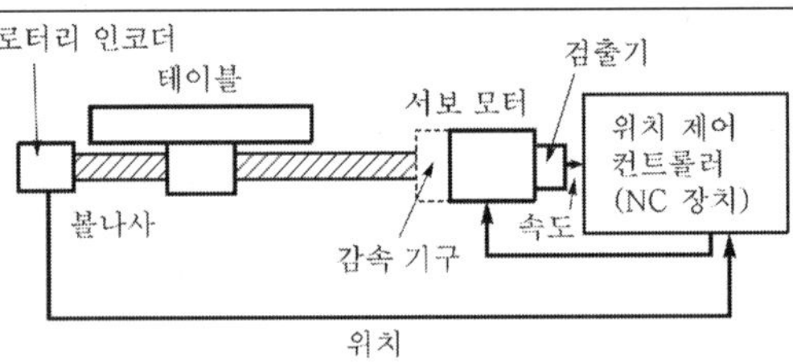	• 스피드 : 빠름. • 백 래시, 피치 오차 보정 가능 • 백 래시의 영향이 적음. • 구조가 약간 복잡 • 제어가 약간 복잡
풀 클로즈드 루프		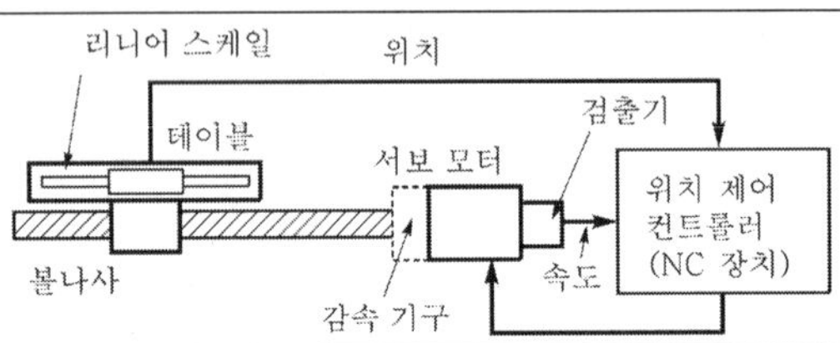	• 백 래시, 피치 오차 보정 불필요 • 스피드 : 빠름. • 구조 복잡 • 제어 복잡

㉮ **오픈 루프 방식** : 스테핑 모터로 대표되는 방식이다. 시스템의 특성으로 피드백이 없기 때문에 위치 결정 시스템의 안정성에 대한 배려가 필요 없고, 취급이 간단하지만 급격한 가·감속으로 모터가 탈조되거나 특정 속도에서 공진할 수도 있으므로 주의할 필요가 있다. 요구 정밀도가 낮고 저 코스트, 저속으로 부하 변동이 적은 용도에 적합하다.

㉯ **세미 클로즈드 루프 방식** : 서보 모터로 대표되는 방식이다. 특히 검출기를 구동 모터에 직접 접속하는 방식은 기계의 비틀림이나 백 래시의 영향을 별로 받지 않으므로 위치 결정계가 안정되어 있으며 가장 많이 보급되었다.

이 방식에서는 보다 고정도의 위치 결정을 얻기 위하여 이송 나사단에 검출기를 접속하는 방식이 채용되고 있는데, 기계를 제어 루프에 포함시키기 때문에 오픈 루프 방식에 비해 코스트가 높고 구조가 복잡하지만 고속도에서 고정밀도의 위치 결정이 가능하다.

㉰ **클로즈드 루프 방식** : 세미 클로즈드 루프 방식 이상의 고정밀도를 얻기 위하여 기계의 이송단에 검출 센서를 접속하고, 기계의 오차를 모두 제어 루프로 보정하는 방식이다. 그러나 이 방식은 기계 전체의 강성이나 공정의 영향을 제어계가 직접 받기 때문에 제어 루프가 불안정하게 되어 헌팅 현상이 일어나기 쉬우므로 시스템 구성에 있어서는 충분히 주의할 필요가 있다.

PLC의 위치 결정 유닛은 이들 가운데 오픈 루프 방식과 검출기를 모터 축에 접속하는 세미 클로즈드 루프 방식이 적용된다. 그 이유는 위치 결정계에 충분한 안정성이 있고 제어성이 좋아 널리 보급되고 있기 때문이다.

㉱ **위치 결정의 원리** : 위치 결정 유닛은 제어 출력의 형태에 따라서 전압 출력 형식과 펄스 열 출력 형식으로 대별된다.

㉠ 전압 출력 형식은 〈그림 4-15〉에 나타낸 바와 같이 내부에 편차 카운터라 불리는 일종의 리버시블 카운터를 가지고 있으며, 지령값과 피드백 값의 편차를 제어 출력으로써 모터 드라이브에 출력하는 구조로 되어 있다.

위치 결정에 있어서는 먼저 편차 카운터에 지령값을 설정하면 이 값이 체류량이 된다. 이 체류량이 D/A 컨버터에 의해 전압으로 변환되고 드라이버에의 속도 지령이 되어 서보 모터에 회전 지시를 한다. 모터가 회전하면 모터 축에 접속된 로터리 인코더도 동시에 회전하므로 모터의 회전각에 따른 양의 피드백 펄스가 발생된다. 이 피드백 펄스는 편차 카운터에 되돌아가 체류량을 감소시킨다.

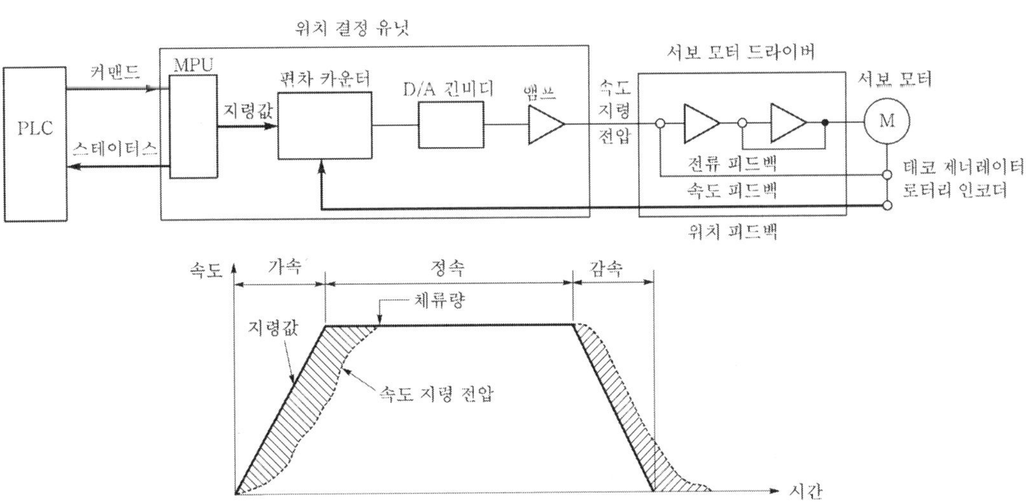

〈그림 4-15〉 전압 출력형 위치 결정 모듈의 구성 블록도

이와 같이 편차 카운터의 체류 량이 감소되어 최종적으로 지령 값 분의 체류량이 0이 되면 위치 결정이 완료된다. 이 편차 카운터에 주어지는 지령 값을 시분할로 제어함으로써 가속, 정속, 감속의 사다리꼴 가·감속이 가능해지는 것이다.

㉡ 펄스 열 출력 형식은 〈그림 4-16〉에 나타낸 바와 같이 미리 설정된 데이터에 따라 규정된 주파수, 펄스 수의 펄스 열을 드라이버에 출력하도록 되어 있다. 이 형식의 위치 결정 유닛은 대상으로 하는 모터에 따라 오픈 루프 방식과 세미 클로즈드 루프 방식 두 가지로 사용할 수 있다.

오픈 루프 방식의 경우 대상은 스테핑 모터이고, 지령 펄스를 줄 때마다 어떤 정해진 각도만큼 모터가 회전하면서 위치 결정을 한다.

세미 클로즈드 방식의 경우 대상이 서보 모터이고 드라이버에 편차 카운터를 내장하고 있어 모터와의 사이에 제어 루프를 형성하는 구조로 되어 있다.

위치 결정 방법은 전압 출력형 위치 결정 유닛과 마찬가지이나 편차 카운터에 대한 지령 값이 지령 펄스로 바뀐 점이 다르다.

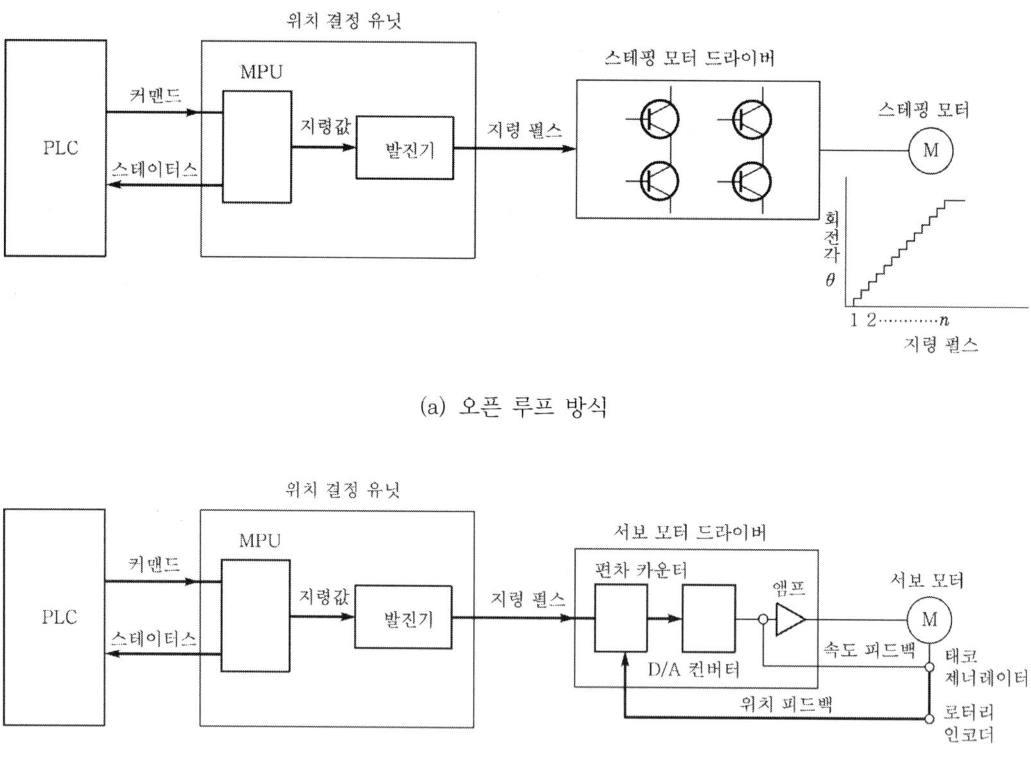

〈그림 4-16〉 펄스 열 출력형 위치 결정 모듈의 구성 블록도

〈표 4-10〉 위치 결정 모듈 사양

항 목		사 양
입·출력 점유 점수		32점
제어 방식		인크리멘탈 인코더에 의한 세미 클로즈드 루프 방식
위치 결정 데이터	제어축 수	2축(동시 2축, 독립 2축)
	용량	각 축 300점
	설정	㉠ 티칭 유닛 ㉡ PC로 시퀀스 프로그램에 의하여 설정 가능
	지령 방식	인크리멘탈/앱솔루트 방식 겸용
	보간 지령값	직선보간(종점), 원호보간(중간점, 종점) 선택 가능
파라미터 데이터	가·감속 방법	자동 사다리꼴 가·감속
	가·감속 패턴	가속/감속 각각 10종류 설정 가능
	가·감속 시간	10~500ms(10ms 단위로 설정 가능)
	백래시 보정	0~9,999펄스
기능	원점 서치	원점 사이클 방향 설정 가능, 원점 보정 데이터 설정 가능
	티칭	PC 또는 티칭 유닛의 지령으로 JOG 운전 또는 펄스 전송 가능
	현재 값 표시	PC, 티칭 유닛, 외부 표시기 등에 현재 값을 출력
	감속 정지	가·감속 패턴을 선택하여 10종류의 가·감속 정지 가능
	데이터 보존	EEPROM에 의해 전원 투입 시 자동 판독

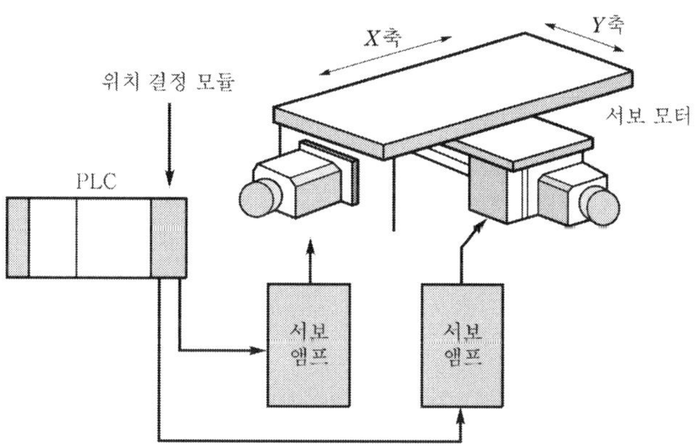

〈그림 4-17〉 X-Y table 위치 결정(2축 직선보간)

(5) 출력부 구축 시 주의점과 Trouble 대책

① 출력기기를 직접 배선 시 한 점당 정격 전류의 80%를 초과하지 않도록 한다.

② 출력기기가 한 점당 정격 전류의 80%를 초과하거나 유도성 출력기기는 릴레이로 중계하여 배선한다.

③ 출력 모듈과 출력기기와의 배선 길이가 장거리일 때 리모트 제어 방식으로 제어하는 것이 효율적이다.

④ 출력기기 배선과 다른 전력선을 근접시키지 않아야 한다.

⑤ 릴레이 출력 모듈이나 트라이액 출력 모듈의 경우 서지 킬러가 부착됐을 때 누설 전류가 흘러 오작동할 수 있으므로 이 경우에는 DC 전원 릴레이로 중계하거나 서지 저항을 접속하여 누설 전류를 억제하여야 한다.

⑥ 트랜지스터 출력 모듈에서 출력기기가 유도 부하인 경우에는 출력기기와 병렬로 플라이 휠 다이오드를 부착하는 것이 효율적이다.

⑦ 출력 모듈 전원과 다른 기기 전원을 공용하면 안 된다.

⑧ 차후 고장에 대비하여 한 모듈당 한 bit는 여유를 주는 것이 바람직하다.

4.4 CPU 기능 및 제어 기술

(1) CPU 기능

① 보조 릴레이 기능

시퀀스 제어에서와 같이 PLC에서도 프로그램 작성 시 보조 접점이 필요할 때가 있다. 이 때 릴레이가 사용되며, 데이터를 일시 저장하는 기능으로 이용하기도 한다. 보조 릴레이는 휘발성, 불휘발성으로 구분되며, 휘발성은 입력이 OFF되거나 PLC가 정전될 때 바로 복귀한다. 불휘발성은 PLC가 정전될 때에도 원상 복귀되지 않으며, 원상 복귀 시에는 강제로 reset시켜야 된다.

② 특수 릴레이 기능

특수 릴레이는 PLC 메이커에서 프로그램 시 특수한 기능으로 사용하는 내부 릴레이다. 프로그램을 작성할 때 특수 릴레이를 이용하면 편리하다.

③ 타이머

PLC는 타이머 기능을 갖고 있으며, 타이머는 100ms, 10ms 두 종류로 분류되고, 기능에 따라 ON delay timer, OFF delay timer, 적산 타이머, 펄스 타이머 등이 있다.

④ 카운터

PLC는 카운터 기능을 갖고 있으며, 카운터 입력 값에 따라서 카운터 현재 값이 변하는 기능에 따라 up, down 카운터, ring 카운터 등이 있다. CPU에 내장되어 한 스캔 범위 안에서 10~20pps 정도 카운터가 가능하기 때문에 입력 펄스가 고속으로 주어지는 경우에는 별도의 고속 카운터 모듈을 이용하여야 한다.

⑤ 자기 진단 기능

㉮ 연산 지체 감시 기능(WDT) : CPU 연산 시간이 스캔 시간을 초과하는 경우에 연산을

중지하고 출력을 reset시킨다.

㈏ **전원 감시 기능** : PLC 전원이 허용 범위를 초과하는 경우나 순간 전압 변동 시 PLC를 보호하기 위하여 시스템을 down시킨다. 또한, 순간 정전 허용 시간을 초과하는 경우에 도 시스템을 down시킨다.

㈐ **입·출력 모듈 진단 기능** : 입·출력 모듈이 CPU와 통신 불능이거나 접촉 불량 등을 검출한다.

㈑ **메모리 이상 진단 기능** : 메모리 이상 상태를 진단하는 기능이다.

㈒ **프로그램 이상 진단 기능** : 프로그램 오류 상태를 감시하는 기능이다.

㈓ **배터리 이상** : 배터리가 방전되었거나 수명이 완료된 상태를 알려주는 기능이다.

⑥ 리스타트(restart) 기능

리스타트 모드는 PLC가 정전되었다가 전원을 재투입하거나 또는 모드 전환에 의해서 RUN 모드로 운전을 시작할 때 변수 및 시스템을 어떻게 초기화한 후 RUN 모드 운전을 할 것인가를 설정하는 것으로, 콜드, 웜, 핫의 3종류가 있으며, 각 리스타트 모드의 수행 조건은 다음과 같다.

㈎ 콜드 리스타트(cold restart)

㉠ 파마리터의 리스타트 모드를 콜드 리스타트로 설정하는 경우 수행된다.

㉡ 초기 값이 설정된 변수를 제외한 모든 데이터를 '0'으로 소거하고 수행한다.

㉢ 파라미터를 웜 리스타트 모드로 설정해도 수행할 프로그램이 변경된 후 최초 수행 시는 콜드 리스타트 모드로 수행된다.

㉣ 운전 중 수동 리셋 스위치를 누르면 파라미터에 설정된 리스타트 모드에 관계없이 콜드 리스타트 모드로 수행된다.

㈏ 웜 리스타트(warm restart)

㉠ 파라미터의 리스타트 모드를 웜 리스타트로 설정하는 경우 수행된다.

㉡ 이전 값 유지를 설정한 데이터는 이전 값을 그대로 유지하고, 초기 값만 설정된 데이터는 초기 값으로 설정한다. 이외의 데이터는 '0'으로 소거한다.

㉢ 파라미터를 웜 리스타트 모드로 설정해도 데이터 내용이 비정상일 경우(데이터의 정전 유지가 되지 못함)에는 콜드 리스타트 모드로 수행된다.

REMARK **VAR-RETAIN으로의 변수 설정**

① 변수의 종류를 정전 시 값이 유지되는 VAR_RETAIN으로 설정하였을 경우 다음의 규칙에 따른다.
 ㉠ 파라미터를 웜 리스타트 모드로 설정해야 정전 시 그 값이 유지된다.
 ㉡ 파라미터를 콜드 리스타트 모드로 설정하면 사용자가 정의한 초기 값이나 기본 초기 값으로 초기화된다.

② VAR_RETAIN으로 선언하지 않은 변수는 콜드 리스타트나 웜 리스타트 어느 경우에도 사용자가 정의한 초기 값이나 기본 초기 값으로 초기화된다.

㉰ 핫 리스타트(hot restart)

㉠ 정상 운전 중 전원이 꺼진 후 전원이 재투입될 때 RUN 모드이고 전원이 꺼진 후 재투입되기까지의 시간이 핫 리스타트 허용 시간 이내면 핫 리스타트 모드를 수행한다.

㉡ 모든 데이터와 프로그램 수행 요소들을 전원이 꺼지기 이전의 상태로 복원하여 수행 한다.

㉢ 전원이 꺼지기 직전의 상태에서 다시 프로그램을 수행하므로 순간적인 정전 등에도 프로그램의 연속성을 유지할 수 있다.

㉣ 핫 리스타트 허용 시간이 초과되면 파라미터에 설정된 리스타트 모드(콜드 / 웜)로 수행된다.

㉤ 데이터 내용이 비정상일 경우(데이터의 정전 유지가 되지 못함)에는 콜드 리스타트 모드로 수행된다.

㉱ 리스타트 모드에 따른 데이터 초기화 : 리스타트 모드 수행 시 각 변수에 대한 초기화 방법은 다음과 같다.

변수 지정 / 모 드	콜드(cold)	웜(warm)	핫(hot)
디폴트	'0'으로 초기화	'0'으로 초기화	이전 값 유지
리테인	'0'으로 초기화	이전 값 유지	이전 값 유지
초기화	사용자 지정값으로 초기화	사용자 지정값으로 초기화	이전 값 유지
리테인 & 초기화	사용자 지정값으로 초기화	이전 값 유지	이전 값 유지

(2) CPU 제어 기술

① CPU 제어 · 연산 방식

CPU 제어 · 연산 방식은 스토어드 프로그램, 반복 연산 방식으로 프로그램을 메모리에 격납 해 두고 시퀀스 프로그램을 실행할 때는 프로그램의 맨 앞부터 어드레스의 순번에 따라 행하며, 최후의 명령을 실행하면 다시 선두 스텝으로 되돌아가 몇 번이고 반복하여 실행하는 것이다.

명령의 실행이란 메모리에 격납되어 있는 시퀀스 프로그램 중에서 명령을 하나씩 추출하여 무슨 명령인지를 판단한 다음 실제로 동작을 유발하는 것을 말한다. 이 순서나 동작은 마이크로컴퓨터와 동일하다.

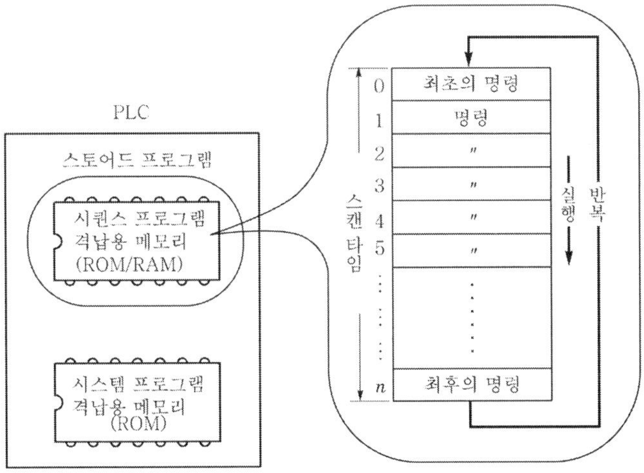

〈그림 4-18〉 스토어드 프로그램의 반복 연산

반복 연산 방식에 대해 좀 더 쉽게 이해하도록 하기 위하여 〈그림 4-19〉와 같은 시퀀스 회로를 예로 하여 설명하기로 한다.

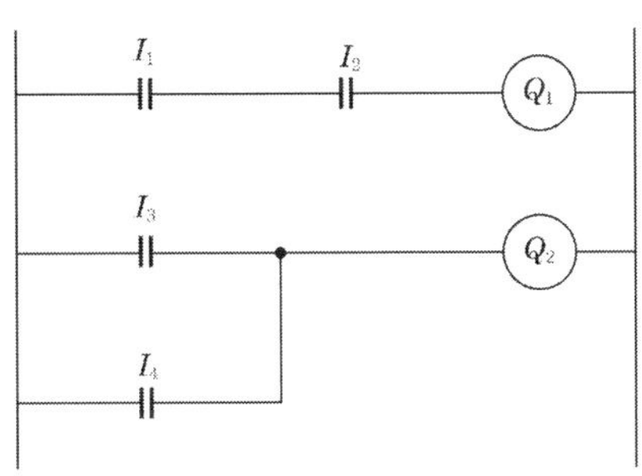

〈그림 4-19〉 시퀀스 회로도

〈그림 4-19〉 회로의 동작은 입력 I_1과 I_2가 동시에 ON되면 출력 Q_1이 ON되고, 또 입력 I_3나 I_4가 ON되면 출력 Q_2가 ON되도록 구성된 회로이다.

PLC는 〈그림 4-19〉와 같이 제어 부분에 마이크로컴퓨터를 사용하고 입력 유닛, 출력 유닛, 그리고 이들 데이터를 격납하기 위한 입·출력용 메모리, 시퀀스 프로그램을 격납하기 위한 시퀀스 프로그램 격납용 메모리, 시퀀스 프로그램을 입력하기 위한 프로그램 입력 장치 및 프로그래머블 컨트롤러의 동작을 컨트롤하기 위한 제어용 메모리로 구성되어 있다. 프로그래머블 컨트롤러를 운전 상태(RUN 모드)로 하면, 제어·연산부는 최초에 입력 유닛 에서 현재의 입력 상태를 읽고 입·출력 메모리의 입력 부분에 이 상태를 기록한다. 〈그림 4-19〉의 $I_1 \sim I_4$는 이때 입력된다.

다음에 기록된 입력 상태를 근거로 하여 시퀀스 프로그램용 메모리에 격납된 내용을 선두 스텝부터 1 스텝마다 읽고 차례로 실행해 나간다.

실행 결과는 입・출력용 메모리의 출력 부분에 기록된다. 〈그림 4-19〉의 시퀀스 회로의 경우에는 최초에 I_1과 I_2의 AND를 실행하여 그 결과를 출력 Q_1에 대응하는 입・출력용 메모리에 기록한다. 다음에 I_3과 I_4의 OR을 실행하여 그 결과를 같은 요령으로 입・출력용 메모리에 기록한다.

모든 시퀀스 프로그램이 처리되면 다음에 입・출력 메모리의 출력 부분에 기록된 내용을 출력 유닛에 출력 동작을 보낸다. 〈그림 4-19〉의 Q_1, Q_2는 여기서 출력 유닛에 출력된다. 위의 내용을 1사이클로 하여 반복 처리를 진행하는 방식이 사이클릭 처리 방식이다. 또한, 사이클릭 처리 중 1사이클을 실행하는 데 소요되는 시간을 스캔(scan) 타임 또는 사이클 타임이라 말한다. 즉, 〈그림 4-18〉에서 볼 수 있듯이 최초의 단계인 0스텝에서 최후의 스텝까지 실행하는 데 걸리는 시간을 말하는 것으로, 이 스캔 타임은 시퀀스 프로그램의 스텝 수와 처리 내용에 따라 변한다. 스캔 타임의 계산은 다음 식으로 산출한다.

스캔 타임 = 스텝 수 × 처리 속도

통상 스캔 타임은 수ms 정도로, 길어도 수십ms 이내이어야 한다. 즉, 스캔 타임이 수백ms 이상이 되면 신호 지연이 길어져 제어 장치로 적합하지 않기 때문이다. 그러므로 프로그램 작성 시 총 스텝(step) 수를 작게 하는 것이 바람직하다. 그러나 스캔 시간보다 입력 응답 시간이 스캔 타임보다 지연될 때 연속적인 반복 연산을 수행하지 못하게 된다.

이와 같이 스캐닝의 스텝 위치와 입력 조건이 만족되는 타이밍에 따라서 응답의 지연은 거의 0에서부터 최대로 프로그램의 스캔 타임까지 변동한다.

응답의 지연이나 오차가 10ms 정도라면 누름 버튼 스위치를 누르고 PLC를 거쳐 부하를 ON・OFF 시키려는 데에는 아무런 영향도 주지 않는다. 그러나 응답의 지연이 60ms 정도가 되면 누름 버튼 스위치를 의식적으로 길게 누를 필요성이 있다.

응답의 지연이나 오차에 있어서 특히 주의해야 할 경우는 입력 신호가 펄스 신호일 때이다. 예로, 스캔 타임이 10ms일 때 펄스 신호의 유지 시간(펄스 폭)이 10ms보다 짧으면 PLC는 입력 신호를 받아들이지 못하게 된다. 펄스 폭이 짧으면 짧을수록 입력 신호를 포착할 기회 가 적어지며, 그로 인해 오작동 사고를 일으키게 된다. 예를 들면 프로그램에 있어서 입력 X_1이 〈그림 4-20〉과 같이 입력된다면 이 신호는 PLC가 받아들이지 못해 출력 Y_1은 OFF인 상태로 있게 된다.

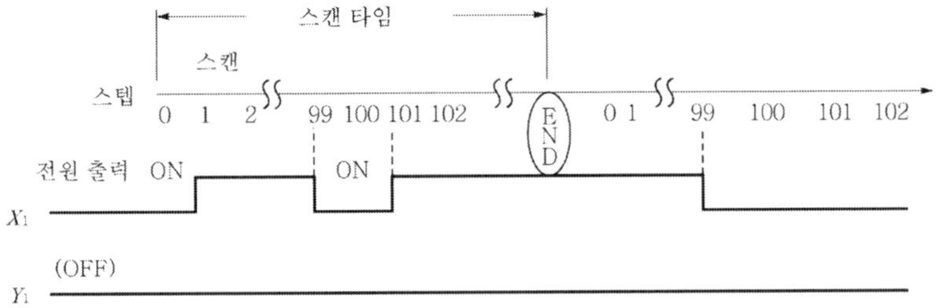

〈그림 4-20〉 응답 지연에 따른 상태

이와 같이 PLC의 실행은 병렬 처리하는 릴레이 회로와는 달리 직렬 처리이기 때문에 입력 신호의 입력 타이밍과 스캔 위치의 관계에서 응답의 지연과 오차는 피할 수 없는 문제이다. 따라서 이것이 문제가 될 듯한 프로그램에서는 프로그램상에서의 연구나 하드웨어적인 대책이 필요하다. 그러나 다른 한편으로는 이 스캔 타임에 의한 응답 지연을 유효하게 이용한 프로그램 기법도 있다.

② 처리 속도

PLC가 컴퓨터의 원리와 기본적으로 같은데도 불구하고 마이크로프로세서의 출현 초기에 PLC에 활용되지 않았던 이유는 PLC의 처리 속도 때문이었다.

컴퓨터의 처리는 보통 입·출력이 적고 내부 처리는 복잡하며 대규모이다. 그러나 PLC는 입·출력 점수가 적게는 수십 점에서부터 많게는 수천 점을 처리하여 입력 - 처리 - 출력이라는 전 시간을 생각하면 허용되는 처리 속도가 수 ms에서 길어도 수십 ms까지로, 이 이상이 되면 시퀀스 제어로서의 목적에는 타당하지 않다.

즉, 릴레이 시퀀스 제어에서 사용하는 릴레이의 동작 시간 특성을 바르게 인식하여 시퀀스 설계를 하는 것이 중요한 것과 마찬가지로, PLC의 선정에 있어서도 제어 규모에 알맞는 처리 속도의 선정이 필요하게 된다. 더욱이 최근에는 고속의 자동 기계가 증가하고 있어 고속 스캔 타임이 요구되는 경향이 짙어지고 있다.

프로그램 메모리 용량이 큰 PLC에서는 보통 처리 속도가 길게 되는 경향이 있지만 최근에 는 0.1s/스텝 등으로 나타내는데 이는 AND나 OR 명령과 같은 일반 명령의 경우에는 그것을 처리하는 데 필요한 시간이 평균 1스텝 1s이지만, 데이터 명령 등 응용 명령의 경우에 적게는 2스텝에서 많게는 10여 스텝으로 그 명령을 처리하는 소요시간도 1s에서부터 10s까지 걸린다.

(3) 메모리 종류와 선정 기술

PLC의 메모리는 프로그램 메모리와 데이터 메모리로 구분된다. 프로그램 메모리는 사용자가 작성한 시퀀스 프로그램을 격납하기 위한 메모리이고, 데이터 메모리는 입·출력부로부터의 데이터(외부 입·출력의 상태)나 보조 릴레이와 같은 연산 도중의 결과를 기억하는 부분이다.
메모리 용량은 입·출력 점수의 규모와 제어의 기능에 따라 필요한 용량을 선정하되 입·출력 점수 선정 시와 마찬가지로 약간의 여유를 두면 프로그램의 변경이나 추가에 손쉽게 대응할 수 있다.

① 프로그램 메모리

프로그램 메모리는 프로그램을 구성하는 명령어가 워드(word)라는 형태로 기억되고 1 워드마다 어드레스가 붙여져 있다. 따라서 프로그램 메모리의 크기는 통상 워드나 스텝으로 나타내어진다. 메이커의 사양서를 보면 메모리 용량은 대부분 1k워드 또는 2k 워드 등 킬로워드의 k로 표시되는데, 1k워드는 1,024워드나 1,024스텝을 가리킨다.
한편 프로그램 메모리의 용량은 제어회로를 설계하면 쉽게 그 용량이 결정되지만, 대부분 제어회로를 설계하기 전, 즉 장치가 완성되기 전에 PLC도 구매 발주되는 경우가 많으므로 사용자는 사전에 필요로 하는 메모리 용량을 결정해야 한다.
경험적으로 프로그램 메모리의 용량은 다음과 같이 산출한다.

㉮ **간단한 제어 방식** : 메모리 용량 = I/O 점수×5~10
㉯ **약간 복잡한 제어 방식** : 메모리 용량 = I/O 점수×10~15
㉰ **대규모 제어 방식** : 메모리 용량 = I/O 점수×20 이상

② RAM과 ROM

메이커에서 PLC가 조립되어 출하될 때에는 사용자 메모리로 거의 RAM이 실장되어 있다. RAM은 PLC 전원이 차단되면 메모리에 격납된 기억 내용도 동시에 지워지는 휘발성이므로 반드시 백업용 배터리가 갖추어져야 한다. 또한, RAM은 강한 노이즈 등에 의해서도 기억된 내용이 지워질 수도 있어 제어 내용의 변경이나 수정 작업이 필요한 시운전 단계에서만 사용하고, 정상 운전에는 ROM을 사용하는 것이 바람직하다.
ROM은 주로 EPROM이 많이 사용되고 ROM에 프로그램 내용을 기억시키기 위해서는 ROM 라이터가 필요하다. 그러나 ROM은 RAM과 달리 전원이 끊겨도 그 내용을 보존할 수 있어 배터리가 필요 없고, 자외선을 조사하는 등의 특별한 조작을 하지 않는 한 프로그램 내용이 소멸되지 않으므로 PLC가 정상 운전에 들어갔을 때에는 ROM 운전이 RAM 운전보다 안정적이라 할 수 있다.

③ 데이터 메모리

데이터 메모리의 종류로는 시퀀스 연산에서 신호 중계나 신호를 기억시키는 기능 등의 내부 릴레이와 타이머, 카운터 등이 기본으로 준비되어 있고 그 외에도 데이터 레지스터, 링크 레지스터 등이 기종에 따라 실장되어 있다. 내부 릴레이의 종류로는 용도에

따라 일반 릴레이와 정전 시 그 상태 유지가 가능한 래치 릴레이, PLC 간 통신 용도의 링크 릴레이 등으로 구별 되고 이들 데이터 메모리는 점수로 용량을 표시한다.
프로그램 메모리가 입·출력 점수와 제어의 복잡도에 비례하여 용량을 선정하는 것과 같이 데이터 메모리도 마찬가지이다. 일반적으로 PLC 메이커에서는 프로그램 메모리에 비교해 부족하지 않도록 배려하여 제조하나, 사용자 입장에선 특수 기능의 데이터 메모리에 대해 세심한 검토가 이루어져야 한다.
데이터 메모리에는 휘발성 영역과 불휘발성 영역으로 되어 있으며, 프로그램 작성 시 설비 제어 방식에 따라 영역을 구분하여 사용한다.

4.5 PLC 기종 선정 기술

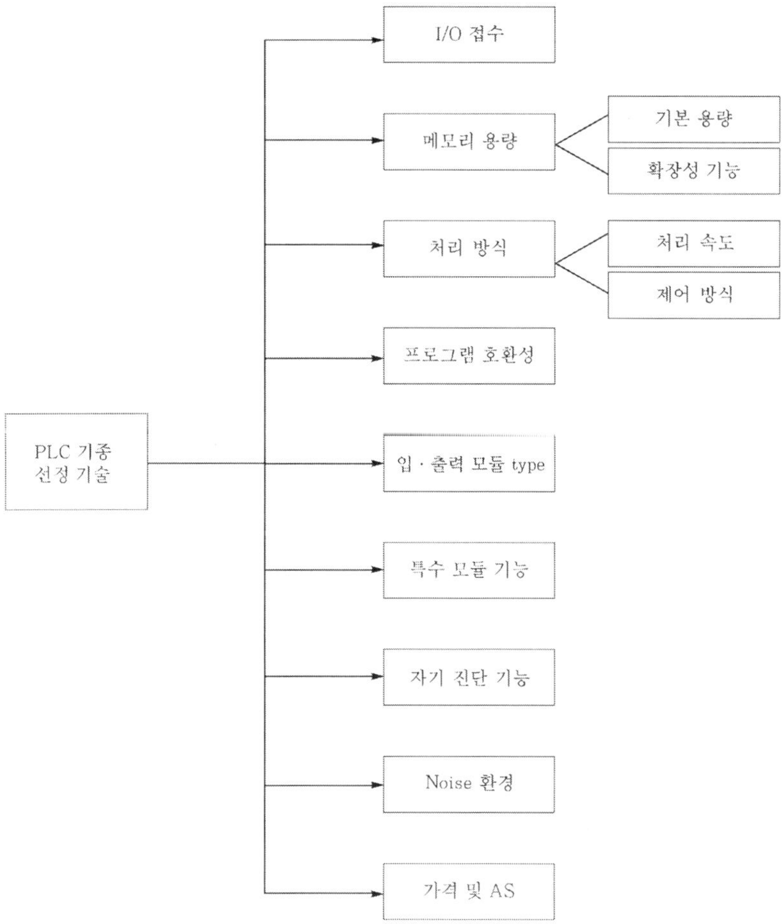

〈그림 4-21〉 PLC 기종 선정 포인트

4.6 PLC 프로그램 작성 기술

(1) 프로그램 작성 기술

PLC 입력기기의 작동에 따라 메모리에 들어 있는 프로그램을 연산하여 출력기기를 동작시키는 시스템이다.

프로그램을 작성하기 전에 먼저 자동화기기의 동작 조건을 작성한 다음 PLC 기종을 선정한다.

PLC 기종이 선정되면 이어서 입·출력을 할당하고, 제어 배선도를 작성하며, 각종 데이터 메모리와 프로그램 메모리를 할당한 뒤 코딩을 하고, 코딩이 완료되면 프로그램 입력 장치를 이용하여 PLC의 메모리 내에 시퀀스 프로그램을 격납한다. 이 작업을 로딩이라 한다. 로딩이 완료되면 시뮬레이션을 통하여 프로그램을 검증하고 테스트 운전을 한다. 이 테스트 운전이 끝나면 PLC는 정상 운전에 들어가게 된다.

(2) 프로그램 작성 순서

① 기계 설비의 동작 조건을 작성한다.
② 동작 조건에 따라 입·출력부 설계도면을 작성한다.
③ 동일 종류의 기기 설비에 따라 입·출력을 할당한다.
④ 기기 설비에 따른 제어 배선도를 작성한다.
⑤ 프로그램을 작성한다.
⑥ Data 메모리, 프로그램 메모리를 할당한다.
⑦ 프로그램을 로딩한다.
⑧ 프로그램을 시뮬레이션한다.

(3) PLC 프로그램 방식

① 니모닉(mnemonic) 방식
② 래더 다이어그램(ladder diagram) 방식
③ SFC(Sequential Function Chart) 방식

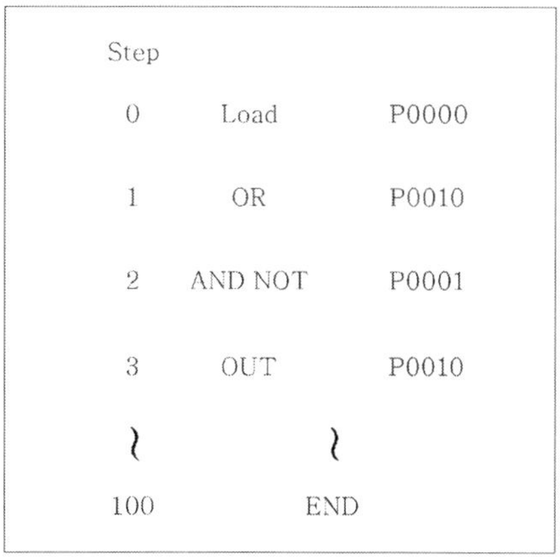

(a) 니모닉 방식

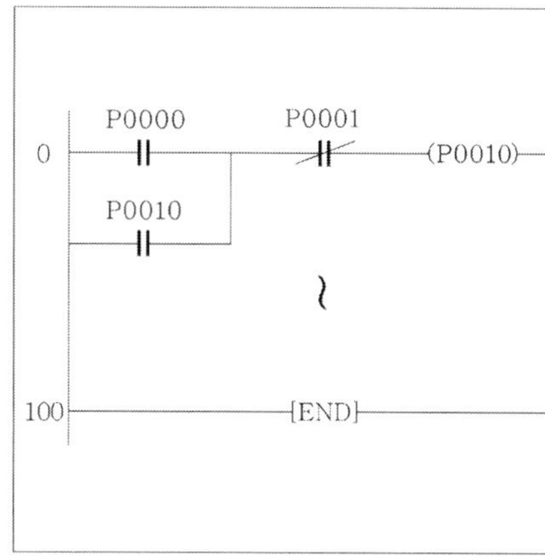

(b) 래더 다이어그램 방식

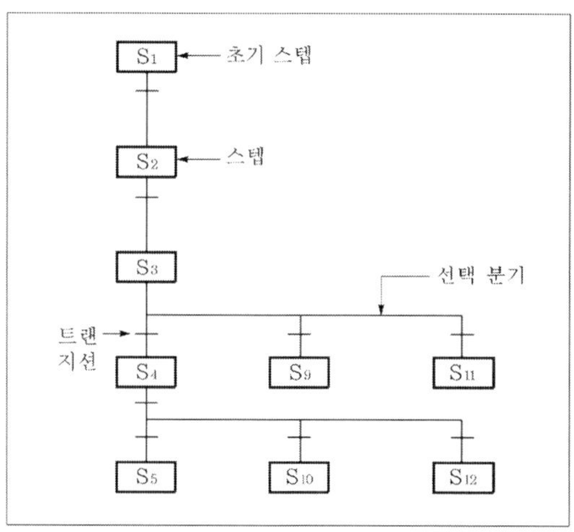

(a) SFC 방식

〈그림 4-22〉 PLC 프로그램의 종류

(4) 프로그램 작도 시 주의할 점

① 래더 다이어그램 방식에서 상·하 사이에 접점이 올 수 없다.

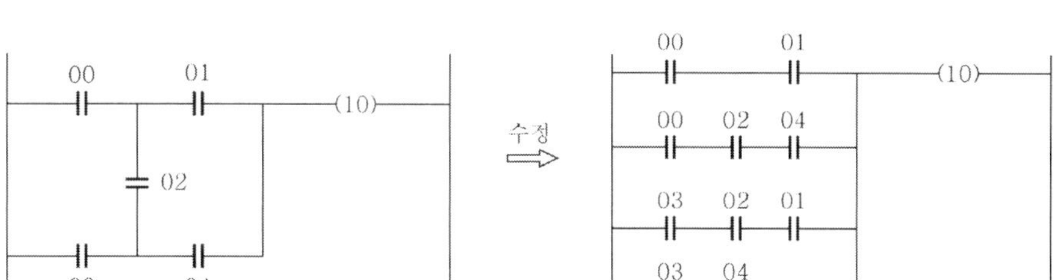

〈그림 4-23〉

② 출력은 이중으로 사용할 수 없다.

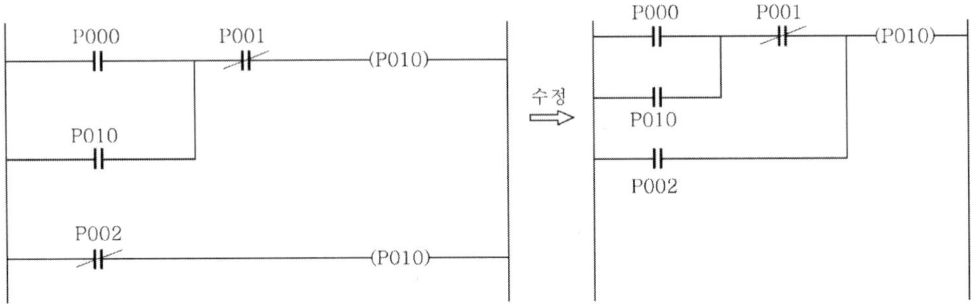

〈그림 4-24〉

③ 출력 뒤에 접점을 사용할 수 없다.

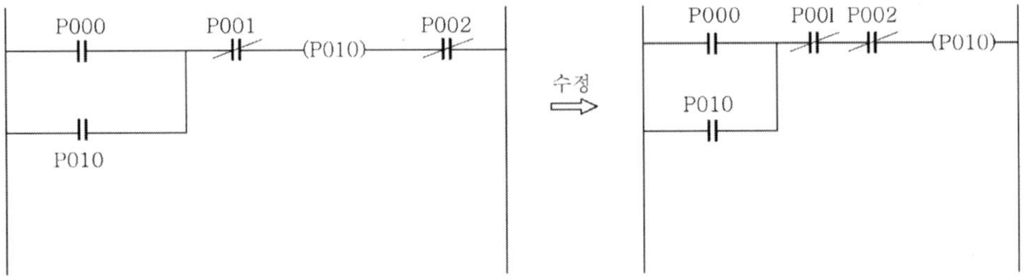

〈그림 4-25〉

④ 입・출력 접점 및 내부 접점은 a접점이나 b접점의 사용 횟수 제한이 없다.

제 5 장 XGK 사양 및 program

5.1 시스템 구성

(1) PLC 기본 구성

PLC 단원 시스템은 베이스(base), 전원부(SMPS), CPU부, digital 입・출력부(Di, Do)를 포함한 기본 구성에 옵션인 특수, 통신 모듈 등을 추가한 시스템으로 구분할 수 있다. 위 구성을 하나의 제품에 포함한 type을 블록형이라 한다. 이에 속하는 기종으로 XGB 시리즈가 있다. 이 밖에 각각의 구성품으로 이루어진 type을 모듈형이라고 하며, 위의 기종을 제외한 전 제품이 포함된다.

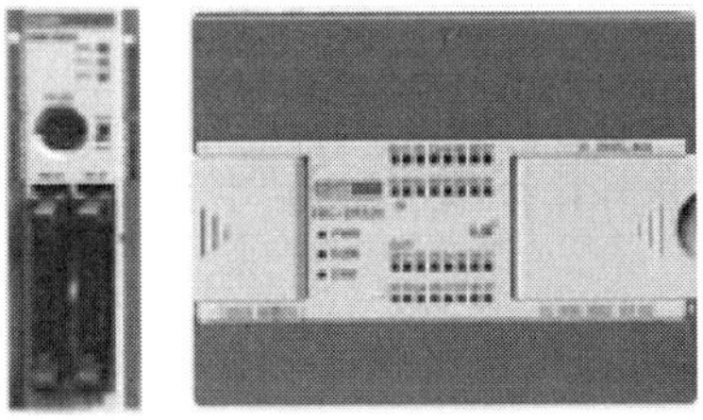

블록형(XGB 시리즈)

모듈형(XGK, XGI 시리즈)

1) 모듈형의 구성

위 그림과 같이 기본 시스템은 전원부가 가장 좌측에 위치하며, 다음에 CPU부, 이후에 입·출력부가 위치하게 된다. 각각의 구성품은 베이스 위에 장착되며, 베이스의 슬롯 수는 전원부와 CPU를 제외한 슬롯 수로 표시한다.

입·출력 모듈은 위치(slot)에 관계없이 사용자 설계 사양에 맞춰 장착할 수 있다. 이 때 각 입·출력 모듈은 CPU가 자동으로 인식하게 된다.

REMARK

- **전원부** : 아래 구성품의 구동전원을 공급한다.
- **베이스부** : 아래 구성품을 지지하며, 모듈 간의 데이터 이동의 통로가 된다.
- **CPU부** : 사용자 작성 프로그램의 저장, 운전을 수행하며, 이때 발생한 데이터를 저장하고 입·출력부를 제어한다.
- **입·출력부** : 외부입력기기(센서, 스위치), 외부출력기기(램프, 릴레이, 솔레노이드), 결선용 모듈 및 이외의 각종 특수 모듈을 칭함.

2) PLC 증설 시스템

XGK-CPUE의 경우에 최대 1,536점까지 제어가 가능하다. 베이스당 최대 12 슬롯이 장착 가능하므로 12 슬롯 베이스에 64점 모듈(XGK 1 모듈 당 최대 점수)을 모두 장착하였을 경우 총 768점(12×64)으로 최대 제어점수 1,536점의 1/2밖에 안 된다. 1,536점을 모두 하나의 베이스에서 제어할 경우 24 슬롯의 베이스가 필요하며, 이런 베이스를 사용할 경우에 전원부의 용량, 외형의 크기가 커져서 사실상 사용이 불가능해진다.

증설 시스템이란 위와 같은 문제에 대한 해결책으로 24 슬롯의 베이스를 12 슬롯 단위로 나눈 후 각 베이스 간을 증설 케이블로 연결하여 마치 하나의 베이스 위에서 모든 입·출력을 제어하는 효과를 나타낸다.

이와 같은 경우 CPU가 장착된 베이스를 기본 베이스라고 하며, 전원, CPU, 입·출력이 장착되고 증설 케이블 취부용 connector 1개를 포함한다.

증설 베이스에는 CPU 없이 전원, 입·출력으로만 구성되고, 증설 케이블 취부용 connector 2개를 포함한다.

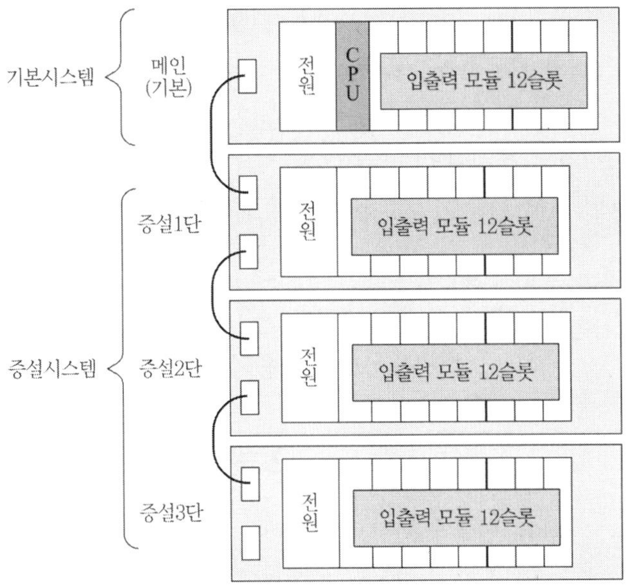

5.2 XGK 사양

(1) XGK PLC의 특징

XGK를 포함한 XGT 시리즈 PLC는 다음과 같은 특징이 있다.

- 업계 최고 수준의 CPU 처리속도(0.228[μS])와 향상된 Backplane Interface를 통해 초고속 연산 속도를 보장하며, USB를 통한 고속 업/다운로드는 유지/보수의 편리성을 극대화한다.
- 동급 최소 사이즈의(모듈 크기 27×98×90) 각 구성품은 compact한 Panel 제작을 통해 원가 절감 및 다양한 application 분야에의 적용을 가능하게 한다.
- Fast Ethernet 및 open Fieldbus에 기반한 system은 고 신뢰도의 고속 전송을 가능하게 하고, 다양한 Field Device Interface를 통해 system 구성상의 한계를 극복한다.
- Ethernet 기반으로 산업계 표준 Field network로 자리매김하고 있는 Ethernet/IP, Modbus TCP/IP를 지원함으로써 Ethernet 기반으로 타사 장비와 손쉬운 접속이 가능하다.
- XG5000 Package는 향상된 사용자 Interface와 편리한 조작성을 바탕으로 Multi PLC Multi Programming을 지원하고 다양한 모니터링 및 강력한 진단 기능을 제공한다.
- 프로그램의 작성 없이 파라미터 설정으로 특수/통신 모듈의 운전 설정이 가능하다.

- 한 대의 PLC에 최대 256개의 프로그램을 작성하고, 각 프로그램을 Export/Import할 수 있어 프로그램의 모듈화가 가능하다.
- Drag & Drop, Auto Fill, 특수 모듈 변수/설명문 자동 등록 기능 등 다양한 기능으로 프로그램의 편의성을 증대시켰다.
- XG5000의 모든 데이터는 Microsoft EXCEL과 호환이 가능하다.

(2) 일반 사양

XGK를 포함한 XGT 시리즈에 공통적으로 적용되는 일반 사양은 다음과 같다.

<table>
<tr><th>항 목</th><th colspan="5">일 반 사 양</th></tr>
<tr><td>사용/보관 온도</td><td colspan="5">0~55℃ / −25~70℃</td></tr>
<tr><td>사용/보관 습도</td><td colspan="5">5~90%RH, 이슬이 맺히지 않을 것.</td></tr>
<tr><td rowspan="5">내진동</td><td>주파수</td><td>가속도</td><td>진폭</td><td colspan="2">횟수</td></tr>
<tr><td>$10 \le f < 57$[Hz]</td><td>−</td><td>0.075[mm]</td><td colspan="2" rowspan="4">X, Y, Z 각 방향 3회</td></tr>
<tr><td>$57 \le f \le 150$[Hz]</td><td>9.8[m/s^2]{1G}</td><td>−</td></tr>
<tr><td>$10 \le f < 57$[Hz]</td><td>−</td><td>0.035[mm]</td></tr>
<tr><td>$57 \le f \le 150$[Hz]</td><td>4.9[m/s^2]{0.5G}</td><td>−</td></tr>
<tr><td>내충격</td><td colspan="5">· 최대 충격 가속도 : 147[m/s^2]{15G}
· 인가 시간 : 11[ms]
· 펄스 파형 : 정현 반파 펄스(X, Y, Z 각 방향 3회)</td></tr>
<tr><td rowspan="5">내노이즈</td><td colspan="2">방형파 임펄스 노이즈</td><td colspan="3">±1,500[V]</td></tr>
<tr><td colspan="2">정전기 방전</td><td colspan="3">전압 : 4[kV]</td></tr>
<tr><td colspan="2">방사 전자계 노이즈</td><td colspan="3">27~500[MHz], 10[V/m]</td></tr>
<tr><td colspan="2" rowspan="2">패스트 트랜지언트 & 버스트 노이즈</td><td>구분</td><td>전원</td><td>모듈</td></tr>
<tr><td>전압</td><td>2[kV]</td><td>1[kV]</td></tr>
<tr><td>주위 환경</td><td colspan="5">부식성 가스가 없을 것</td></tr>
<tr><td>사용 고도</td><td colspan="5">2,000[m]</td></tr>
<tr><td>오염도</td><td colspan="5">2 이하</td></tr>
<tr><td>냉각 방식</td><td colspan="5">자연 공랭식</td></tr>
</table>

(3) XGK 사양

표준형 CPU 모듈(XGK-CPUE/S)과 고급형 CPU 모듈(XGK-CPUA/H/U)의 기능 사양은 다음과 같다.

항 목		XGK-CPUE	XGK-CPUS	XGK-CPUA	XGK-CPUH	XGK-CPUU	비고
		XGK 기능 사양					
연산 방식		반복 연산, 정주기 연산, 고정주기 스캔					
입·출력 제어 방식		스캔 동기 일괄처리 방식(리프레시 방식), 명령어에 의한 다이렉트 방식					
프로그램 언어		래더 다이어그램(Ladder Diagram), 명령 리스트(Instruction List) SFC(Sequential Function Chart), ST(Structured Text)					
명령어수	기본명령	40개					
	응용명령	232종 717개					
연산 처리 속도 (기본 명령)	LD	0.084μs/Step		0.028μs/Step			
	MOV	0.252μs/Step		0.084μs/Step			
	실수 연산	± : 1.442μs(S), 2.87μs(D) × : 1.948μs(S), 4.186μs(D) ÷ : 1.974μs(S), 4.2μs(D)		± : 0.602μs(S), 1.078μs(D) × : 1.106μs(S), 2.394μs(D) ÷ : 1.134μs(S), 2.66μs(D)			S : 단장 D : 배장
프로그램 메모리 용량		16kstep	32kstep	32kstep	64kstep	128kstep	
입출력 점수 (설치 가능)		1,536점	3,072점	3,072점	6,144점		
데이터 영역	P	P00000~P2047F(32,768점)					
	M	M00000~M2047F(32,768점)					
	K	K00000~K2047F(32768점)					
	L	L00000~L11263(180,224점)					
	F	F00000~F2047F(32,768점)					
	T	100ms : T0000-T0999, 10ms : T1000-T1499 1ms : T1500-T1999, 0.1ms : T2000-T2047					파라미터 설정에 의해 영역 변경 가능
	C	C0000~C2047					
	S	S00.00~S127.99					
	D	D0000~D19,999		D0000~D32,767			
	U	U0.0~U1F.31	U0.0~U3F.31	U0.0~U3F.31	U0.0~U7F.31		특수 모듈 데이터 리프레시 영역
	Z	128점					인덱스
	N	N00000~N21,503					
	R	1블록		2블록			1블록당 32K 워드 (R0~R32767)
플래시 영역		2Mbyte, 32블록					R 디바이스를 이용해서 제어 가능
프로그램 구성	총 프로그램 수	256개					
	초기화 태스크	1개					
	정주기 태스크	32개					
	내부 디바이스 태스크	32개					
운전 모드							
자기진단 기능		연산지연 감시, 메모리 이상, 입·출력 이상, 배터리 이상, 전원 이상 등					
프로그램 포트		RS-232C(1CH), USB(1CH)					RS-232 포트로 Modbus slave 지원
정전 시 데이터 보존 방법		기본 파라미터에서 래치 영역 설정					
최대 베이스 확장		2단	4단	4단	8단		총 연장 15[m]
내부 소비 전류		940[mA]		960[mA]			
중량		0.12[kg]					

5.3 XGK 시스템 구성

XGK 시리즈는 기본 시스템, 컴퓨터 링크 및 네트워크 시스템 구성에 적합한 각종 제품을 구비하고 있다. 본 장은 각 시스템의 구성 방법 및 특징에 대해 설명한다.

(1) XGK 시스템 구성

XGK 시리즈의 시스템 구성은 아래 그림과 같다.

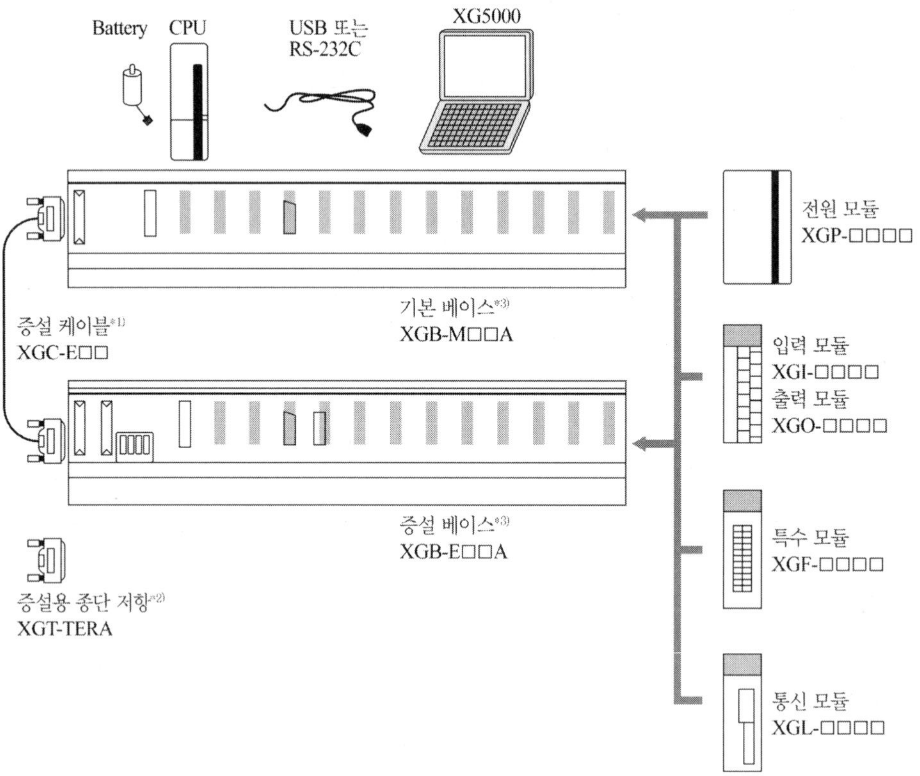

* 1) 증설 케이블 길이의 총합은 15[m] 이하로 제한된다.
* 2) 증설 베이스를 연결할 경우 증설 길이에 관계없이 마지막 베이스 종단 저항을 반드시 설치해야 한다.
* 3) 베이스에 모듈을 장착하지 않을 경우 더미 모듈(XGT-DMMA)을 장착하여 슬롯 커넥터를 보호해 주어야 한다.

(2) CPU 표시 사양

XGK 시리즈의 CPU 전면부 LED 표시 내용은 다음과 같다.

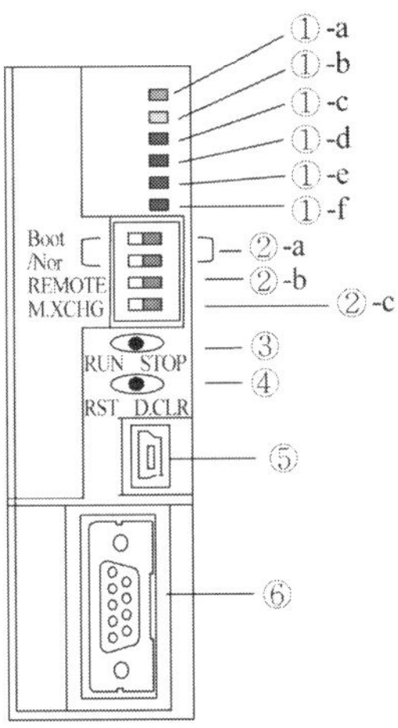

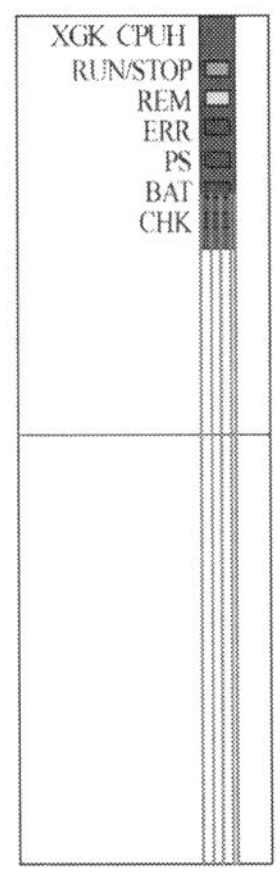

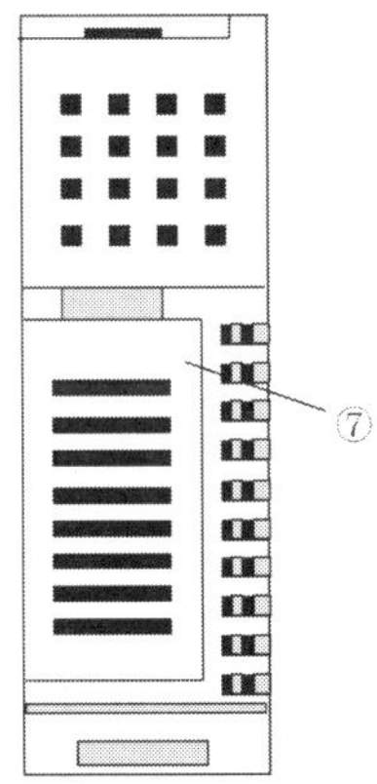

NO.	명 칭	용 도
①-a	RUN/STOP LED	CPU 모듈의 동작 상태를 나타낸다. • 녹색 점등 : 'RUN' 모드 상태로 운전 중을 표시 – RUN/STOP 모드 스위치에 의해 'RUN' 운전 중 – RUN/STOP 모드 스위치가 'STOP'인 상태에서 '리모트 RUN' 운전 중 • 녹색 점멸 : RUN 운전 중에 경고 또는 에러 표시 • 적색 점등 : 'STOP' 모드 상태로 운전 중을 표시 – RUN/STOP 모드 스위치에 의해 'STOP' 운전 중 – 모드 스위치가 'STOP'인 상태에서 '리모트 STOP' 운전 중 • 적색 점멸 : 'STOP' 운전 중에 경고 또는 에러 표시 – 운전을 정지하는 에러를 검출한 경우
①-b	REM LED	• 점등(황색) : 리모트 허용 상태임을 표시 – 'REMOTE' 스위치가 'ON'인 경우 • 소등 : 리모트 금지 상태임을 표시 – 'REMOTE' 스위치가 'OFF'인 경우
①-c	ERR LED	• 점등(적색) : 운전이 불가한 에러가 발생한 경우를 표시 • 소등 : 이상 없음을 표시
①-d	PS LED (Progammable Status)	• 점등(적색) – '사용자 지정 플래그'가 'ON'인 경우 – '에러 시 운전 속행' 설정으로 에러 상태에서 운전 중인 경우 – 'M.XCHG' 스위치가 'ON'인 상태에서 모듈을 빼거나 다른 모듈을 장착한 경우 • 소등 : 이상 없음을 표시
①-e	BAT LED	• 점등(적색) : 배터리 전압이 저하된 경우 • 소등 : 배터리 이상 없음

NO.	명 칭	용 도
①-f	CHK LED	• 점등(적색) : 표준 설정과 다른 내용이 설정되어 있는 경우에 표시 (파라미터로 추가/삭제[해제]가 가능함) - '모듈 교체' 스위치가 '모듈 교체'로 설정된 경우 - '디버그 모드'에서 운전 중인 경우 - '강제 ON' 설정 상태 - '고장마스크', 'SKIP' 플래그가 설정된 경우 - 운전 중 경고장(Warning)이 발생한 경우 - 증설 베이스 전원 이상 • 점멸 : 연산 에러 시 운전 속행 설정이 되어 있는 상태에서 에러가 발생한 경우 • 소등 : 표준설정으로 운전 중에 표시

(3) CPU 전면부 기능

XGK 시리즈의 CPU 전면부 스위치 및 부속 내용은 다음과 같다.

NO.	명 칭	용 도
②-a	Boot/Nor 스위치	출하 전 O/S를 다운로드하는 경우 사용한다. • ON(우측) : 정상 운전 모드에서 제어동작을 수행 • OFF(좌측) : 제조 시 사용하는 모드로, 사용자 조작 금지 (O/S의 다운로드 모드) • 주의 - Boot/Nor 스위치는 항상 ON(우측) 상태로 유지해야 한다. - OFF(좌측) 상태로 설정하게 되면 모듈 소손의 원인이 된다.
②-b	REMOTE 허용 스위치	리모트 접속을 통한 PLC의 동작을 제한한다. • ON(우측) : 모든 기능 허용(REMOTE 모드) • OFF(좌측) : 리모트 기능 제한 - 프로그램의 D/L, 운전모드 조작 제한 - 모니터, 데이터 변경 등은 조작 허용
②-c	M.XCHG (모듈 교체 스위치)	운전 중 모듈 교체를 실시하는 경우 사용한다. • ON(우측) : 모듈 교체 실시 - 키 스위치의 조작만으로 모듈 교체 가능 • OFF(좌측) : 모듈 교체 완료
③	RUN/STOP 모드 스위치	CPU 모듈의 운전모드를 설정한다. • STOP → RUN : 프로그램의 연산 실행 • RUN → STOP : 프로그램의 연산 정지 REMOTE 스위치에 우선하여 동작한다.
④	리셋/D.Clear 스위치	스위치를 좌측으로 옮기면 리셋 동작을 수행한다. • 좌측 이동 → 중앙 복귀 : RESET 동작 수행 • 좌측 이동 → 3초 이상 유지 → 중앙 복귀 : Overall RESET 동작 수행 스위치를 우측으로 눌렀다 놓으면 데이터 클리어 동작을 수행한다. • 우측으로 누름 → 중앙 복귀 : 래치 1 영역 데이터와 일반 데이터영역 지움 • 우측으로 누름 → 3초 이상 유지 → 중앙 복귀 : 래치 2 영역 데이터와 일반 데이터 영역 지움 • 주의 : 데이터 클리어 동작은 'STOP' 운전모드에서만 동작한다.

NO.	명 칭	용 도
⑤	USB 커넥터	주변기기(XG5000 등)와 접속하기 위한 커넥터(USB 1.1 지원)
⑥	RS-232C 커넥터	주변기기와 접속하기 위한 커넥터 • XG5000 접속 : 기본적으로 지원 • Modbus 기기 접속 : Modbus 프로토콜 지원 TX : 7번 Pin, RX : 8번 Pin, GND : 5번 Pin
⑦	배터리 장착 커버	백업 배터리 장착용 커버

5.4 XGK 증설 시스템

(1) 입·출력 증설 시스템

XGT PLC에 사용하는 베이스는 기본 베이스(XGB-M□□A)와 증설 베이스(XGB-E□□A)로 구분된다. 1개의 베이스는 전원 및 CPU를 제외하고 4/6/8/12개의 모듈을 장착할 수 있다. 기본 베이스는 전원 모듈이 취부되는 슬롯의 왼쪽에 증설 커넥터가 1개 있으며, 증설 베이스는 두 개의 증설 커넥터가 있으므로 외형으로도 구분이 된다. 증설 베이스를 사용할 때 증설 단자 보호 커버를 열면 베이스 번호 설정용 딥 스위치가 4개 있는데, 이 스위치를 이용하여 베이스 번호를 설정해야 하며, 최대 증설 거리(증설 케이블 길이의 합)는 15[m]이다.

- 증설 케이블의 연결은 기본 베이스에서 시작하여 증설 베이스의 안쪽 커넥터에 연결한다.
- 2개 이상의 증설 베이스를 설치할 경우 증설 베이스의 안쪽 커넥터는 CPU 방향으로 연결하고, 바깥쪽 커넥터는 하부 증설 베이스에 연결한다.

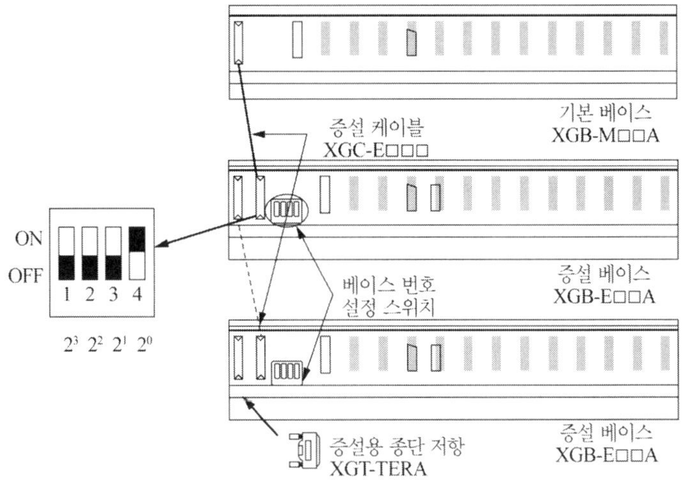

- 증설 베이스의 증설 커넥터를 열면 베이스 번호 설정 스위치가 있다. 이 스위치를 이용하여 베이스 번호를 설정해주어야 한다.
- 증설 베이스를 설치할 경우 마지막 베이스의 바깥쪽 증설 커넥터에 종단 저항(XGT-TERA)을 반드시 설치해야 한다.
- 증설 케이블 길이의 총합은 15[m] 이하로 제한된다.
- CPU 모듈의 형명에 따라 증설할 수 있는 베이스 수는 다르다.
  (CPUU, CPUH : 7단, CPUA, CPUS : 3단, CPUE : 1단)

(2) 입·출력 증설용 베이스

XGT PLC에 사용하는 기본 및 증설 베이스는 장착되는 입·출력 모듈 수에 따라서 4, 6, 8, 12 슬롯의 4종류가 있다. 사용자의 시스템 규모 또는 현장 판넬의 공간에 따라서 선택하여 적절히 사용할 수 있다.

다음은 기본 및 증설 베이스에 대한 형명을 표기하는 방식을 나타내고 있다. 사용하고자 하는 슬롯에 맞는 베이스 또는 증설용 케이블 등을 형명에 맞게 선택, 사용해야 한다. M은 기본 베이스, 즉 메인(main)의 M을 의미하고, E는 증설(Extention)의 E를 의미한다.

베이스

- XGC-□□□A

베이스 종류
M : 기본 베이스
E : 증설 베이스

장착 모듈 수
04:4 모듈 장착
06:6 모듈 장착
08:8 모듈 장착
12:12 모듈 장착

증설 케이블은 베이스와 베이스 간을 연결하여 CPU와 입·출력 간의 데이터를 연결해주는 중요한 역할을 한다. 따라서 가급적이면 짧게 배선하여 외부의 노이즈에 영향을 적게 받도록 해야 한다.

증설 케이블

- XGC-E□□□

길이
041:0.4[m]　061:0.6[m]
121:1.2[m]　301:3[m]
501:5[m]　102:10[m]
152:15[m]

5.5 XGK PLC 입·출력 모듈

(1) 디지털 입력 모듈 종류

XGT용 PLC에 사용하는 입력 모듈의 종류는 DC24[V] 입력과 AC110, 220[V]용 입력과 특수 모듈 입력으로 나뉜다.

입력 모듈 종류에 대한 형명을 지정하는 기준은 다음과 같다.

디지털 입력 모듈

• XGi-□□□□

전원 종류	접점 수(바이트)	옵션
D2:DC24[V]	1:8점(1바이트)	A:+/-공통(DC입력)
A1:AC110[V]	2:16점(2바이트)	B:+공통(DC입력)
A2:AC220[V]	4:32점(4바이트)	
	8:64점(8바이트)	

예) XGI-A12A : AC110[V] 16점 입력 모듈

XGI-D24A : DC24[V] 32점 입력 모듈

XGI-D28B : DC24[V] 64점 입력 모듈, +공통

(2) 출력 모듈 종류

출력 모듈은 릴레이 출력, 트랜지스터 출력, SSR 출력 등 모든 출력 모듈에 사용되는 접점의 형태에 따라서 구분된다. 출력 모듈에 따라서 사용되는 전류의 용량과 사용전압이 결정되므로 사용 시 주의를 요한다. 출력 모듈 종류에 대한 형명을 지정하는 기준은 다음과 같다.

•XGQ-□□□□

출력 소자	접점 수(바이트)	옵션
RY:Relay	1:8점(1바이트)	A:-공통(TR 출력)
TR:Transistor	2:16점(2바이트)	B:+공통(TR 출력)
SS:SSR	4:32점(4바이트)	서지킬러(RY 출력)
	8:64점(8바이트)	

예) XGQ-RY2B : 릴레이 출력 16점, 서지 킬러 내장

XGQ-TR4A : Transistor 출력 32점, -공통

XGQ-TR8B : Transistor 출력 64점, +공통

(3) 특수 모듈 종류

특수 모듈은 디지털 입·출력 모듈과는 다르게 각 모듈마다 마이크로프로세서를 내장하여 CPU 모듈과는 별도로 각 모듈에 맞는 특수 기능을 독자적으로 수행한다. 특수 모듈의 종류로는 A/D, D/A, 고속 카운터, 위치결정 모듈, 통신 모듈 등 여러 종류가 있다. 현장의 특수 상황에 따라서 특수 모듈을 선택하여 사용할 수 있다. 단, XGK 시리즈는 별도의 PID 특수 모듈 없이 CPU에 PID 기능이 내장되어 있다.

다음은 특수 모듈 관련 소프트웨어 패키지 및 모듈 관련 기능이다.

아날로그 입력 모듈
아날로그 출력 모듈
아날로그 입·출력 혼합 모듈
HART 인터페이스 아날로그/디지털 변환 모듈
고속 카운터 모듈
다채널 고속 카운터 모듈
위치 결정 모듈(XPM)
위치 결정 모듈(Network Type)
XG-PM
위치 결정 모듈(APM)
위치 결정 모듈/외부 기기 인터페이스
APM 소프트웨어 패키지
모션 제어 모듈
M16M 소프트웨어 패키지
측온 저항체 입력 모듈
열전대 입력 모듈
온도 제어 모듈
이벤트 입력 저장 모듈
데이터로그 모듈

다음은 통신 모듈 관련 소프트웨어 패키지 및 모듈 관련 기능이다.

Network Type
XGT Network 시스템
RAPIEnet 시스템
Ethernet 시스템
Ethernet/IP 시스템
산업용 광량 스위치
Ethernet 스위칭 허브
Fnet 시스템
Computer Link(Cnet) 시스템
Rnet 시스템
DeviceNet(Dnet) 시스템
Profibus-DP(Pnet) 시스템
Profibus-DP(Pnet) I/F 시스템
Profibus-DP(Pnet) Remote I/F 시스템
SMART I/O

5.6 입·출력 메모리 할당

PLC 프로그램 작성, 외부 입·출력 결선 및 유지 보수에 있어서 PLC 외부 단자대와 PLC 메모리와의 대응관계를 정확히 이해해야 한다.
예를 들어 아래와 같은 경우 PLC 외부 접점과 메모리와의 정확한 대응 관계를 이해하지 못하면 프로그램의 작성 및 이해가 불가능해지기 때문이다.

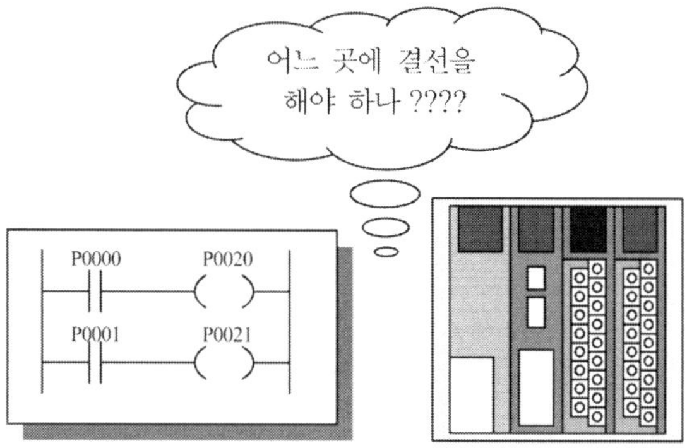

(PLC프로그램) (PLC시스템)

(1) PLC 외부 입·출력(P)

외부 입·출력 번호의 할당은 첨자(Device 이름) P로 표현하며, 형식은 아래와 같다.

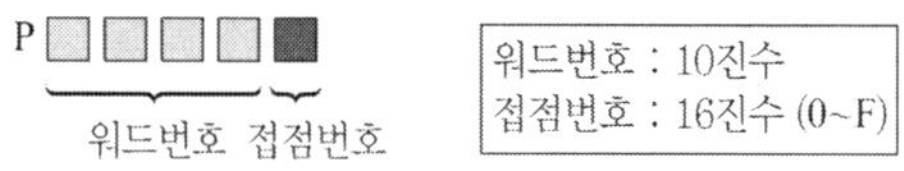

입·출력 메모리 할당
고징식/가변식 메모리 힐당 방식에 따라 입·출력 메모리 힐당은 딜라진다. 가변식의 경우 각 입·출력 모듈의 점수에 따라 메모리 할당이 달라진다. 예를 들어 32점 모듈의 경우 16점 모듈 2개에 해당하는 접점이 한 슬롯에 설치된 것으로 보면 된다. 다음 그림은 할당 방법에 따른 입·출력 메모리 할당의 예이다.

		슬롯번호	0	1	2	3	4	5	6	7
	전원	CPU	P0000 ~ P000F 입력 16점	P0010 ~ P002F 입력 32점	P0030 ~ P003F 출력 16점	P0040 ~ P004F 통신 모듈	P0050 ~ P005F 출력 16점	P0060 ~ P007F 출력 32점	P0080 ~ P008F A/D 모듈	P0090 ~ P009F XPM 모듈

가변식 입·출력 메모리 할당

- 입・출력 메모리 할당에서 고정식으로 할당하는 경우는 각 슬롯에 64점씩 할당된다.
- 가변식 메모리 할당에서는 모듈에 따라 할당되는 P 영역이 다르다.

① **입・출력 모듈** : 실제 입・출력 모듈 접점만큼 할당된다.

② **특수 모듈** : 아날로그 입・출력(AD, DA), 고속 카운터, 위치 결정, 모션 제어 모듈은 16점이 할당된다.

③ **통신 모듈** : Cnet, Dnet, Enet(오픈형, 전용), Rnet, Pnet은 16점이 할당된다.

		슬롯번호	0	1	2	3	4	5	6	7
	전원	CPU	P0000 ~ P003F 입력 16점	P0040 ~ P007F 입력 32점	P0080 ~ P011F 출력 16점	P0120 ~ P015F 통신 모듈	P0160 ~ P019F 출력 16점	P0200 ~ P023F 출력 32점	P0240 ~ P027F A/D 모듈	P0280 ~ P031F XPM 모듈
	메모리 할당(점)		64	64	64	64	64	64	64	64

고정식 입・출력 메모리 할당

디지털 입・출력 관련 단자대 연결구조는 다음과 같다.

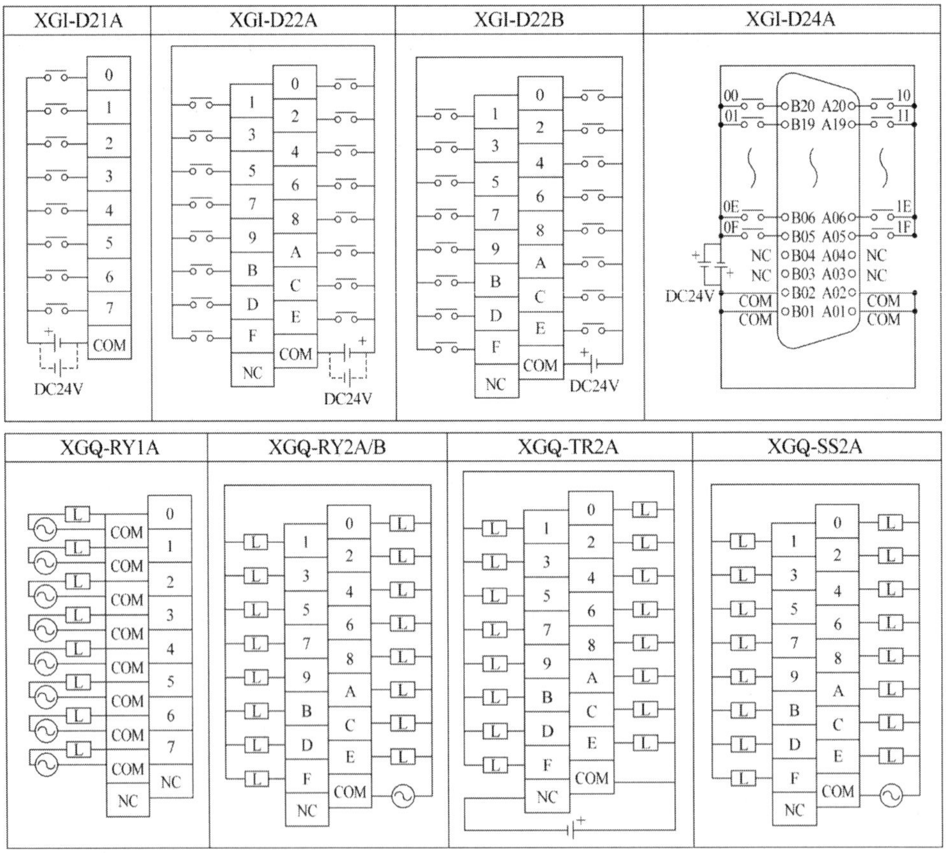

(2) 입·출력 영역(P)

입·출력 P는 외부기기와 대응되는 영역으로서 입력기기로 사용되는 푸시-버튼, 절환 스위치, 리미트 스위치 등의 신호를 받아들이는 입력부와 출력기기로 사용되는 솔레노이드, 모터, 램프 등에 연산 결과를 전달하는 출력부로 이루어진 영역이다.

입력부 P에 대해서는 PLC 내부의 메모리에 입력상태가 보존되므로 a, b 접점 사용이 가능하고 출력부 P 역시 a, b 접점의 출력 모두가 가능하다.

P영역 중 입·출력으로 사용되지 않는 부분은 보조 릴레이 M과 동일하게 사용할 수 있다. 명령어에 따라 워드 단위로 사용이 가능하다.

다음 그림은 입·출력 회로 구성 예를 보여준다.

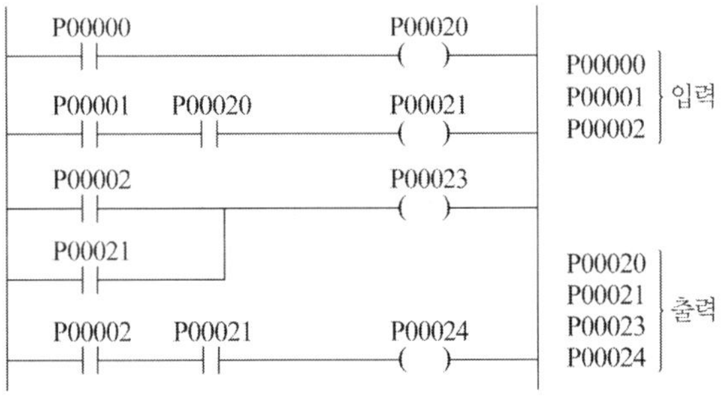

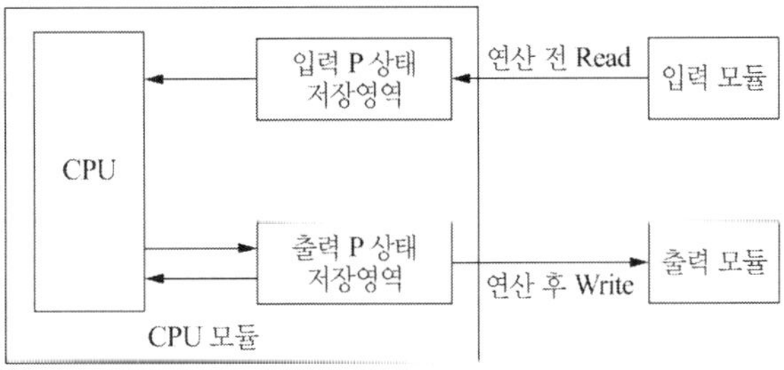

위 그림과 같이 P영역은 모듈의 각 접점 하나하나에 대해서 1:1로 대응되는 영역을 가지고 있어서 PLC가 스캔(연산) 중일 때는 입·출력 모듈의 접점 상태와는 관계없이 CPU 내부의 메모리(P영역) 상태를 가지고 연산을 하고, 연산이 끝난 후 출력 접점에 대응되는 내부 메모리 P 영역의 내용을 출력 모듈에 일괄 출력하고, 다음번 연산을 위하여 입력 모듈의 접점 상태를 입력 접점에 대응되는 내부 메모리 P영역에 저장한다.

입력, 출력의 접점 상태는 구분 없이 모두 P영역에 할당되므로 프로그래밍 시 입력 P영역과 출력 P영역의 혼동에 따른 오류가 없도록 주의해야 한다.

(3) 슬롯 점수 할당

한 슬롯마다 16, 32, 64 단위로 입・출력의 예약점수를 지정할 수 있으며, 특수/통신 모듈의 경우에는 해당하는 특수/통신 모듈을 지정한다.

빈 슬롯은 고정식인 경우는 64점, 가변식인 경우는 16점을 점유한다.

입・출력 번호의 할당방식은 기본 파라미터의 설정에 따라서 고정식과 가변식(XGB는 지원하지 않음)의 선택이 가능하다.

<table>
<tr><th colspan="2">구 분</th><th>입・출력 번호의 할당 예</th></tr>
<tr><td rowspan="2">입・출력 번호의 할당 (고정식)</td><td>XGK</td><td>
• 베이스의 각 슬롯은 모듈의 장착 여부 및 종류에 관계없이 64점씩 할당된다.
• 한 개의 베이스에는 16개 슬롯 분의 입・출력 번호가 할당된다. 즉, 1번 베이스의 시작 번호는 P00640이 된다.
• 12Slot 베이스의 입・출력 번호의 할당 예는 아래와 같다.
<table>
<tr><td>Slot 번호</td><td></td><td>0</td><td>1</td><td>2</td><td>3</td><td>4</td><td>5</td><td>6</td><td>7</td><td>8</td><td>9</td><td>10</td><td>11</td></tr>
<tr><td>PWR</td><td>CPU</td><td>입력16</td><td>입력16</td><td>입력32</td><td>입력64</td><td>출력16</td><td>출력32</td><td>출력32저</td><td>출력64</td><td>입력32</td><td>출력16</td><td>출력32</td><td>출력32</td></tr>
<tr><td></td><td></td><td>P0 ~ P3F</td><td>P40 ~ P7F</td><td>P80 ~ P11F</td><td>P120 ~ P15F</td><td>P160 ~ P19F</td><td>P200 ~ P23F</td><td>P240 ~ P27F</td><td>P280 ~ P31F</td><td>P320 ~ P35F</td><td>P360 ~ P39F</td><td>P400 ~ P43F</td><td>P440 ~ P47F</td></tr>
</table>
</td></tr>
<tr><td>XGB</td><td>
• 모든 모듈이 64점씩 할당된다(특수, 통신 포함).
<table>
<tr><td>Slot 번호</td><td>0</td><td>1</td><td>2</td><td>3</td><td>4</td><td>5</td><td>6</td><td>7</td></tr>
<tr><td></td><td>기본유닛</td><td>입력16</td><td>입력16</td><td>출력32</td><td>입력64</td><td>통신모듈</td><td>특수모듈</td><td>특수모듈</td></tr>
<tr><td></td><td>P0 ~ P3F</td><td>P40 ~ P7F</td><td>P80 ~ P11F</td><td>P120 ~ P15F</td><td>P160 ~ P19F</td><td>P200 ~ P23F</td><td>P240 ~ P27F</td><td>P280 ~ P31F</td></tr>
</table>
I/O 파라미터로 모듈 타입을 설정한 경우 실제 장착 모듈 타입이 다를 경우 모듈 불일치 에러를 발생시키며, 운전하지 않는다.
</td></tr>
<tr><td colspan="2">입・출력 번호의 할당 (가변식)</td><td>
• 슬롯별 장착 모듈의 지정에 따라 점수가 할당된다.
– I/O 파라미터로 장착 모듈을 지정하면 지정 점수 할당
– I/O 파라미터로 지정하지 않은 슬롯은 실제 장착 모듈에 따라서 자동 할당
(주의 : 8점 모듈은 16점으로 할당된다.)
– I/O 파라미터로 지정하지 않은 빈 슬롯은 16점으로 처리
• I/O 파라미터로 모듈 지정 없이 점수만 지정도 가능
• 특수 모듈, 통신 모듈이 장착된 슬롯은 16점으로 할당
</td></tr>
</table>

<table>
<tr><th>구 분</th><th>입·출력 번호의 할당 예</th></tr>
<tr><td>입·출력 번호의 할당 (가변식)</td><td>

• 12Slot 베이스의 입·출력 번호의 할당 예는 아래와 같다.

<table>
<tr><td>Slot 번호</td><td></td><td>0</td><td>1</td><td>2</td><td>3</td><td>4</td><td>5</td><td>6</td><td>7</td><td>8</td><td>9</td><td>10</td><td>11</td></tr>
<tr><td>PWR</td><td>CPU</td><td>입력16</td><td>입력16</td><td>입력32</td><td>입력64</td><td>출력16</td><td>출력32</td><td>출력32저</td><td>출력64</td><td>입력32</td><td>출력16</td><td>출력32</td><td>출력32</td></tr>
<tr><td></td><td></td><td>P00~P0F</td><td>P10~P1F</td><td>P20~P3F</td><td>P40~P7F</td><td>P80~P8F</td><td>P90~P10F</td><td>P110~P12F</td><td>P130~P16F</td><td>P170~P18F</td><td>P190~P19F</td><td>P200~P21F</td><td>P220~P23F</td></tr>
</table>

(1) 입·출력 모듈 : 실제 입·출력 모듈 접점만큼 할당된다.
(2) 특수 모듈 : 아날로그 입·출력(AD, DA), 고속 카운터, 위치 결정, 모션 제어 모듈은 16점이 할당된다.
(3) 통신 모듈 : Cnet, Dnet, Enet(오픈형, 전용), Rnet, Pnet은 16점이 할당된다.
</td></tr>
</table>

알아두기 **입·출력 메모리 할당 방식**

(1) 입·출력 번호의 할당 방식은 기본 파라미터에서 설정한다.
(2) 기본 베이스는 베이스 번호가 '0'으로 고정되며, 증설 베이스는 베이스 번호를 설정하는 스위치가 있다.
(3) I/O 파라미터로 모듈 타입을 설정한 경우는 실제 장착된 모듈의 타입이 일치되어야 운전이 개시된다.
(4) 증설 1단의 0번 슬롯에 16점 출력 모듈의 입·출력 번호의 할당은 고정식인 경우 P00640~P0064F가 되고, 가변식인 경우에는 P00240~P0024F가 된다. 증설 베이스의 입·출력 번호의 할당은 XG5000의 시스템 모니터에서도 확인이 가능하다.
(5) 자세한 내용은 CPU 사용 설명서의 2.3 기본 시스템의 내용을 참조.
(6) 확장 또는 고장이 난 경우 예비부 품목의 대체 시 I/O의 번호 변경 없이 프로그램을 작성할 수 있도록 모듈 점수를 예약하는 기능을 I/O 파라미터에서 설정할 수 있다(미리 설정해야 함).

5.7 내부 메모리 할당

(1) 내부 메모리란?

PLC 외부 입·출력에 관계되지 않는, 즉 P영역을 제외한 모든 메모리 영역을 내부 메모리라고 한다. ON/OFF, Data 등이 외부 입력이나 출력에 직접적으로 의존하지 않고, 오로지 PLC 기동 시 내부에서만 연산이 이루어지는 메모리를 통칭한다. 특히 접점(Bit) 영역으로 사용될 때 릴레이 시퀀스의 보조 릴레이와 동작이 유사하여 보조 접점 혹은 보조 릴레이라고 한다.

1) 내부 메모리의 종류

① 보조 릴레이 M

PLC 내부 릴레이로서 외부로 직접 출력은 불가능하지만 입・출력 릴레이와 연결하면 외부 출력이 가능하다. 프로그램 연산 중 내부 정보를 가공할 때 정보를 전달해 주는 용도로 사용된다. a, b 접점의 사용이 가능하며, 식별자로서 M의 기호를 사용한다.

② 정전 유지 릴레이 K(불휘발성 영역)

보조 릴레이와 사용 용도는 동일하나, PLC 정전 시 정전 이전의 Data를 보존하여 정전 복구 시 Data가 복구된다(파라미터 설정에 관계없이 배터리 백업).

③ 특수 릴레이 F

PLC의 내부 시스템 상태, 펄스 등을 제공하는 내부 접점으로 PLC 이상 체크 및 특수한 기능을 제공한다.

④ Data Register D

수치 연산을 위해 내부 데이터를 저장하는 영역으로 기본 16Bit(1Word) 또는 32Bit(2Word) 단위로 데이터의 쓰고 읽기가 가능하다. 파라미터 사용에 의해 일부 영역을 불휘발성 영역으로 사용할 수 있다.

⑤ 타이머 T

시간을 제어하는 용도로 사용되며, 타이머 일치 접점과 설정 시간 경과된 시간을 저장하는 별도의 영역으로 구성된다.

⑥ 카운터 C

수를 세는 용도로 사용되며, 카운터 일치 접점과 설정값 현재값을 저장하는 별도의 영역으로 구성된다.

⑦ 기타 : 링크 릴레이 L, 간접 지정 Register : #D

(2) 디바이스의 구분

디바이스는 크게 표현방법 및 오퍼랜드 처리 방법에 따라 비트 디바이스와 워드 디바이스로 나뉜다.

1) 비트(Bit) 디바이스

① LOAD나 OUT과 같은 기본 명령어에 사용할 때, .(점) 없이 비트 표현이 가능한 디바이스

② P, M, K, F, T(비트 접점), C(비트 접점), L, S

③ 인덱스 기능 사용 시

비트 디바이스에 인덱스 기능을 사용하면 비트의 위치에 인덱스 레지스터의 값을 더한 비트를 가리키게 된다. 단, 비트 디바이스를 응용 명령에서 사용했고, 그 명령어의 오

퍼랜드가 워드 데이터인 경우에는 워드로 계산된다.

예) LOAD P00001[Z1] → Z1=8이면 LOAD P(1+8)=LOAD P00009

MOV P00001[Z1] D10 → Z1=8이면 MOV P00009 D00010

2) 워드(Word) 디바이스

① 디바이스의 기본 표현이 워드 단위로 되는 디바이스이다.

② 디바이스 번호의 원하는 비트 위치를 지정하고자 할 경우 .(점)을 사용한다.

예) D10의 Bit4의 표현은 D10.4가 된다.

③ **해당 디바이스** : D, R, U, T(현재값 영역), C(현재값 영역), Z

④ **인덱스 기능 사용 시** : 워드 단위의 인덱싱을 한다. 또한, 워드 디바이스의 비트 표현을 한 오퍼랜드에 인덱스를 사용했을 경우 역시 워드 단위로 인덱싱을 한다. 예를 들어 D10.4인 오퍼랜드에 Z10을 사용하고자 할 경우, 표기는 D10[Z10].4와 같이 하고, 의미는 D(10+Z10의 값).4와 같다.

(3) 내부 메모리의 구조

1) Bit(접점) 영역

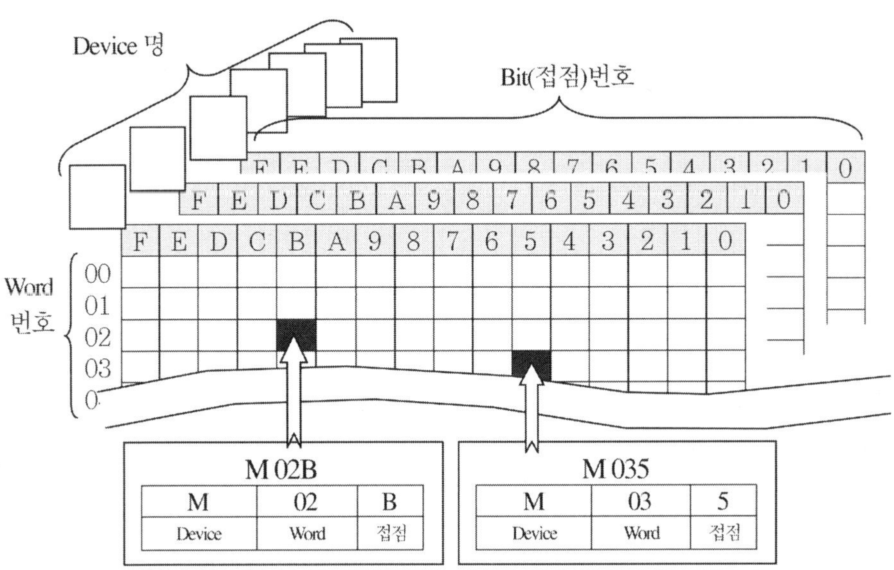

위의 그림은 Bit 영역의 메모리 구조로, 외부 입・출력 카드의 형태로 CPU 내부에 각 영역이 구성되어 있다고 이해하면 된다.

2) Word 영역

Word 번호만으로 표현되며, 접점 영역으로는 사용되지 않고 수치 Data의 연산, 저장용으로 사용된다. 1개의 카드 번호는 16Bit 영역에 해당되고, 표현할 수 있는 최대 수치는 65535(16진수 : FFFF)이며, 데이터 레지스터 D, 타이머 현재 값 T, 카운터 현재 값 C가 해당된다.

비트 영역의 Device도 카드 번호만으로 지정되는 명령에서는 수치 Data를 표현한다.

예) [MOV h1234 M01] : M01 카드에 16진수 1234를 저장

	F	E	D	C	B	A	9	8	7	6	5	4	3	2	1	0
M01	0	0	0	1	0	0	1	0	0	0	1	1	0	1	0	0
HEX	1				2				3				4			

* BLD, BAND, BOR 등의 비트 분할 명령을 이용하면 데이터 레지스터 D영역도 Bit 사용이 가능하다.

(4) 보조 릴레이 M

PLC 내의 내부 릴레이로서 외부로 직접 출력이 불가능하나 입 · 출력 P와 연결하여 외부 출력이 가능하다. 전원 ON 시와 RUN 시에 파라미터 설정에 의해 래치 영역으로 지정되지 않은 영역은 전부 0으로 지워진다. a, b 접점의 사용이 가능하다.

(5) 킵 릴레이 K

보조 릴레이 M과 사용 용도는 동일하나, 전원 ON 시나 RUN 시에는 그 전의 데이터를 보존하는 래치 영역으로 기본 파라미터의 래치 영역 1로 설정한 영역과 같은 동작을 한다. a, b 접점의 사용이 가능하다.

아래와 같은 3가지의 경우에만 데이터가 0으로 지워진다(래치 영역 1의 동작 특성과 동일함. XGK CPU 사용설명서 5.5.5/XGB 사용설명서 5.5.1 참조).

① 프로그램을 작성하여 실행

② XG5000의 PLC 지우기 메뉴 중 메모리 지우기 기능 실행

③ CPU 모듈의 리셋 키 조작 또는 XG5000을 통한 Overall 리셋

(6) 링크 릴레이 L

통신 모듈 장착 시 통신 모듈의 정보(OS 정보(XGB는 지원하지 않음), 서비스 정보, 플래그 정보)를 제공하는 영역으로, 통신 모듈 전용 플래그 영역이다. 래치 영역 1의 동작 특성과 동일하게 데이터를 유지한다.

통신 모듈을 사용하지 않을 경우에는 보조 릴레이 M과 동일하게 사용할 수 있다.

알아두기

L영역으로 사용되는 P2P 및 고속 링크 플래그의 상세 내용은 XG5000 S/W에서 변수/설명 항목의 플래그 보기의 내용을 참조하거나 해당 통신 모듈 사용설명서 참조

(7) 타이머 T

기본 주기 0.1ms(XGB는 사용하지 않음), 1ms, 10ms, 100ms의 4종류가 있으며, 5종의 명령어(TON, TOFF, TMR, TOMN, TRGT)에 따라 계수 방법이 각각 다르게 된다.

(8) 카운터 C

입력 조건의 Rising Edge(OFF→ON)에서 카운트하며, Reset 입력에서 카운터의 동작을 중지하고 현재치를 0으로 소거하거나 설정치로 대치한다.
4종의 명령어(CTU, CTD, CTUD, CTR)에 따라 각 계수 방법이 다르고, 최대 설정치는 hFFFF까지 가능하다. 아래 그림에 카운터의 종류 및 계수 방법을 나타낸다.

(9) 데이터 레지스터 D

내부 데이터를 보관하는 곳으로 16비트, 32비트로 읽고 쓰기가 가능할 뿐만 아니라 비트 표현을 이용하여 한 비트씩 읽고 쓰기도 가능하다. 32비트의 경우에는 (지정된 번호)가 하위 16비트, (지정한 번호+1)이 상위 16비트로 처리된다.
데이터 레지스터의 비트 표현 방법은 "지정된 번호. 지정된 비트"의 형식으로 사용한다. 이때 지정된 비트의 표현은 16진수로 한다. (2.2장 참조)
전원 ON 시와 RUN 시작 시에는 파라미터로 지정한 불휘발성 영역을 제외한 부분을 0으로 소거하고 불휘발성 영역은 이전 상태를 그대로 유지한다. 영역 설정은 파라미터 설정을 참조.

예) 32비트 명령 사용 시 D10을 지정한 경우

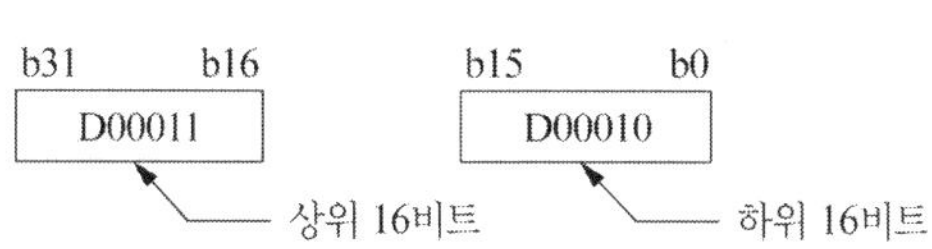

예) 데이터 레지스터 D의 비트 표현

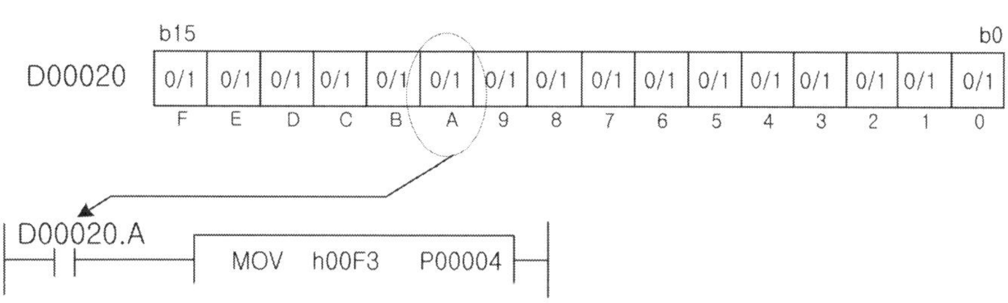

설명 : D00020의 A번째 비트의 값에 따라 MOV 명령의 실행 여부가 결정된다.

(10) 스텝 제어 릴레이 S

스텝 제어용 릴레이로 명령어(OUT, SET) 사용에 따라서 후입 우선, 순차제어로 구분된다. 전원 ON 시와 RUN 시작 시에 파라미터로 지정한 영역 이외에는 첫 단계인 0으로 소거된다.

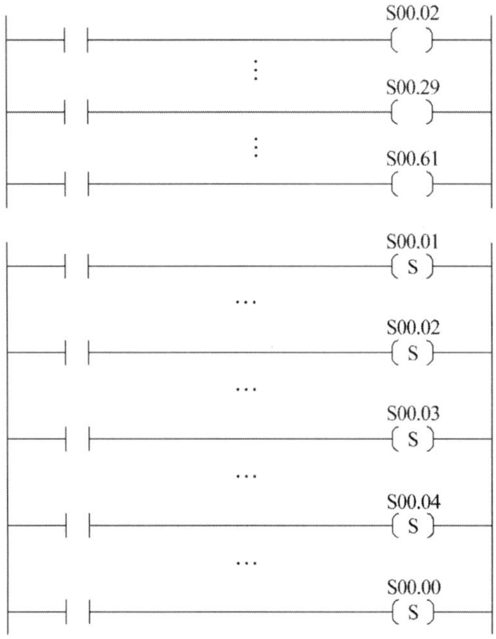

같은 조건 내에서 마지막으로 프로그램 된 단계를 우선으로 한다(후입 우선).

반드시 전 단계가 이루어진 경우에만 현 단계가 공정을 처리하는 것으로 순차제어를 실행한다(순차제어).

클리어 조건인 SET xx.00은 공정순서에 관계없이 실행 가능하다.

※ 상세 내용은 제5장 OUT Syy.xx, SET Syy.xx편 참조.

(11) 특수 릴레이 F

시스템 관련 정보를 제공하는 영역으로, F0000~F1023(XGB의 경우 F200)워드까지는 읽기만 가능한 영역이다. PLC의 현재 상태, O/S정보, RTC 데이터, 시스템 클록 등 PLC 운영에 필요한 전반적인 정보가 제공된다.

F1024(XGB의 경우 F199)워드 이후 영역의 경우 제한적으로 쓰기가 가능한 영역이다. 이 영역은 외부기기 경고장 및 중고장 검출에 사용될 수 있다. 자세한 설명은 부록 4장 참조.

5.8 메모리 구성

(1) XGK-CPUS

(2) XGK-CPUH

(3) 데이터 래치 영역 설정

운전에 필요한 데이터 또는 운전 중 발생한 데이터를 PLC가 정지 후 재가동했을 때도 계속 유지시켜서 사용하고자 할 경우에 데이터 래치를 사용하며, 일부 데이터 디바이스의 일정 영역을 파라미터 설정에 의해서 래치 영역으로 사용할 수 있다. 아래는 래치 기능 디바이스에 대한 특성표이다.

디바이스	1차 래치	2차 래치	특 성
P	×	×	입·출력 접점의 상태를 저장하는 이미지 영역
M	○	○	내부 접점 영역
K	×	×	정전 시 접점 상태가 유지되는 접점
F	×	×	시스템 플래그 영역
T	○	○	타이머 관련 영역(비트/워드 모두 해당)
C	○	○	카운터 관련 영역(비트/워드 모두 해당)
S	○	○	스텝 제어용 릴레이
D	○	○	일반 워드 데이터 저장 영역
U	×	×	아날로그 데이터 레지스터(래치 안 됨)
L	×	×	통신 모듈의 고속 링크/P2P 서비스 상태 접점(래치 됨)
N	×	×	통신 모듈의 P2P 서비스 주소 영역(래치 됨)
Z	×	×	인덱스 전용 레지스터(래치 안 됨)
R	×	×	플래시 메모리 전용 영역(래치 안 됨)

알아두기

(1) K, L, N, R 디바이스들은 기본적으로 래치된다.
(2) K, L, R 디바이스는 1차 래치와 같이 동작한다. 즉, Overall 리셋 또는 CPU 모듈 D.CLR 스위치 조작으로 지워진다.
(3) N 디바이스는 XG5000 온라인 메뉴 PLC 지우기의 메모리 지우기 창에서 지울 수 있다.
(4) 자세한 사용방법은 XG5000 사용설명서의 '온라인'부를 참조 바람.

(4) 디바이스별 입력 범위

1) XGK-CPUS, H의 경우

영역	크기	비트 접점	워드 데이터	비 고
P	32768점	P00000~P2047F	P0000~P2047	
M	32768점	M00000~M2047F	M0000~M2047	
K	32768점	K00000~K2047F	K0000~K2047	
F	32768점	F00000~F2047F	F0000~F2047	
T *1)	2048점	T0000~T2047	T0000~T2047	
C *2)	2048점	C0000~C2047	C0000~C2047	
U	3072 Word	U00.00.0~U7F.31.F	U00.00~U7F.31	
Z	128 Word	사용 불가	Z0~Z127	
S	100 Word	S00.00~S127.99	사용 불가	
L	180224점	L000000~L11263F	L00000~L11263	
D	32K Word	D00000.0~D32767.F	D00000~D32767	
R(내부 램)*3)	32K Word	R00000.0~R32767.F	R00000~R32767	
ZR(내부 램)*4)	32K Word	사용 불가	ZR00000~ZR65535	

*1) 타이머에서 워드 데이터는 해당 비트 접점의 현재값을 나타낸다.
*2) 카운터에서 워드 데이터는 해당 비트 접점의 현재값을 나타낸다.
*3) 내부 램을 32K 워드 이상을 사용하는 기종이라도 표현 가능한 비트 접점은 R00000.0~R32767.F이다. 또한 워드 데이터도 R00000~R32767까지만 표현이 가능하다.
*4) ZR 표현 범위는 내부 램의 크기에 따라 달라진다.

5.9 운전 모드

CPU 모듈의 동작 상태에는 RUN 모드, STOP 모드, DEBUG 모드 등 세 종류가 있다. 각 동작 모드 시 연산 처리에 대해 설명한다.

(1) RUN 모드

프로그램 연산을 정상적으로 수행하는 모드이다.

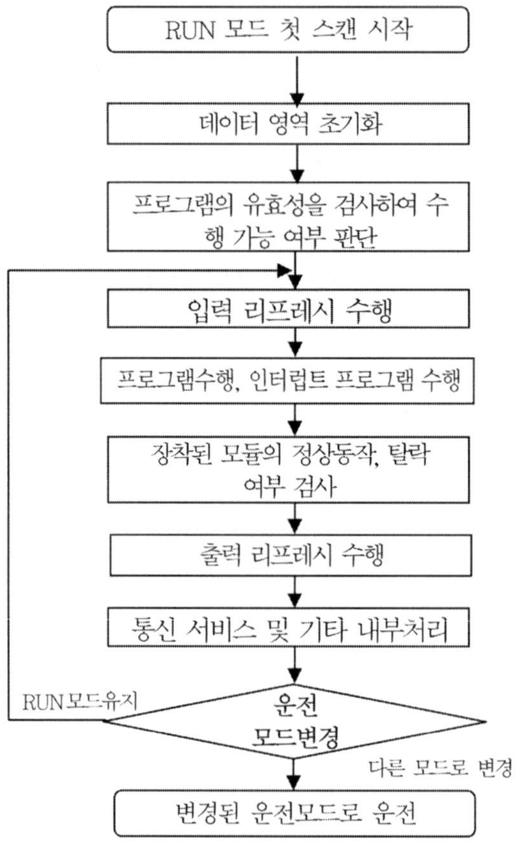

1) 모드 변경 시 처리

시작 시에 데이터 텅역의 초기화가 수행되며, 프로그램의 유효성을 검사하여 수행 가능 여부를 판단한다.

2) 연산 처리 내용

- 입・출력 리프레시와 프로그램의 연산을 수행한다.
- 인터럽트 프로그램의 기동 조건을 감지하여 인터럽트 프로그램을 수행한다.
- 장착된 모듈의 정상 동작, 탈락 여부를 검사한다.
- 통신 서비스 및 기타 내부 처리를 한다.

(2) STOP 모드

프로그램을 연산하지 않고 정지 상태인 모드이다. 리모트 STOP 모드에서만 XG5000을 통한 프로그램의 전송이 가능하다.

1) 모드 변경 시의 처리

출력 이미지 영역을 소거하고 출력 리프레시를 수행한다.

2) 연산 처리 내용

① 입・출력 리프레시를 수행한다.
② 정착된 모듈의 정상 동작, 탈락 여부를 검사한다.
③ 통신 서비스 및 기타 내부 처리를 한다.

(3) 디버그(DEBUG) 모드

프로그램의 오류를 찾거나 연산 과정을 추적하기 위한 모드로, 이 모드로의 전환은 STOP 모드에서만 가능하다. 프로그램의 수행 상태와 각 데이터의 내용을 확인해 보며 프로그램을 검증할 수 있는 모드이다.

1) 모드 변경 시의 처리

① 모드 변경 초기에 데이터 영역을 초기화한다.
② 출력 이미지 영역을 소거하고 입력 리프레시를 수행한다.

2) 연산 처리 내용

① 입・출력 리프레시를 수행한다.
② 설정 상태에 따른 디버그 운전을 한다.
③ 프로그램의 마지막까지 디버그 운전을 한 후 출력 리프레시를 수행한다.
④ 장착된 모듈의 정상 동작, 탈락 여부를 검사한다.
⑤ 통신 등 기타 서비스를 수행한다.

3) 디버그 운전 조건

운전 조건	동 작 설 명
한 연산 단위씩 실행 (스텝 오버)	운전 지령을 하면 하나의 연산 단위를 실행 후 정지한다.
브레이크 포인트 (Break Point) 지정에 따라 실행	프로그램에 브레이크 포인트를 지정하면 지정한 포인트에서 정지한다.
접점의 상태에 따라 실행	감시하고자 하는 접점 영역과 정지하고자 하는 상태 지정(Read, Write, Value)을 하면 설정한 접점에서 지정한 동작이 발생할 때 정지한다.
스캔 횟수의 지정에 따라 실행	운전할 스캔 횟수를 지정하면 지정한 스캔 수만큼 운전하고 정지한다.

4) 조작 방법

① XG5000에서 디버그 운전 조건을 설정한 후 운전을 실행한다.

② 인터럽트 프로그램은 각 인터럽트 단위로 운전 여부(Enable/Disable)를 설정할 수 있다.(자세한 조작 방법은 XG5000 사용설명서 제12장 디버깅 참조)

(4) 운전 모드 변경

1) 운전 모드의 변경 방법

운전 모드의 변경에는 다음과 같은 방법이 있다.

① CPU 모듈의 모드 키에 의한 모드 변경

② 프로그래밍 툴(XG5000)을 CPU의 통신 포트에 접속하여 변경

③ CPU의 통신 포트에 접속된 XG5000으로 네트워크에 연결된 다른 CPU 모듈의 운전 모드 변경

④ 네트워크에 연결된 XG5000, HMI, 컴퓨터 링크 모듈 등을 이용하여 운전 모드 변경

⑤ 프로그램 수행 중 STOP 명령에 의한 변경

2) 운전 모드의 종류

① 운전 모드 설정은 다음과 같다.

운전모드 스위치	XG5000 지령	XGH		XGB
		리모트 허용 스위치	운전 모드	운전 모드
RUN	×	×	RUN	로컬 런(RUN)
STOP	RUN	ON	리모트 RUN	리모트 런(RUN)
	STOP		리모트 STOP	리모트 스톱(STOP)
	Debug		Debug RUN	디버그(Debug)
	모드 변경 수행	OFF	이전 운전 모드	변경된 운전 모드
RUN → STOP	–	×	STOP	리모트 스톱(STOP)

② 리모트 모드 변환은 'XGK는 리모트 허용 : ON', '모드 스위치 : STOP'인 상태에서 가능하며, XGB는 키 스위치가 스톱일 때 가능하다.

③ 리모트 'RUN' 상태에서 스위치에 의해 'STOP'으로 변경하고자 할 경우는 스위치를 (STOP) → RUN → STOP으로 조작한다.

알아두기

(1) 리모트 'RUN' 모드에서 스위치에 의해 'RUN' 모드로 변경되는 경우 PLC 동작은 중단 없이 연속 운전을 한다.
(2) 스위치에 의한 'RUN' 모드에서 런 중 수정은 가능하지만 XG5000을 통한 모드 변경 동작이 제한된다. 원격지에서 모드 변경을 허용하지 않을 경우에만 설정한다.

제 6 장 XGK, XGB 명령의 프로그램 기법

6.1 기본 명령

(1) 접점 명령

분 류	명 칭	심 벌	기 능	기본 스텝 수	비고
접점	LOAD	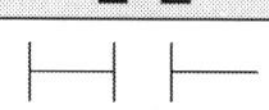	A 접점 연산 개시	1	
	LOAD NOT	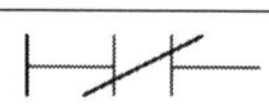	B 접점 연산 개시	1	
	AND	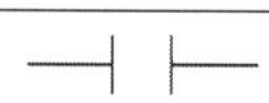	A 접점 직렬 접속	1	
	AND NOT	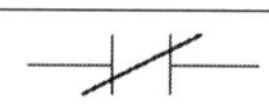	B 접점 직렬 접속	1	
	OR	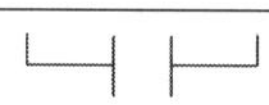	A 접점 병렬 접속	1	
	OR NOT	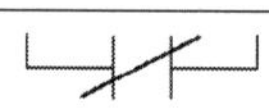	B 접점 병렬 접속	1	
	LOADP	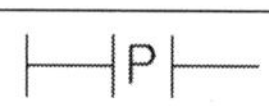	양(Positive)변환 검출 접점	2	
	LOADN	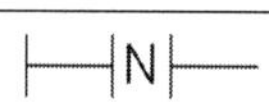	음(Negative)변환 검출 접점	2	
	ANDP	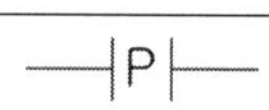	양변환 검출 접점 직렬 접속	2	
	ANDN	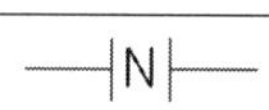	음변환 검출 접점 직렬 접속	2	
	ORP		양변환 검출 접점 병렬 접속	2	
	ORN	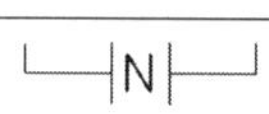	음변환 검출 접점 병렬 접속	2	

(2) 결합 명령

분 류	명 칭	심 벌	기 능	기본 스텝 수	비고
결합	AND LOAD	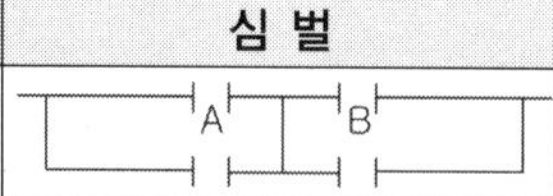	A, B 블록 직렬 접속	1	
	OR LOAD	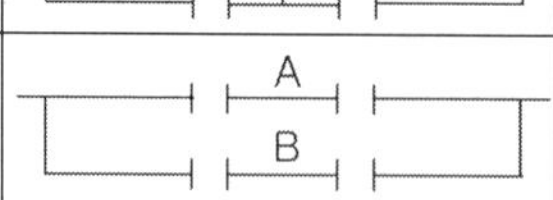	A, B 블록 병렬 접속	1	
	MPUSH	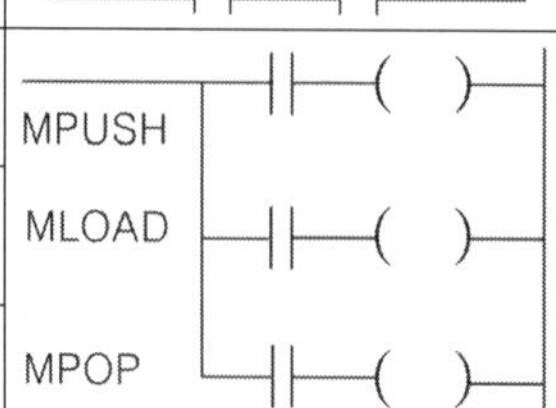	현재까지의 연산 결과 Push	1	
	MLOAD		분기점 이전 연산 결과 Load	1	
	MPOP		분기점 이전 연산 결과 Pop	1	

알아두기

(1) 기본 스텝 수란 간접 지정, 인덱스 수식, 직접 변수 입력 등을 사용하지 않은 경우의 스텝 수를 말한다. 즉, 해당 명령의 가장 적은 스텝 수를 나타낸다.
(2) 스텝 수는 간접 지정, 인덱스 수식, 직접 변수 입력, 펄스 사용 여부에 따라 달라진다.

(3) 반전 명령

분 류	명 칭	심 벌	기 능	기본 스텝 수	비고
반전	NOT	─*─	이전 연산 결과 반전	1	

(4) 마스터 콘트롤 명령

분 류	명 칭	심 벌	기 능	기본 스텝 수	비고
마스터 컨트롤	MCS	─[MCS | n]─	마스터 컨트롤 설정(n:0~7)	1	
	MCSCLR	─[MCSCLR | n]─	마스터 컨트롤 해제(n:0~7)	1	

(5) 출력 명령

분 류	명 칭	심 벌	기 능	기본 스텝 수	비고
마스터 컨트롤	OUT	─( )─	연산 결과 출력	1	
	OUT NOT	─(/)─	연산 결과 반전 출력	1	
	OUTP	─(P)─	입력 조건 상승 시 1 스캔 출력	1	
	OUTN	─(N)─	입력 조건 하강 시 1 스캔 출력	1	
	SET	─(S)─	접점 출력 ON 유지	1	
	RST	─(R)─	접점 출력 OFF 유지	1	
	FF	─[FF | D]─	입력 조건 상승 시 출력 반전	1	

(6) 순차/후입 우선 명령

분 류	명 칭	심 벌	기 능	기본 스텝 수	비고
스텝 컨트롤	SET S	Sxx.xx ─(S)─	순차 제어	1	
	OUT S	Sxx.xx ─( )─	후입 우선	1	

(7) 종료 명령

분 류	명 칭	심 벌	기 능	기본 스텝 수	비고
종료	END	[END]	프로그램의 종료	1	

(8) 무처리 명령

분 류	명 칭	심 벌	기 능	기본 스텝 수	비고
무처리	NOP	래더 표현 없음	무처리 명령, IL(니모닉)에서 사용	1	

(9) 타이머 명령

분 류	명 칭	심 벌	기 능	기본 스텝 수	비고
타이머	TON	[TON | T | t]	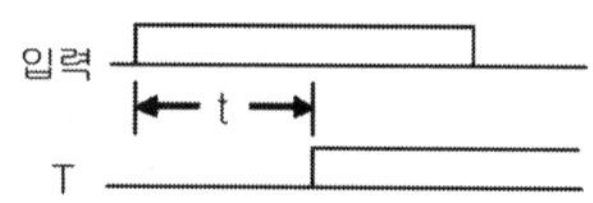	2	
	TOFF	[TOFF | T | t]	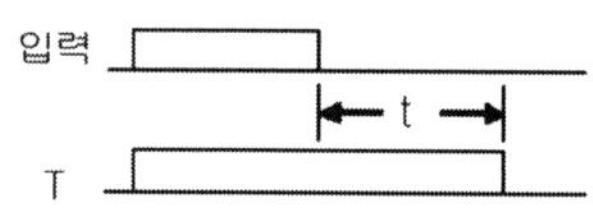	2	
	TMR	[TMR | T | t]	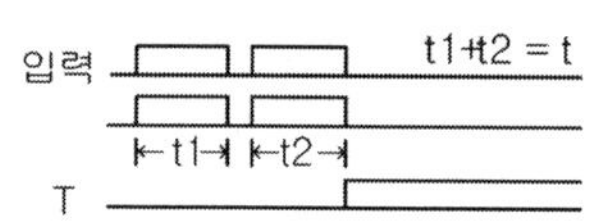	2	
	TMON	[TMON | T | t]	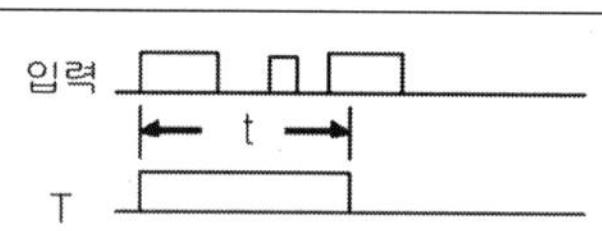	2	
	TRTG	[TRTG | T | t]	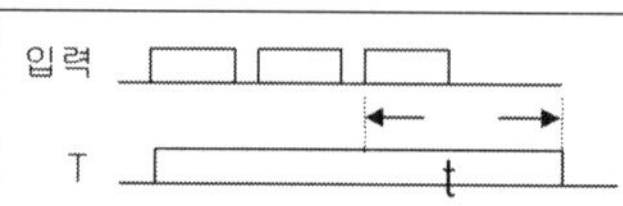	2	

(10) 카운터 명령

분 류	명 칭	심 벌	기 능	기본 스텝 수	비고
카운터	CTD	[CTD | C | c]	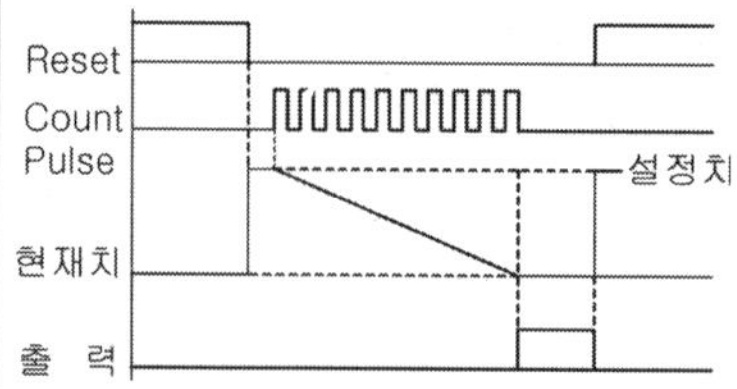	2	

분 류	명 칭	심 벌	기 능	기본 스텝 수	비고
카운터	CTU	─[CTU | C | c]─	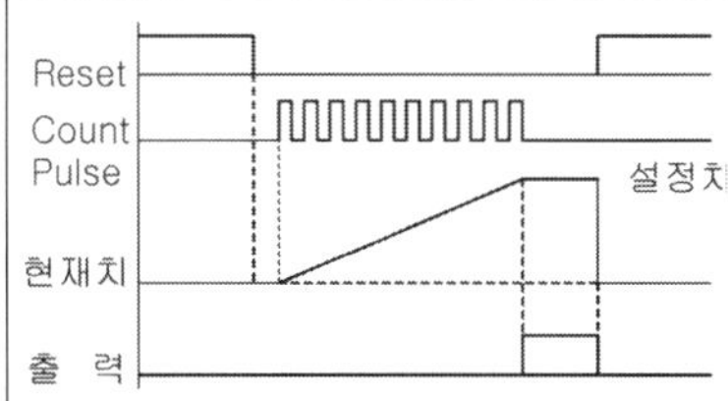	2	
	CTUD	─[CTUD | C | U | D | c]─	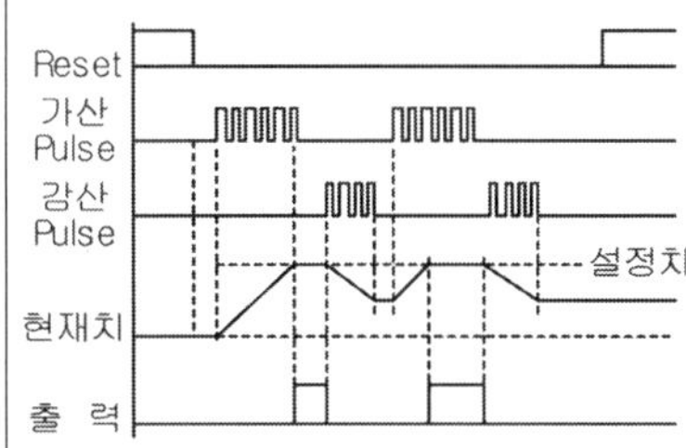	4	
	CTR	─[CTR | C | c]─	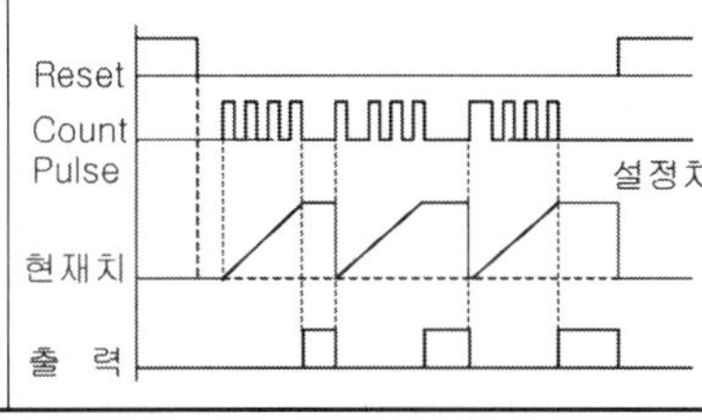	2	

6.2 기본 명령어 상세 설명

(1) LOAD, LOAD NOT, LOADP, LOAADN

[적용 기종 : XGK, XGB]

명 령		사용 가능 영역														스텝	플래그		
		PMK	F	L	T	C	S	Z	D.x	R.x	상수	U	N	D	R		에러 (F110)	제로 (F111)	캐리 (F112)
LOAD LOAD NOT	S	○	○	○	○	○	○	-	○	○	-	○	-	-	-	1~2	-	-	-
LOADP LOADN	S	○	○	○	○	○	○	-	○	○	-	○	-	-	-	2			

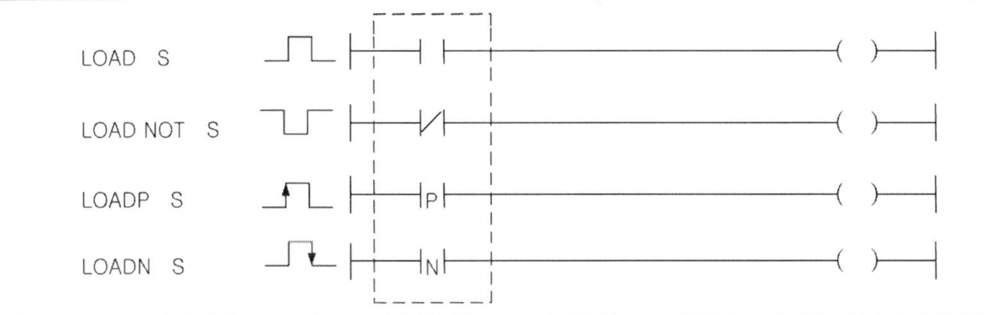

영역 설정

오퍼랜드	설 명	데이터 타입
S	비트 디바이스의 접점 / 워드 디바이스의 비트 접점	BIT

1) LOAD, LOAD NOT

① LOAD는 한 회로의 a접점 연산 시작을 의미하고, LOAD NOT은 b접점 연산 시작을 의미한다.

② 지정 접점(S)의 ON/OFF 정보를 연산 결과로 합니다. 이때 S 영역의 비트 지정의 경우 해당 비트의 값(0 또는 1)을 연산 결과로 한다.

2) LOADP, LOADN

① LOADP는 상승 펄스 시 연산 시작 명령으로, 지정 접점이 OFF에서 ON으로 변할 때(상승 펄스), S영역의 비트 지정의 경우는 해당 비트의 값이 0에서 1로 변할 때만 연산 결과가 ON이다.

② LOADN은 하강 펄스 시 연산 시작 명령으로, 지정 접점이 ON에서 OFF로 변할 때(하강 펄스), S영역의 비트 지정의 경우는 해당 비트의 값이 1에서 0으로 변할 때만 연산 결과가 ON이다.

알아두기

(1) D영역의 비트 지정은 16진수로 표기합니다. 즉, Dxxxxx.0~Dxxxxx.F까지 가능하다.
(2) LOAD/AND/OR 명령은 오퍼랜드에 대한 인덱스 수식이 가능하다.
- LOAD P1[Z2]은 LOAD P(1+[Z2]의 값)를 나타내고, LOAD D10[Z1].5는 LOAD D(10+[Z1]의 값).5를 나타낸다. 여기서 차이점은 P 디바이스는 비트 디바이스이기 때문에 인덱스 수식이 비트 값에 더해졌고, D 디바이스는 워드 디바이스이기 때문에 인덱스 수식이 워드값에 더해진다.

(3) LOAD/LOAD NOT 명령어는 인덱스 수식을 사용하게 되면 스텝 수가 1 증가되어 2스텝이 된다.
(4) 접점 명령에 인덱스 수식을 사용하면 에러 플래그(F110)에 영향을 주게 된다.

3) 프로그램 예제

입력 조건 P00020이 ON되면 P00060 출력은 ON되고, 동시에 P00061 출력은 OFF되는 프로그램이다. 그리고 D00020.3이 0 → 1로 되는 1스캔 동안 P00062 출력이 ON되고, D00020.3이 1 → 0로 되는 1스캔 동안 P00063 출력이 ON되는 프로그램이다.

래더 프로그램

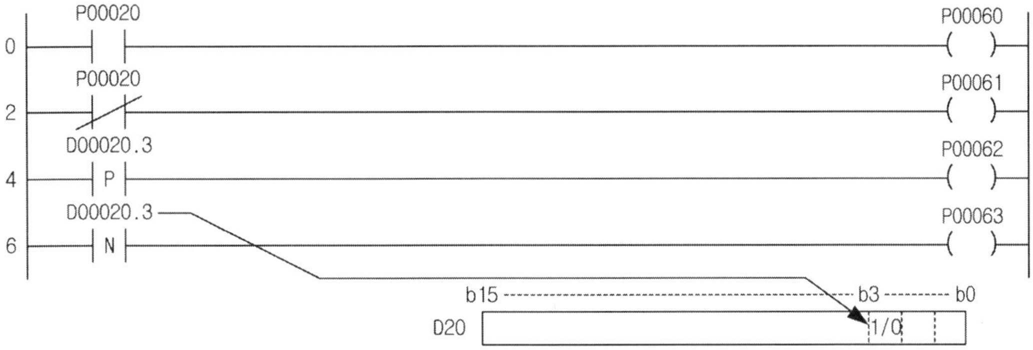

타임 차트

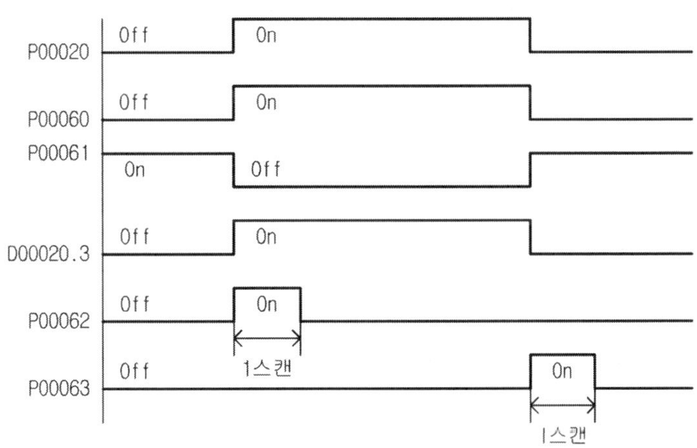

(2) AND, AND NOT, ANDP, ANDN

[적용 기종 : XGK, XGB]

명 령		사용 가능 영역														스텝	플래그		
		PMK	F	L	T	C	S	Z	D.x	R.x	상수	U	N	D	R		에러 (F110)	제로 (F111)	캐리 (F112)
AND AND NOT	S	○	○	○	○	○	○	-	○	○	-	○	-	-	-	1~2	-	-	-
ANDP ANDN	S	○	○	○	○	○	○	-	○	○	-	○	-	-	-	2			

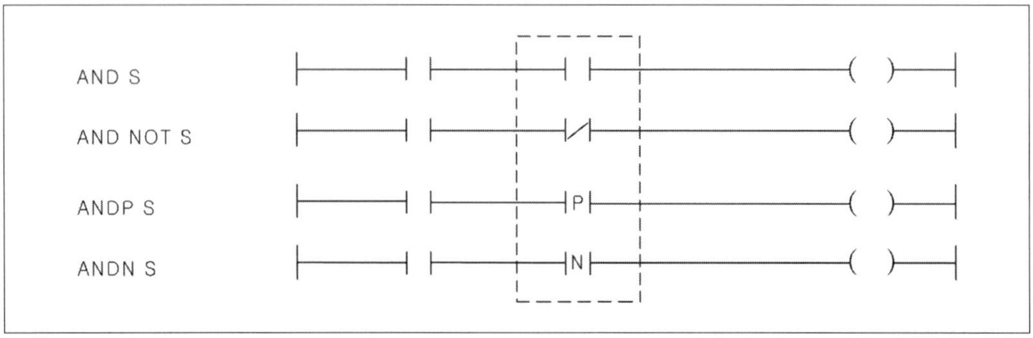

영역 설정

오퍼랜드	설 명	데이터 타입
S	비트 디바이스의 접점 / 워드 디바이스의 비트 접점	BIT

1) AND, AND NOT

① AND는 a접점 직렬 접속 명령이고, AND NOT은 b접점 직렬 접속 명령이다.

② 지정 접점(S) 전 단계의 연산 결과와 지정 접점(S)을 AND 혹은 AND NOT 연산을 하여 그것을 연산 결과로 한다.

2) ANDP, ANDN

① ANDP는 상승 펄스 시 a접점 직렬 접속 명령이고, ANDN은 하강 펄스 시 b접점 직렬 접속 명령이다.

② 해당 접점 값이 변할 때, 즉 ANDP는 상승 펄스일 때, ANDN은 하강 펄스일 때 지정 접점(S) 전 단계의 연산 결과와 지정 접점(S)을 AND 연산하여 그것을 연산 결과로 한다.

3) 프로그램 예제

① 입력 조건 P00020과 P00021 값을 AND 연산하고, 그 결과 값과 P00022 값을 AND NOT 연산하여 그 결과를 P00060에 출력한다. D00020.3의 값과 P00023의 상태에 따른 ANDP 연산을 하고, 그 결과값과 P00024의 값을 ANDN 연산을 하여 그 결과를 P00061에 출력하는 프로그램이다.

래더 프로그램

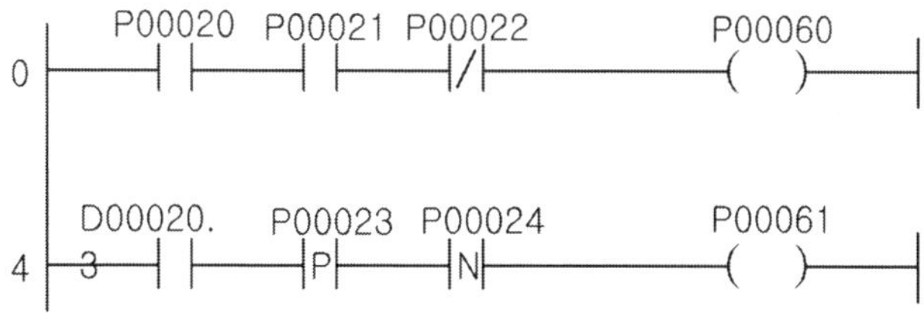

알아두기

(1) AND/AND NOT 명령어는 인덱스 수식을 사용하게 되면 스텝 수가 1 증가한다.

(3) OR, OR NOT, ORP, ORN

[적용 기종 : XGK, XGB]

명 령		사용 가능 영역														스텝	플래그		
		PMK	F	L	T	C	S	Z	D.x	R.x	상수	U	N	D	R		에러 (F110)	제로 (F111)	캐리 (F112)
OR OR NOT	S	○	○	○	○	○	○	-	○	○	-	○	-	-	-	1~2	-	-	-
ORP ORN	S	○	○	○	○	○	○	-	○	○	-	○	-	-	-	2			

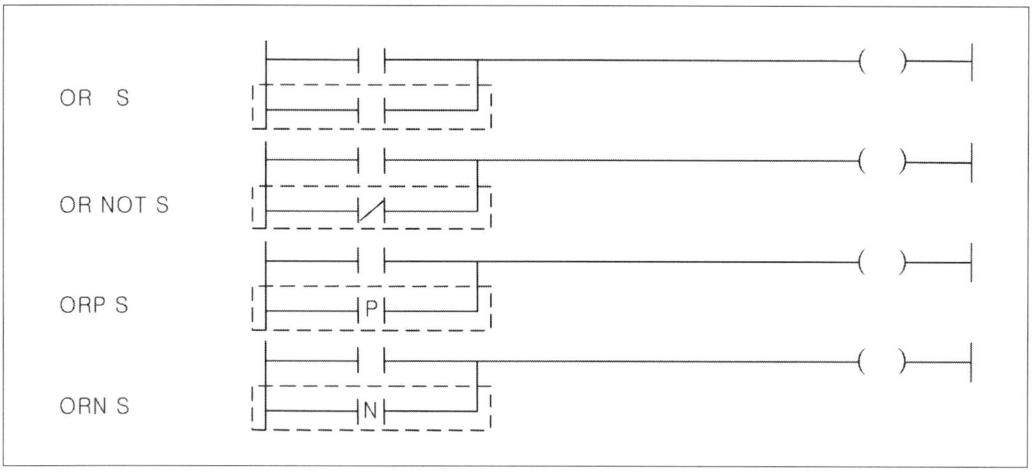

영역 설정

오퍼랜드	설 명	데이터 타입
S	비트 디바이스의 접점 / 워드 디바이스의 비트 접점	BIT

1) OR, OR NOT

① OR은 접점 한 개의 a접점 병렬 접속 명령이고, OR NOT은 b접점 병렬 접속 명령이다.

② 지정 접점(S) 전 단계의 연산 결과와 지정 접점(S)을 OR 또는 OR NOT 연산을 하여 그것을 연산 결과로 한다.

2) ORP, ORN

① ORP는 상승 펄스 시 a접점 병렬 접속 명령이고, ORN은 하강 펄스 시 b접점 병렬 접속 명령이다.

② 해당 접점 값이 변할 때(즉, ORP는 상승 펄스, ORN은 하강 펄스 시) 지정 접점(S) 전 단계의 연산 결과와 지정 접점(S)을 OR 연산하여 그것을 연산 결과로 한다.

3) 프로그램 예제

① 입력 조건 P00020과 P00021 중 하나의 접점만 ON되어도 P00022가 출력되는 프로그램

래더 프로그램

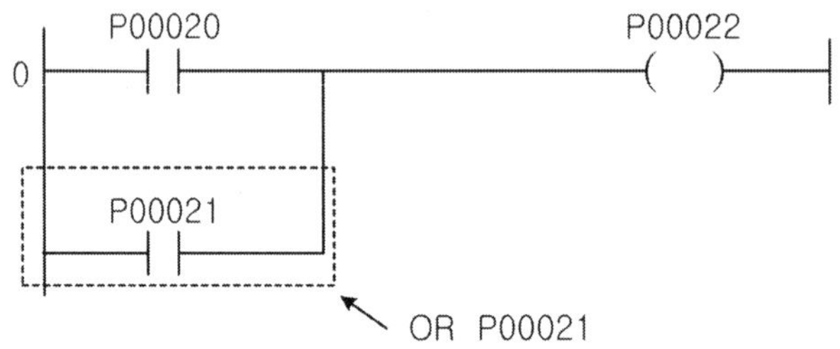

알아두기

(1) OR/OR NOT 명령어는 인덱스 수식을 사용하게 되면 스텝 수가 1 증가한다.

예제 6.1 모터의 정역 운전 [LOAD, AND, OR, OUT]의 예제

1) 동작

순간 접촉 푸시 버튼 PB1을 누르면 모터는 시계 방향으로 회전하고, 순간 접촉 푸시 버튼 PB2를 누르면 모터는 시계 반대 방향으로 회전한다. 모터는 정지하지 않고 회전 방향을 변경할 수 있고, 순간 접촉 푸시 버튼 PB0를 누르면 모터는 정지한다.

2) 시스템도

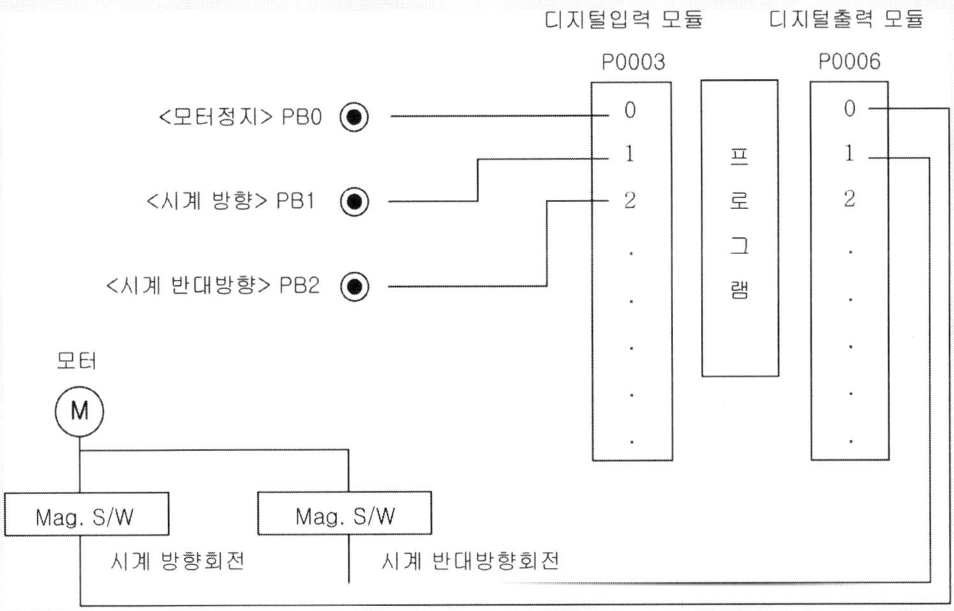

3) 프로그램 예제

래더 프로그램

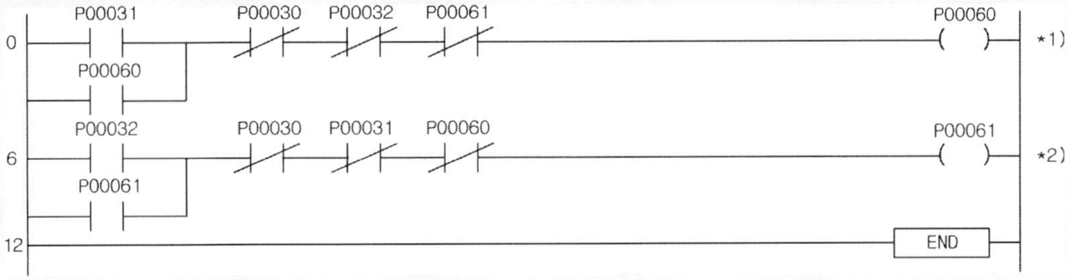

*1) 시계 방향 모터 운전
시계 반대방향 모터 운전(P00032)과 인터록(P00061) 설정

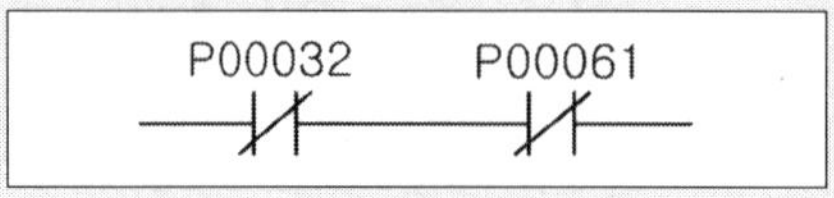

*2) 시계 반대방향 모터 운전
시계 방향 모터 운전(P00031)과 인터록(P00060) 설정

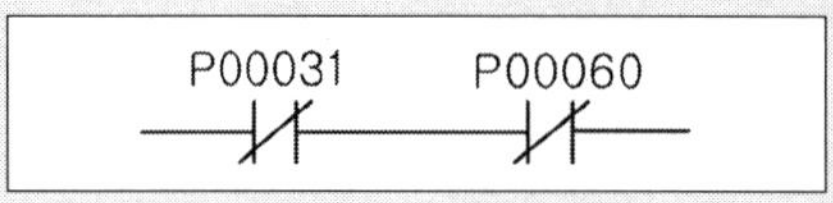

알아두기 **자기유지회로**

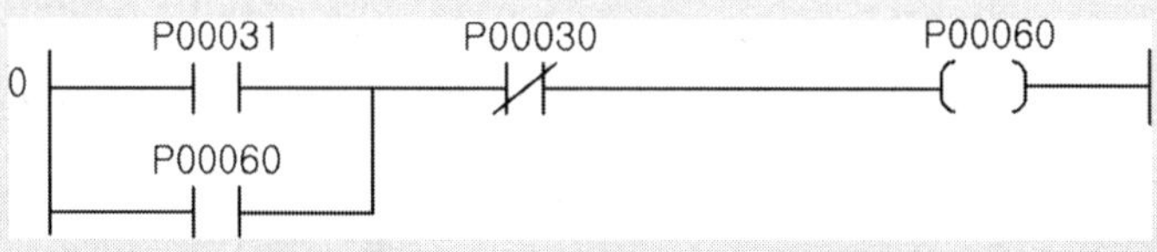

P00031이 한 스캔 이상 ON되면 출력 P00060을 ON시키고, 이는 다시 자신을 사용한 입력 a접점 P00060을 ON시켜 P00030 신호가 들어올 때까지 ON 상태를 지속하게 한다. 이런 회로를 자기유지회로라 한다.

6.3 결합 명령

(1) AND LOAD

[적용 기종 : XGK, XGB]

명 령	사용 가능 영역														스텝	플래그		
	PMK	F	L	T	C	S	Z	D.x	R.x	상수	U	N	D	R		에러 (F110)	제로 (F111)	캐리 (F112)
AND LOAD	–	–	–	–	–	–	–	–	–	–	–	–	–	–	1	–	–	–

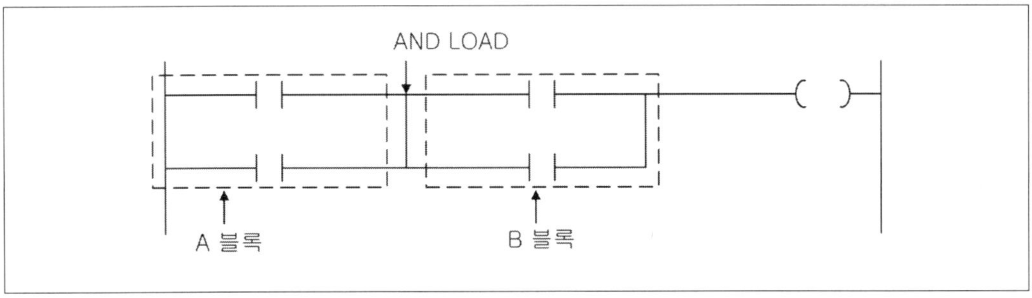

1) 기능

① A 블록과 B 블록을 AND 연산한다. 즉, A 블록과 B 블록이 모두 ON되어야 연산이 가능하다.

② AND LOAD를 연속해서 사용하는 경우 최대 사용 횟수를 넘으면 정상적으로 연산이 불가능하다.

③ 연속 사용의 경우 최대 15회(16블록)까지만 가능하다.

2) 프로그램 예제

입력 조건 P00020, P00024 또는 P00020, P00025 또는 P00022, P00025가 ON되면 P00060이 출력되는 프로그램

래더 프로그램

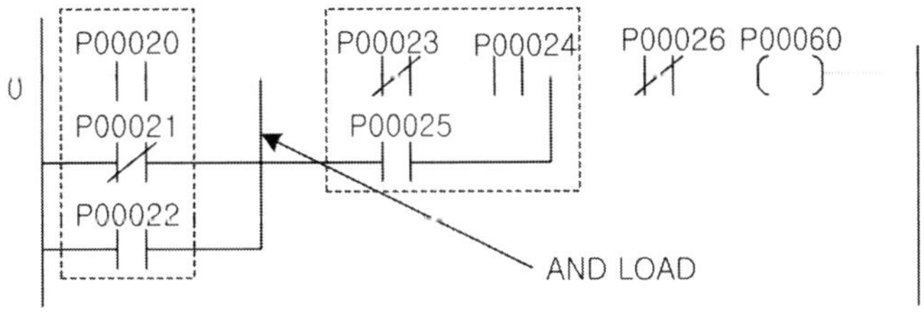

타임 차트

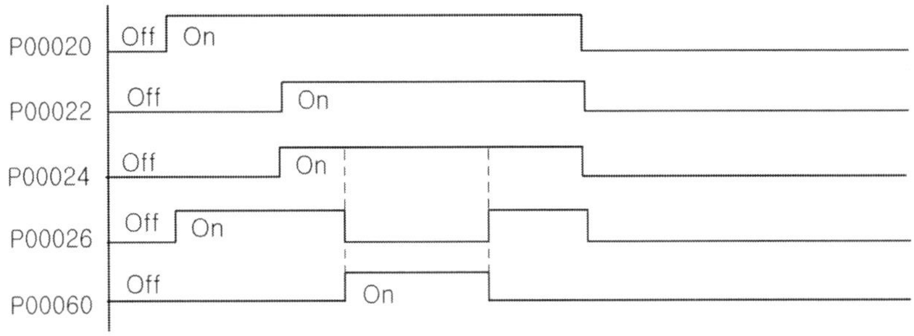

(2) OR LOAD

[적용 기종 : XGK, XGB]

명 령	사용 가능 영역														스텝	플래그		
	PMK	F	L	T	C	S	Z	D.x	R.x	상수	U	N	D	R		에러 (F110)	제로 (F111)	캐리 (F112)
OR LOAD	–	–	–	–	–	–	–	–	–	–	–	–	–	–	1	–	–	–

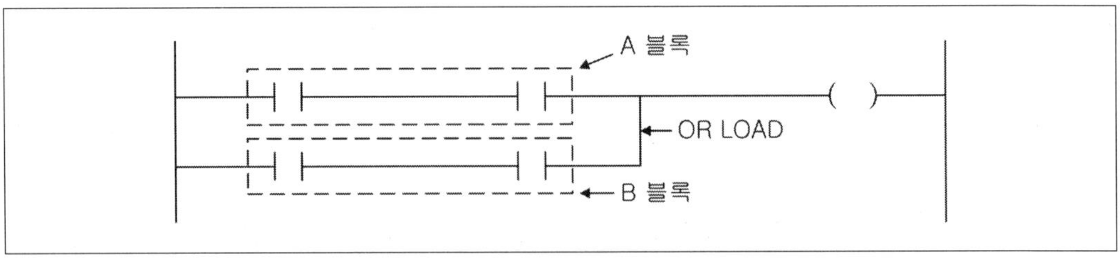

1) OR LOAD

① A 블록과 B 블록을 OR 연산하여 연산 결과로 한다.

② OR LOAD를 연속해서 사용하는 경우 최대 사용 명령 횟수를 넘으면 정상적으로 연산이 불가능하다.

③ 연속 사용의 경우 최대 15회(16블록)까지 가능하다.

2) 프로그램 예제

① 입력 조건 P00020, P00025 또는 P00024, P00025가 ON되면 P00060, P00061이 출력되는 프로그램

래더 프로그램

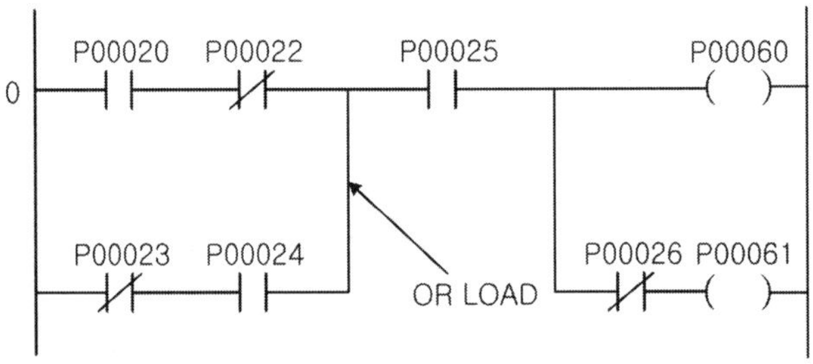

타임 차트

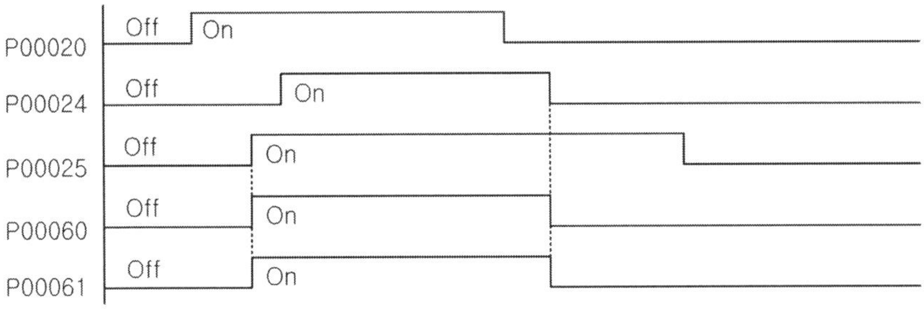

6.4 반전 명령

(1) NOT

[적용 기종 : XGK, XGB]

명 령	사용 가능 영역														스텝	플래그		
	PMK	F	L	T	C	S	Z	D.x	R.x	상수	U	N	D	R		에러 (F110)	제로 (F111)	캐리 (F112)
NOT	-	-	-	-	-	-	-	-	-	-	-	-	-	-	1	-	-	-

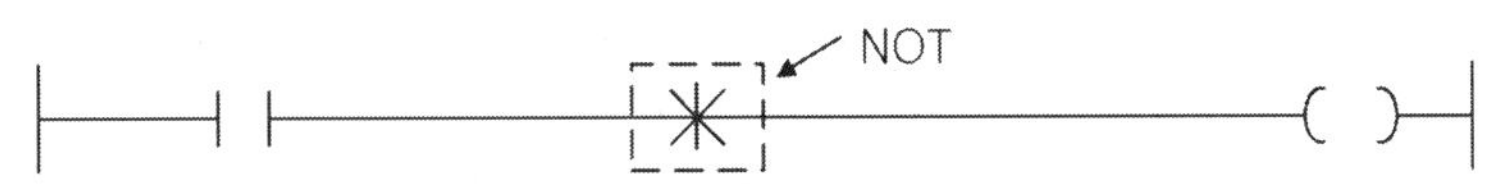

1) NOT

① NOT 명령은 이전의 결과를 반전시키는 기능을 한다.

② 반전명령(NOT)을 사용하면 반전명령 좌측의 회로에 대하여 a 접점 회로는 b 접점 회로로, b 접점 회로는 a 접점 회로로, 그리고 직렬 연결 회로는 병렬 연결 회로로, 병렬 연결 회로는 직렬 연결 회로로 반전된다.

2) 프로그램 예제

프로그램 ①, ②는 동일 결과를 출력하는 예제이다.

프로그램 ①

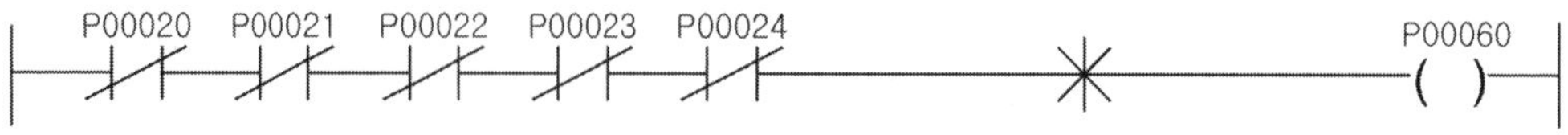

프로그램 ②

6.5 마스터 컨트롤 명령

(1) MCS, MCSCLR

[적용 기종 : XGK, XGB]

명 령	사용 가능 영역														스텝	플래그		
	PMK	F	L	T	C	S	Z	D.x	R.x	상수	U	N	D	R		에러 (F110)	제로 (F111)	캐리 (F112)
MCS MCSCLR	-	-	-	-	-	-	-	-	-	○	-	-	-	-	1	-	-	-

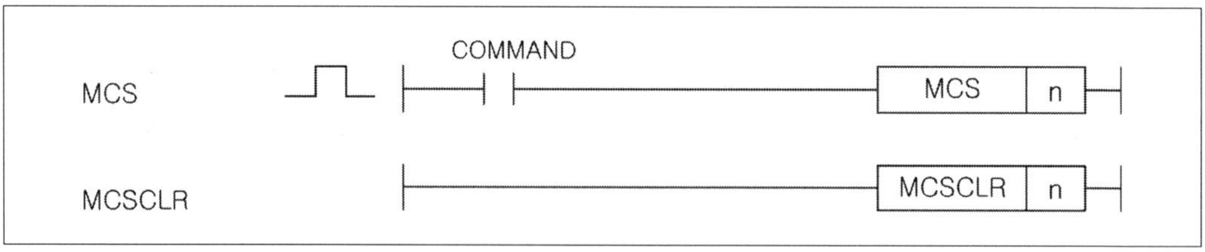

영역 설정

오퍼랜드	설 명	데이터 타입
n	정수. n(Nesting) 설정은 XGK는 0~15, XGB는 0~7까지 사용 가능	WORD(0~15)

1) MCS, MCSCLR

① MCS의 입력 조건이 ON이면 MCS 번호와 동일한 MCSCLR까지를 실행하고 입력조건이 OFF가 되면 실행하지 않는다.

② 우선순위는 MCS 번호 0이 가장 높고 15(XGK)/7(XGB)가 가장 낮으므로 우선순위가 높은 순으로 사용하고 해제는 그 역순으로 한다.

③ MCSCLR 시 우선순위가 높은 것을 해제하면 낮은 순위의 MCS 블록도 함께 해제된다.

④ MCS 혹은 MCSCLR은 우선순위에 따라 순차적으로 사용해야 한다.

2) 프로그램 예제

MCS 명령을 2개 사용하고 MCSCLR 명령은 우선순위가 높은 0을 사용한 프로그램

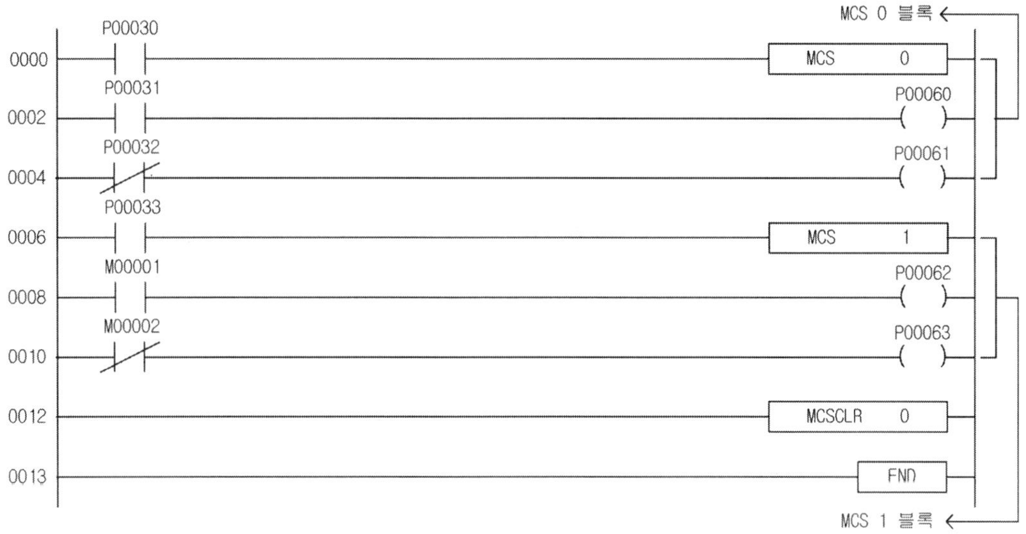

알아두기

(1) MCS의 ON/OFF 명령이 OFF인 경우 MCS~MCSCLR의 연산 결과는 다음과 같으므로 MCS(MCSCLR) 명령 사용 시 주의해야 한다.
- 타이머 명령 : 처리하지 않음. 접점 OFF와 같은 처리
- 카운터 명령 : 처리하지 않음. (현재값은 유지)
- OUT 명령 : 처리하지 않음. 접점 OFF와 같은 처리
- 셋(SET), RST 명령 : 결과 유지

예제 6.2 공통 LINE이 있는 회로 [MCS, MCSCLR의 예제]

아래에 나타난 회로 상태 그대로 PLC 프로그램이 되지 않으므로 마스터 콘트롤(MCS, MCSCLR) 명령을 사용하여 프로그램 한다.

릴레이 회로

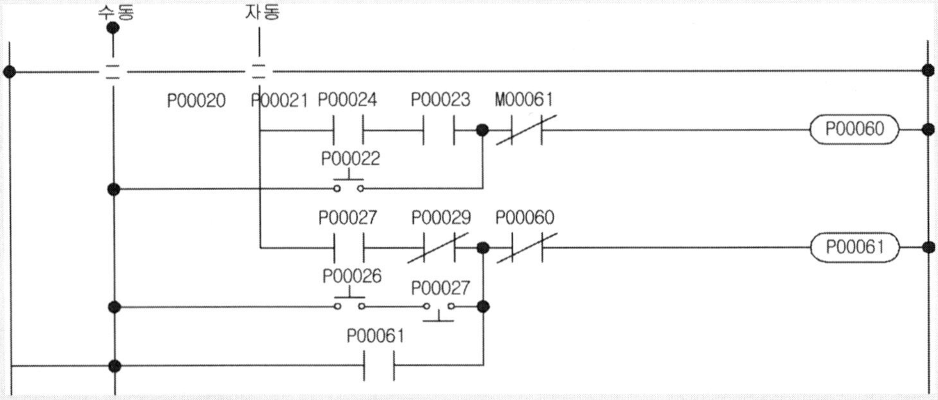

마스터 콘트롤을 사용한 프로그램

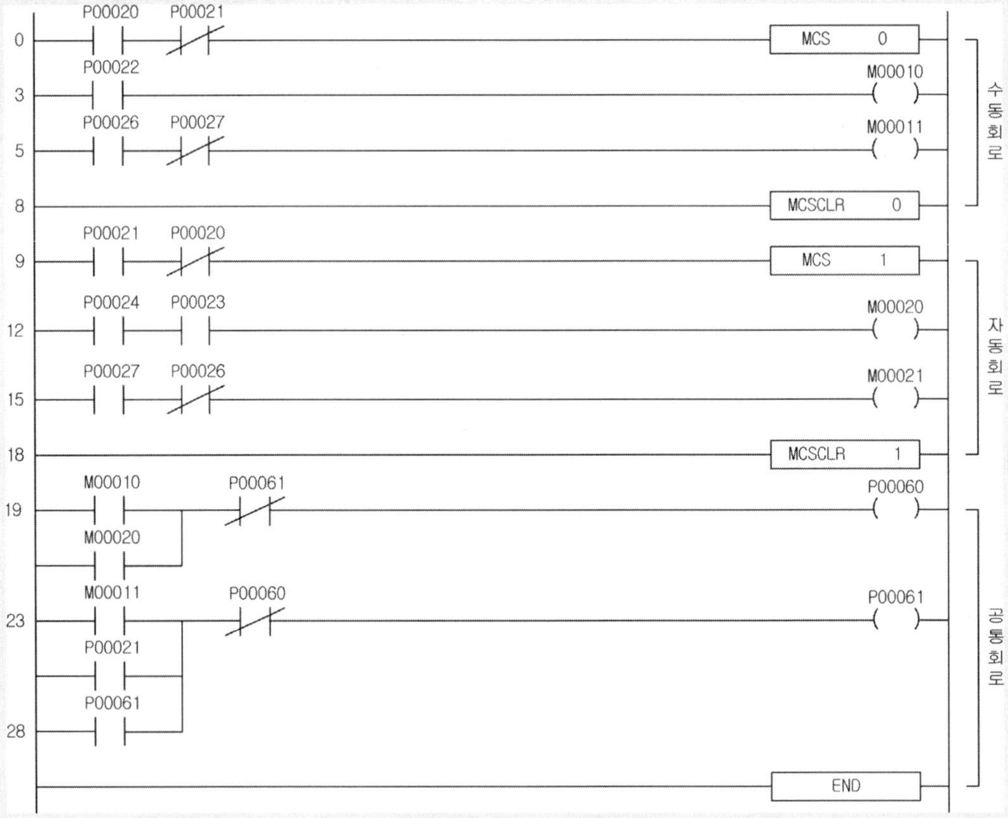

6.6 출력 명령

(1) OUT, OUT NOT, OUTP, OUTN

[적용 기종 : XGK, XGB]

명 령		사용 가능 영역														스텝	플래그		
		PMK	F	L	T	C	S	Z	D.x	R.x	상수	U	N	D	R		에러 (F110)	제로 (F111)	캐리 (F112)
OUT OUT NOT	D	○	-	○	-	-	○	-	○	○	-	○	-	-	-	1~2	-	-	-
OUTP OUTN	D	○	-	○	-	-	○	-	○	○	-	○	-	-	-	1	-	-	-

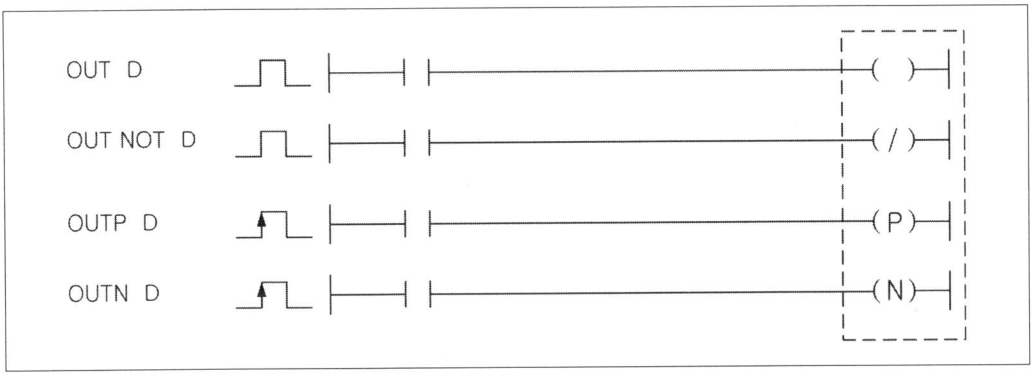

영역 설정

오퍼랜드	설 명	데이터 타입
D	ON/OFF하게 될 접점 / 워드 디바이스의 비트 접점	BIT

1) OUT, OUT NOT

① OUT 명령은 OUTP 명령까지의 연산 결과를 지정된 디바이스로 그대로 출력한다.

② OUT NOT은 OUT NOT 명령까지의 연산 결과를 반전해서 지정된 디바이스에 출력한다.

③ OUT Sxx.yy에 대한 설명은 5.6 순차 후입 우선 명령을 참조 바람.

2) OUTP, OUTN

① OUTP는 OUTP 명령까지의 연산 결과가 OFF → ON으로 될 때 지정 접점을 1스캔 동안만 ON하고 그 이외에는 OFF된다. 지정 접점이 워드 디바이스의 비트 접점이면 해당 비트는 1스캔 동안만 1이 되고 그 외에는 0이 된다.

② OUTN는 OUTN 명령까지의 연산 결과가 ON → OFF로 될 때 지정 접점을 1스캔 동안

만 ON하고 그 외에는 OFF된다. 지정 접점이 워드 디바이스의 비트 접점이면 해당 비트는 1스캔 동안만 1이 되고, 그 외에는 0이 된다.

③ Master-K의 D, D NOT 명령이 변경된 명령어이다.

3) 프로그램 예제

① OUTP 예제 : 입력 접점 P00032가 OFF에서 ON이 될 때 OUTP 명령을 실행하는 프로그램

래더 프로그램 **니모닉 프로그램**

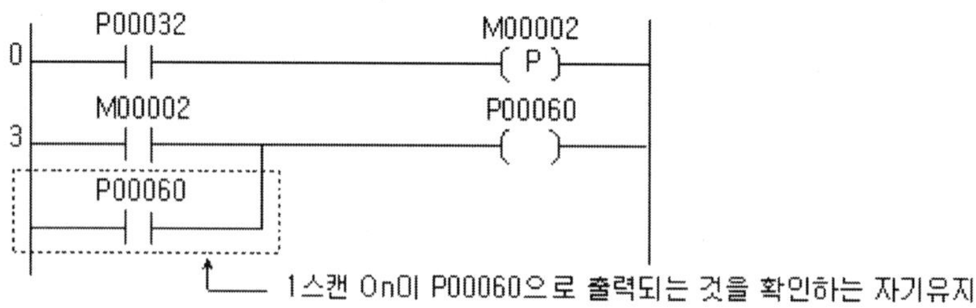

타임 차트

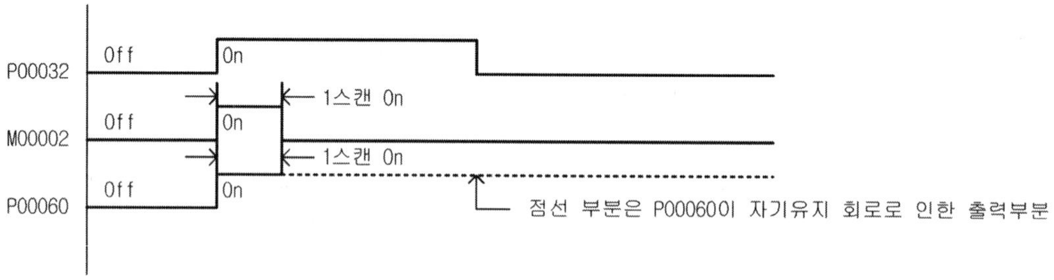

② OUTN 예제 : 입력 접점 P00033이 ON에서 OFF가 될 때 OUTN 명령을 실행하는 프로그램

래더 프로그램

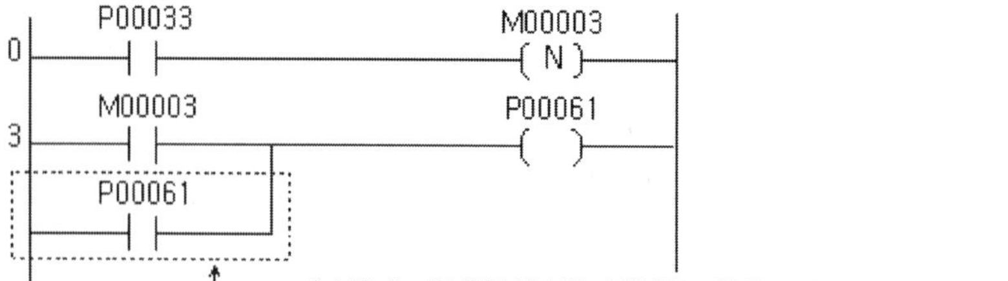

타임 차트

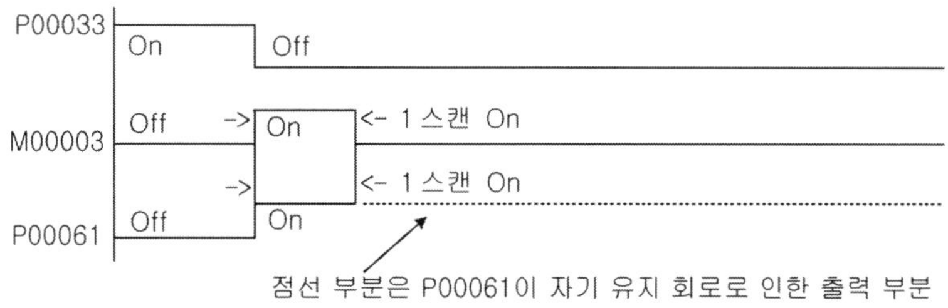

알아두기

(1) OUTP, OUTN 명령은 입력 조건 성립 시 1스캔동안만 ON하므로 P영역으로 출력은 주의를 요한다.

예제 6.3 출력 ON/OFF 조작 [OUTP/OUTN의 예제]

1) 동작

순간 접촉 푸시 버튼 PB0를 첫 번째 누르면 출력이 ON하고, 두 번째 누르면 출력이 OFF 된다.

2) 시스템도

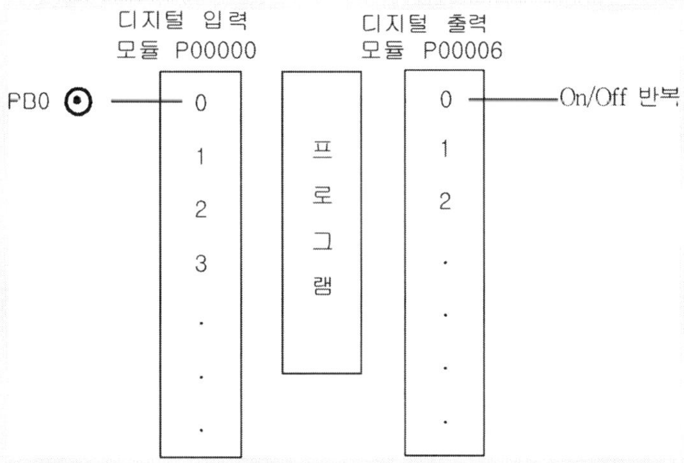

래더 프로그램

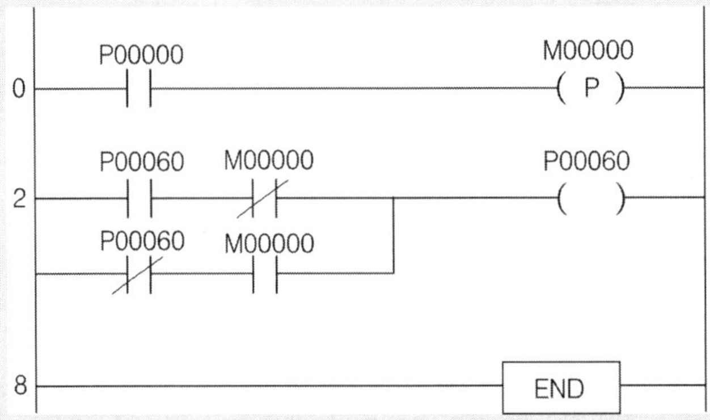

타임 차트

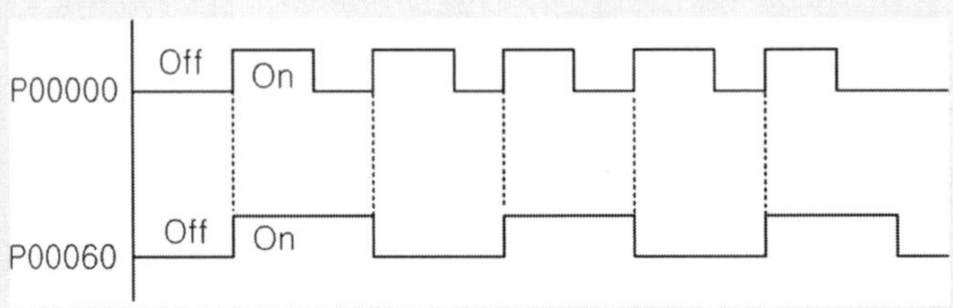

(2) 셋(SET)

[적용 기종 : XGK, XGB]

명 령		사용 가능 영역														스텝	플래그		
		PMK	F	L	T	C	S	Z	D.x	R.x	상수	U	N	D	R		에러 (F110)	제로 (F111)	캐리 (F112)
SET	D	○	-	○	-	-	○	-	○	○	-	○	-	-	-	1	-	-	-

영역 설정

오퍼랜드	설 명	데이터 타입
D	ON 상태를 유지시키고자 하는 접점 / 워드 디바이스의 비트 접점	BIT

1) 셋(SET)

① 입력 조건이 ON되면 지정 출력 접점을 ON 상태로 유지시켜 입력이 OFF되어도 출력이 ON 상태를 유지한다. 지정 출력 접점이 워드 디바이스의 비트 접점이라면 해당 비트를 1로 셋(SET)한다.

② 셋(SET) 명령으로 ON된 접점은 RST 명령으로 OFF시킬 수 있다.

③ 셋(SET) Syy.xx에 대한 설명은 5.6.1 순차 후입 우선 명령을 참조하기 바람.

2) **프로그램 예제**

① 입력 접점 P00020이 OFF → ON으로 되었을 때 P00060, P00061의 상태를 확인하는 프로그램

래더 프로그램

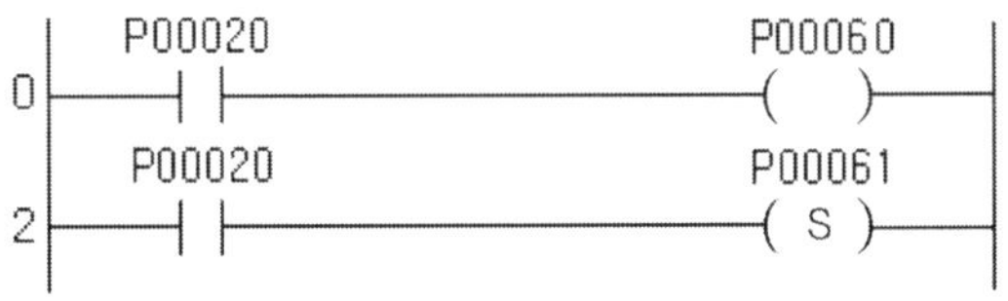

타임 차트

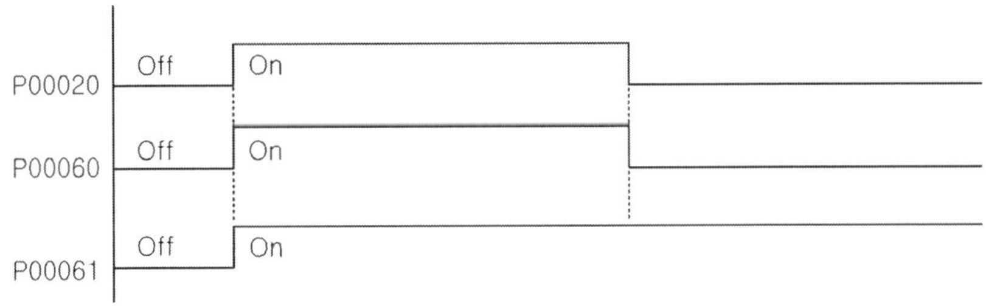

(3) RST

[적용 기종 : XGK, XGB]

명령		사용 가능 영역														스텝	플래그		
		PMK	F	L	T	C	S	Z	D.x	R.x	상수	U	N	D	R		에러 (F110)	제로 (F111)	캐리 (F112)
RST	D	○	–	○	–	–	○	–	○	○	–	○	–	–	–	1	–	–	–

영역 설정

오퍼랜드	설 명	데이터 타입
D	OFF 상태를 유지시키고자 하는 접점 / 워드 디바이스의 비트 접점	BIT

1) RST

① 입력 조건이 ON되면 지정 출력 접점을 OFF 상태로 유지시켜 입력이 OFF되어도 출력이 OFF 상태를 유지한다. 지정 출력 접점이 워드 디바이스의 비트 접점이라면 해당 비트를 0으로 한다.

2) 프로그램 예제

① 입력 조건이 P00020이 ON → OFF하였을 때 P00060, P00061의 출력 상태를 확인하고 P00061 출력을 OFF시키는 프로그램

래더 프로그램

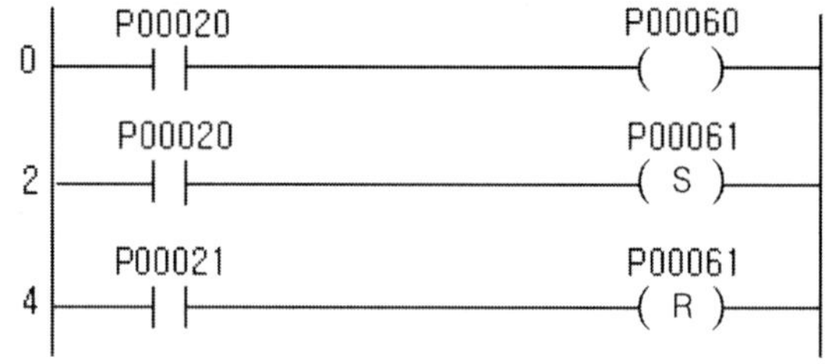

타임 차트

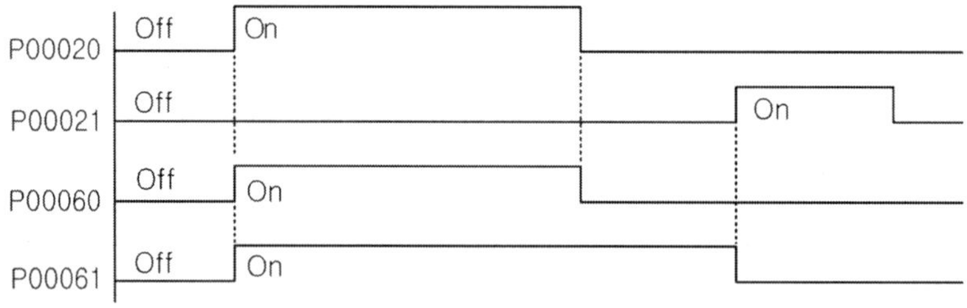

예제 6.4 정전대책에 대하여

P와 K 영역의 차이점, 셋(SET)/리셋(RST) 동작에 대하여

1) 입·출력 릴레이(P)와 킵 릴레이(K)의 차이점

다음의 시퀀스는 모두 자기 보존 회로를 갖고 있으며, 그 동작은 동일하다. 그러나 출력이 ON 중에 정전되면 복전 시의 출력 상태는 다르게 된다.

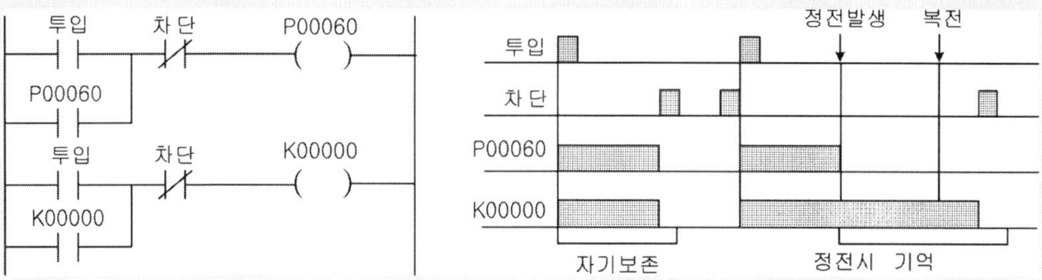

2) 셋(SET)/리셋(RST) 명령에서 입·출력 릴레이(P)와 킵 릴레이(K) 영역 동작의 차이점

셋/리셋 명령은 자기 보존 기능을 갖고 있기 때문에 출력이 1회 셋(SET)되면 "차단" 입력이 들어올 때까지 그 상태가 계속된다. 그러나 입·출력 릴레이(P) 영역과 킵 릴레이(K) 영역의 차이점에 의해 복전 시의 동작이 다르다.

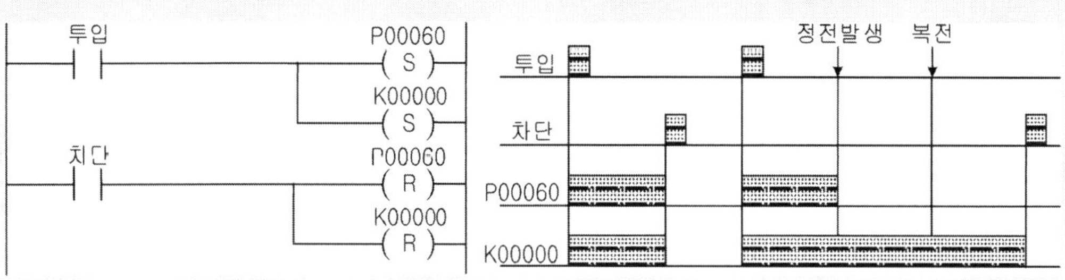

(4) FF

[적용 기종 : XGK, XGB]

명 령		사용 가능 영역														스텝	플래그		
		PMK	F	L	T	C	S	Z	D.x	R.x	상수	U	N	D	R		에러 (F110)	제로 (F111)	캐리 (F112)
FF	D	○	–	○	–	–	○	–	○	○	–	○	–	–	–	1	–	–	–

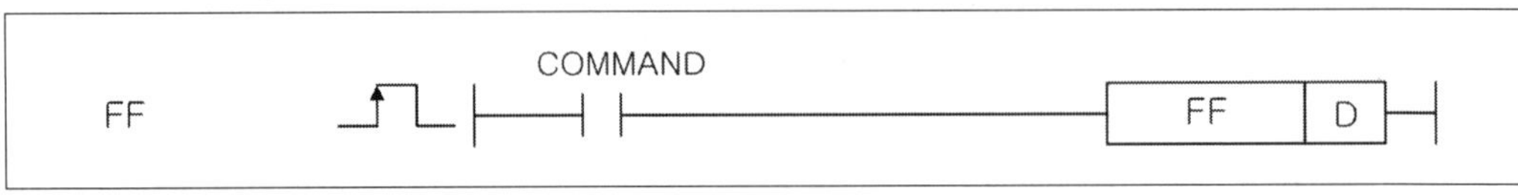

영역 설정

오퍼랜드	설 명	데이터 타입
D	비트 디바이스의 접점 / 워드 디바이스의 비트 접점	BIT

1) FF

비트 출력 반전 명령으로 입력 접점이 OFF → ON으로 될 때 지정된 디바이스의 상태를 반전시킨다.

2) 프로그램 예제

입력 접점 P00020이 OFF → ON으로 변경될 때마다 P00060의 출력 상태가 반전되는 프로그램

래더 프로그램

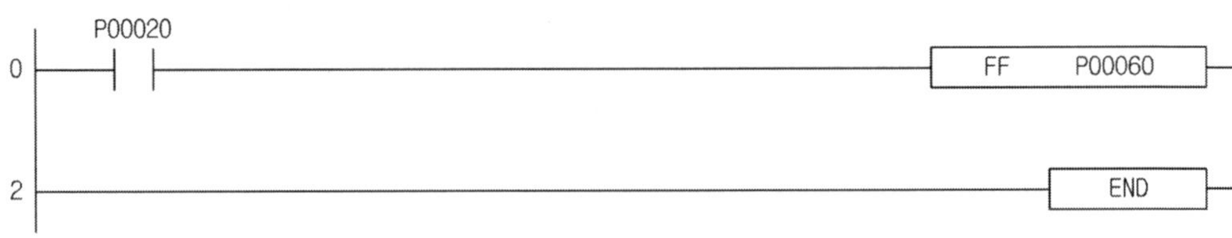

타임 차트

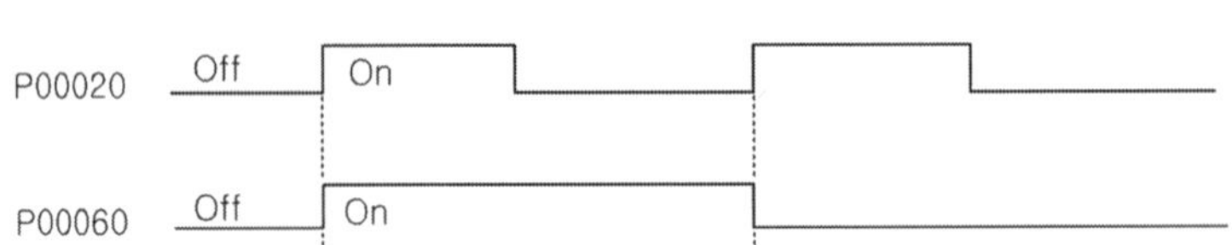

6.7 순차 후입 우선 명령

(1) SET Syyy.xx

[적용 기종 : XGK, XGB]

명 령		사용 가능 영역														스텝	플래그		
		PMK	F	L	T	C	S	Z	D.x	R.x	상수	U	N	D	R		에러 (F110)	제로 (F111)	캐리 (F112)
셋(SET)	S	–	–	–	–	–	○	–	–	–	–	–	–	–	–	1	–	–	–

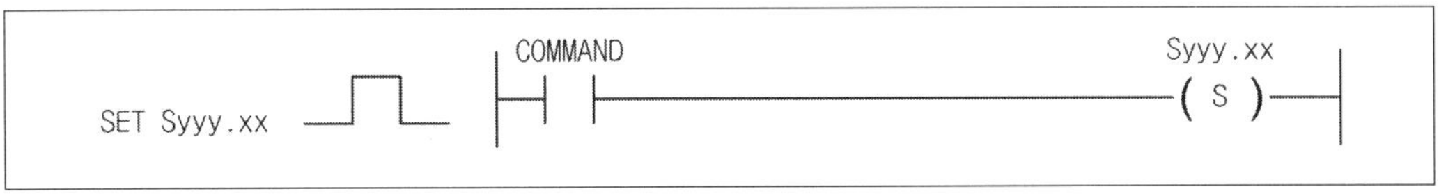

영역 설정

오퍼랜드	설 명	데이터 타입
Syyy.xx	S 디바이스 접점으로, yyy는 조 번호를, xx는 스텝 번호를 나타낸다. 조 번호는 0~127까지, 스텝 번호는 0~99까지 사용 가능하다.	BIT

1) 셋(SET) Syyy.xx(순차 제어)

① 동일 조 내에서 바로 이전의 스텝 번호가 ON되어 있는 상태에서 현재 스텝 번호의 입력 조건 접점 상태가 ON되면 현재 스텝 번호가 ON되고, 이전 스텝 번호는 OFF된다.

② 현재 스텝 번호가 ON되면 자기 유지되어 입력 접점이 OFF되어도 ON 상태를 유지한다.

③ 입력 조건 접점이 동시 ON되어도 한 조 내에서는 한 스텝 번호만이 ON된다.

④ 초기 RUN 시 Syyy.00은 ON되어 있다.

⑤ 셋(SET) Syyy.xx 명령은 Syyy.00의 입력 접점을 ON시킴으로써 클리어된다.

2) 프로그램 예제

① S001.xx조를 이용한 순차 제어 프로그램

래더 프로그램

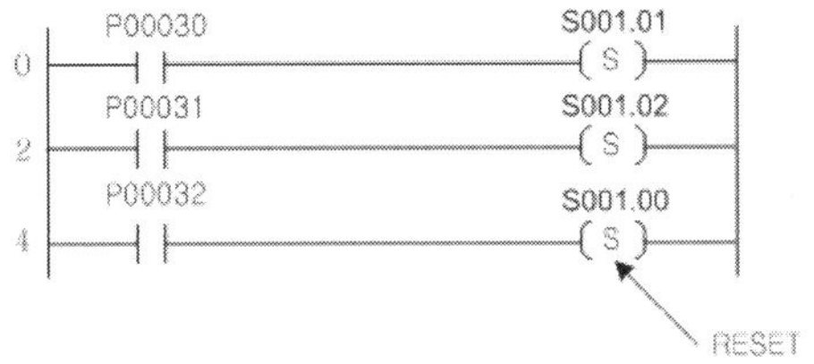

② 순차 제어는 바로 이전의 스텝이 ON이고 자신의 조건 접점이 ON이면 출력된다.

타임 차트

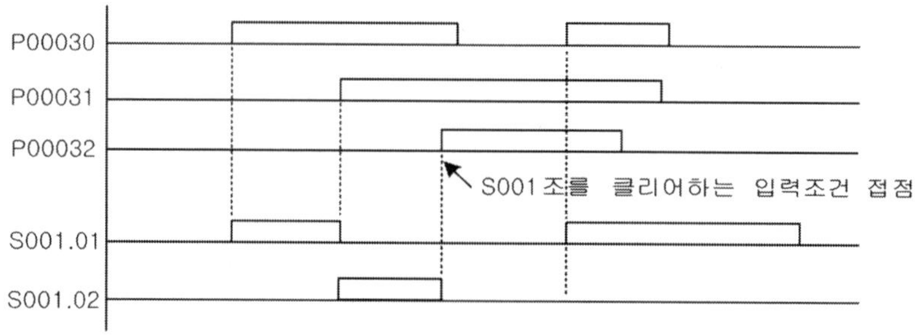

예제 6.5 순차 제어 [셋(SET) S의 예제]

아래 프로그램은 공정 1이 끝나야만 공정 2가 수행되고 또 공정 3이 끝나면 다시 1번 공정이 모두 순차적으로 수행되는 과정을 간략하게 작성한 것이다.

래더 프로그램

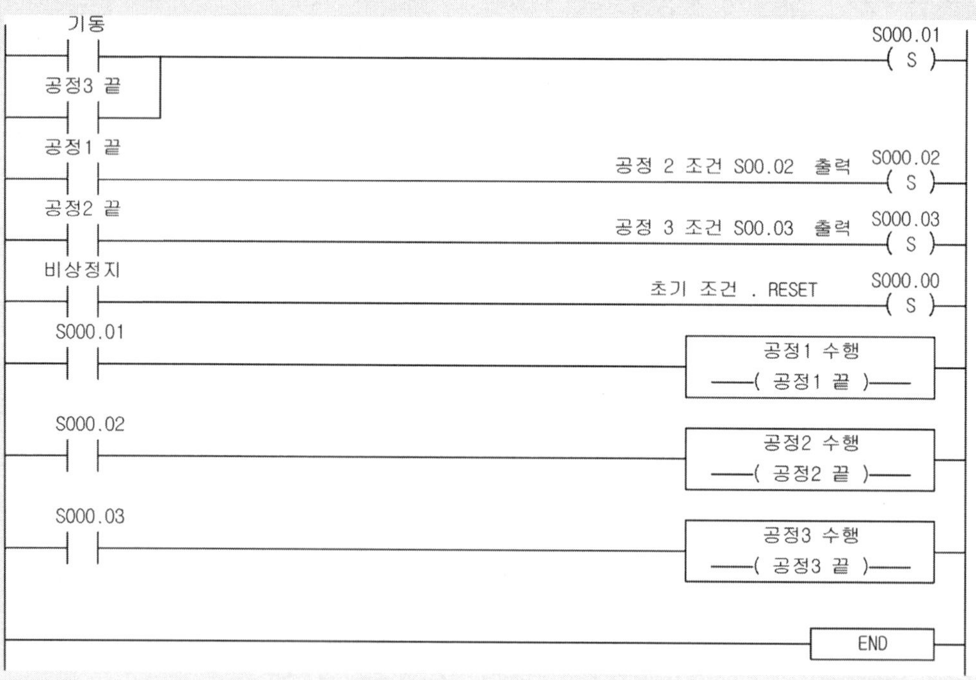

타임 차트

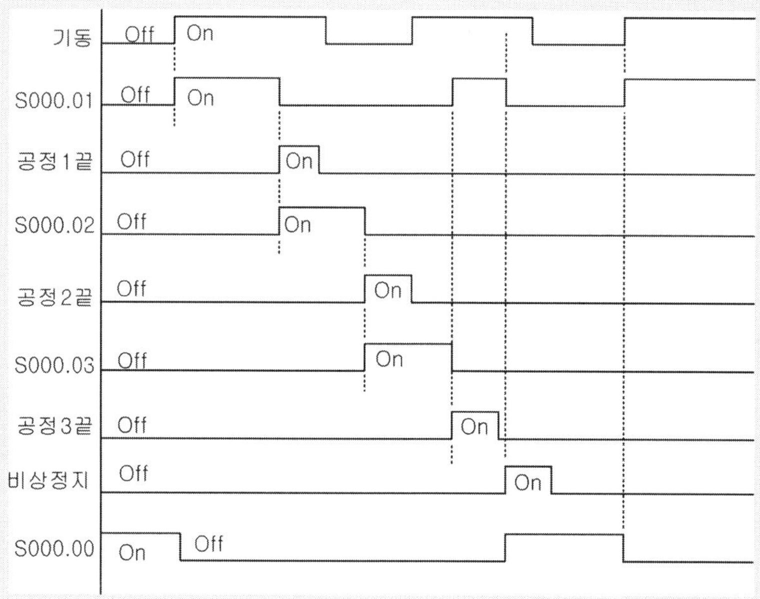

(2) OUT Syyy.xx

[적용 기종 : XGK, XGB]

명 령		사용 가능 영역														스텝	플래그		
		PMK	F	L	T	C	S	Z	D.x	R.x	상수	U	N	D	R		에러 (F110)	제로 (F111)	캐리 (F112)
OUT	S	–	–	–	–	–	○	–	–	–	–	–	–	–	–	1	–	–	–

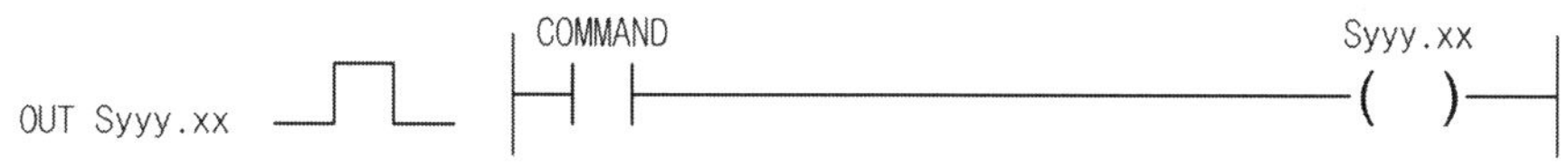

영역 설정

오퍼랜드	설 명	데이터 타입
Syyy.xx	S 디바이스 접점으로, yyy는 조 번호를, xx는 스텝 번호를 나타낸다. 조 번호는 0~127까지, 스텝 번호는 0~99까지 사용 가능하다.	BIT

1) OUT Syyy.xx(후입 우선)

① 셋(SET) Syyy.xx와는 달리 스텝 순서에 관계없이 입력조건 접점이 ON되면 해당 스텝이 기동한다.

② 동일 조 내에서 입력 조건 접점이 다수가 ON하여도 한 개의 스텝 번호만 ON한다. 이때 나중에 프로그램 된 것이 우선으로 출력된다.

③ 현재 스텝 번호가 ON되면 자기 유지되어 입력 조건이 OFF되어도 ON된 상태를 유지한다.

④ OUT Syyy.xx 명령은 Syyy.00의 입력 접점을 ON시킴으로써 클리어 된다.

2) 프로그램 예제

S002조를 이용한 후입 우선 제어 프로그램

래더 프로그램

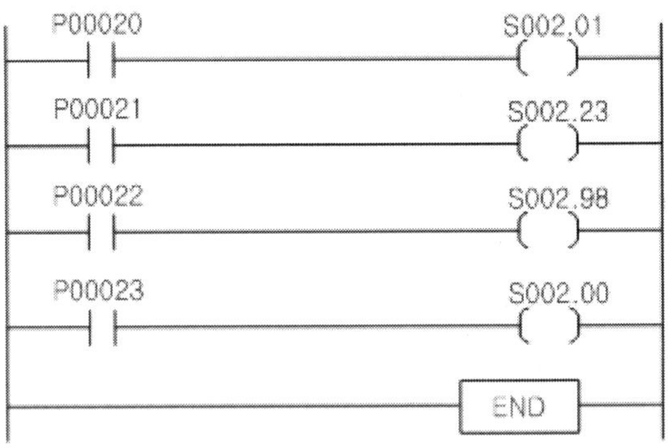

No	P00020	P00021	P00022	P00023	S002.01	S002.23	S002.98	S002.00
1	ON	OFF	OFF	OFF	ON			
2	ON	ON	OFF	OFF		ON		
3	ON	ON	ON	OFF			ON	
4	ON	ON	ON	ON				ON

6.8 종료 명령

(1) END

[적용 기종 : XGK, XGB]

명 령	사용 가능 영역														스텝	플래그		
	PMK	F	L	T	C	S	Z	D.x	R.x	상수	U	N	D	R		에러 (F110)	제로 (F111)	캐리 (F112)
END	–	–	–	–	–	–	–	–	–	–	–	–	–	–	1	–	–	–

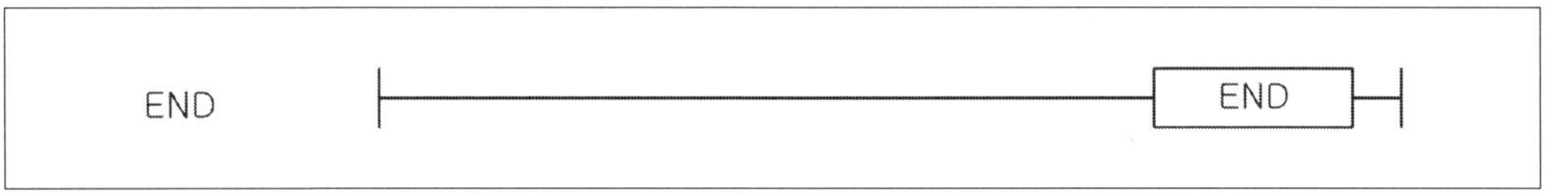

1) END

① 프로그램 종료를 표시한다.

② END 명령 처리 후 0000 스텝으로 돌아가 처리한다.

③ END 명령은 반드시 프로그램의 마지막에 입력해야 한다. 입력하지 않으면 '오류 E4000 : END 명령어기 존재하지 않습니다.' 에러가 발생한다.

알아두기 스캔이란?

아래의 그림처럼 입력 리프레시 → 사용자 프로그램 실행 → 자기 진단 → 출력 리프레시까지를 1스캔이라고 한다.

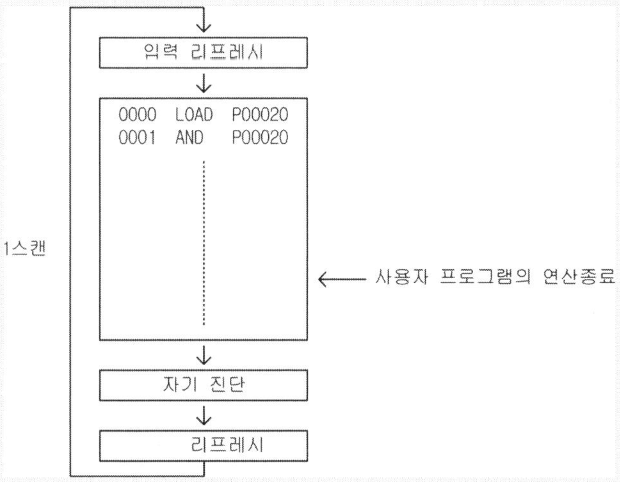

6.9 무처리 명령

(1) NOP

[적용 기종 : XGK, XGB]

명 령	사용 가능 영역														스텝	플래그		
	PMK	F	L	T	C	S	Z	D.x	R.x	상수	U	N	D	R		에러 (F110)	제로 (F111)	캐리 (F112)
NOP	–	–	–	–	–	–	–	–	–	–	–	–	–	–	1	–	–	–

Ladder Symbol이 없음(니모닉에서만 사용하는 명령임).

1) NOP

① 무처리(No Operation)명령으로, 해당 프로그램의 연산 결과에 아무런 영향을 주지 않는다.

② 니모닉 프로그램에서만 사용되는 명령어이다.

③ NOP 사용 목적은 시퀀스 프로그램의 디버깅용이며, 일시적으로 스텝 수를 유지하면서 명령어를 제거하기 위해 사용된다.

2) 프로그램 예제

NOP 명령을 사용한 니모닉 프로그램을 래더 프로그램으로 변경하면 스텝 수가 증가해 있는 것을 알 수 있는 예제이다.

래더 프로그램

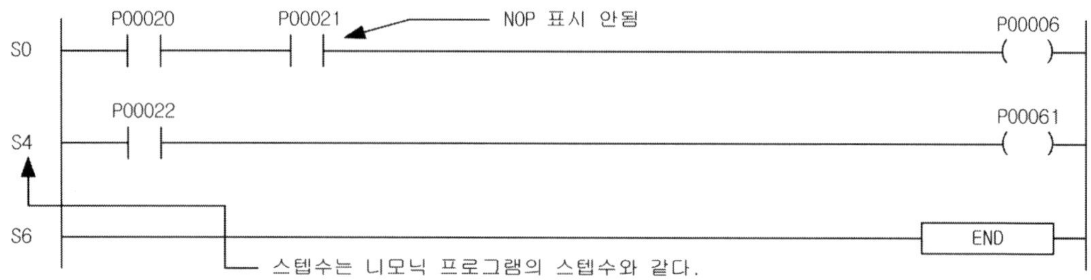

알아두기

(1) NOP 명령은 기종에 따라 명령어 처리 시간은 다르지만 처리하는 데는 시간이 소요되므로 삭제를 하면 사용자 프로그램 처리 시간(Scan time)을 단축시킬 수 있다.

(2) NOP 명령은 래더에서는 입력할 수 없으며, 니모닉에서 등록된 NOP는 래더 화면에서는 표시되지 않지만 스텝 수는 포함해서 표시한다.

6.10 타이머 명령

(1) 타이머의 특징

1) 기본적인 특징

① 4가지 종류(0.1ms : XGB는 지원하지 않음, 1ms, 10ms, 100ms)의 타이머가 있다. 기본 파라미터에서 각 타이머 번호에 따른 시간 설정을 할 수 있다.

② 타이머는 그 동작 특성에 따라 다음과 같이 5개의 명령어가 존재한다.

명령어	명 칭	동작 특성
TON	ON 타이머	입력조건이 ON되면 타이머 접점 출력 OFF 타이머 현재 값이 설정 값에 도달했을 때 타이머 접점 출력 ON
TOFF	OFF 타이머	입력조건이 ON되면 현재 값은 설정 값이 되고 타이머 접점 출력 ON 현재 값이 감소되어 0이 되면 타이머 접점 출력 OFF
TMR	적산 타이머	입력조건이 OFF되어도 현재 값 유지 누적된 타이머 값이 설정 값에 도달하면 타이머 접점 출력 ON
TMON	모노스테이블 타이머	입력조건이 ON되면 현재 값은 설정 값이 되고 타이머 접점 출력 ON 입력조건이 OFF되어도 계속 현재 값 감소. 0이 되면 접점 출력 OFF
TRTG	리트리거블 타이머	모노스테이블 타이머와 같은 기능을 하되, 현재 값이 감소하고 있을 때 다시 입력 조건이 ON되면 현재 값은 다시 설정 값이 되어 동작함.

③ 타이머 종류에 관계없이 모두 XGK는 2,048개, XGB는 256개의 타이머를 사용할 수 있고, 설정할 수 있는 값의 범위는 0~65, 535까지이다. 같은 타이머 번호의 중복 사용은 불가능하다. 인덱스 사용 여부와 관계없이 같은 타이머 번호를 사용하면 중복 사용으로 처리되어 프로그램을 다운로드할 수 없다.

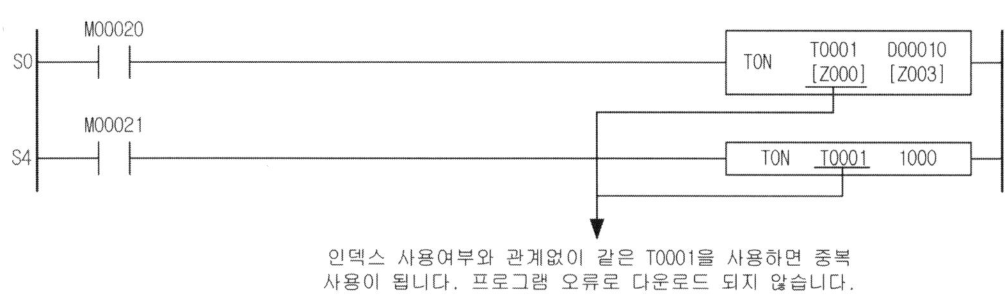

④ 타이머 값 설정 가능 디바이스(사용 가능 오퍼랜드)는 정수, P, M, K, U, D, R 등이며, 인덱스 기능을 사용할 수 있다. 단, 이때 사용 가능한 인덱스 범위는 Z0~Z3이다.

⑤ 타이머를 리셋시키기 위해서는 입력 접전을 OFF시키는 방법과 리셋 코일을 사용하는 방법이 있다. 리셋 코일이 ON되어 있는 동안에는 타이머가 작동하지 않는다.

⑥ 타이머를 리셋시키기 위해 리셋 명령을 사용할 경우 반드시 사용된 타이머 형태와 같은 형태로 입력해야 한다. 즉, 아래 프로그램과 같이 TON T0001[Z000] D00010[Z003]을 사용했다면 리셋 코일에 사용되는 타이머 형태는 T0001[Z000]이어야 한다. 그렇지 않을 경우에는 XG5000에서 프로그램 오류를 발생시키고 프로그램을 다운로드하지 않는다.

⑦ 타이머는 END 명령 실행 후에 타이머의 현재값 갱신 및 접점을 ON/OFF한다. 따라서 타이머 명령어는 사용상의 오차가 발생할 수 있다. 이 부분에 대한 설명은 부록 2. 타이머의 계측 방법과 정밀도를 참조하면 된다.

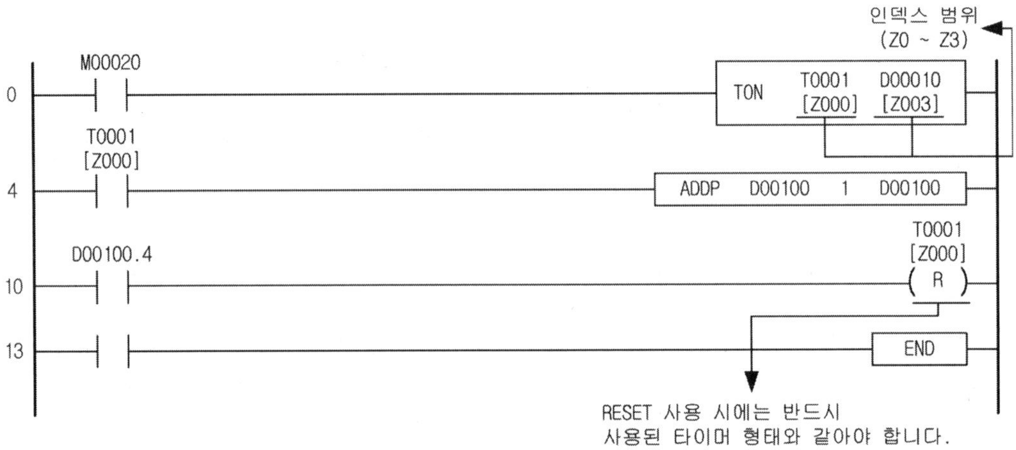

알아두기

인덱스 기능으로 인해 서로 다른 특성의 타이머를 동시에 가동시킬 경우 각각 실행되기 때문에 타이머가 이상하게 동작할 수 있다. 인덱스 기능을 사용할 경우에는 이점을 주의하여 사용하여야 한다.

(2) TON

[적용 기종 : XGK, XGB]

명 령		사용 가능 영역														스텝	플래그		
		PMK	F	L	T	C	S	Z	D.x	R.x	상수	U	N	D	R		에러 (F110)	제로 (F111)	캐리 (F112)
TON	T	–	–	–	○	–	–	–	–	–	–	–	–	–	–	2~3	–	–	–
	t	○	–	–	–	–	–	–	–	–	○	○	–	○	○				

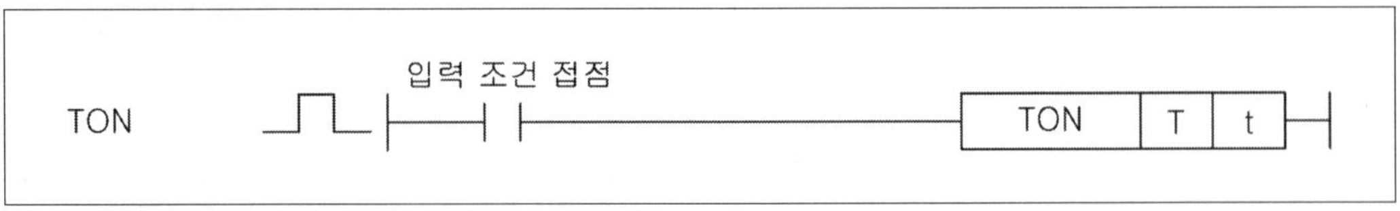

영역 설정

오퍼랜드	설 명	데이터 타입
T	사용하고자 하는 타이머 접점	WORD
t	타이머의 설정치를 나타내고 정수나 워드 디바이스 지정 가능 설정시간 = 기본 주기(0.1ms : XGB는 지원하지 않음, 1ms, 10ms, 100ms)×설정치(t)	WORD

1) TON(ON 타이머)

① 입력 조건이 ON되는 순간부터 현재치가 증가하여 타이머 설정시간(t)에 도달하면 타이머 접점이 ON된다.

② 입력 조건이 OFF되거나 리셋(Reset) 명령을 만나면 타이머 출력이 OFF되고, 현재값은 0이 된다.

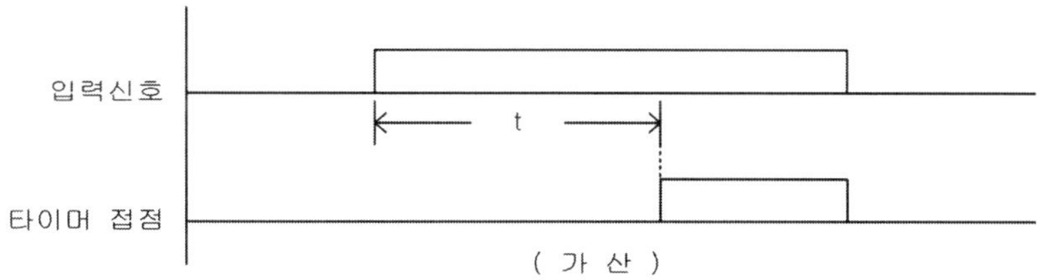

2) 프로그램 예제

① P00020이 ON된 후 20초 후인 타이머의 현재치와 설정치가 같을 때 T0097은 ON이 되고, P00065가 ON이 된다.

② 만약 현재치가 설정치에 도달하기 전에 입력 조건이 OFF되면 현재치는 0이 된다. P00021이 ON되면 T0097이 OFF되면서 현재치는 0이 된다.

래더 프로그램

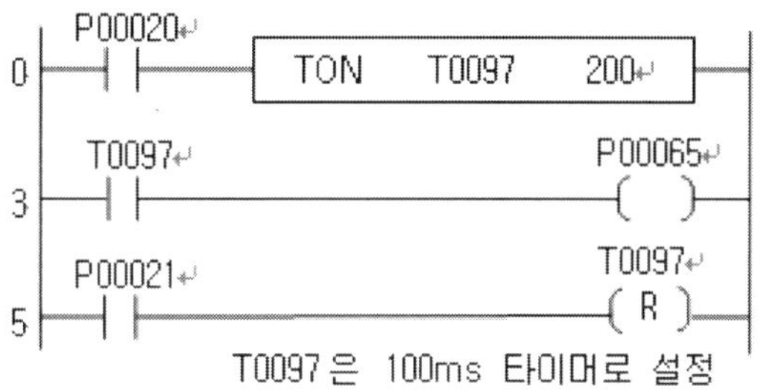

타임 차트

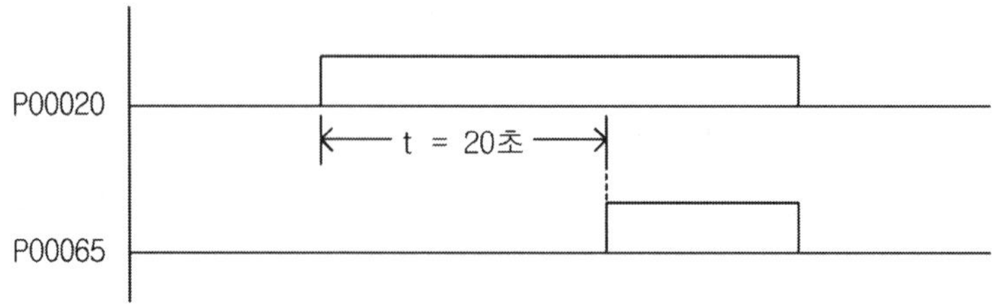

예제 6.6 플리커 회로 [TON의 예제]

동작 : 타이머 2개를 사용하여 출력을 점멸시킨다.

시스템도

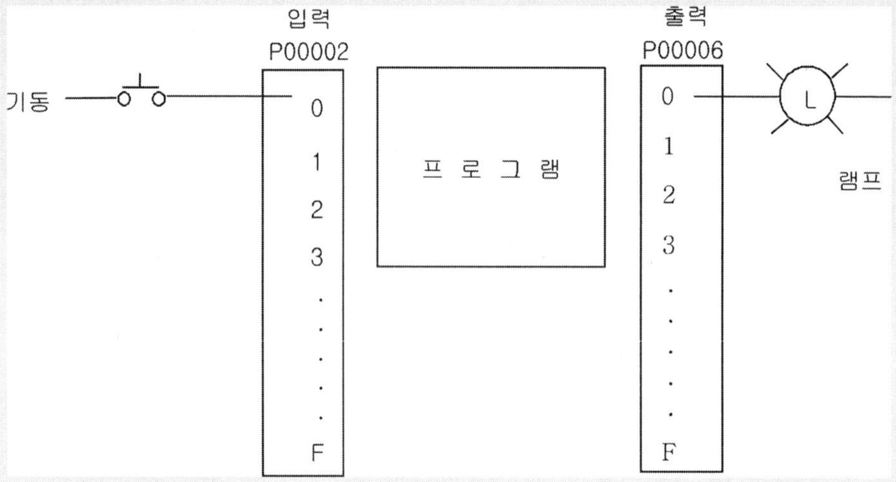

타임 차트

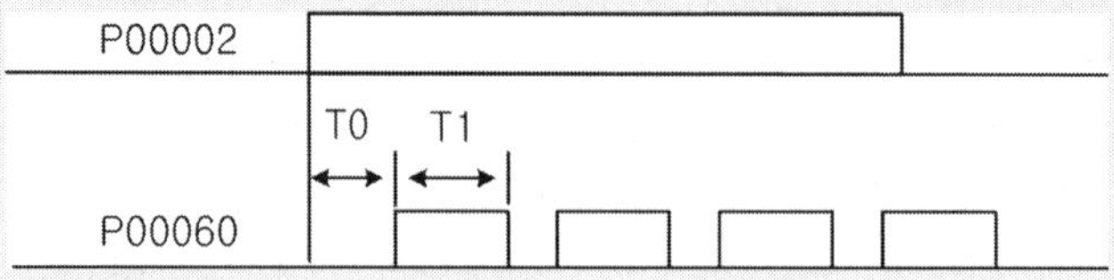

프로그램

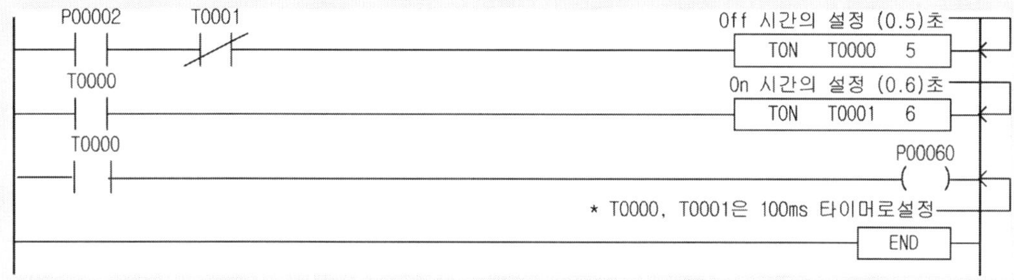

(3) TOFF

[적용 기종 : XGK, XGB]

명 령		사용 가능 영역														스텝	플래그		
		PMK	F	L	T	C	S	Z	D.x	R.x	상수	U	N	D	R		에러 (F110)	제로 (F111)	캐리 (F112)
TOFF	T	–	–	–	○	–	–	–	–	–	–	–	–	–	–	2~3	–	–	–
	t	○	–	–	–	–	–	–	–	–	○	○	–	○	○				

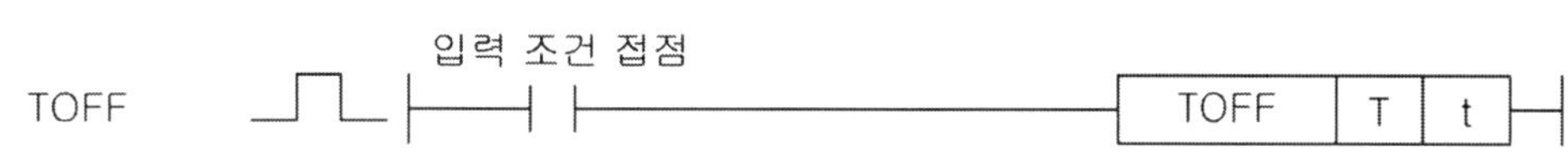

영역 설정

오퍼랜드	실 명	데이터 타입
T	사용하고자 하는 타이머 접점	WORD
t	타이머의 설정치를 나타내고 정수나 워드 디바이스 지정 가능 설정시간 = 기본 주기(0.1ms : XGB는 지원하지 않음, 1ms, 10ms, 100ms)×설정치(t)	WORD

1) TOFF(OFF 타이머)

① 입력 조건이 ON되는 순간 성립되는 동안 타이머의 현재치는 설정치가 되며, 출력은 ON된다.

② 입력 조건이 OFF되면 타이머 현재치가 설정치로부터 감산되어 현재치가 0이 되는 순간 출력이 OFF된다.

③ 리셋(Reset) 명령을 만나면 타이머 출력은 OFF되고 현재치는 0이 된다.

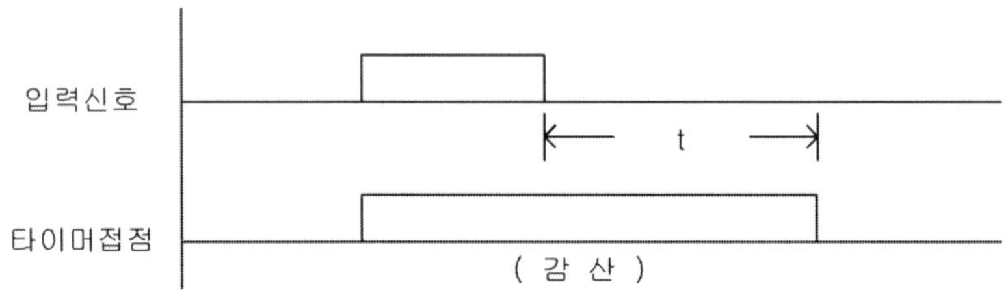

2) 프로그램 예제

① 입력 P00020 접점이 ON하면 T0000 접점이 동시에 ON하고 출력 P00065는 ON한다.

② 입력 P00020이 OFF한 후 타이머는 설정 시간(t) 동안 감산하여 현재치가 0이 되면 타이머 접점이 OFF된다.

③ P00022가 ON하면 현재치는 0이 된다.

래더 프로그램

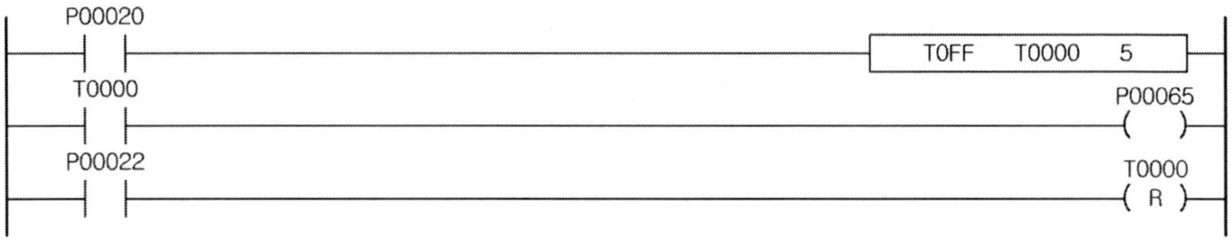

타임 차트

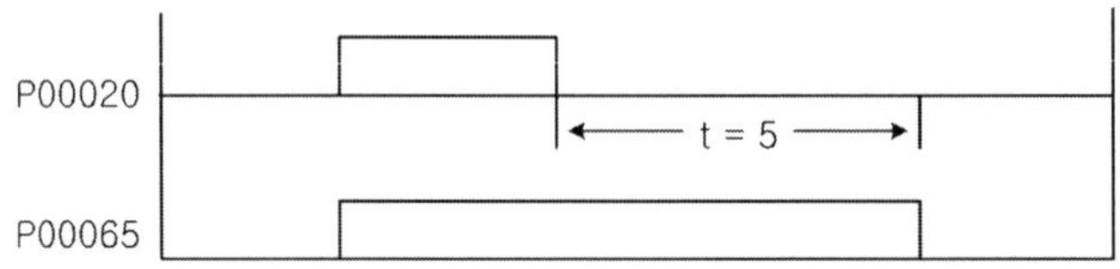

예제 6.7 컨베이어 제어 [TON, TOFF]의 예제

1) 동작

여러 대의 컨베이어를 순서에 따라 기동(A → B → C), 정지(C → B → A)한다.

2) 시스템도

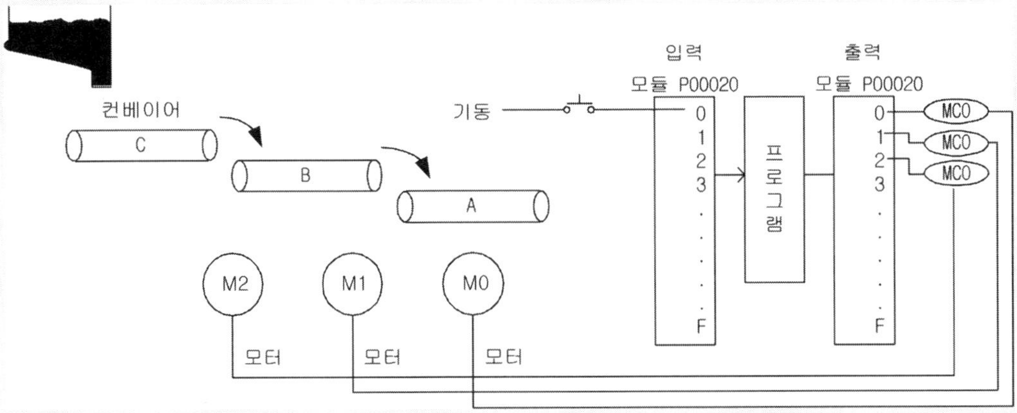

프로그램

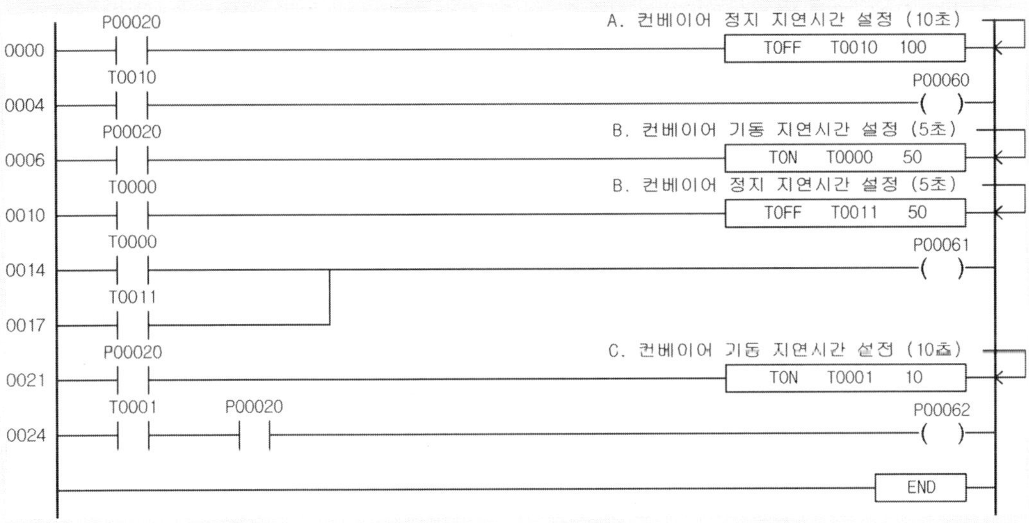

타임 차트

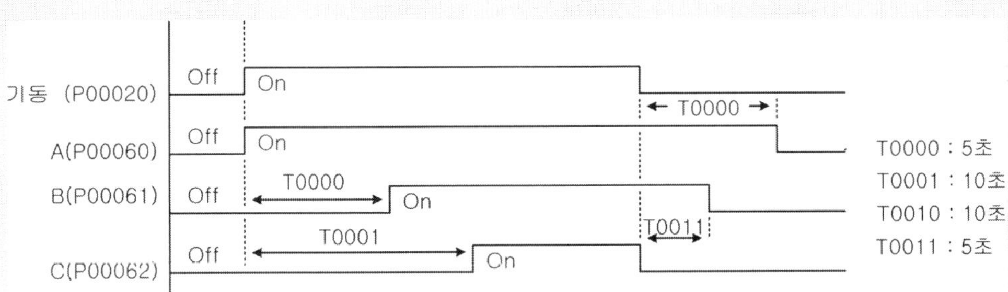

(4) TMR

[적용 기종 : XGK, XGB]

명 령		사용 가능 영역														스텝	플래그		
		PMK	F	L	T	C	S	Z	D.x	R.x	상수	U	N	D	R		에러 (F110)	제로 (F111)	캐리 (F112)
TMR	T	–	–	–	○	–	–	–	–	–	–	–	–	–	–	2~3	–	–	–
	t	○	–	–	–	–	–	–	–	–	○	○	–	○	○				

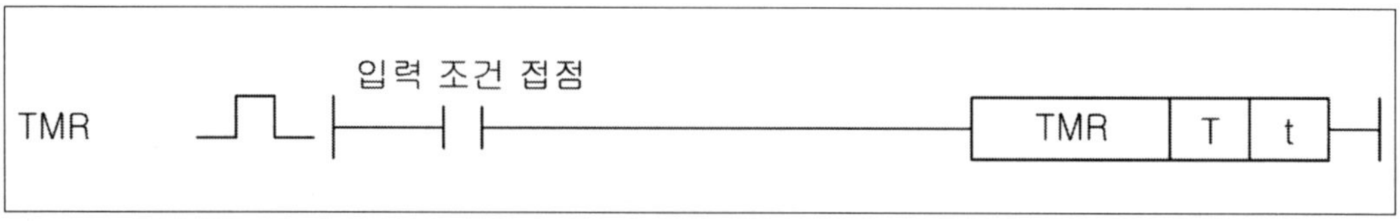

영역 설정

오퍼랜드	설 명	데이터 타입
T	사용하고자 하는 타이머 접점	WORD
t	타이머의 설정치를 나타내고 정수나 워드 디바이스 지정 가능 설정시간 = 기본 주기(0.1ms : XGB는 지원하지 않음, 1ms, 10ms, 100ms)×설정치(t)	WORD

1) TMR(적산 타이머)

① 입력 조건이 온(ON)되는 동안 현재치가 증가하여 누적된 값이 타이머의 설정 시간에 도달하면 타이머 접점이 ON된다. 적산 타이머는 정전 시도 타이머 값을 유지하므로 PLC 야간 정전에도 이상 없다(불휘발성 영역 사용의 경우).

② 리셋(Reset) 입력 조건이 성립되면 타이머 접점은 OFF되고 현재치는 0이 된다.

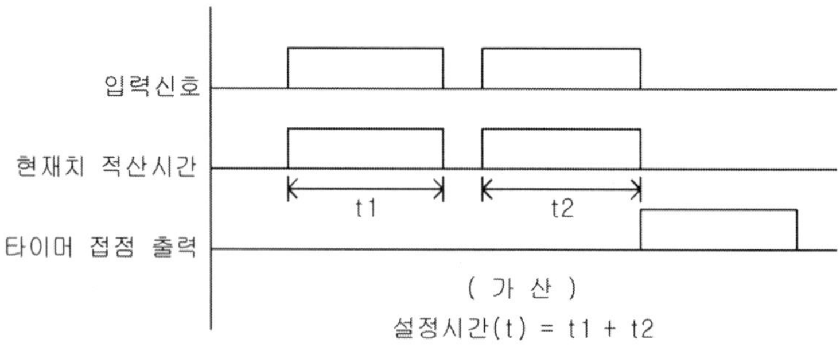

2) 프로그램 예제

① 접점 P00020이 ON, OFF, ON을 반복한 후 T0096이 ON하여 출력 접점 P0061을 ON(t1+t2=30초)합니다.

② 리셋(Reset) 신호 P0023하면 현재치는 0이 되면서 P0061은 OFF된다.

프로그램

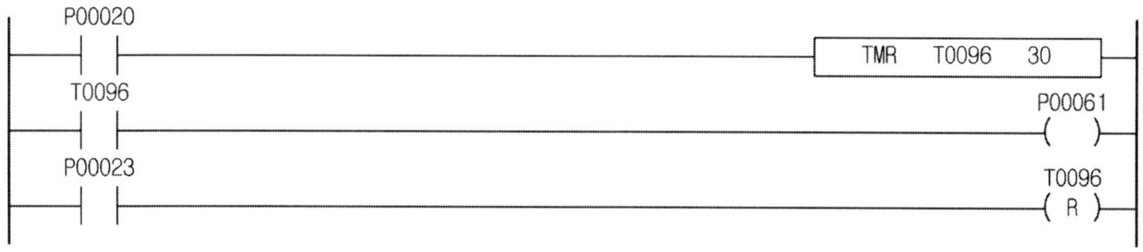

타임 차트

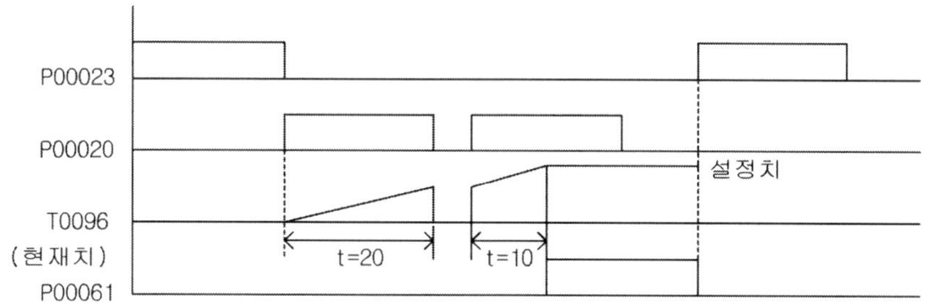

예제 6.8 공구 수명 경보 회로 [TMR의 예제]

1) 동작

머시닝 센터 등의 공구 사용 시간을 측정하여 공구 교환을 위한 경보 등을 출력한다.

2) 시스템도

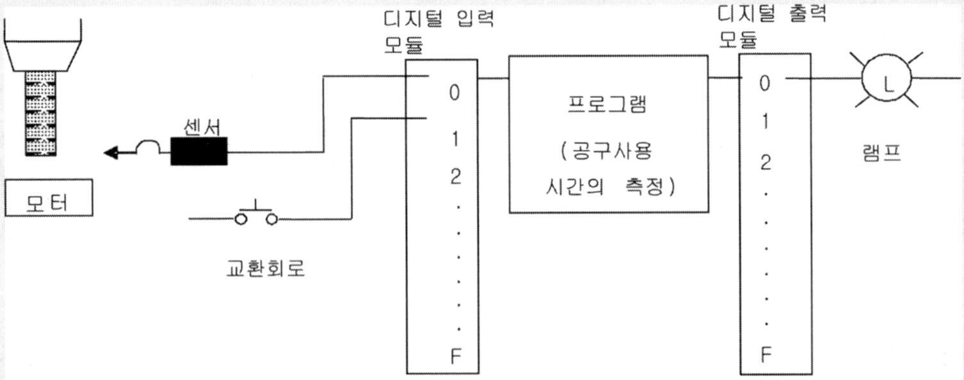

어드레스	용 도
P00020	드릴 하강 검출
P00021	드릴 교환 완료
P00060	공구 수명 경보
T0000	공구 수명 설정 타이머

3) 프로그램

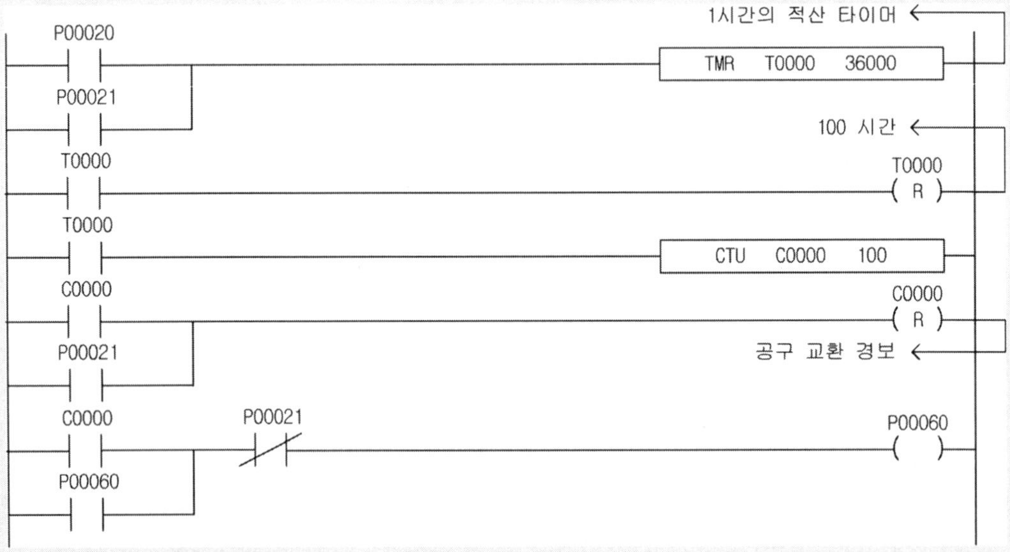

본 예제와 같은 적산 타이머 사용 시에는 불휘발성 영역에 있는 타이머를 사용하는 것이 좋다. (여기서 사용된 타이머는 휘발성 영역이다.)

(5) TMON

[적용 기종 : XGK, XGB]

명 령		사용 가능 영역														스텝	플래그		
		PMK	F	L	T	C	S	Z	D.x	R.x	상수	U	N	D	R		에러 (F110)	제로 (F111)	캐리 (F112)
TMON	T	–	–	–	○	–	–	–	–	–	–	–	–	–	–	2~3	–	–	–
	t	○	–	–	–	–	–	–	–	–	○	○	–	○	○				

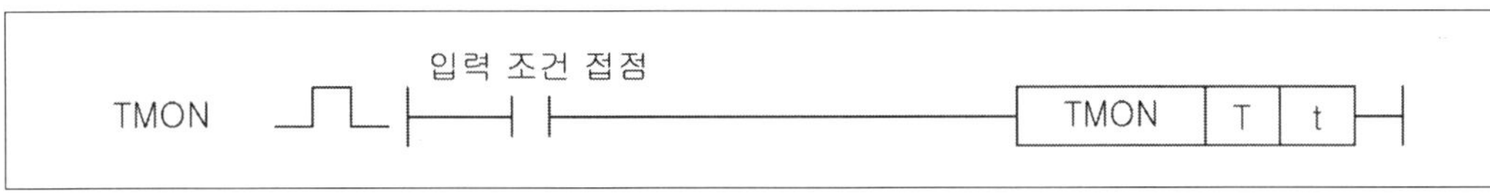

영역 설정

오퍼랜드	설 명	데이터 타입
T	사용하고자 하는 타이머 접점	WORD
t	타이머의 설정치를 나타내고 정수나 워드 디바이스 지정 가능 설정시간 = 기본 주기(0.1ms : XGB는 지원하지 않음, 1ms, 10ms, 100ms)×설정치(t)	WORD

1) TMON(모노스테이블 타이머)

① 입력 조건이 ON되는 순간 타이머 출력이 ON되고 타이머의 현재값이 설정값으로부터 감소하기 시작하여 0이 되면 타이머 출력은 OFF된다.

② 타이머 출력이 ON된 후 입력 조건이 ON, OFF 변화를 해도 입력 조건과 관계없이 감산은 계속한다.

③ 리셋(Reset) 입력 조건이 성립하면 타이머 접점은 OFF되고 현재값은 0이 된다.

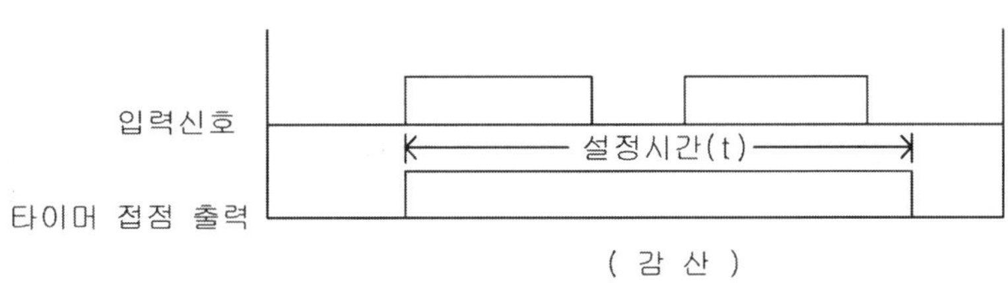

2) 프로그램 예제

① P00020을 ON하면 접점 T0000는 즉시 ON하며 타이머가 감산한다.

② 감산 중에 P00020이 ON, OFF를 반복하여도 감산은 계속한다.

③ 리셋(Reset) 신호 P00023을 ON하면 현재값은 0이 되며, 출력은 OFF된다.

프로그램

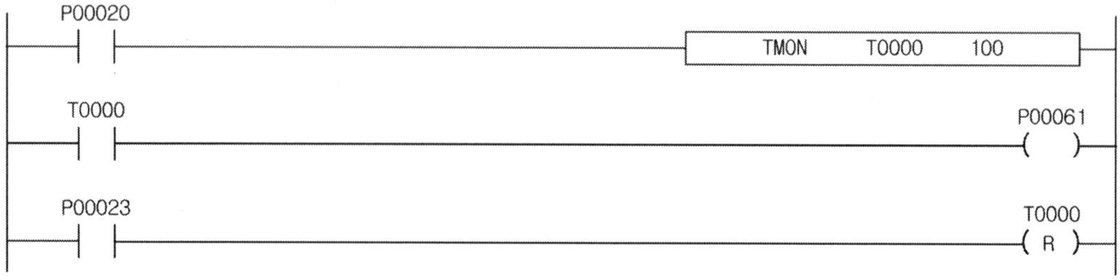

타임 차트

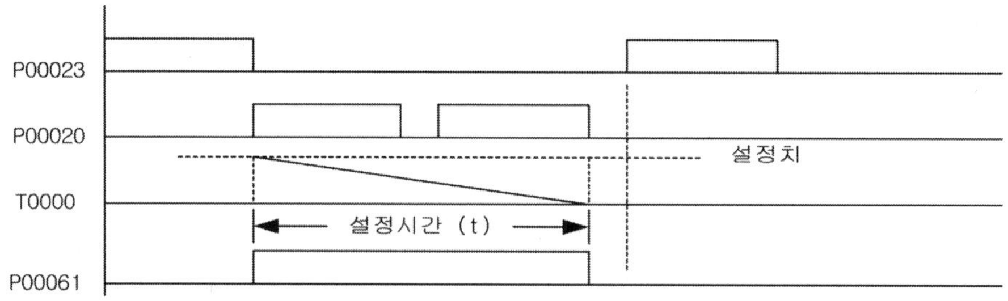

예제 6.9 신호 떨림 방지 회로 [TMON의 예제]

1) 동작

속도가 일정하지 않은 물체의 통과 신호(리미트 스위치)의 떨림을 방지하여 안정된 신호를 얻는다.

2) 시스템도

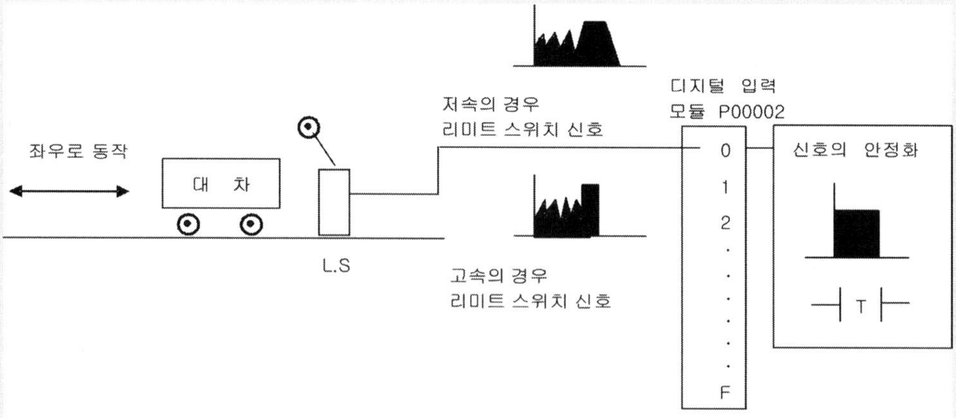

어드레스	용 도
P00020	위치 검출용 리미트 스위치
M00020	일정시간 출력 릴레이
T0000	떨림 방지 타이머

3) 프로그램

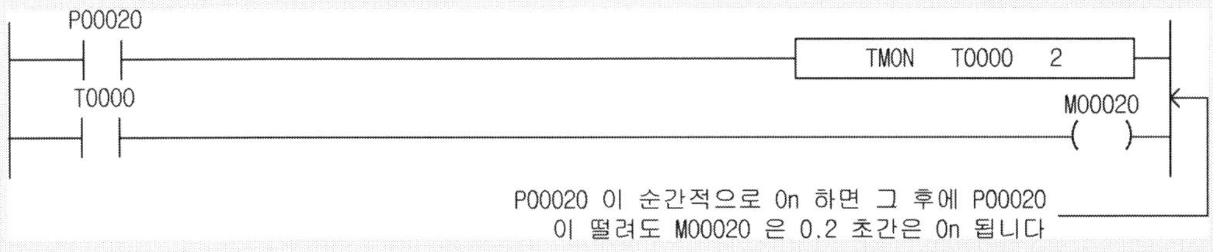

(6) TRTG

[적용 기종 : XGK, XGB]

명 령		사용 가능 영역														스텝	플래그		
		PMK	F	L	T	C	S	Z	D.x	R.x	상수	U	N	D	R		에러 (F110)	제로 (F111)	캐리 (F112)
TRTG	T	–	–	–	○	–	–	–	–	–	–	–	–	–	–	2~3	–	–	–
	t	○	–	–	–	–	–	–	–	–	○	○	–	○	○				

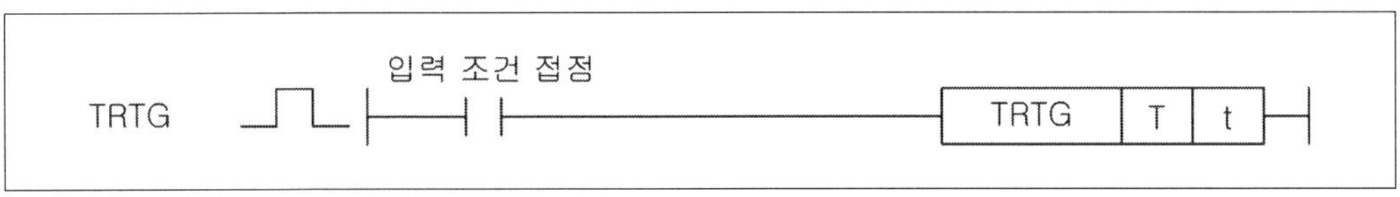

영역 설정

오퍼랜드	설 명	데이터 타입
T	사용하고자 하는 타이머 접점	WORD
t	타이머의 설정치를 나타내고 정수나 워드 디바이스 지정 가능 설정시간 = 기본 주기(0.1ms : XGB는 지원하지 않음, 1ms, 10ms, 100ms)×설정치(t)	WORD

1) TRGT(리트리거블 타이머)

① 입력 조건이 성립되면 타이머 출력이 ON되고 타이머의 현재치가 설정치로부터 감소하기 시작하여 0이 되면 타이머 출력은 OFF된다.

② 타이머 현재치가 0이 되기 전에 또 다시 입력 조건이 OFF → ON하면 타이머 현재치는 설정치로 재설정된다.

③ 리셋(Reset) 입력 조건이 성립하면 타이머 접점은 OFF되고 현재치는 0이 된다.

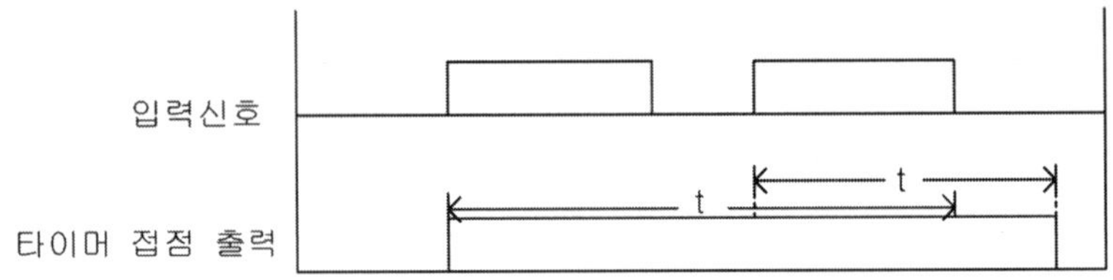

(감 산)

2) 프로그램 예제

① P00020을 ON되면 접점 T0096이 동시 ON되고 타이머는 감산을 시작하여 0에 도달하게 되면 P00065는 OFF된다.

② 0에 도달 전에 P00020 입력조건이 성립하면 현재치는 설정치가 되며 다시 감산을 한다.

③ 리셋(Reset) 신호 P00023을 ON하면 현재치는 0이 되며, 출력은 OFF된다.

프로그램

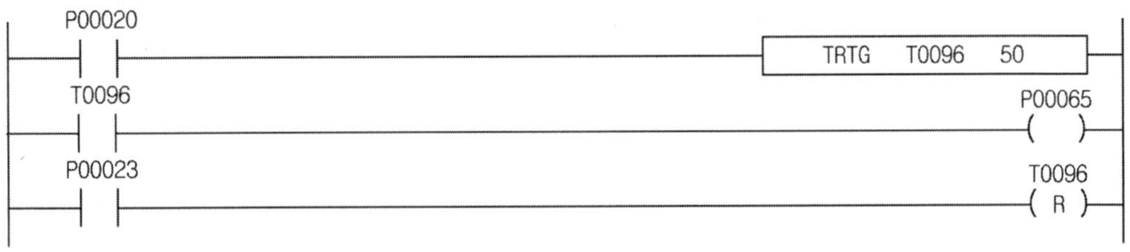

타임 차트

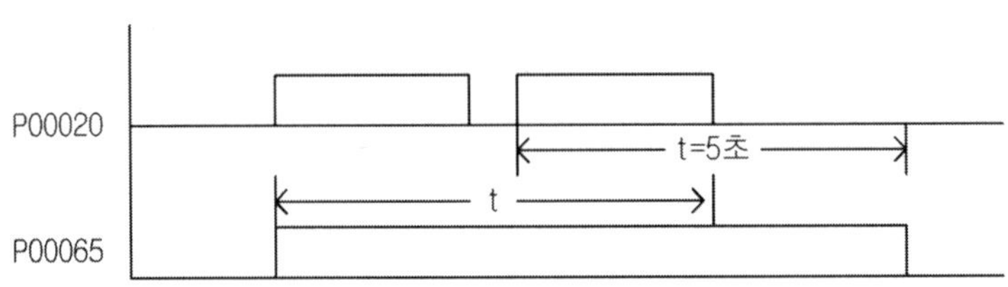

(감 산)

예제 6.10 반송장치 고장 검출 회로 [TRGT의 예제]

1) 동작

일정 시간마다 공급되는 제품에 의해 반송장치의 고장을 검출한다.

2) 시스템도

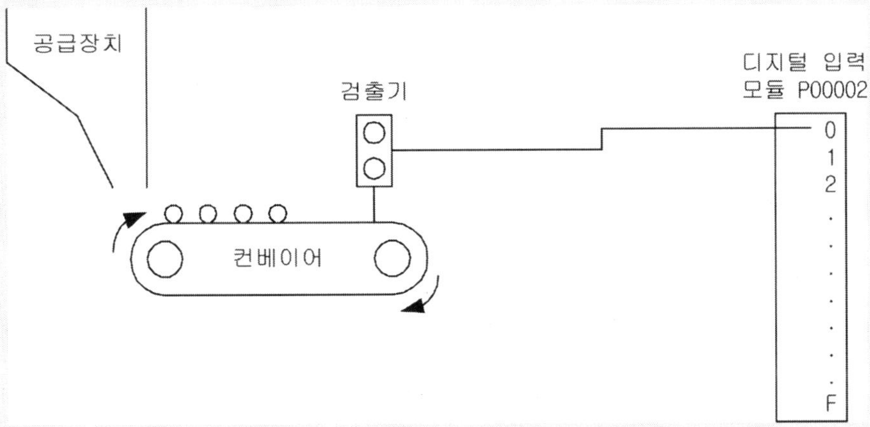

프로그램

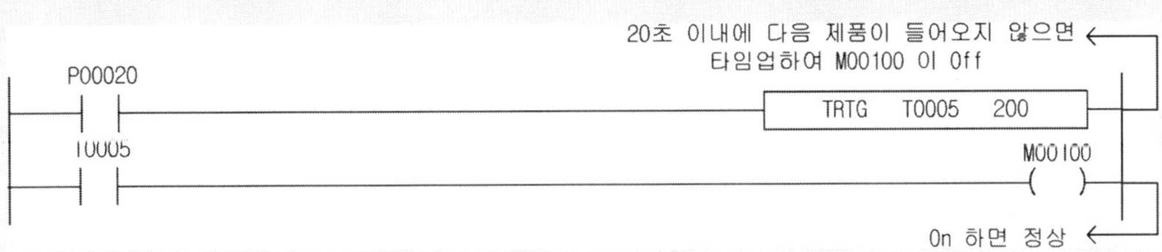

타임 차트

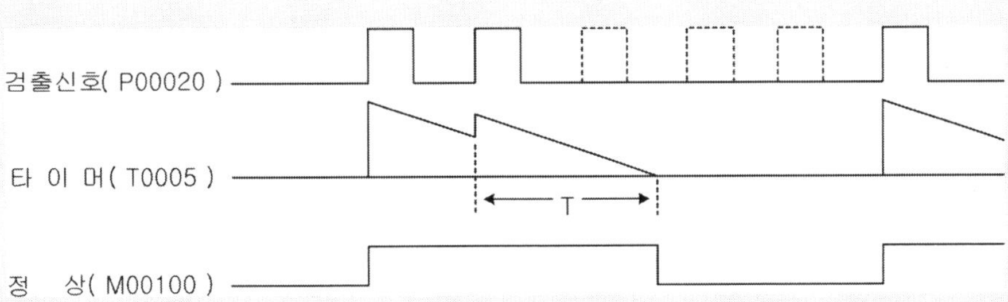

6.11 카운터 명령

(1) 카운터의 특징

1) 기본적인 특징

① 카운터는 입상 펄스가 입력될 때마다 현재치를 가산/감산해서 설정값을 만족하면 출력을 ON한다.

② 카운터는 그 동작 특성에 따라 다음과 같이 4개의 명령어가 존재한다.

명령어	명 칭	동작 특성
CTD	Down 카운터	펄스가 입력될 때마다 설정치로부터 1씩 감산. 0이 되면 출력 ON
CTU	Up 카운터	펄스가 입력될 때마다 현재치를 1씩 가산. 설정치 이상이면 출력 ON
CTDU	Up-Down 카운터	Up 단자에 펄스가 입력되면 1씩 가산. Down 단자에 펄스가 입력되면 1씩 감산. 현재치가 설정치 이상이면 ON
CTR	Ring 카운터	펄스가 입력될 때마다 현재치를 1씩 가산. 현재치가 설정치에 도달하면 출력 ON. 이후 다시 펄스가 입력되면 현재치는 0이다.

③ 카운터 종류에 관계없이 모두 XGK는 2,048개, XGB는 256개의 카운터를 사용할 수 있고, 설정할 수 있는 값의 범위는 0~65, 535까지이다. 같은 카운터 번호의 중복 사용은 불가능하다. 인덱스 사용 여부와 관계없이 같은 카운터 번호를 사용하면 중복 사용으로 처리되어 프로그램을 다운로드할 수 없다.

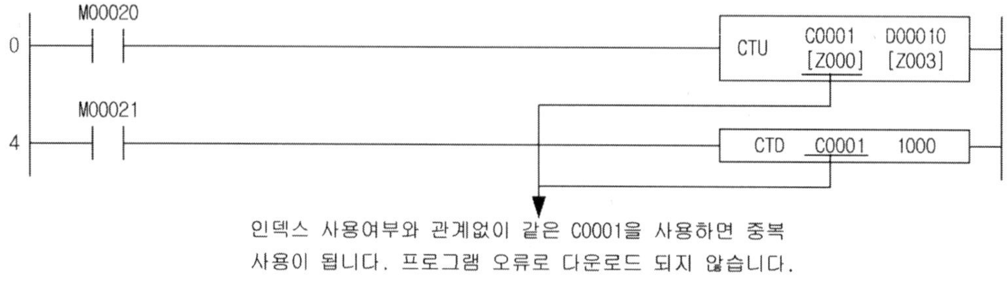

④ 카운터 값 설정 가능 디바이스(사용 가능 오퍼랜드)는 정수, P, M, K, U, D, R 등이며, 인덱스 기능을 사용할 수 있다. 단, 이때 사용 가능한 인덱스 범위는 Z0~Z3이다.

⑤ 카운터를 리셋시키기 위해 리셋 명령을 사용할 경우 반드시 사용된 카운터 형태와 같은 형태로 입력해야 한다. 즉, 아래 프로그램과 같이 CTU C0010[Z000] P0010[Z003]을 사용했다면 리셋 코일에 사용되는 카운터 형태는 C0010[Z000]이어야 하다. 그렇지 않을 경우에는 XG5000에서 프로그램 오류를 발생시키고 프로그램을 다운로드하지 않는다.

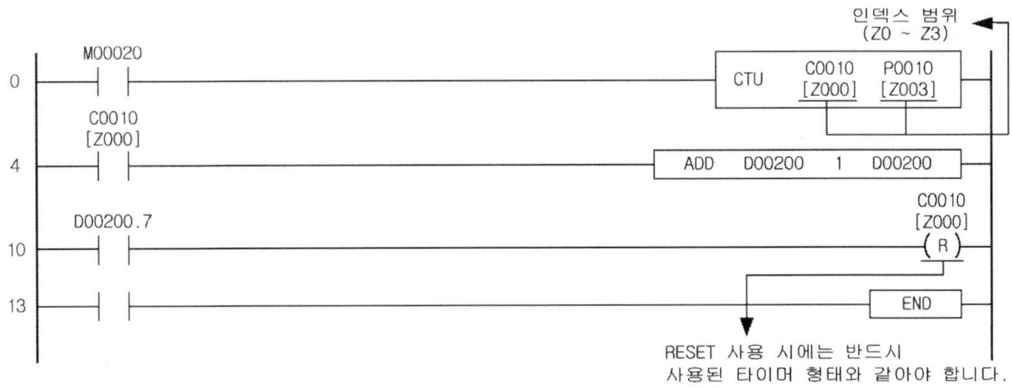

⑥ CTUD 명령어의 경우 카운터 리셋을 하기 위해서 리셋 코일 이외에 입력 접점을 OFF시키면 됩니다.

⑦ CTU, CTUD 명령은 설정한 값을 초과해도 UP 카운터 펄스가 계속 입력되면 카운터 값은 계속 증가한다. 단, 65, 535 이상 증가되지는 않는다. 따라서 CTU, CTUD 명령의 값을 0으로 초기화시키기 위해서는 RST 명령을 사용해야 한다.

알아두기

인덱스 기능으로 인해 서로 다른 특성의 카운터를 동시에 기동시키게 될 경우 각각 실행되기 때문에 카운터가 이상하게 동작할 수 있다. 인덱스 기능을 사용할 경우 이 점을 주의하여 사용해야 한다.

(2) CTU

[적용 기종 : XGK, XGB]

명령		사용 가능 영역														스텝	플래그		
		PMK	F	L	T	C	S	Z	D.x	R.x	상수	U	N	D	R		에러 (F110)	제로 (F111)	캐리 (F112)
CTU	C	–	–	–	–	○	–	–	–	–	–	–	–	–	–	2~3	–	–	–
	N	○	–	–	–	–	–	–	–	–	○	○	–	○	○				

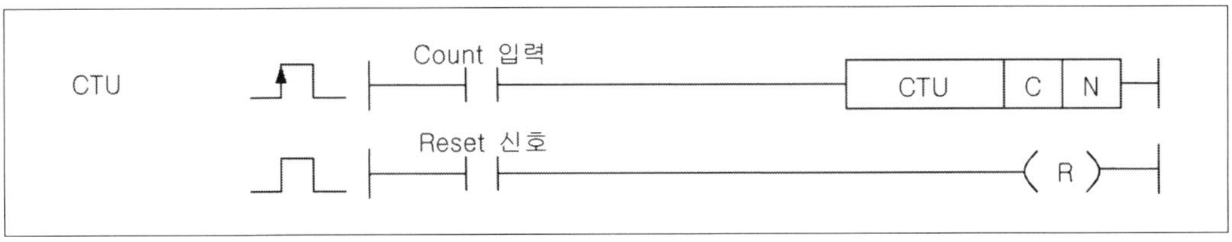

영역 설정

오퍼랜드	설 명	데이터 타입
C	사용하고자 하는 카운터 접점	WORD
N	설정치(0~65, 535)	WORD

1) 기능

① 입상 펄스가 입력될 때마다 현재치를 +1하고, 현재치가 설정치 이상이면 출력을 ON하고, 카운터 최대치(65, 535)까지 Count한다.

② 리셋(Reset) 신호가 ON하면 출력을 OFF시키며, 현재치는 0이 된다.

타임 차트

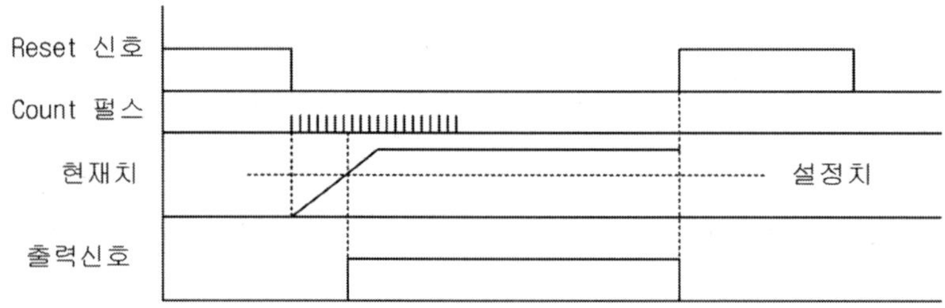

2) 프로그램 예제

① P00030 접점으로 Count Up하여 현재치와 설정치가 같을 때 P00060 출력이 ON된다.

② P00031 접점이 ON하면 출력을 OFF시키며, 현재치는 0으로 초기화된다.

프로그램

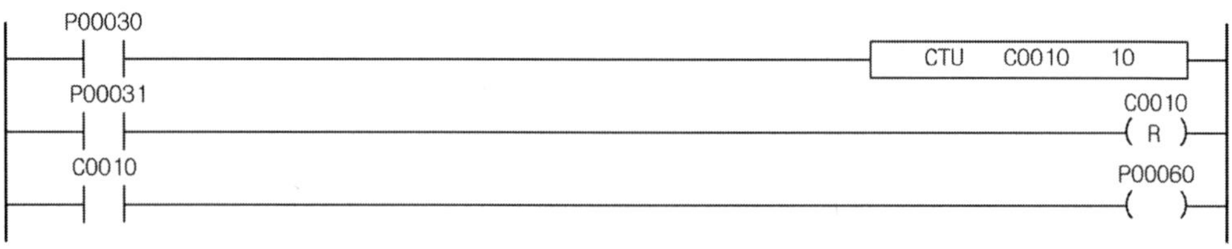

타임 차트

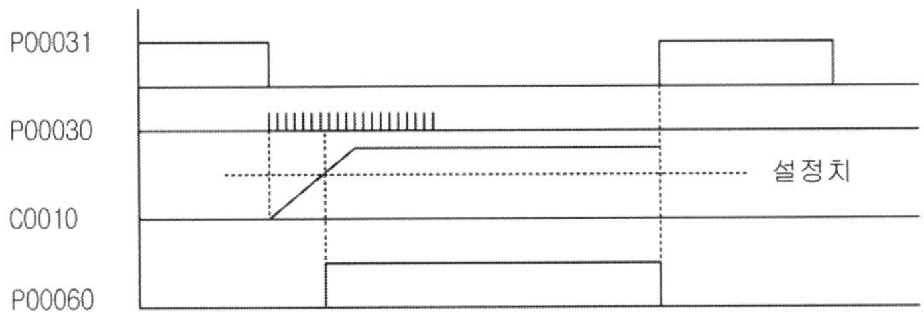

(3) CTD

[적용 기종 : XGK, XGB]

명 령		사용 가능 영역														스텝	플래그		
		PMK	F	L	T	C	S	Z	D.x	R.x	상수	U	N	D	R		에러 (F110)	제로 (F111)	캐리 (F112)
CTD	C	–	–	–	–	○	–	–	–	–	–	–	–	–	–	2~3	–	–	–
	N	○	–	–	–	–	–	–	–	–	○	○	–	○	○				

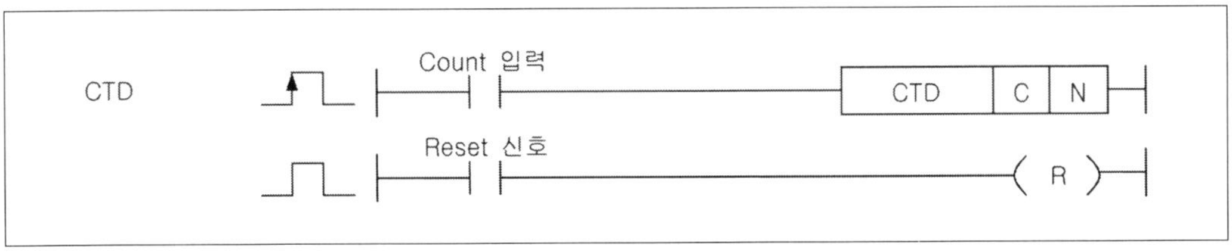

영역 설정

오퍼랜드	설 명	데이터 타입
C	사용하고자 하는 카운터 접점	WORD
N	설정치(0~65, 535)	WORD

1) 기능

① 입상 펄스가 입력될 때마다 설정치로부터 1씩 감산하여 0이 되면 출력을 ON한다.

② 리셋(Reset) 신호가 ON하면 출력을 OFF시키며, 현재치는 설정치가 된다.

타임 차트

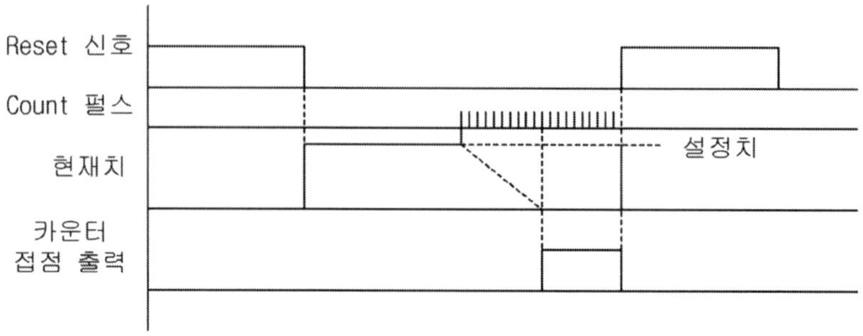

2) 프로그램 예제

① P00030 접점이 5회 ON하면 Count Down하여 현재치가 0이 될 때 P00060 출력이 ON 된다.

② P00031 접점이 ON하면 출력을 OFF시키며, 현재치는 설정치가 된다.

프로그램

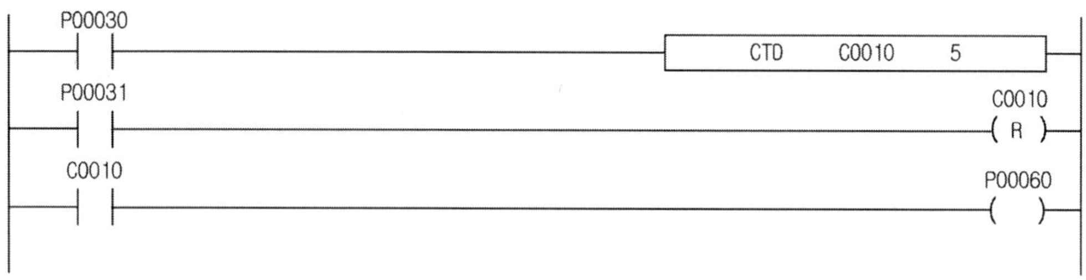

타임 차트

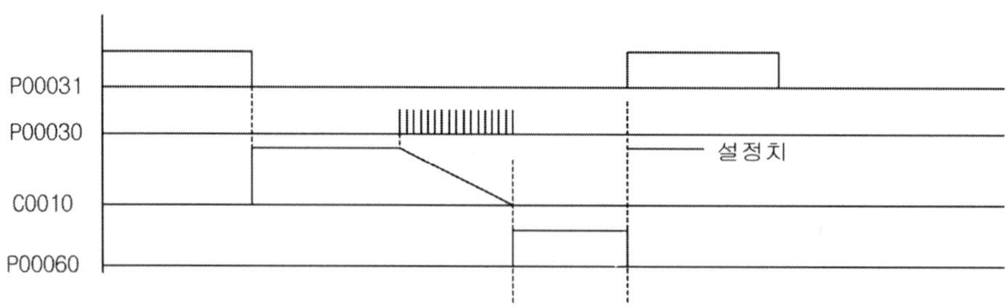

(4) CTUD

[적용 기종 : XGK, XGB]

명 령		사용 가능 영역														스텝	플래그		
		PMK	F	L	T	C	S	Z	D.x	R.x	상수	U	N	D	R		에러 (F110)	제로 (F111)	캐리 (F112)
CTUD	C	−	−	−	−	○	−	−	−	−	−	−	−	−	−	2~3	−	−	−
	U	○	○	○	○	○	−	−	○	−	−	○	−	−	−				
	D	○	○	○	○	○	−	−	○	−	−	○	−	−	−				
	N	○	−	−	−	−	−	−	−	−	○	○	−	○	○				

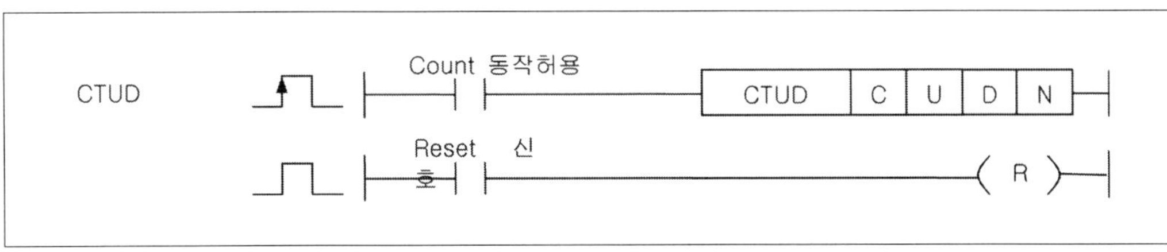

영역 설정

오퍼랜드	설 명	데이터 타입
C	사용하고자 하는 카운터 접점	WORD
U	현재치를 +1하는 신호	BIT
D	현재치를 −1하는 신호	BIT
N	설정치(0~65, 535)	WORD

1) 기능

① U로 지정된 디바이스에 상승 신호가 입력될 때마다 현재치를 +1하며, 현재치가 설정치 이상이면 출력을 ON하고 카운터 최대치(65, 353)까지 Count한다.

② D로 지정된 디바이스에 상승 신호가 입력될 때마다 현재치를 −1한다.

③ 리셋(Reset) 신호가 ON하면 현재치는 0이 된다.

④ U, D로 지정된 디바이스에 펄스가 동시에 ON하면 현재치는 변하지 않는다.

⑤ Count 동작허용신호는 ON된 상태를 유지하고 있어야 Up-Down 카운트가 가능하다.

타임 차트

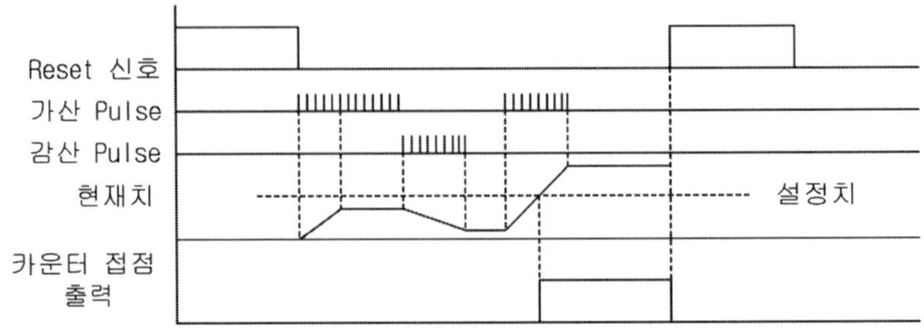

2) 프로그램 예제

① P00030 접점으로 Count Up하여 현재치와 설정치가 같을 때 P00060 출력이 ON된다.

② P00031 접점의 입상 펄스에 의해 Count Down된다.

③ P00032가 ON되어 리셋(Reset) 조건이 만족되면 출력은 OFF되고 카운터 현재치는 0이 된다.

④ 카운터 허용신호인 F00099(상시 ON 플래그)에 의해 항상 가감산 카운트가 가능하게 된다.

프로그램

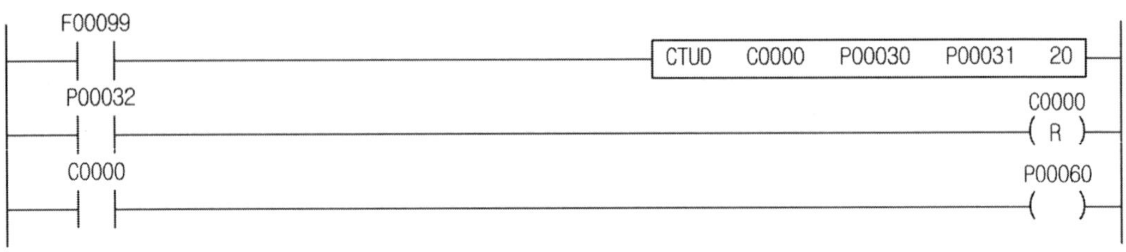

타임 차트

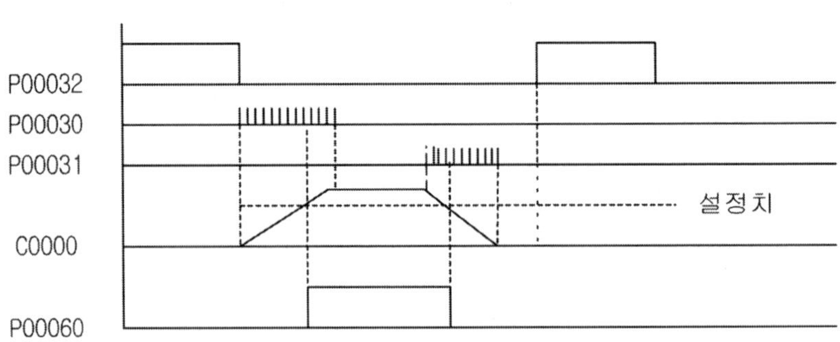

예제 6.11 모터 동작 수 증감 제어 [CTUD의 예제]

1) 동작

4대의 모터를 제어하는 데 순간 접촉 푸시 버튼 PB1을 누를 때마다 동작하는 모터 수를 1개씩 증가시키고, 순간 접촉 푸시 버튼 PB2를 누를 때마다 모터 동작 수를 1개씩 감소시킨다. 4개의 모터가 동작하고 있을 때 PB1을 누르면 모든 모터는 정지하고, 1개의 모터가 동작하고 있을 때 PB2를 누르면 모터는 하나도 동작하지 않는다.

2) 시스템도

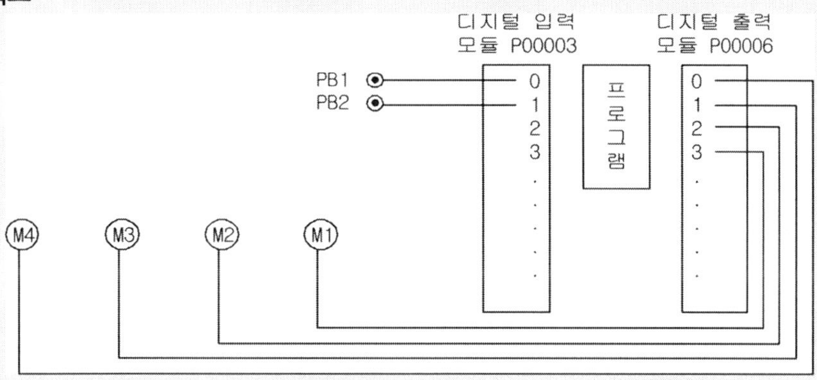

3) 프로그램

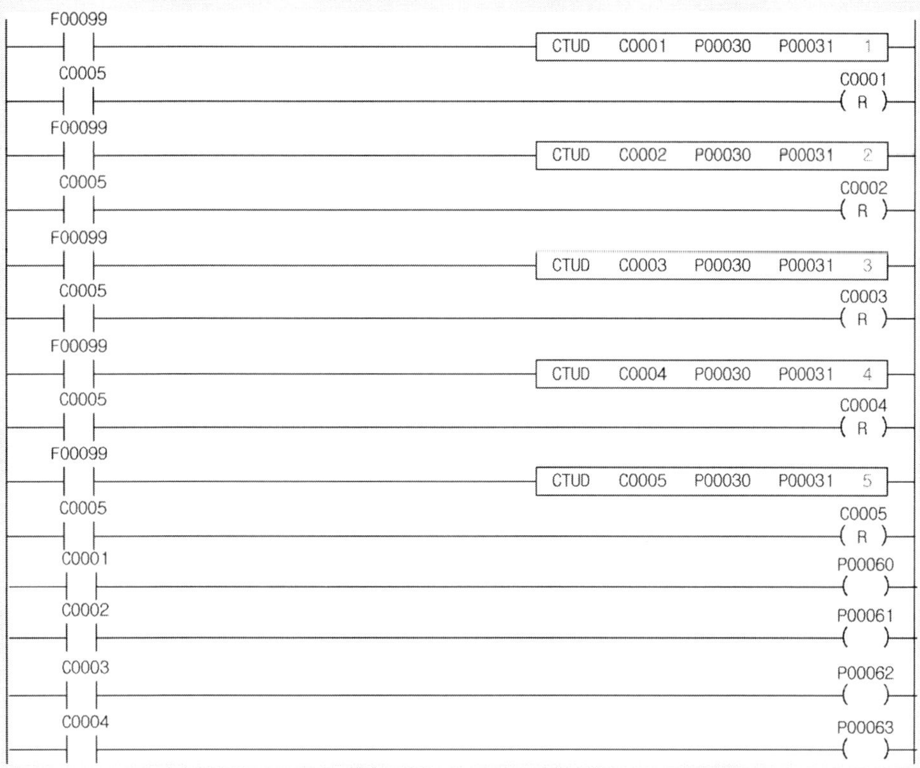

(5) CTR

[적용 기종 : XGK, XGB]

명 령		사용 가능 영역														스텝	플래그		
		PMK	F	L	T	C	S	Z	D.x	R.x	상수	U	N	D	R		에러 (F110)	제로 (F111)	캐리 (F112)
CTR	C	–	–	–	–	○	–	–	–	–	–	–	–	–	–	2~3	–	–	–
	N	○	–	–	–	–	–	–		–	○	○	–	○	○				

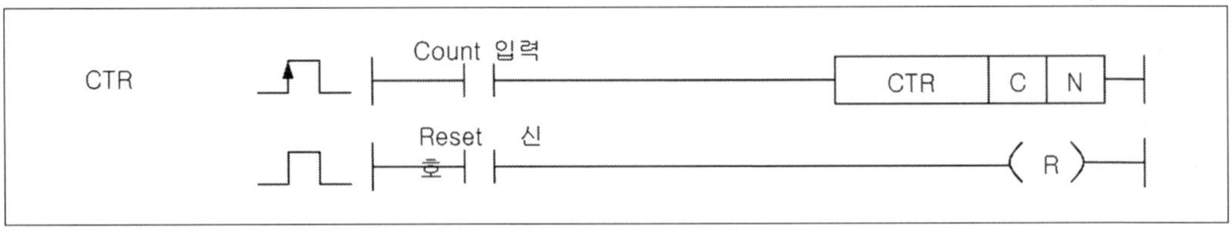

영역 설정

오퍼랜드	설 명	데이터 타입
C	사용하고자 하는 카운터 접점	WORD
N	설정치(0~65, 535)	WORD

1) 기능

① 입상 펄스가 입력될 때마다 현재치를 +1하고 현재치가 설정치에 도달한 후 입력신호가 OFF → ON되면 현재치는 0으로 된다.

② 현재치가 설정치에 도달하면 출력은 ON된다.

③ 현재치가 설정치 미만이거나 리셋(Reset) 조건이 ON이면 출력은 OFF된다.

타임 차트

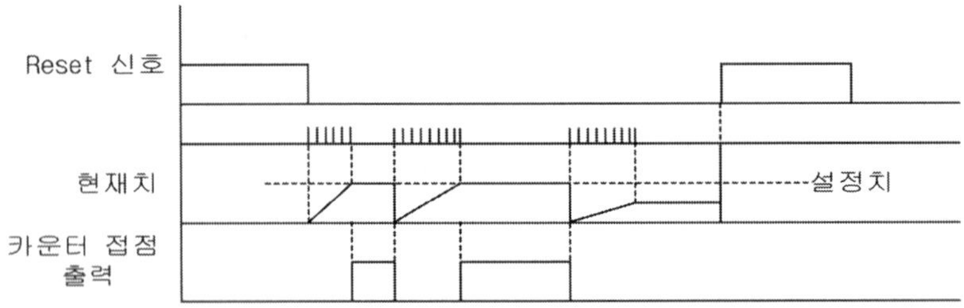

2) 프로그램 예제

① P00030 접점의 입상 펄스에 의해 Count Up하여 현재치와 설정치가 같을 경우 P00060이 ON된다.

② P00031 접점이 11회째 ON하면 P00060 출력이 OFF되면서 현재치는 0으로 리셋(Reset)된다.

프로그램

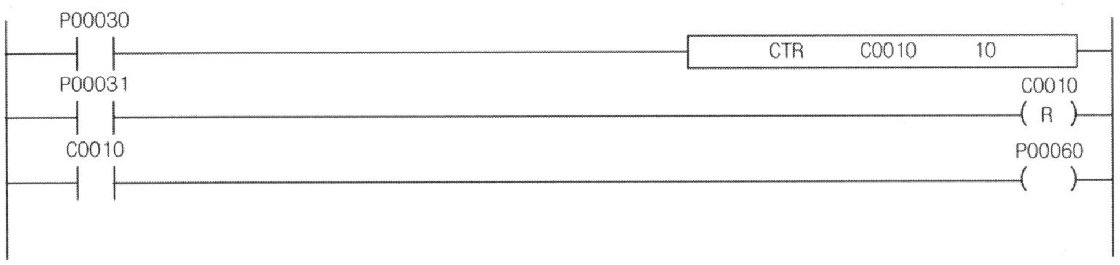

타임 차트

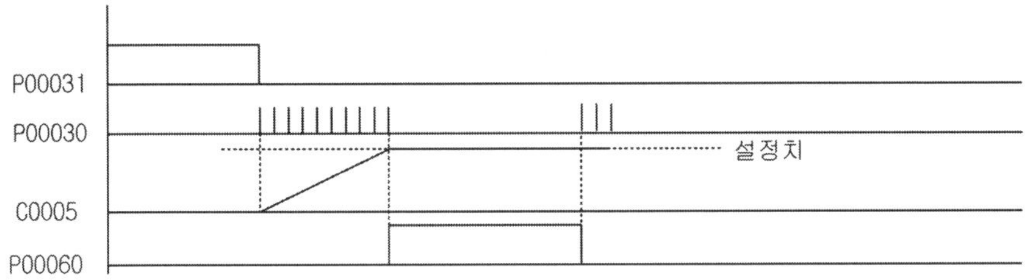

6.12 시퀀스 프로그램

(1) 접점/코일 프로그램

시퀀스 프로그램이란 디지털 입력 모듈을 통해 입력되는 센서, 스위치 등 비트 신호의 ON 또는 OFF 상태에 따라 출력 모듈의 접점을 ON 또는 OFF시키는 제어를 의미한다. 시퀀스 프로그램을 작성하기 위해서는 2장에서 설명한 입력 신호 및 출력 신호의 메모리 주소를 정확히 이해해야 한다. 그리고 시퀀스 프로그램에 사용하는 시퀀스 기호에 대해서도 정확한 이해가 필요하다.

1) 접점

접점이란 데이터 메모리에 저장되어 있는 비트의 상태 정보와 데이터를 읽어 그 상태를 좌측에서 우측으로 전달하는 프로그래밍 기호이다. XGK PLC 프로그래밍에서 사용하는 접점의 종류는 평상시 열린 접점(a 접점), 평상시 닫힌 접점(b 접점), 양변환 검출 접점(P 접점), 음변환 접점(N 접점)이 있으며, 각 접점의 동작 특성은 다음과 같다.

- **평상시 열린 접점**(-| |- F3) : 데이터 메모리에 저장된 비트 데이터를 읽어 그 상태를 우측으로 전달한다.
- **평상시 닫힌 접점**(-|/|- F4) : 데이터 메모리에 저장된 비트 데이터를 읽어 상태를 반전시킨 후 그 상태를 우측으로 전달한다.
- **양변환 검출 접점**(-|P|- sF1) : 지정된 비트가 OFF에서 ON으로 변경될 때 1스캔 시간 동안 ON 상태를 우측으로 전달한다.
- **음변환 검출 접점**(-|N|- sF2) : 지정된 비트가 ON에서 OFF로 변경될 때 1스캔 시간 동안 ON 상태를 우측으로 전달한다.

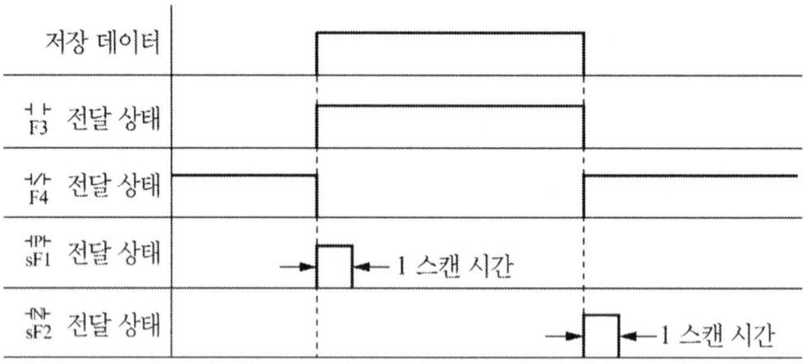

- **평상시 열린 접점** : 평상시 열린 접점은 비트 메모리의 상태 정보를 그대로 좌측에서 우측으로 전달하는 접점이다. 평상시 열린 접점에 정논리의 입력 접점 신호를 사용할 경우 '입력신호가 ON일 때'의 의미를 가지며, 부논리의 입력 접점 신호를 사용할 경우 '입력 신호가 OFF일 때'의 의미를 가진다.
- **평상시 닫힌 접점** : 평상시 닫힌 접점은 비트 메모리의 상태 정보를 반전하여 좌측에서 우측으로 전달하는 접점이다. 평상시 닫힌 접점에 정논리의 입력 접점 신호를 사용할 경우 '입력 신호가 OFF일 때'의 의미를 가지며, 부논리의 입력 접점 신호를 사용할 경우 '입력 신호가 OFF일 때'의 의미를 가진다.

Ex-1 **다음의 프로그램을 작성하여 PLC로 전송한 후 P00000 토글 스위치를 ON/OFF시키면서 P00020, P00021 LED의 상태를 확인하고, 평상시 열린 접점과 평상시 닫힌 접점의 기능을 확인하라.**

Ex-1) 접점의 사용 용도 : 평상시 열린 접점 및 평상시 닫힌 접점

- 양변환 검출 접점

  양변환 검출 접점은 비트 메모리의 상태 정보가 OFF에서 ON으로 변화할 때 1스캔 동안만 ON 상태를 좌측에서 우측으로 전달하는 접점이다. 양변환 검출 접점에 정논리의 입력 접점 신호를 사용할 경우 '입력 신호가 ON될 때'의 의미를 가지며, 부논리의 입력 접점 신호를 사용할 경우 '입력 신호가 OFF될 때'의 의미를 가진다.
- 음변환 검출 접점

  음변환 검출 접점은 비트 메모리의 상태 정보가 ON에서 OFF로 변화할 때 1스캔 시간 동안만 ON 상태를 유지합니다.

Ex-2 **다음의 프로그램을 작성하여 PLC로 전송한 후 P00000, P00001, P00002 토글 스위치를 ON/OFF시키면서 P00022, P00023 LED의 상태를 확인하고, 양변환 검출 접점과 음변환 검출 접점의 기능을 확인하라.**

Ex-2) 접점의 사용 용도 : 양변환 검출 접점 및 음변환 검출 접점

- 자기유지회로

  아래의 그림과 같이 출력 코일의 주소를 다시 입력으로 사용하는 회로를 자기유지회로라고 한다. 자기유지회로는 처음의 조건이 만족되었을 때 출력 코일에 사용된 비트의 상태를 ON시킨 후 사용자가 원하는 시점에 출력 코일에 사용된 비트의 상태를 OFF시킬 때 사용된다.

  위의 프로그램에서 P00000 접점이 ON되면 M00000 비트가 ON되고, P00001이 OFF되어 있으면 P00022 출력 접점이 ON된다. 그 다음 스캔에 P00000 접점이 ON 상태를 유지하더라도 M00000 접점은 OFF되지만 P00022 비트가 그 전 스캔에서 ON되었으므로 P00022 접점의 ON 상태에 의해서 코일의 P00022 비트는 계속 ON 상태를 유지한다. P00001 입력 접점이 ON되면 접점 P00022는 ON 상태를 좌측에서 우측으로 전달하지만 평상시 닫힌 접점 P00001에 의해 회로가 차단되므로 코일의 P00022 비트는 OFF된다. 즉, P00000 접점이 ON되면 P00022 출력 접점이 ON되어 그 상태를 계속 유지하다가 P00001 접점이 ON되면 P00002 접점이 OFF된다.

  이와 같이 코일에 사용된 비트의 상태를 다시 입력으로 받아 그 상태를 계속 유지하는 회로를 자기유지회로라고 한다.

- 자기유지회로와 리테인

  자기유지회로에서 출력이 ON된 상태에서 PLC가 리셋된 후 재기동할 때 출력 코일에 사용된 메모리 영역의 리테인 설정 여부에 따라 출력의 유지 상태가 달라진다. 기본 파라미터에서 디바이스 영역 설정을 아래의 그림과 같이 설정하고 프로그램을 작성하여 PLC로 전송하고, PLC를 RUN시킨 후 출력을 ON시킨 상태에서 PLC를 리셋, Overall 리셋시킨 후 출력 상태를 확인한다. 다시 출력을 ON시킨 후 PLC를 STOP시키고 D.CLR, Overall D.CLR 시킨 후 각 출력의 상태를 확인한다.

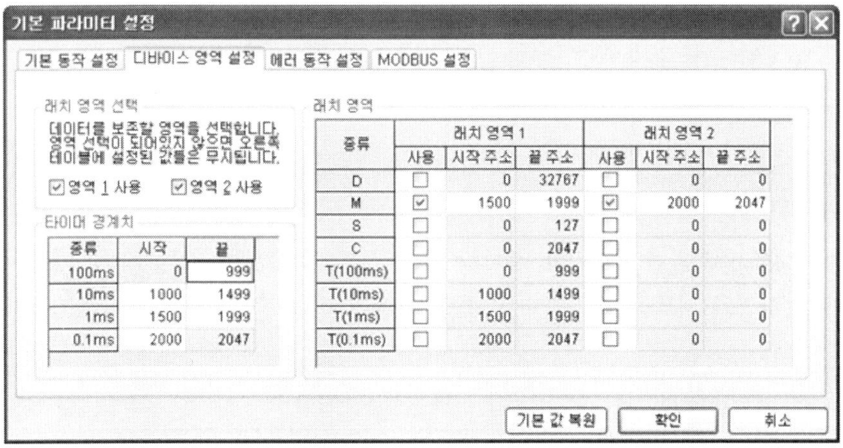

* 파라미터는 RUN 중 수정이 불가능하다.
파라미터를 수정했을 경우 PLC를 STOP시킨 후 PLC로 전송해야 한다.

2) 코일

코일은 연산의 결과가 비트로 출력될 때 출력된 연산 결과를 지정된 비트 메모리에 저장하는 프로그래밍 기호이다.

XGK PLC 프로그래밍에서 사용하는 코일의 종류는 코일, 역 코일, 셋 코일, 리셋 코일, 양변환 검출 코일(P 코일), 음변환 검출 코일(N 코일)이 있으며, 각 코일의 동작 특성은 다음과 같다.

- **코일**(⟨ ⟩ F9) : 출력된 비트 결과를 지정된 메모리에 저장한다.
- **역 코일**(⟨/⟩ F11) : 출력된 비트 결과를 반전하여 지정된 메모리에 저장한다.
- **셋 코일**(⟨S⟩ sF3) : 조건이 만족될 때 지정된 비트 메모리를 ON시키고, 조건이 해제되더라도 지정된 비트를 다시 OFF시키지 않는다. 지정된 비트 메모리가 ON되어 있는 상태에서 조건이 만족될 때 지정된 비트에는 변화가 없다.

- **리셋 코일(<R> sF4)** : 조건이 만족될 때 지정된 비트 메모리를 OFF시키고, 조건이 해제되더라도 지정된 비트 메모리를 다시 OFF시키지 않는다. 지정된 비트 메모리가 OFF되어 있는 상태에서 조건이 만족될 때 지정된 비트에는 변화가 없다.
- **양변환 검출 코일(<P> sF5)** : 연산 결과가 OFF에서 ON으로 변경될 때 1스캔 시간 동안 ON 상태를 지정된 비트에 저장한다. 1스캔 시간이 지난 후 지정된 비트는 OFF된다.
- **음변환 검출 코일(<N> sF6)** : 연산 결과가 ON에서 OFF로 변경될 때 1스캔 시간 동안 ON 상태를 지정된 비트에 저장한다. 1스캔 시간이 지난 후 지정된 비트는 OFF된다.

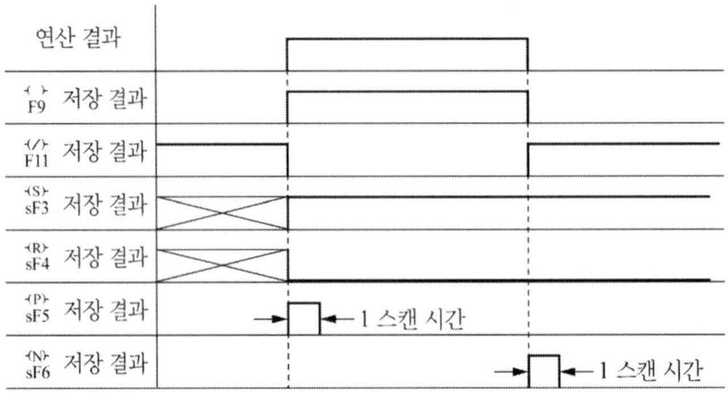

- **코일** : 코일은 논리 연산의 결과를 그대로 지정된 비트 메모리에 저장하는 역할을 한다. 즉, 논리 연산의 결과가 1이면 지정된 비트에 1을 저장하고(ON), 논리 연산의 결과가 0이면 지정된 비트에 0(OFF)를 저장한다.
- **역 코일** : 역 코일은 논리 연산의 결과를 반전하여 지정된 비트 메모리에 저장하는 역할을 한다. 즉, 논리 연산의 결과가 1이면 지정된 비트에 0을 저장하고(OFF), 논리 연산의 결과가 0이면 지정된 비트에 1(ON)을 저장한다.

Ex-3 다음의 프로그램을 작성하여 PLC로 전송한 후 P00003 토글 스위치를 ON/OFF시키면서 P00024, P00025, P00026 LED의 상태를 확인하고, 코일, 역 코일, 반전 기호의 기능을 확인하라.

* 위의 프로그램에서 P00025와 P00026 출력 접점은 동일한 결과를 가진다. 즉, 역 코일과 반전기호+코일은 동일한 결과를 가진다.

——(/)—— = ——∗——( )——

- 양 변환 검출 코일

  양변환 검출 코일은 논리 연산의 결과가 OFF에서 ON으로 변화될 때 지정된 비트 메모리를 ON시켰다가 그 다음 스캔에서 OFF시킨다. 결과적으로 양 변환 검출 코일은 논리 연산 결과의 상승 에너지가 발생한 순간부터 1스캔 시간 동안 지정된 비트를 ON시킨다.

- 음 변환 검출 코일

  음 변환 검출 코일은 논리 연산의 결과가 ON에서 OFF로 변화될 때 지정된 비트 메모리를 ON시켰다가 그 다음 스캔에서 OFF시킨다. 결과적으로 음 변환 검출 코일은 논리 연산 결과의 하강 에지가 발생한 시간부터 1스캔 시간 동안 지정된 비트를 ON시킨다.

Ex-4 **다음의 프로그램을 작성하여 PLC로 전송한 후 P00004, P00005, P00006 토글 스위치를 ON/OFF시키면서 P00027, P00028 LED의 상태를 확인하고, 양변환 검출 코일과 음 변환 검출 코일의 기능을 확인하라.**

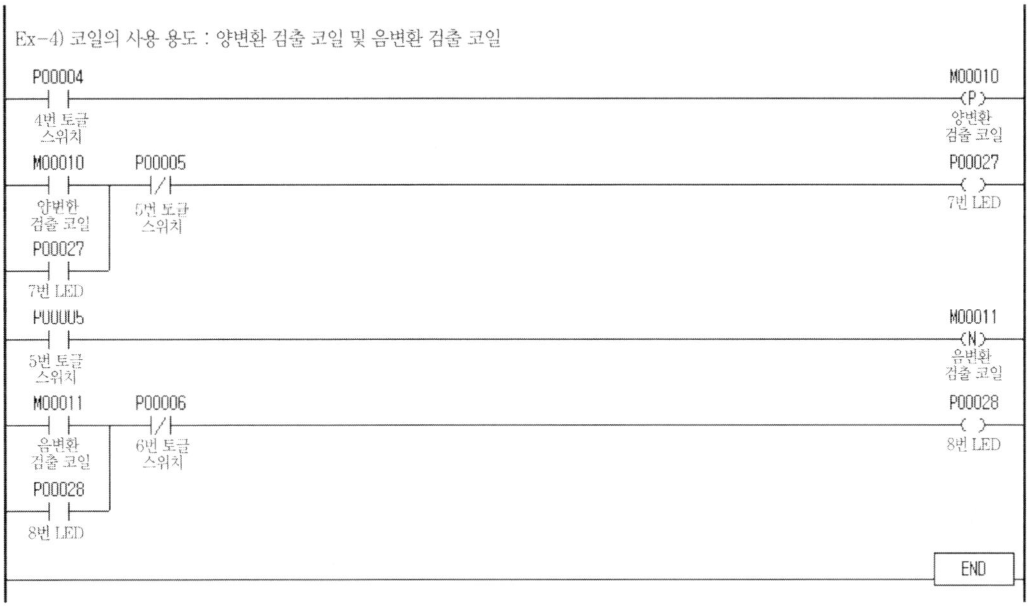

- 셋 코일

  셋 코일은 논리 연산의 결과가 1이 될 때 지정된 비트에 1을 저장(ON)한다. 지정된 비트에 1이 저장된 후 논리 연산의 결과가 0으로 변화되어도 지정된 비트에 저장되어 있는 1을 변경하지 않는다. 또, 지정된 비트에 1이 저장되어 있는 상태에서 논리 연산의 결과가 1이 될 경우 지정된 비트에는 아무런 변화가 없다.

- 리셋 코일

  리셋 코일은 논리 연산의 결과가 1이 될 때 지정된 비트에 0을 저장(OFF)한다. 지정된 비트에 0이 저장된 후 논리 연산의 결과가 0으로 변화되어도 지정된 비트에 저장되어 있는 0을 변경하지 않는다. 또, 지정된 비트에 0이 저장되어 있는 상태에서 논리 연산의 결과가 1이 될 경우 지정된 비트에는 아무런 변화가 없다.

Ex-5 **다음의 프로그램을 작성하여 PLC로 전송한 후 P00007, P00008 토글 스위치를 ON/OFF시키면서 P00029 LED의 상태를 확인하고, 양 변환 검출 코일과 음 변환 검출 코일의 기능을 확인하라.**

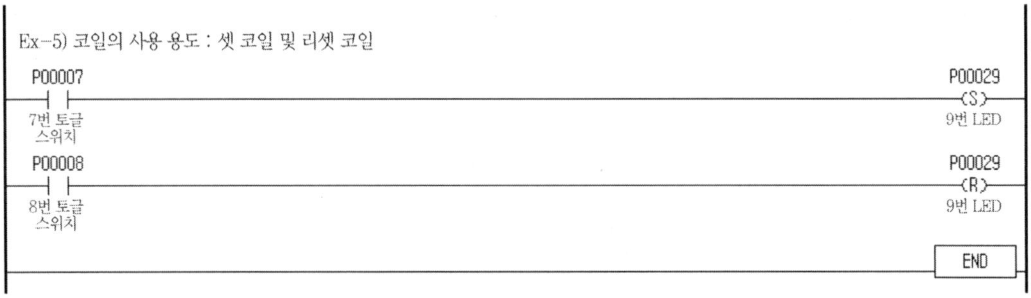

- 셋/리셋 코일과 자기 유지

  셋 코일은 지정된 비트를 ON시키는 역할을 하고, 리셋 코일은 지정된 비트를 OFF시키는 역할을 한다. 위의 프로그램과 같이 동일한 주소를 셋/리셋시키는 경우 아래의 자기유지회로와 동일하게 동작한다.

3) 논리 연산

PLC의 가장 기본적인 기능은 센서, 스위치 등의 디지털 입력 신호에 따라 PLC 디지털 출력 모듈의 접점을 ON/OFF시킴으로써 출력 모듈에 연결된 부하를 구동시키는 전원을 공급 또는 차단함으로써 부하를 구동 또는 정지시키는 것이다.

부하를 구동 또는 정지시키는 것은 1개의 입력 신호에 의해 제어되는 경우도 있지만 여러 개의 입력 신호의 조합에 의해 제어되는 경우가 많다. 여러 개의 입력 신호에 의해 1개의 부하가 구동될 때 각 입력 신호의 논리 연산에 의해 부하는 구동 또는 정지하게 된다.

여기에서는 PLC가 기본적으로 제공하는 비트 신호의 논리 연산에 대해 설명한다. PLC는 두 개의 비트 디바이스의 상태를 읽어 논리 연산을 수행한다. 여러 개의 비트 디바이스의 논리 연산이 요구될 경우 선두 2개 비트 디바이스의 상태를 읽어 논리 연산을 수행하고, 그 결과와 그 다음 디바이스의 상태와의 논리 연산을 수행한다.

- **논리곱(AND) 연산** : 논리곱(AND) 연산은 두 개의 비트 디바이스의 상태를 읽어 그 중 1개의 비트 디바이스라도 0의 상태(OFF)를 가지면 0을 출력하고, 두 개의 비트 디바이스 모두 1의 상태(ON)이면 1을 출력하는 논리 연산이다. 즉, 두 비트 디바이스의 상태에 따라 다음과 같은 결과를 출력한다.

  0 & 0 = 0,
  0 & 1 = 0,
  1 & 0 = 0,
  1 & 1 = 1

  PLC에서 논리곱(AND) 연산은 비트 디바이스의 수평적 연결로 이루어지며, '조건 모두가 만족되었을 때'라는 의미가 있다.

Ex-6 P00000, P00001 두 개의 스위치가 모두 ON되었을 때 P00020 LED를 ON시키고, 두 개의 스위치 중 한 개라도 OFF되면 LED가 모두 OFF된다.

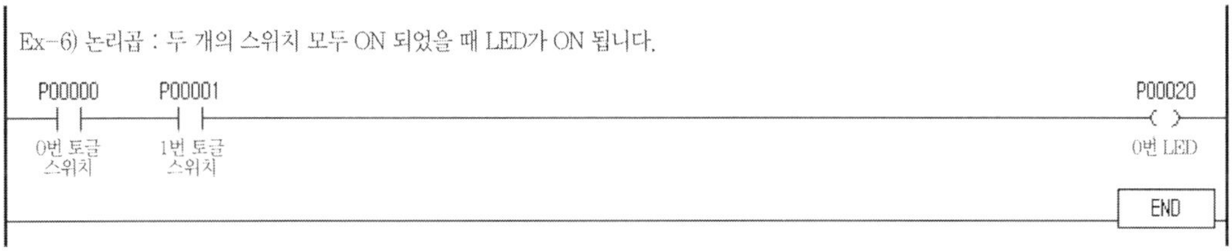

- **논리합(OR) 연산**
  논리합(OR) 연산은 두 개의 비트 디바이스의 상태를 읽어 그 중 한 개의 비트 디바이스라도 1의 상태(ON)를 가지면 1을 출력하고, 두 개의 비트 디바이스 모두 0의 상태(OFF)이면 0을 출력하는 논리 연산이다. 즉, 두 비트 디바이스의 상태에 따라 다음과 같은 결과를 출력한다.

  0 ∥ 0 = 0,
  0 ∥ 1 = 1,
  1 ∥ 0 = 1,
  1 ∥ 1 = 1

PLC에서 논리합(OR) 연산은 비트 디바이스의 수직적 연결로 이루어지며, '여러 조건 중 한 개의 조건이라도 만족되었을 때'라는 의미가 있다.

Ex-7 **P00002, P00003 두 개의 스위치 중 한 개의 스위치라도 ON이 되면 P00021 LED를 ON시키고, 두 개의 스위치 모두 OFF되면 LED가 OFF된다.**

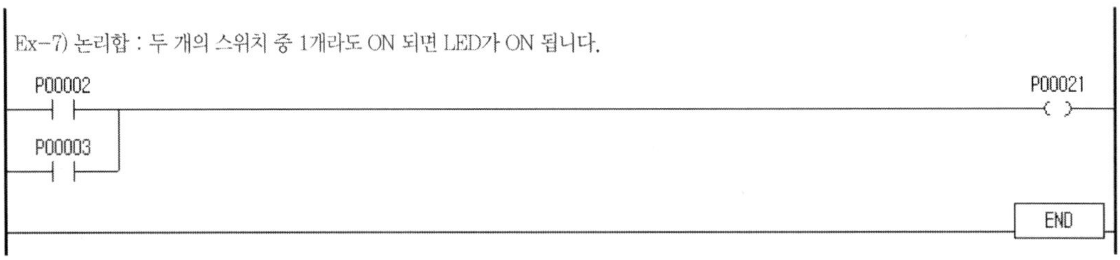

Ex-8 **논리곱과 논리합을 이용하여 P00004와 P00005 스위치의 XOR 연산 결과를 P00022 LED로 표시한다. XOR 연산은 두 비트의 데이터가 동일하면 0, 서로 다르면 1의 결과를 출력하는 논리 연산이다.**

$0\ XOR\ 0 = 0,$
$0\ XOR\ 1 = 1,$
$1\ XOR\ 0 = 1,$
$1\ XOR\ 1 = 1$

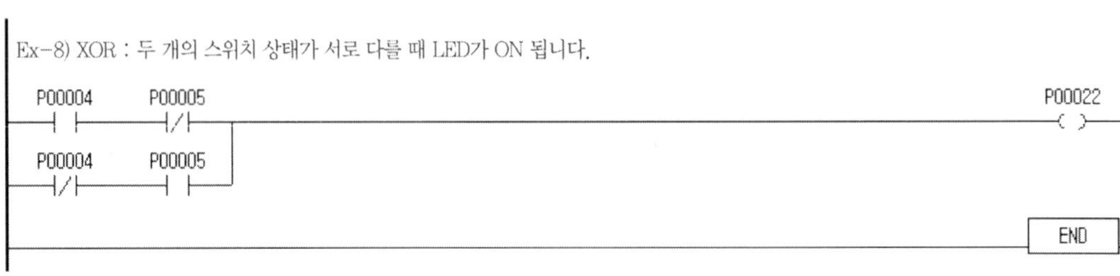

앞의 Ex-7)을 다음과 같이 프로그램 했을 경우를 생각해 보자

P00002 접점이 ON되면 P00021 코일이 되고, P00003 접점이 ON되어도 P00021 코일이 ON되어 예제에서 제시한 조건대로 동작할 듯하다. 그러나 자세히 살펴보면 프로그램이 ①까지 실행되었을 때 P00021 코일은 P00002 접점에 의해 출력이 결정된다.

그리고 프로그램이 ②까지 실행되었을 때는 P00003에 의해 P00021의 출력이 결정된다. 실제 출력은 프로그램의 실행이 완료된 후 출력 리프레시를 할 때 이루어지므로 결국 P00021의 출력은 항상 P00003에 의해 결정된 출력을 하게 된다. 이와 같이 출력 코일에 동일한 비트 주소를 사용하는 것을 이중 코일이라고 한다. 이러한 이중 코일을 오류로 처리할 것인지, 경고로 처리할 것인지 XG5000의 보기 메뉴 〉〉 프로그램 검사 항목에서 선택할 수 있다.

XG5000에서 프로그램을 PLC로 전송할 때 프로그램을 검사한 후 PLC로 전송하게 되는데, 이중 코일을 오류로 처리하면 프로그램에 이중 코일이 있을 경우 프로그램을 PLC로 전송하지 않으며, 경고로 처리하면 프로그램에 이중 코일이 있더라도 PLC로 전송하고, 위에서 설명한대로 코일이 등록된 프로그램의 제일 아래의 조건들에 의해 출력이 동작하게 된다.

Ex-9 논리곱과 논리합을 이용하여 P00006과 P00007 스위치의 XNR 연산 결과를 P00023 LED로 표시한다. XNR 연산은 XOR과 반대로 두 비트의 데이터가 동일하면 1, 서로 다르면 0의 결과를 출력하는 논리 연산이다.

0 XNR 0 = 1,
0 XNR 1 = 0,
1 XNR 0 = 0,
1 XNR 1 = 1

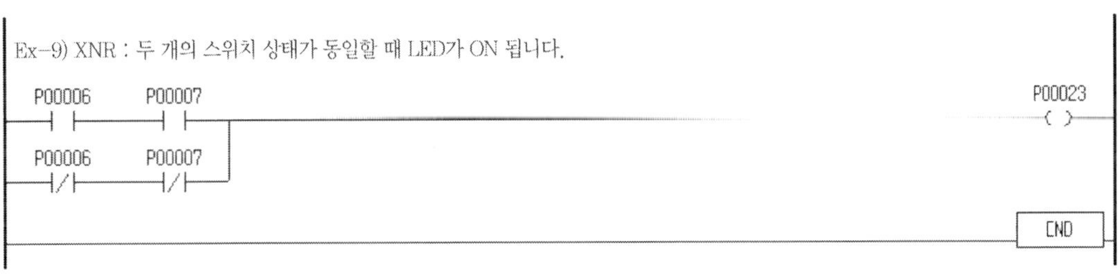

Ex-10 P00008 스위치를 ON할 때마다 P00024 LED의 상태를 반전한다.

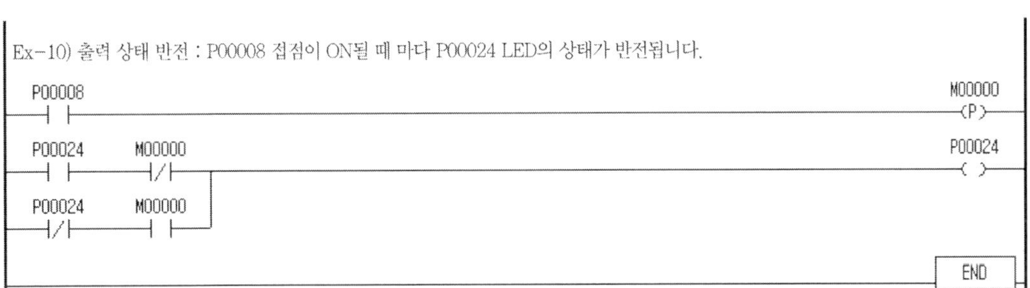

위의 프로그램은 아래와 같이 비트 반전 응용 명령어 FF를 이용하여 간단히 구현할 수 있다.

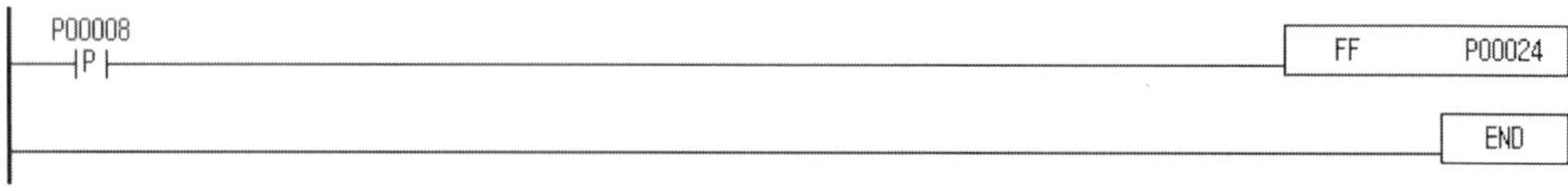

Ex-11 두 개의 스위치에 의한 출력 상태 반전 회로(삼로 스위치)

긴 복도나 계단의 한 쪽 끝에 있는 스위치를 조작하면 램프가 점등되며, 반대쪽에서 스위치를 조작하면 램프가 소등된다.

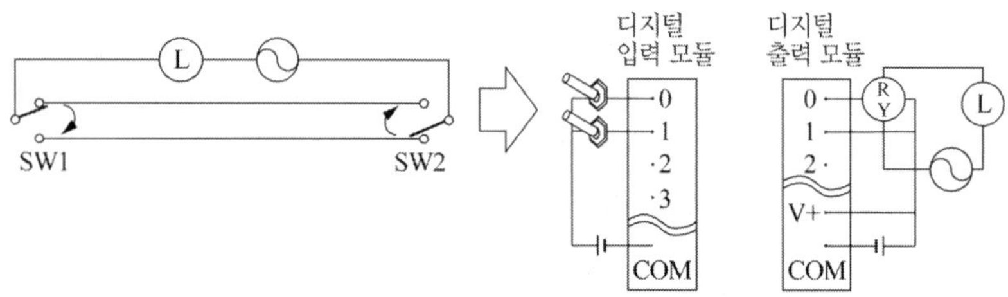

* DC 전원을 사용하는 디지털 입력 및 출력 모듈 배선 시 모듈 종류에 따라 극성에 주의해야 한다.

  - DC 전원 입력 모듈 : XGI-D2□A : 무극성, XGI-D2□B : +COM
  - TR 출력 모듈 : XGQ-TR□A : -COM, XGQ-TR□B : +COM

  디지털 출력 모듈 선정 시 부하가 사용하는 전원의 종류(AC/DC)에 따라 사용할 수 있는 모듈의 선정에 주의해야 하며, 부하의 소비 전류가 디지털 출력 모듈의 정격 전류 용량을 초과하는 경우 릴레이 또는 MC(Magnetic Contactor) 등을 사용하여 배선해야 한다.

  - DC 부하 : 릴레이 출력(1A/1P, 5A/1COM), TR 출력(XGQ-TR2A/B:0.5A/1P, 4A/1COM, 그 외 : 0.1A/1P, 2A/1COM)
  - AC 부하 : 릴레이 출력(1A/1P, 5A/1COM), SSR 출력(0.6A/1P, 4A/1COM)

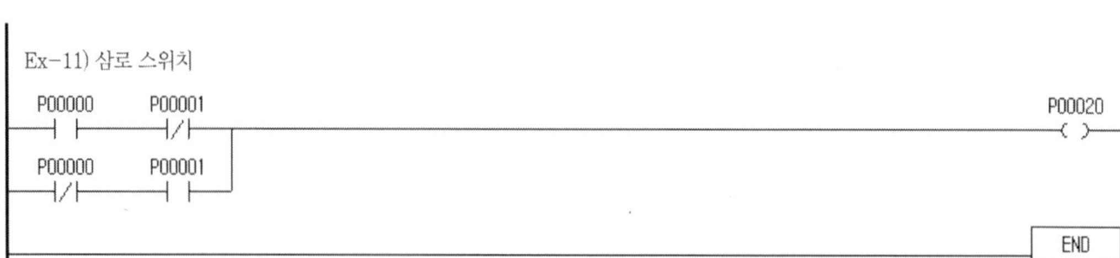

Ex-12 **고수위, 중수위, 저수위 3개의 센서가 부착된 탱크에 두 대의 펌프를 이용하여 수위를 고수위~저수위 사이를 유지한다.**

저수위 센서만 감지되었을 때 두 대의 펌프 모두 가동하고 중수위 센서가 감지되면 1대의 펌프만 가동하며, 고수위 센서가 감지되면 두 대의 펌프 모두 정지한다.

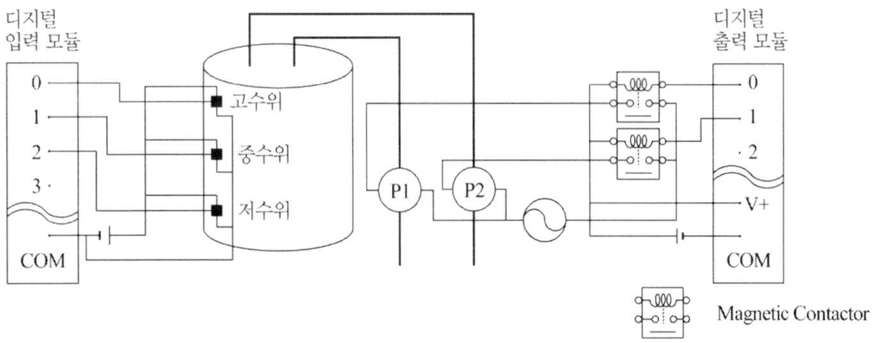

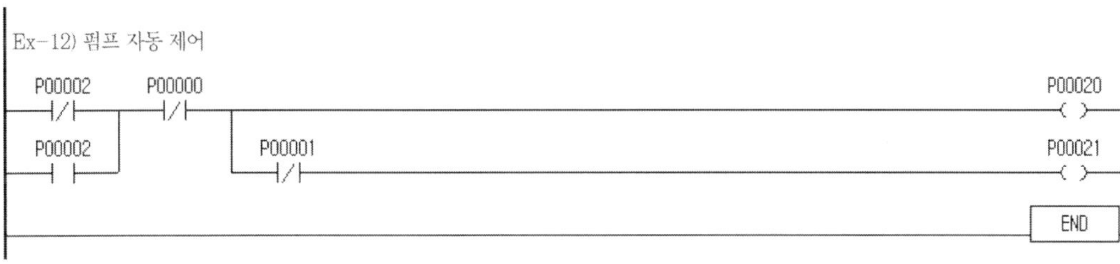

위의 프로그램에서 P00002는 평상시 닫힌 접점과 평상시 열린 접점이 병렬로 사용되었다. 그 이유는 최초 동작 또는 다른 이유로 수위가 저수위 센서 아래일 때 기동이 가능하게 하기 위함이다. 이 경우 저수위 센서는 제거해도 제어에는 영향을 미치지 않는다. 다만, 저수위 센서를 알람 등의 용도로 사용할 경우에는 저수위 센서를 제거할 수 없다.

Ex-13 **정방향 Push Button을 누르면 모터는 정방향으로 회전(P1 ON, P2 OFF)하고, 역방향 Push Button을 누르면 모터가 역방향으로 회전(P1 OFF, P2 ON)한다. 정지 Push Button을 누르면 모터는 정지(P1 OFF, P2 OFF)한다.**

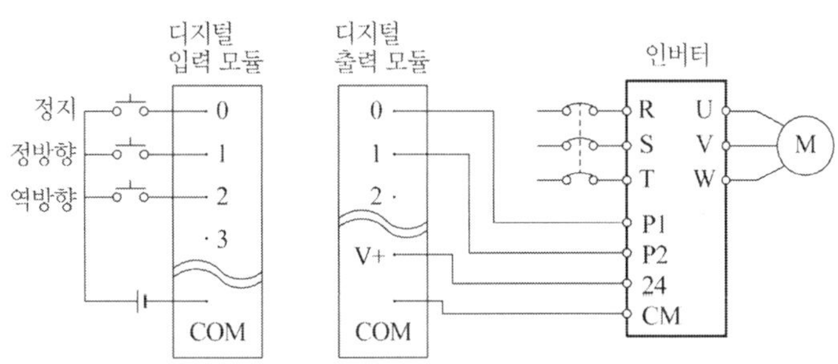

* 위의 예제에서와 같이 Push Button을 이용하여 장비를 조작할 때 양변환 검출 접점+자기유지회로를 사용하는 것이 편리하다.

Ex-14 **퀴즈 참가자 A, B가 사회자의 문제에 따라 Push Button을 누를 때, 먼저 누른 참가자 측의 램프가 점등되어 사회자가 Reset Button을 누르기 전까지 램프 출력을 유지한다. 먼저 누른 참가자의 램프가 점등되어 있는 동안 다른 참가자가 Button을 눌러도 램프는 동작하지 않는다.**

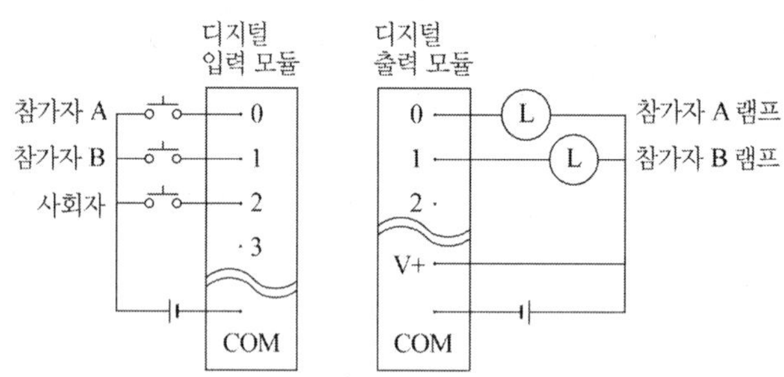

Ex-13, Ex-14번처럼 다른 출력의 조건 또는 다른 출력 그 자체에 의해 출력이 제어되는 회로를 인터록 회로라고 한다.

Ex-13번의 경우 다른 출력 조건의 평상시 닫힌 접점(b 접점)이 조건으로 삽입된 경우

후입 우선 인터록이 되며, 예제 14번처럼 다른 출력의 평상시 닫힌 접점 (b 접점)이 조건으로 사용된 경우 선입우선 인터록 회로가 된다.

Ex-15 **PB0을 한 번 누르면 M1이 ON되고, 두 번 누르면 M1과 M2가 ON되며, 세 번 누르면 M1, M2, M3가 모두 ON된다. PB1을 누르면 ON되어 있는 모든 모터가 정지한다.**

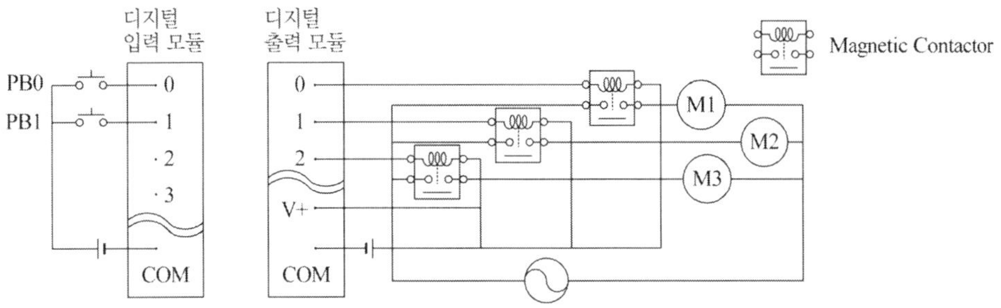

(2) 타이머

시퀀스 프로그램 중 지정된 시간 이상의 시간 동안 조건 만족을 유지할 때 어떤 동작을 수행해야 하는 경우 등 시간 지연 요소가 필요할 경우 사용하는 프로그램 요소가 타이머이다.

XGK PLC에는 2,048개의 타이머가 있으며, 타이머의 기능별로 TON, TOFF, TMR, TMON, TRGT 등 5종, 시간 설정 단위로 100ms, 10ms, 1ms, 0.1ms의 4종의 타이머가 있다. 또, 타이머를 사용하지 않고, 비트 디바이스를 직접 시간으로 제어하는 TFLK가 있다. 1개의 타이머는 최대 6,553.5초(65,535×100ms)까지 시간 제어를 할 수 있으며, 타이머를 사용하지 않는 TFLK는 최대 65,535초까지 시간 제어를 할 수 있다.

1) 타이머 경계치 및 래치 설정

XGK PLC 타이머의 시간 설정 단위는 100ms, 10ms, 1ms, 0.1ms의 4종류가 있다. 시간 설정 단위란 프로그램에서 타이머 편집 시 설정값을 '1'로 했을 때 '1'의 의미가 된다. 즉, 100ms 타이머에 설정값을 1로 설정했다면 100ms 시간 제어가 된다는 의미이다.

시간 설정 단위별로 사용할 수 있는 타이머의 수는 기본 파라미터의 '디바이스 영역 설정' 항목에서 설정할 수 있으며, 각 설정 시간 단위별 타이머에 최소 1개 이상의 타이머가 할당되어야 한다.

정전 시 타이머 동작 시간 데이터가 보존되어야 할 타이머의 경우 래치 영역의 타이머를 사용해야 하며, 기본 파라미터의 '디바이스 영역 설정' 항목에서 각 설정 시간별 타이머에 래치 영역을 설정하여 사용할 수 있다. 초기 설정은 모든 타이머 영역이 휘발성 영역으로 설정되어 있으므로 래치 타이머가 필요한 경우 사용자가 지정해서 사용해야 한다.

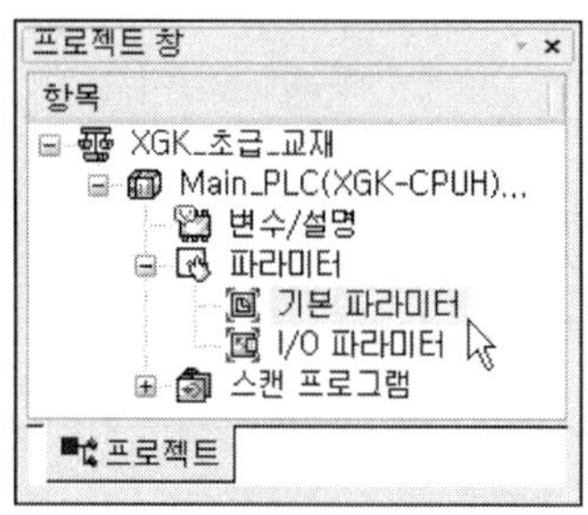

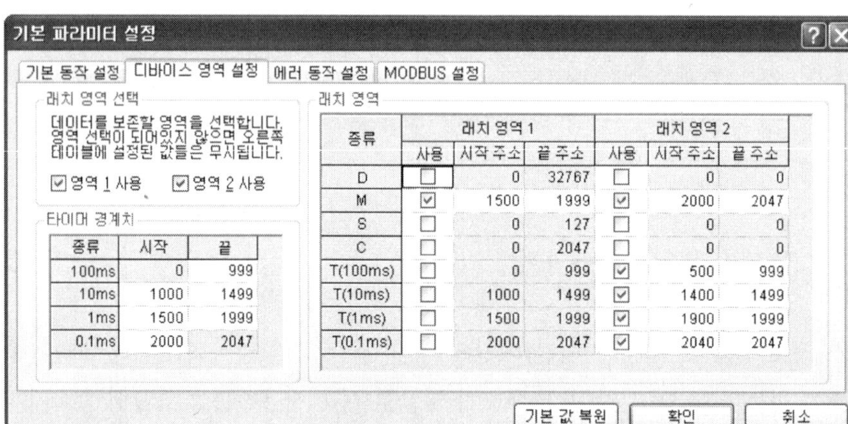

종류	시작	끝
100ms	0	999
10ms	1000	1499
1ms	1500	1999
0.1ms	2000	2047

종류	래치 영역 1 사용	시작 주소	끝 주소	래치 영역 2 사용	시작 주소	끝 주소
D	☐	0	32767	☐	0	0
M	☑	1500	1999	☑	2000	2047
S	☐	0	127	☐	0	0
C	☐	0	2047	☐	0	0
T(100ms)	☐	0	999	☑	500	999
T(10ms)	☐	1000	1499	☑	1400	1499
T(1ms)	☐	1500	1999	☑	1900	1999
T(0.1ms)	☐	2000	2047	☑	2040	2047

2) 타이머의 편집

- 도구상자에서 평션/평션 블록(F10)을 선택하거나 평션/평션 블록 단축키(F10)를 누른다.

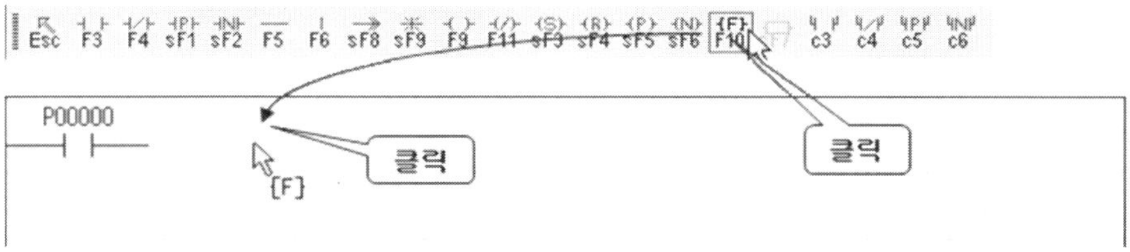

• 응용명령 창에서 타이머 종류, 타이머 번호, 설정값 순으로 입력한다. 만일 타이머의 설정값을 고정값으로 하지 않고 가변적으로 사용하고자 할 경우 설정값 위치에 워드형 디바이스를 입력한다. 타이머의 최대 설정값은 65,535이며, 설정값에 따른 설정 시간은 기본 파라미터의 디바이스 영역 설정 항목에서 설정된 타이머 경계치에 따라 그 의미가 달라진다. 설정값을 HMI 등 외부에서 설정할 경우 16비트 부호 없는 10진 정수로 설정해야 한다.

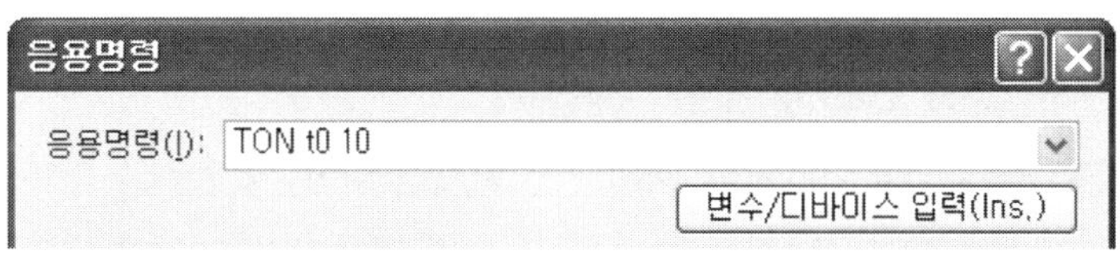

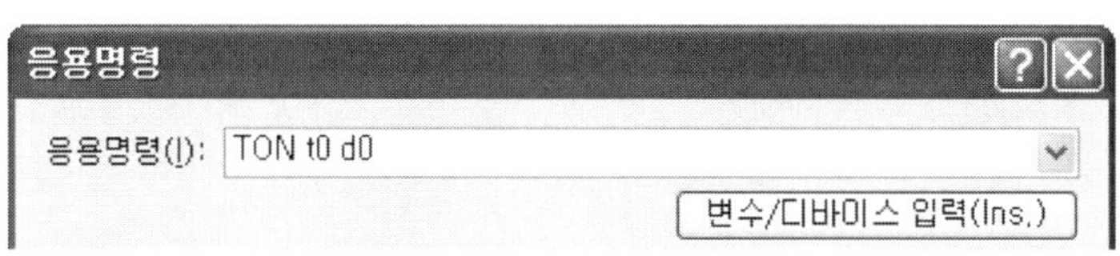

• 타이머는 조건이 만족된 후 타이머 동작 특성에 따라 시간 지연 후 타이머 접점을 제어하게 된다. 이후 타이미 접점을 이용하여 시퀀스 프로그램을 작성하면 된다.
본 예제에서 설정값을 10으로 설정한 경우 P00000 입력 접점이 1초 이상 ON을 유지할 경우 P00020 출력 접전이 ON되며, P00000 입력 접전이 OFF될 때 P00020 출력 접전이 OFF된다.

• 타이머를 리셋할 때 아래와 같이 리셋 코일(-(R)- sF4)을 이용하여 타이머를 리셋한다.

3) 타이머의 동작 특성

• TON(ON Delay Timer) : ON Delay Timer는 조건이 만족된 후 설정된 시간 이상 조건이 유지될 때 타이머의 접점이 ON되는 타이머로, 세부 동작 사항은 다음과 같다.
  - 타이머의 기동 조건이 만족되면 현재값을 설정 시간 단위로 1씩 증가시키며, 현재값=설정값이 될 때 타이머 접점이 ON된다.
  - 타이머 동작 중 기동 조건이 해제되면 현재값=0이 된다.
  - 타이머 접점이 ON된 상태에서 기동 조건이 해제되면 타이머 접점이 OFF된다.
  - 타이머를 리셋하면 현재값=0이 되며, 타이머 접점이 ON되어 있는 경우 접점은 OFF된다.

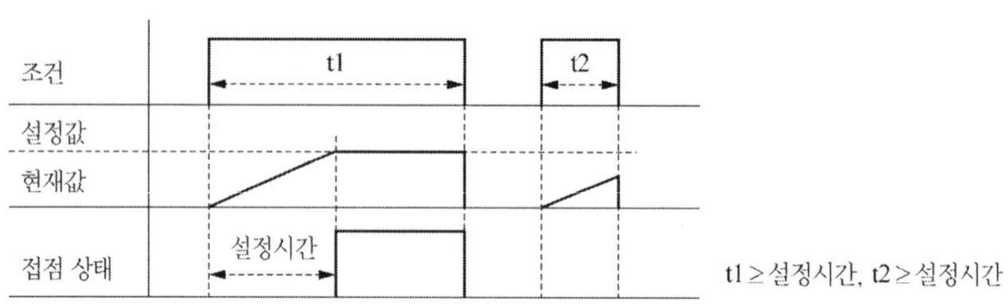

Ex-16 **P00000 입력 스위치가 ON된 후 0.5초 이상 ON 상태를 유지하면 P00020이 ON되고, P00000이 OFF되면 P00020이 OFF된다.**

• TOFF(OFF Delay Timer) : OFF Delay Timer는 조건이 만족될 때 타이머 접점이 ON되고, 조건이 OFF된 후 설정된 시간 동안 접점이 ON 상태를 유지하는 타이머로, 세부 동작 사항은 다음과 같다.

- 타이머의 기동 조건이 만족되면 현재값=설정값이 되고, 타이머 접점은 ON된다.
- 타이머의 기동 조건이 해제되면 현재값을 설정 시간 단위로 1씩 감소시키고, 현재값이 0이 될 때 타이머의 접점은 OFF된다.
- 타이머의 현재값이 감소하고 있는 상태에서 다시 기동 조건이 만족되면 현재값=설정값이 되고, 접점은 ON된다.
- 타이머를 리셋하면 현재값=0이 되며, 타이머 접점이 ON되어 있는 경우 접점은 OFF된다.

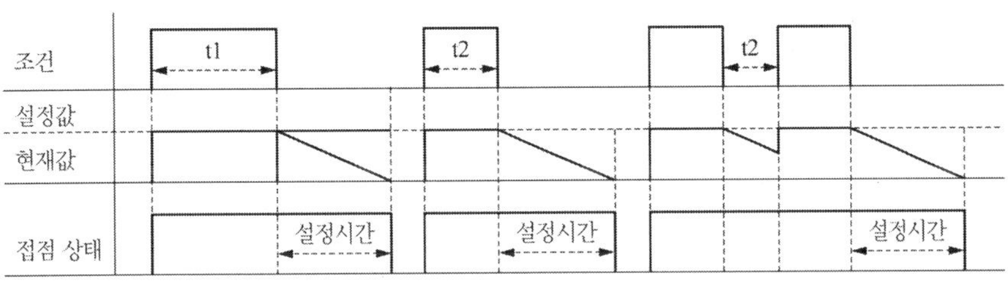

Ex-17 **P00001 입력 스위치가 ON되면 P000210이 ON되고, P000010이 OFF되면 1초 후에 P000210이 OFF된다.**

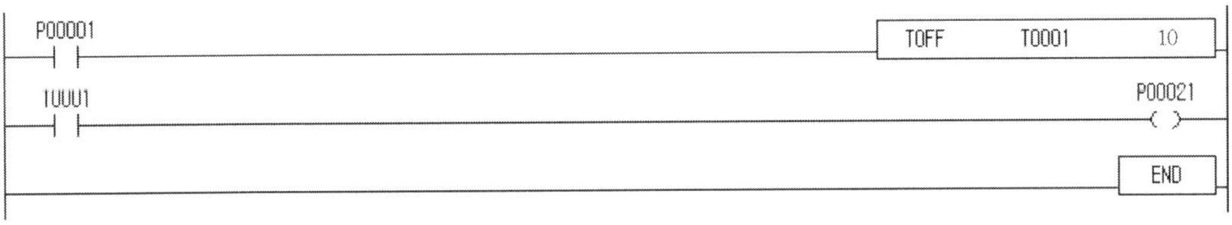

Ex-18 **플리커 회로 : 두 개의 타이머를 사용하여 P00002 입력 스위치가 ON되면 P00022 LED가 0.5초 동안 ON, 0.6초 동안 OFF를 반복한다.**

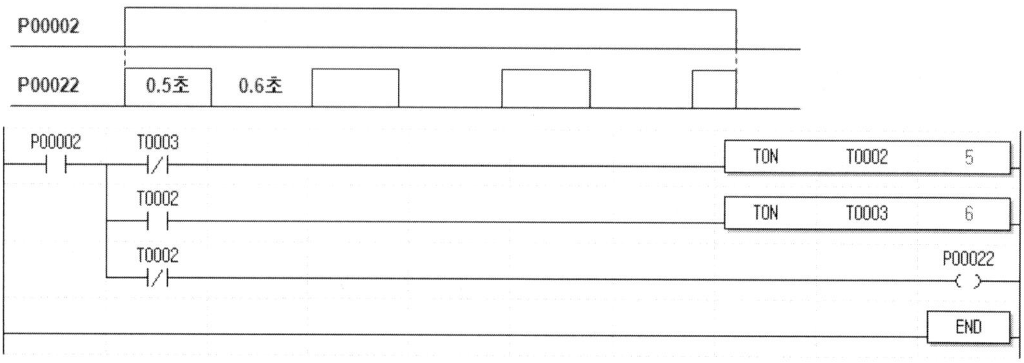

위의 프로그램은 타이머를 사용하지 않고 TFLK 명령어를 사용하여 아래와 같이 구현할 수 있으며, TFLK 명령어의 내용은 다음과 같다.

명령어 형식 : [TFLK D1 S1 S2 D2]

여기서 D1은 ON/OFF할 접점(bit), S1은 ON 시간(word), S2는 OFF 시간(word)이다. D2는 총 4word의 데이터 메모리 영역이 사용되며, 각 메모리 영역의 내용은 다음과 같다.

D(2+0) : 현재치 저장
D(2+1) : 시간 단위 설정(0:ms, 1:10ms, 2:100ms, 3:1s)
D(2+2) ~ D(2+3) : 명령어 사용 영역

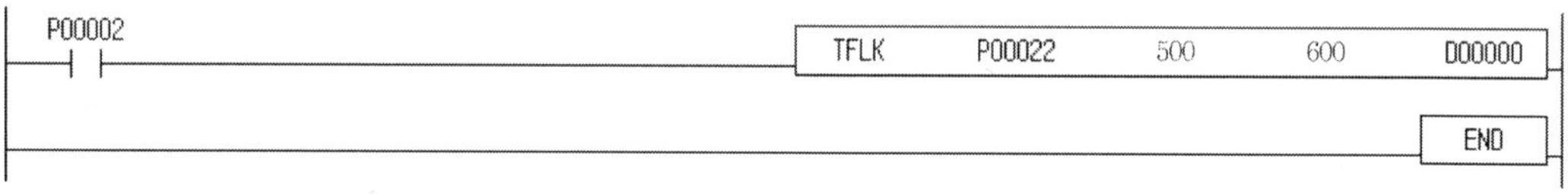

Ex-19 **화장실 자동 밸브 제어 : 사용자가 변기에 접근한 후 1초 뒤 2초간 물이 나오고, 이탈 후 즉시 3초간 물이 공급되는 회로이다.**

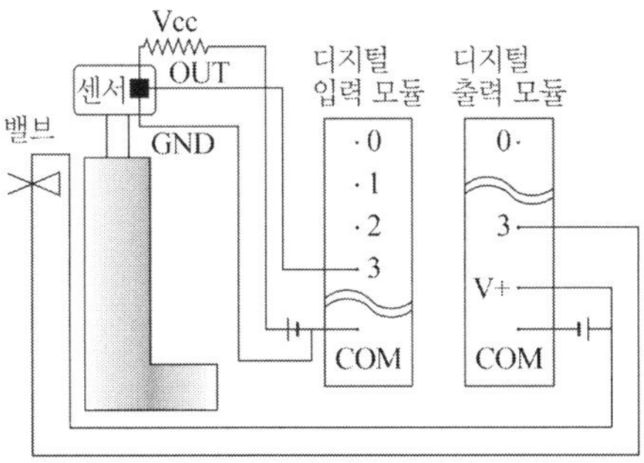

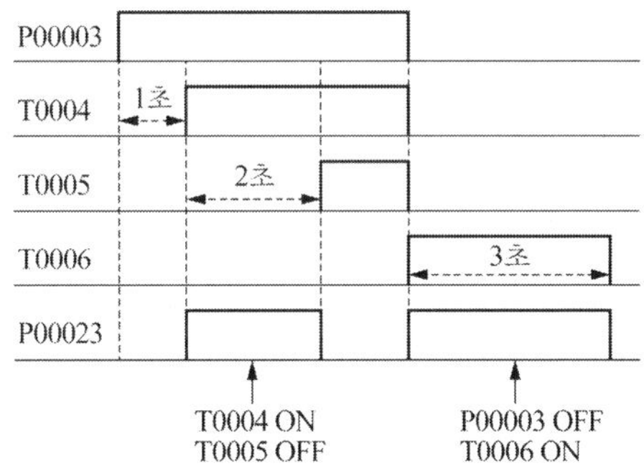

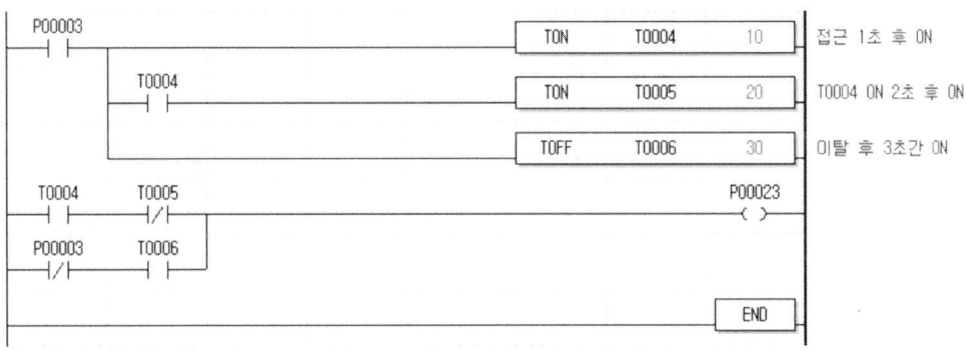

* 출력 설명문 편집 방법

프로그램 라인의 각 라인에 설명문을 추가함으로써 좀 더 쉽게 프로그램을 이해할 수 있다.

나음의 과정을 동해 출력 설명문을 편집할 수 있나.

– 프로그램의 편집이 완료된 행의 우측 모선 바깥을 더블 클릭한다.

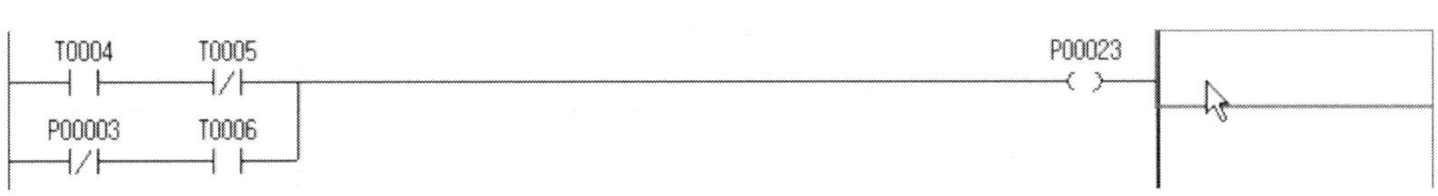

– 출력 설명문 대화상자에서 프로그램 라인에 대한 설명문을 입력하고 '확인' 버튼을 선택한다.

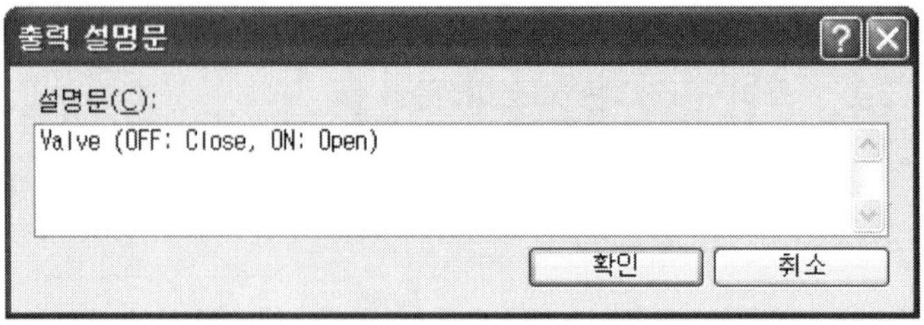

– 출력 설명문이 편집되었다.

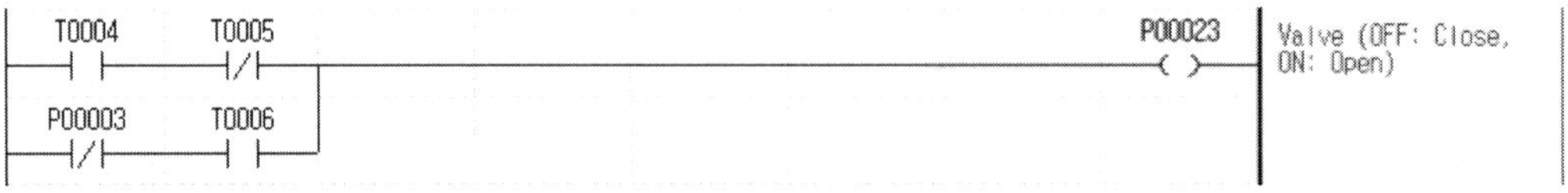

Ex-20 컨베이어 제어 : 여러 대의 컨베이어를 순서에 따라 5초 간격으로 기동(A → B → C), 정지(C → B → A)한다.

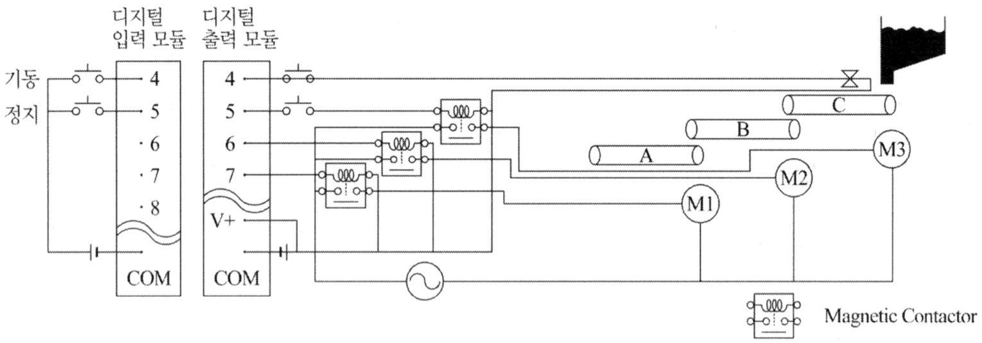

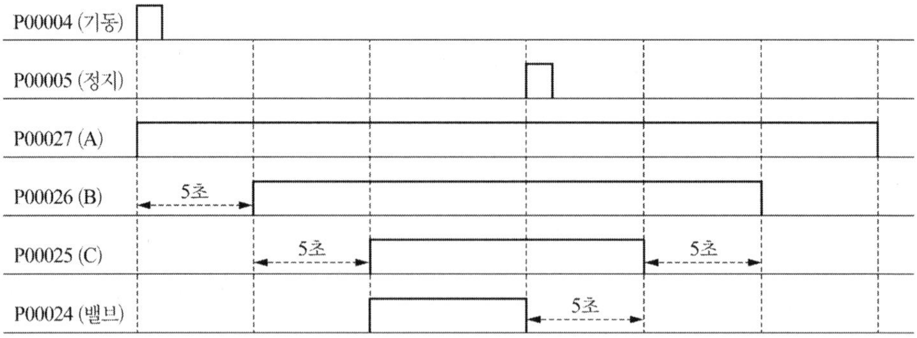

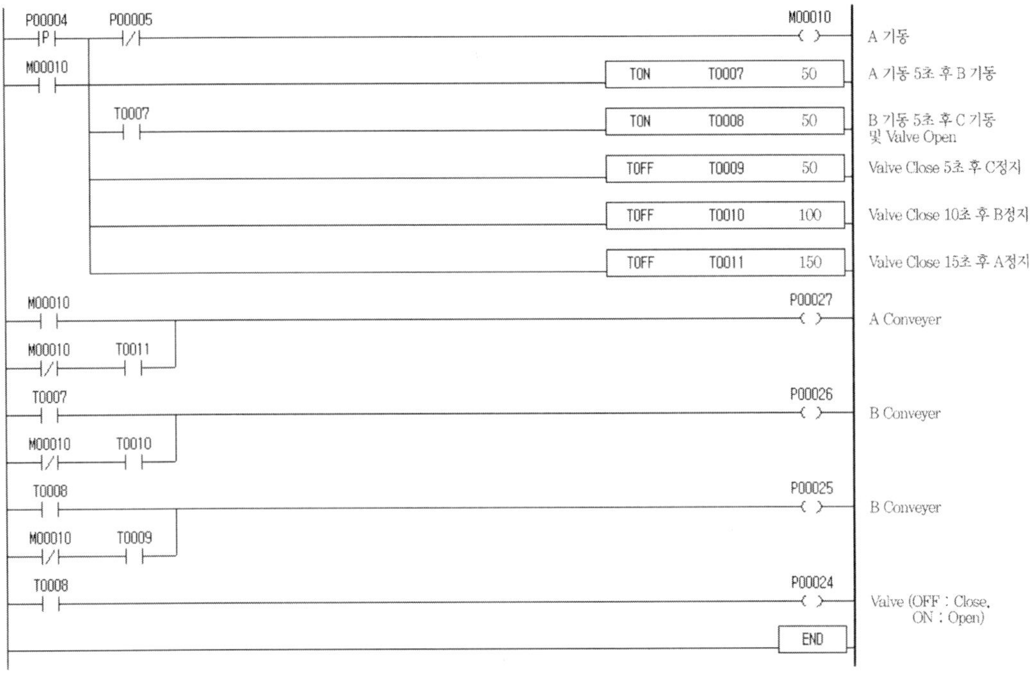

- TMR(적산 Timer)

  적산 Timer는 조건이 만족된 후 설정된 시간 이상 조건이 유지될 때 타이머의 접점이 ON되는 타이머로, 세부 동작 사항은 다음과 같다.

  - 타이머의 기동 조건이 만족되면 현재값을 설정 시간 단위로 1씩 증가시키며, 현재값=설정값이 될 때 타이머 접점이 ON된다.
  - 타이머의 접점이 ON된 상태에서 기동 조건을 계속 만족하더라도 더 이상 현재값은 증가하지 않는다.
  - 타이머 동작 중 기동 조건이 해제되면 현재값을 유지한다.
  - 타이머 접점이 ON된 상태에서 기동 조건이 해제되면 타이머 접점이 ON 상태를 유지한다.
  - 타이머를 리셋하면 현재값=0이 되며, 타이머 접점이 ON되어 있는 경우 접점은 OFF된다.

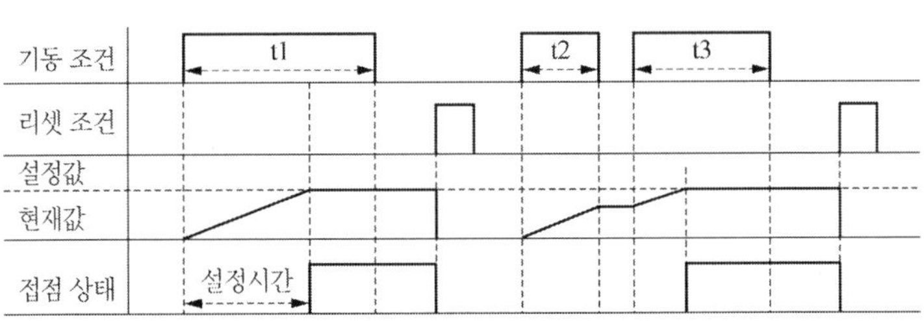

Ex-21 P00006 입력 스위치가 ON되면 P00028 LED가 ON되고, P00028 LED의 누적된 ON 시간이 1시간이 되면 P00029 LED가 200ms 주기로 점멸(100ms ON, 100ms OFF 반복)한다.

* 앞의 프로그램에서 F00092비트를 사용했다. F00092 비트는 200ms 주기의 클럭으로 100ms ON, 100ms OFF를 반복한다. 이와 같이 사용자가 제어하지 않아도 PLC 시스템에서 제어해주는 데이터를 플래그 또는 시스템 메모리라고 한다.
XGT PLC에서는 시스템 플래그(F 영역), PID 플래그(K 영역), P2P 플래그(L 영역), 고속 링크 플래그(L 영역) 등 기능별 플래그를 제공하고 있으며, 대부분의 플래그는 읽기 전용 영역으로 사용된다. 플래그는 XG5000에서 자동으로 변수 및 설명문을 등록하기 때문에 사용자가 변수 또는 설명문을 등록하지 않아도 변수 또는 설명문을 볼 수 있다.
아래의 표는 프로그램에서 자주 사용되는 시스템 플래그이다.

[표 – 플래그 일람표]

디바이스	변수	설 명	디바이스	변수	설명
F00000	_RUN	PLC Run 시 ON	F00096	_T10S	20초 주기 CLOCK (10초 ON, 10초 OFF)
F00001	_STOP	PLC Run 시 ON	F00097	_T60S	1분 주기 CLOCK (30초 ON, 30초 OFF)
F00002	_ERROR	Error 발생 시 ON	F00099	_ON	항상 ON
F00090	_T20MS	20ms 주기 CLOCK (10ms ON, 10ms OFF)	F0009A	_OFF	항상 OFF
F00091	_T100MS	100ms 주기 CLOCK (50ms ON, 50ms OFF)	F0009B	_1ON	첫 스캔 ON
F00092	_T200MS	20ms 주기 CLOCK (100ms ON, 100ms OFF)	F0009C	_1OFF	첫 스캔 OFF
F00093	_T1S	1초 주기 CLOCK (0.5초 ON, 0.5초 OFF)	F0009D	_STOG	매 스캔 반전
F00094	_T2S	2초 주기 CLOCK (1초 ON, 1초 OFF)	F00110	_LER	연산 에러 (1 스캔 ON)
F00095	_T10S	10초 주기 CLOCK (5초 ON, 5초 OFF)	F00112	_CARRY	연산 캐리 발생 시 ON

- TMON(Mono-Stable Timer)

  Mono-Stable Timer는 조건이 만족되면 설정된 시간 동안 타이머 접점이 ON되는 타이머로, 세부 동작 사항은 다음과 같다.
  - 타이머의 기동 조건이 만족되면 현재값=설정값이 되고, 타이머 접점이 ON된다.
  - 타이머의 기동 조건이 만족된 후 기동 조건의 변화와 관계없이 현재값이 설정 시간 단위로 1씩 감소되며, 현재값=0이 될 때 접점이 OFF된다.
  - 타이머를 리셋하면 현재값=0이 되며, 타이머 접점이 ON되어 있는 경우 접점은 OFF된다.

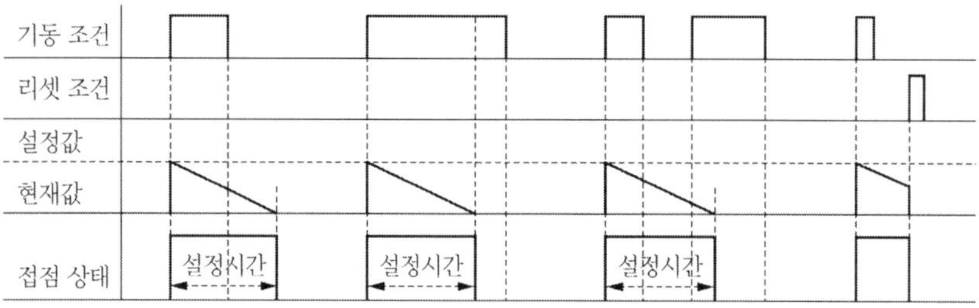

Ex-22 상시 출력 P00002A LED가 P00008 입력 스위치가 ON되면 5초간 점멸한다.

위의 프로그램과 같이 TMON 타이머는 운전 중 발생하는 이벤트에 대해 시간 인터록으로 사용할 수 있다.

- TRTG(리트리거블 Timer)

  리트리거블 Timer는 조건이 만족되면 설정된 시간 동안 타이머 접점이 ON되는 타이머로, 세부 동작 사항은 다음과 같다.
  - 타이머의 기동 조건이 만족되면 현재값=설정값이 되고, 타이머 접점이 ON된다.
  - 타이머의 기동 조건이 만족된 후 설정 시간 단위로 1씩 감소되며, 현재값=0이 될 때 접점이 OFF된다.
  - 타이머 동작 중 타이머의 기동 조건에서 상승 에너지가 발생(OFF → ON)하면 현재값=설정값이 된 후 현재값이 다시 설정 시간 단위로 1씩 감소하고, 현재값=0이 될 때 접점이 OFF된다.

- 타이머를 리셋하면 현재값=0이 되며, 타이머 접점이 ON되어 있는 경우 접점은 OFF된다.

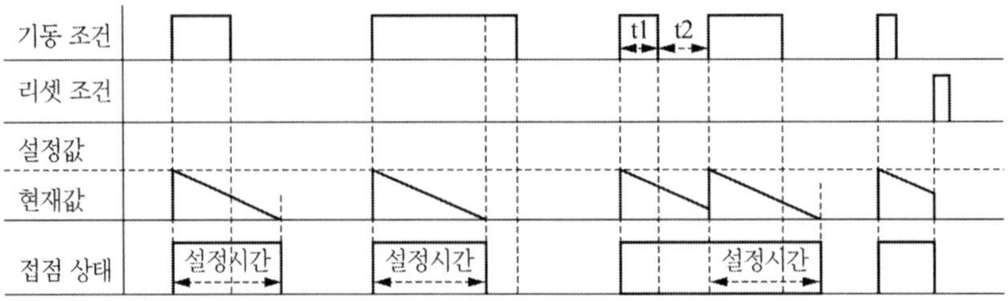

Ex-23 P00009 입력 스위치가 5초 이상 ON 또는 OFF 상태를 유지하면 P0002B LED가 ON된다.

3) 카운터

카운터는 조건의 만족 회수를 계수하는 프로그램 요소이다. 즉, 조건이 만족될 때 현재값을 1씩 증가 또는 감소시켜 조건이 만족되는 회수를 누적한다.

XGK PLC에는 2,048개의 카운터가 있으며, 기능별로 CTU, CTD, CTUD, CTR 등 4종의 카운터가 있으며, 1개의 카운터는 최대 65,535까지 계수할 수 있다.

① 카운터의 정전 유지

PLC의 정전 시 카운터의 현재값이 유지되어야 하는 경우가 있다. 특히 장기적인 데이터의 누적이 필요한 경우 래치 영역의 카운터를 사용하는 것이 권장된다. 카운터 영역의 래치는 기본 파라미터에서 설정할 수 있으며, 초기 설정은 모든 영역이 휘발성으로 설정되어 있으므로 래치 카운터가 필요한 경우 사용자가 직접 래치 영역을 설정해야 한다.

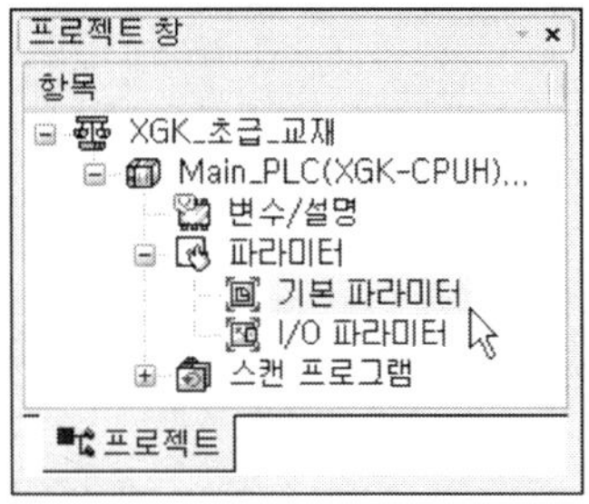

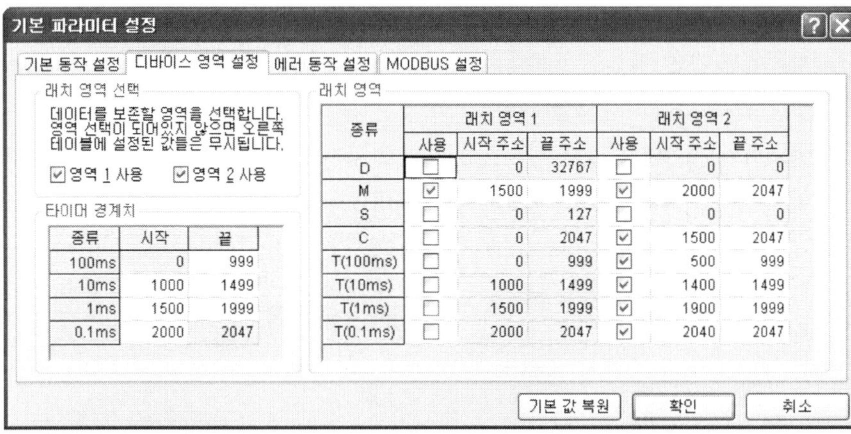

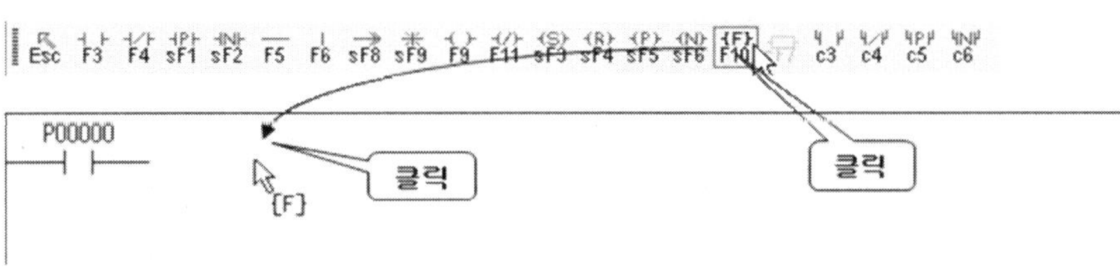

② 카운터의 편집

- CTU, CTD, CTR 편집
- 도구 상자에서 펑션/펑션 블록(F10)을 선택하거나 펑션/펑션 블록 단축키(F10)를 누른다.

- 응용 명령 창에서 카운터 종류, 카운터 번호, 설정값 순으로 입력한다. 만일 카운터의 설정값을 고정값으로 하지 않고 가변적으로 설정하고자 할 경우 설정값 위치에 워드형 디바이스를 입력한다. 카운터의 최대 설정값은 65,535이며, HMI 등 외부에서 설정값을 설정할 경우 16비트 부호 없는 10진 정수 형식으로 입력해야 한다.

- 리셋 코일(<R> sF4)을 이용하여 카운터를 리셋하는 프로그램을 작성하고, 카운터 접점을 이용한 프로그램을 작성합니다.
- 본 예제에서 P00000 입력 접점을 10번 ON시키면 P00020 LED가 ON되며, P00001 입력 접점을 ON시키면 카운터가 리셋된다.

- CTU를 편집하고자 할 경우 조건을 F00099(상시 ON)로 사용해야 하며, 카운터 번호, 카운터 증가 조건, 카운터 감소 조건 및 설정값 순으로 편집한다. 아래의 편집 예에서 C0001을 UP/DOWN 카운터로 사용했으며, P00002가 증가 카운터, P00003이 감소 카운터 조건으로 사용된다.

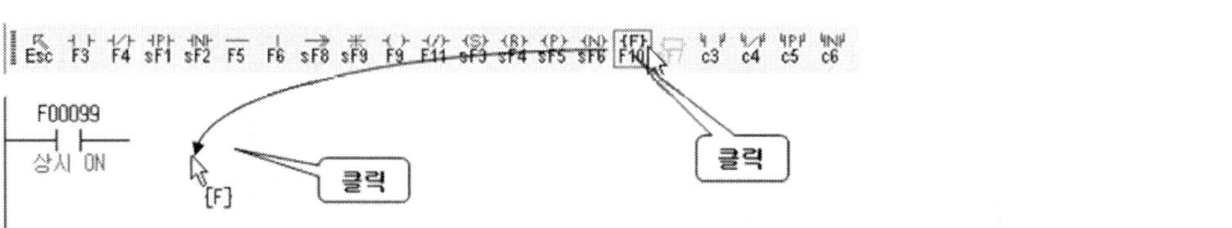

- CTUD의 경우도 리셋 코일(<R> sF4)을 용하여 카운터를 리셋하는 프로그램을 작성하고, 카운터 접점을 이용한 프로그램을 작성한다.

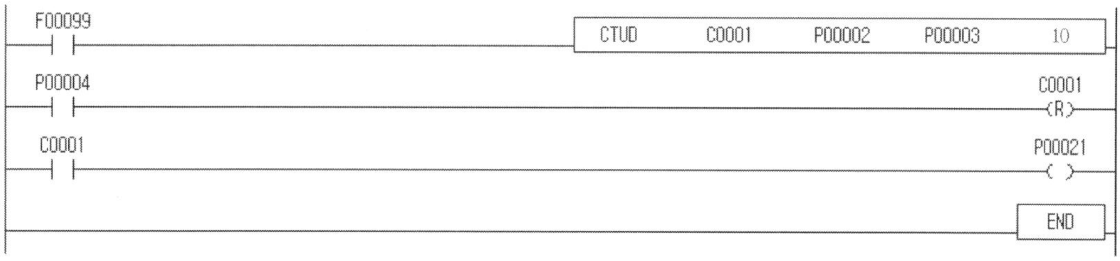

③ 카운터의 동작 특성

- CTU(Up Counter) : Up Counter의 초기 현재값=0이다. 카운터의 동작 조건에 상승 에지가 발생(OFF → ON)할 때마다 카운터의 현재값이 1씩 증가되고, 카운터의 현재값=설정값이 될 때 카운터의 접점이 ON되는 카운터이다.
  - 카운터의 초기 현재값=0이며, 동작 조건에 상승 에지가 발생하면 현재값이 1 증가된다.
  - 카운터의 현재값=설정값이 될 때 카운터의 접점이 ON된다.
  - 카운터의 접점이 ON된 상태에서 동작 조건에 상승 에지가 발생하면 현재값은 1 증가되고, 접점은 ON 상태를 유지한다.
  - 카운터의 현재값이 65,535인 상태에서 동작 조건에 상승 에지가 발생해도 현재값은 변경되지 않는다.
  - 카운터를 리셋하면 현재값=0이 되며, 카운터의 접점이 ON되어 있는 경우 접점은 OFF된다.
  - 카운터의 현재값을 강제로 변경시킬 경우 접점 상태는 변경되지 않는다.

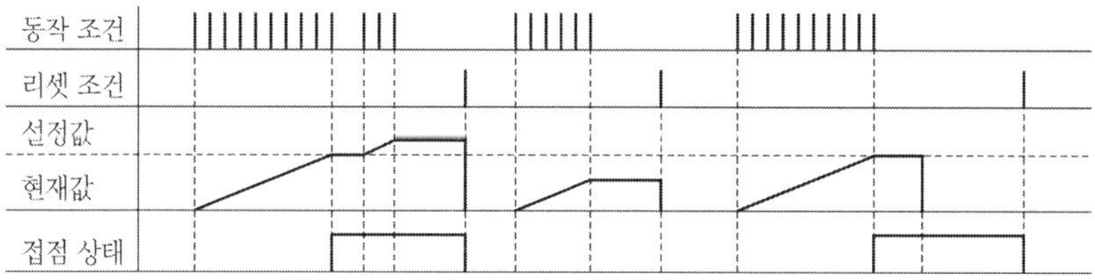

Ex-24 P0000 입력 스위치가 10회 이상 ON되면 P00020 LED가 ON된다.

디지털 입력 접점을 이용하여 펄스 입력 신호를 계수할 때, 입력되는 펄스의 ON 및 OFF 상태가 입력 필터 시간 + 1 스캔 시간 이상 유지되어야 정확한 계수가 가능하다.

Ex-25 카운터를 이용한 타이머 계측 시간 연장 : P00001 입력 스위치가 ON되면 P00021 LED가 ON된다. P00021 LED의 누적 ON 시간이 1,000시간이 되면 P00022 LED가 2초 주기로 점멸한다.

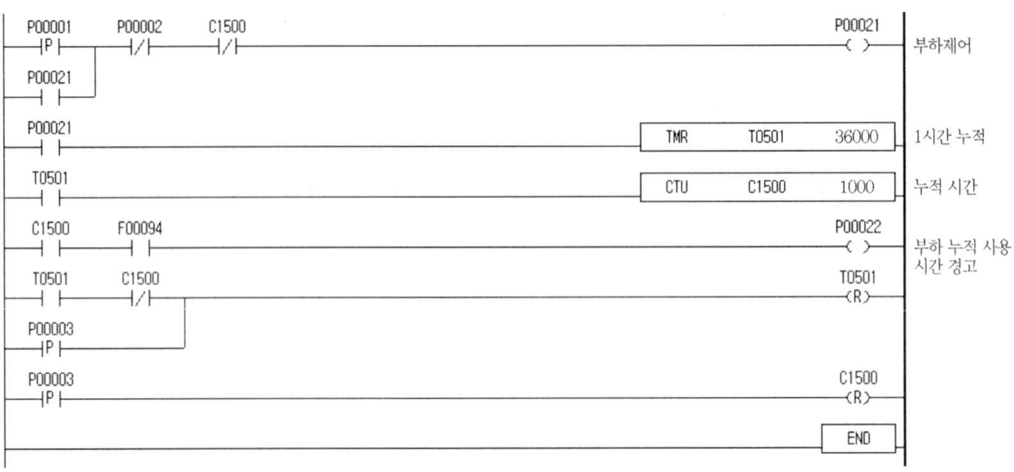

1개의 타이머에 설정할 수 있는 최대 시간은 6,553.5초(1시간 40분 13.5초)이다. 타이머의 최대 설정 시간을 초과하는 시간 제어 요소가 있을 경우 위의 프로그램과 같이 타이머와 카운터를 조합하면 설정 시간을 늘일 수 있다.

- CTD(Down Counter)

  Down Counter의 초기 현재값=설정값이 된다. 카운터의 동작 조건에 상승 에지가 발생(OFF → ON)할 때마다 카운터의 현재값이 1씩 감소되고, 카운터의 현재값=0이 될 때 카운터의 접점이 ON되는 카운터이다.

  - 카운터의 초기 현재값=설정값이 된다.

- 카운터의 동작 조건에 상승 에지가 발생하면 현재값이 1 감소된다.
- 카운터의 현재값=0이 될 때 카운터의 접점이 ON된다.
- 카운터의 접점이 ON된 상태에서 동작 조건에 상승 에지가 발생해도 현재값은 변화되지 않는다.
- 카운터를 리셋하면 현재값=설정값이 되며, 카운터의 접점이 ON되어 있는 경우 접점은 OFF된다.
- 카운터의 현재값을 강제로 변경시킬 경우 접점 상태는 변경되지 않는다.

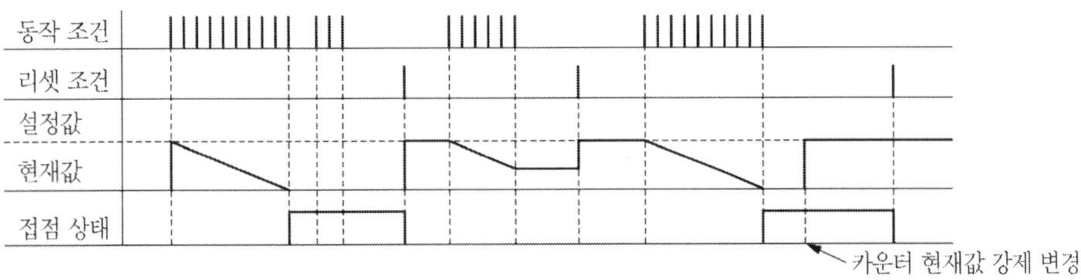

Ex-26 P00004 입력 스위치가 10회 이상 ON되면 P00023 LED가 ON된다.

- CTUD(Up/Down Counter)

  Up/Down Counter의 초기 현재값=0이다. CTUD의 동작 조건은 상시 ON(F00099)으로 사용해야 하며, 명령어 편집 시 증가(UP) 및 감소(DOWN) 계수의 조건을 설정한다. 증가 계수의 조건에 상승 에지가 발생(OFF → ON)할 때 카운터의 현재값이 1씩 증가되고, 감소 계수의 조건에 상승 에지가 발생(OFF → ON)할 때 카운터의 현재값이 1씩 감소된다.

  - 카운터의 초기 설정값=0이다.
  - 증가 계수 조건에 상승 에지가 발생하면 현재값이 1 증가되고, 감소 계수 조건에 상승 에지가 발생하면 현재값이 1 감소된다.
  - 카운터의 현재값=설정값이 될 때 카운터의 접점이 ON된다.
  - 카운터의 접점이 ON된 상태에서 증가 계수 조건에 상승 에지가 발생하면 현재값이 1 증가되고, 접점은 ON 상태를 유지한다.
  - 카운터의 현재값=65,535인 상태에서 증가 계수 조건에 상승 에지가 발생해도 현재값이 변화되지 않는다.
  - 카운터의 현재값=0인 상태에서 감소 계수의 조건에 상승 에지가 발생할 때 현재값

은 변화되지 않는다.
- 카운터를 리셋하면 현재값=0이 되며, 카운터의 접점이 ON되어 있는 경우 접점은 OFF된다.
- 카운터의 현재값을 강제로 변경시킬 경우 접점 상태는 변경되지 않는다.

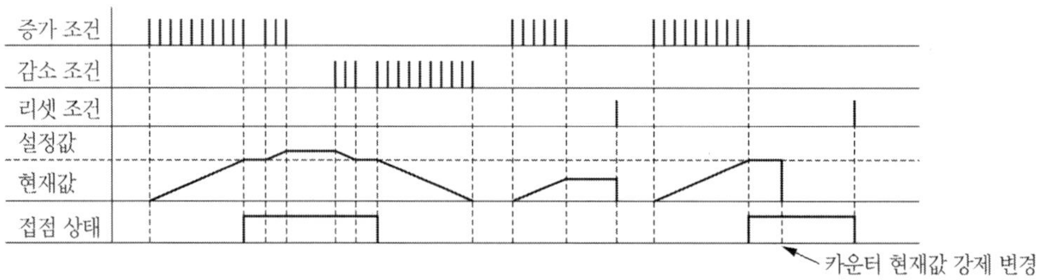

Ex-27 **입고 센서(P00006)와 출고 센서(P00007)가 있는 창고에 재고가 10개 이하일 때 P00024 LED가 2초 주기로 점멸하고, 90개 초과할 때 P00025 LED가 점멸한다.**

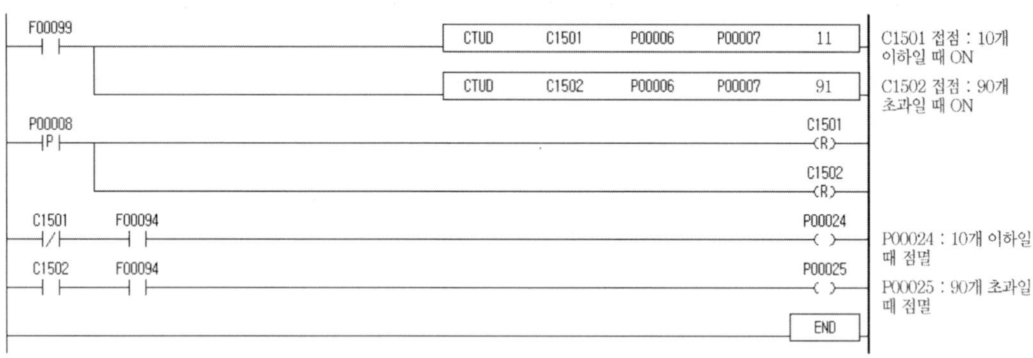

위의 프로그램에서 재고 관리 수량이 65,535개를 초과할 경우 카운터를 사용할 수 없고 응용 명령어 중 증가/감소 명령 및 비교 연산을 사용해야 한다.

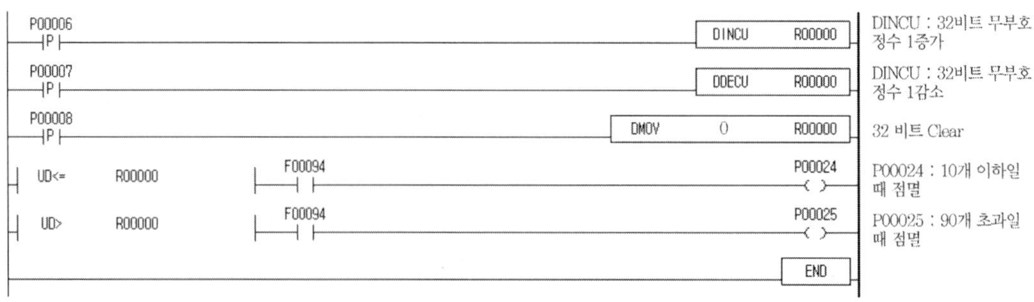

- CTR(Ring Counter)

Ring Counter의 초기 현재값=0이다. 카운터의 동작 조건에 상승 에지가 발생(OFF

→ ON)할 때마다 카운터의 현재값이 1씩 증가되고, 카운터의 현재값=설정값이 될 때 카운터의 접점이 ON된다. 접점이 ON된 상태에서 동작 조건에 상승 에지가 1번 발생하면 카운터의 현재값이 0으로 변경되고, 접점이 OFF된다.

- 카운터의 동작 조건에 상승 에지가 발생하면 현재값이 1 증가된다.
- 카운터의 현재값=설정값이 될 때 카운터의 접점이 ON된다.
- 카운터의 접점이 ON된 상태에서 동작 조건에 상승 에지가 발생하면 현재값=0이 되고, 접점은 OFF된다.
- 카운터를 리셋하면 현재값=0이 되며, 카운터의 접점이 ON되어 있는 경우 접점은 OFF된다.
- 카운터의 현재값을 강제로 변경시킬 경우 접점 상태는 변경되지 않는다.

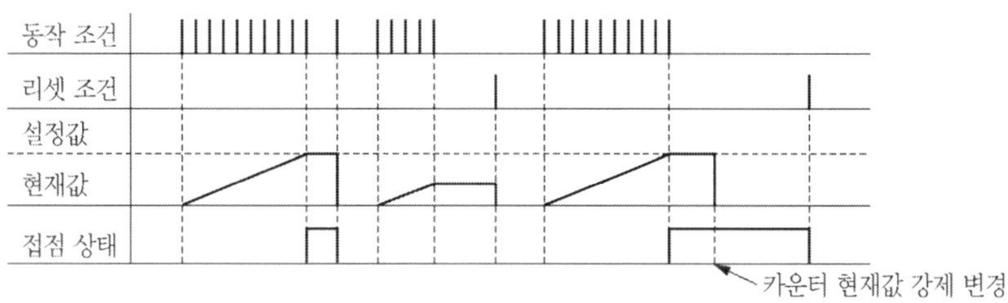

Ex-28 **BOX에 10개의 제품이 들어가면 컨베이어가 정지하고, BOX 센서가 ON되면 다시 컨베이어가 기동한다.**

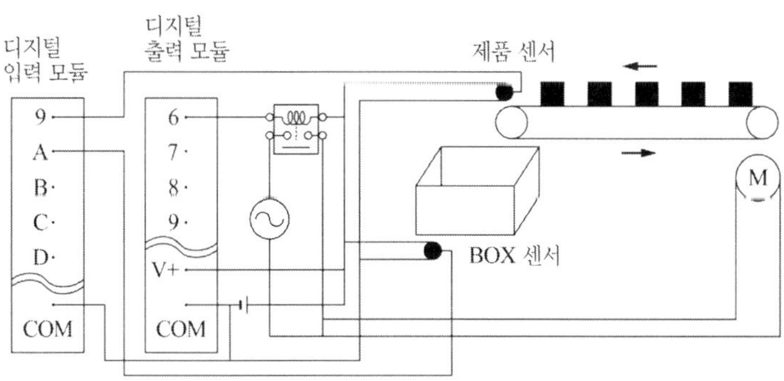

P00000
P00001
M01000
M01000
P00000
P00001
M15000
M15000
P00000
P00001
M20000
M20000
END

제 7 장 XG5000 (상세)설명서

7.1 XG5000 특징

XG5000은 XGT PLC 시리즈에 대해서 프로그램을 작성하고 디버깅하는 소프트웨어 툴이다. XG5000은 다음과 같은 특징과 장점을 가지고 있다.

(1) 멀티 PLC, 멀티 프로그램

한 프로젝트에 여러 개의 PLC를 포함시켜서 서로 연동되는 PLC 시스템을 동시에 편집, 모니터 관리를 할 수 있다. 또한 프로그램을 스캔 프로그램, 다양한 태스크 프로그램으로 나누어 작성할 수 있다.

(2) 다양한 드래그 & 드롭

프로젝트, 변수/설명, LD 편집, 변수 모니터 등 대부분의 편집기에 드래그 & 드롭 기능을 적용하여 편집을 쉽고 편리하게 할 수 있습니다.

(3) 사용자 단축키 설정

디폴드로 제공되는 단축기 변경이 가능하며, 사용자 본인에게 익숙한 단축키를 추가할 수 있다.

(4) 다양한 메시지 창

프로그램 편집과 검사 등을 쉽게 하기 위해 다양한 메시지 창을 제공한다.

(5) 편리한 변수/설명 편집

① 엑셀을 이용하여 편집 가능하다.
② 변수 위주 보기, 디바이스 위주 보기, 플래그 보기 등 다양한 형식으로 편집이 가능하다.
③ 오토필(Auto fill)을 이용하여 비슷한 용도의 변수를 쉽게 추가할 수 있다.
④ 드래그 & 드롭을 이용하여 다른 변수/설명 창에서 쉽게 복사할 수 있다.
⑤ 대화상자를 띄우지 않고 엑셀처럼 직접 편집할 수 있다.

(6) 편리한 프로그램 편집

① 제한 없는 Undo/Redo 기능을 제공한다.
② 셀 단위 블록 편집이 가능하다.
③ 화면 분할 편집이 가능하다.
④ 찾기/바꾸기 기능을 강화하였다.
⑤ 블록 마스크 기능을 이용하여 렁 단위로 실행을 금지할 수 있다.
⑥ 북마크 기능을 이용하여 특정 위치에 쉽게 찾아갈 수 있다.
⑦ LED 편집을 할 때 선택된 디바이스에 대해서 메모리 참조를 볼 수 있다.

(7) 다양한 모니터 기능

변수 모니터, 디바이스 모니터, 시스템 모니터, 트렌드 모니터, 특수 모듈 모니터 등 다양한 모니터 기능을 제공한다.

(8) 사용자 이벤트

특정 디바이스에 대해서 사용자가 정의한 조건이 만족할 때 Data를 Logging하고 열람할 수 있다.

(9) 모듈 교환 마법사

런 중에 PLC를 정지시키지 않고 안전하고 쉽게 모듈을 교환할 수 있다.

7.2 XG5000 개요

XGT PLC를 사용하기 위해 사용자는 프로그램을 작성해야 하며, 이때 사용하는 소프트웨어가 XG5000이다. 즉, XG5000은 XGT PLC에 대해 프로그램을 작성하고 디버깅하는 소프트웨어이다. 여기서는 XG5000을 이용하여 프로젝트를 구성하고, 프로젝트 각 항목에 대해 설명한다.

XG5000의 화면은 아래 그림과 같은 구성으로 이루어져 있다.

- **메뉴** : 프로그램을 위한 기본 메뉴이다.
- **도구 모음** : 메뉴를 간편하게 실행할 수 있다.
- **프로젝트 창** : 현재 열려 있는 프로젝트의 구성요소를 나타낸다.
- **메시지 창** : XG5000 사용 중에 발생하는 각종 메시지가 나타난다.
- **상태 바** : XG5000의 상태, 접속된 PLC의 정보 등을 나타낸다.
- **편집 창** : 현재 LD 편집 창이 보이고 있다.

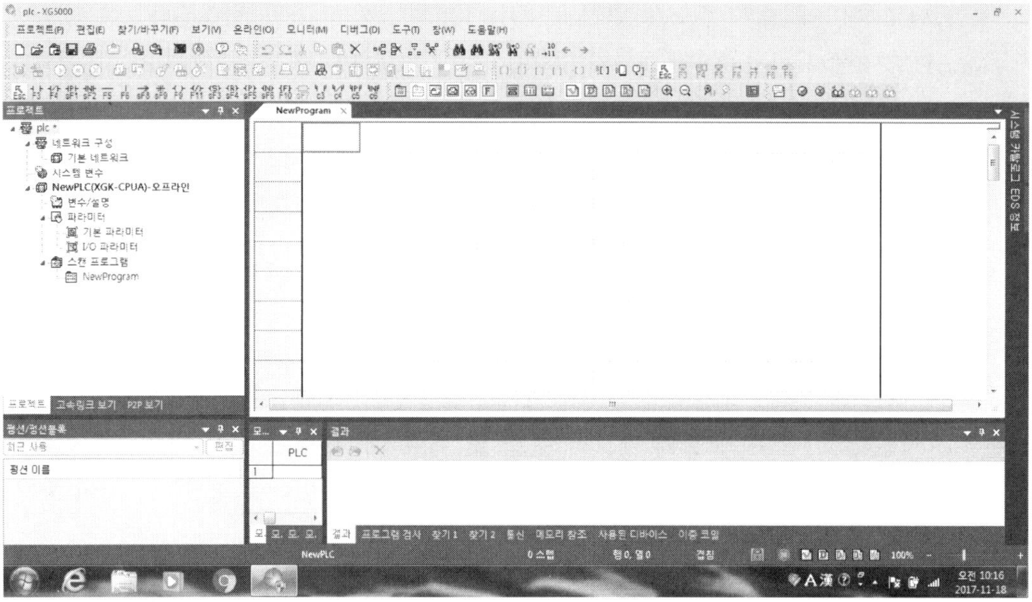

7.3 XG5000 기본 사용법

XG5000은 XGT 시리즈 PLC의 프로젝트를 작성, 전송하고, 엔지니어링하는 소프트웨어이다. 여기서는 XG5000을 이용하여 프로젝트를 구성하고, 간단한 프로그램을 작성하여 PLC로 전송하고 간단한 엔지니어링을 통해 XG5000의 사용방법을 익힌다.

(1) 프로젝트의 구성

XG5000에서 프로젝트를 구성하는 방법은 다음의 3가지가 있다.

- **새 프로젝트** : 새로운 프로젝트를 구성한다.
- **PLC로부터 열기** : PLC에 저장되어 있는 프로젝트를 PC로 읽어(업로드) 프로젝트를 PC에 저장하거나 내용을 수정합니다.
- **KGLWIN 파일 열기** : MASTER-K PLC용 프로젝트 파일을 XGK/XBM/XBC PLC용 파일로 변환한다.
- **GMWIN 파일 열기** : GLOFA-GM PLC용 프로젝트 파일을 XGR/XGI/XEC PLC용 파일로 변환한다.

KGLWIN/GMWIN 파일 열기를 할 때 KGLWIN/GMWIN 파일을 선택하고 적용하고자 하는 XGT 시리즈의 PLC를 선택하면 XG5000 프로젝트로 변환이 된다. 이때, KGLWIN/GMWIN 파일에 편집되어 있는 변수/설명문도 XG5000 프로젝트로 변환된다.

KGLWIN 파일의 경우 주소가 변경된 특수 디바이스까지 자동 변경된다. 예를 들면 MASTER-K에서 상시 ON 플래그가 F0010이지만 XGK PLC에서는 F00099로 변경되었다.

그러나 KGLWIN/GMWIN 파일에서 사용된 명령어 중 XGT 시리즈에서 지원하지 않는 명령어는 XG5000 프로젝트에 Err.로 표시되므로 변환 후 프로그램의 수정이 필요할 수 있다. 특히 MASTER-K/GLOFA-GM PLC에서 특수/통신 모듈 관련 명령어는 XGT 시리즈 PLC에서는 모두 파라미터로 처리되므로 KGLWIN/GMWIN 파일의 특수/통신 모듈 관련 명령어를 확인하여 파라미터로 설정해야 한다.

MASTER-K에서 특수 모듈의 운전 파라미터를 설정하는 PUT(P) 명령어는 XGT 시리즈에서도 지원하지만 특수 모듈의 메모리 주소 및 데이터가 변경된 것이 있으므로 변환된 XG5000 파일의 PUT(P) 명령어를 삭제하고 특수 모듈 파라미터로 변경하는 것이 좋다.

여기서는 새 프로젝트를 구성하는 방법에 대해 설명한다.

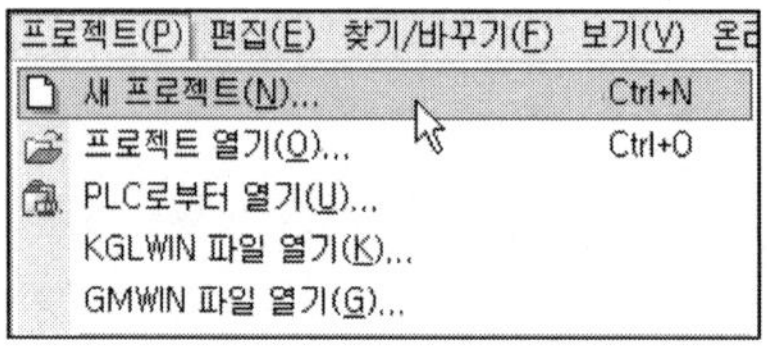

프로젝트 메뉴의 '새 프로젝트'를 선택하거나 '새 프로젝트' 아이콘(🗋)을 눌러 '새 프로젝트 구성 대화상자'를 연다.

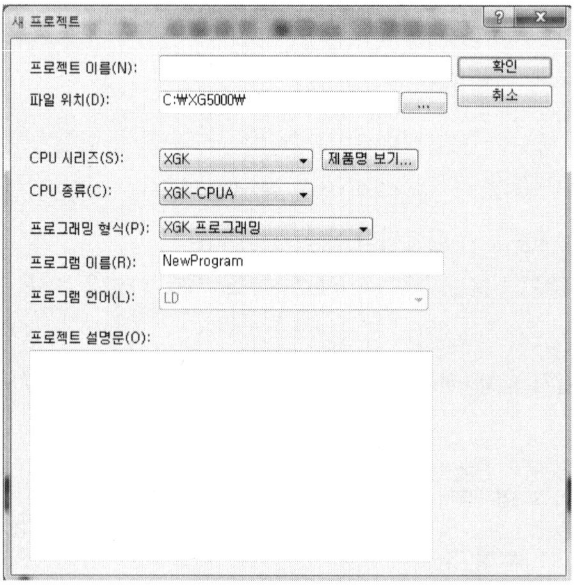

새 프로젝트 창에서 각 항목을 입력한다.

- **프로젝트 이름** : 프로젝트 이름을 입력한다.
- **파일 위치** : XG5000은 파일 위치로 지정된 폴더 하부에 프로젝트 이름과 같은 폴더를 만들고 그 폴더에 프로젝트 파일을 저장한다. 파일 위치 폴더는 XG5000의 도구 메뉴 옵션 항목에서 변경할 수 있다.
- **PLC 시리즈 및 CPU 종류** : PLC 기종을 선택한 후 CPU 종류를 선택한다.
  XGK 시리즈와 XGB 시리즈 중 XBM/XBC는 서로 기종 변환이 가능하며, XGI/XGR 시리즈와 XGB 시리즈 중 XEC는 서로 기종 변환이 가능하다.
- **프로그램 이름** : XGT PLC는 한 대의 PLC가 연산할 프로그램을 여러 개로 나누어서 작성할 수 있다. 그 중 첫 번째 프로그램의 이름을 입력한다.
- **프로젝트 설명문** : 프로젝트에 대한 설명문을 입력한다.

* 디바이스 자동 할당 : 데이터 메모리 중 일부 영역을 자동 할당 메모리 영역으로 사용하는 기능이다. 자동 할당 할 메모리 영역은 '메모리 자동 할당' 파라미터에서 설정할 수 있다.

(2) 프로그램 작성

Ex-1 P00000 입력 접점에 연결된 스위치가 ON되면 P00020 출력 접점에 연결된 LED가 점등되고 스위치가 OFF되면 LED가 소등된다.

- 렁 설명문 편집 : 부분적인 프로그램에 간단한 설명문을 편집한다.
  - 렁 설명문을 편집하고자 하는 행의 스텝 번호 표시 영역을 더블 클릭한다.

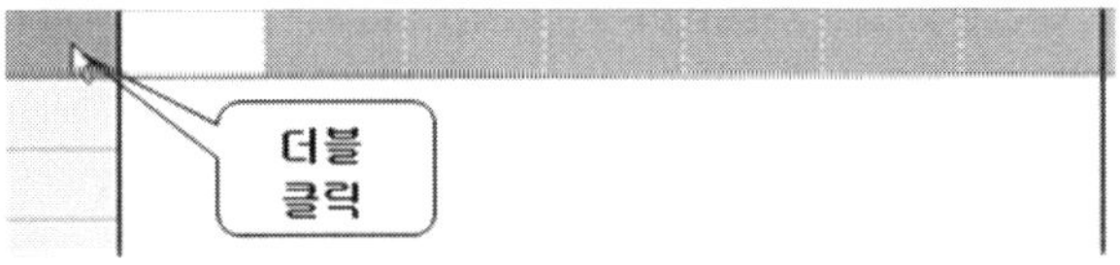

  - 설명문/레이블 선택 대화상자에서 설명문을 선택하고 '확인' 버튼을 클릭한다. 렁 설명문 대화상자의 설명문 부분에 프로그램에 관한 간단한 설명을 편집한 후 '확인' 버튼을 클릭한다.

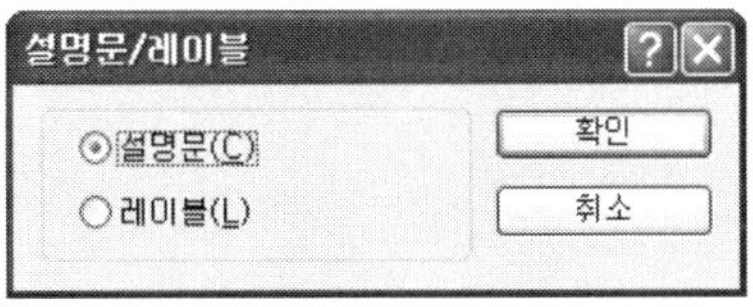

– 프로그램 창에 렁 설명문이 입력되었다.

- **접점 편집** : 스위치의 ON/OFF 상태를 읽어오기 위해 접점을 편집한다.
  - 도구 상자에서 평상시 열린 접점을 클릭한 후 마우스 커서를 프로그램 창으로 이동하면 커서 하단에 현재 선택된 프로그래밍 기호가 표시된다.

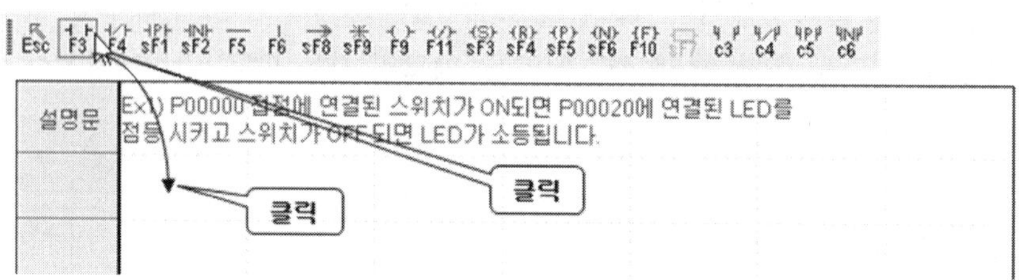

– 프로그램 창에서 다시 한 번 마우스를 클릭하면 변수/디바이스 입력 대화상자가 나타난다. '변수/디바이스' 항목에 P0를 입력하고 '확인' 버튼을 클릭한다. 이때 '변수/설명 자동 추가'가 선택(체크)되어 있으면 변수/설명 추가 대화상자가 나타난다.

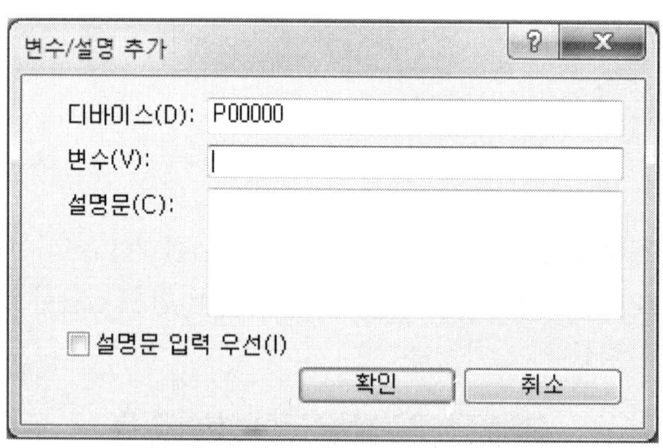

* 변수/설명 추가 대화상자에서 '설명문 입력 우선'이 선택되어 있을 경우 커서가 설명문 입력창에서 활성화 되며, 선택되어 있지 않을 경우 변수 입력 창에서 활성화된다.

* 변수 등록 후 해당 데이터를 호출할 때 디바이스 또는 변수 이름을 이용하여 호출할 수 있으며, 1개의 변수에는 1개의 디바이스가 할당되어야 한다.

* 변수에 사용할 수 있는 기호는 문자, 숫자, 특수문자(_)로 제한이 되며, 변수의 선두에는 숫자를 사용할 수 없다.

- 프로그램 창에 접점이 등록되었다.

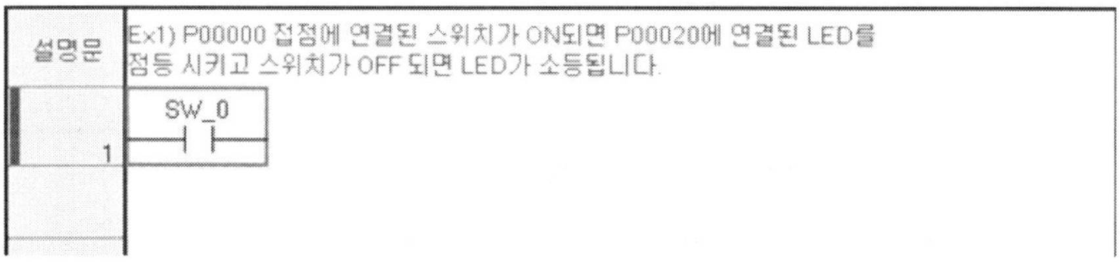

- 좌측의 적색 세로선은 프로그램에 오류가 있다는 의미이다.
- 좌측의 숫자 '1'은 렁의 시작 스텝 번호이다.
- XG5000에는 몇 가지의 보기 옵션을 선택할 수 있다. 보기 옵션에 따라 변수의 표시 형태가 달라진다. 보기 옵션은 보기 메뉴에서 선택할 수 있으며, XG5000의 단축 아이콘 창에 단축 아이콘으로 표시된다.

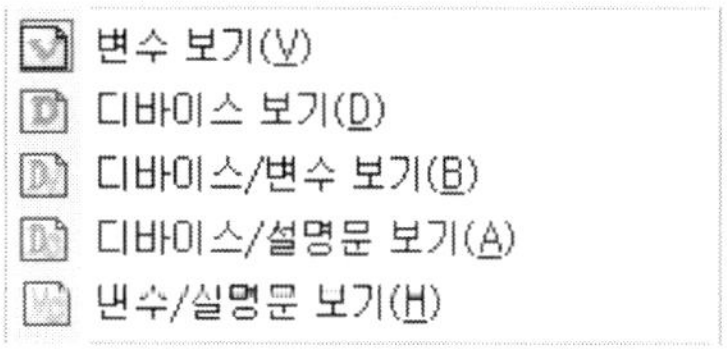

보기 메뉴의 보기 옵션

단축 아이콘 창의 보기 옵션 단축 아이콘

- **변수 보기** : 프로그램 작성 시 편집한 변수를 표시한다. 변수를 표시하지 않았을 경우 디바이스 보기로 표시된다.
- **디바이스 보기** : 프로그램 작성 시 사용한 디바이스(PLC 메모리 주소)를 표시한다.
- **디바이스/변수 보기** : 디바이스와 변수를 동시에 표시한다. 변수를 편집하지 않았을 경우 디바이스만 표시된다.
- **디바이스/설명문 보기** : 디바이스와 설명문을 동시에 표시한다. 설명문이 편집되지 않았을 경우 디바이스만 표시된다.
- **변수/설명문 보기** : 변수와 설명문을 표시한다. 변수가 편집되지 않았을 경우 변수는 디바이스로 표시되며, 설명문이 편집되지 않았을 경우 설명문은 표시되지 않는다.

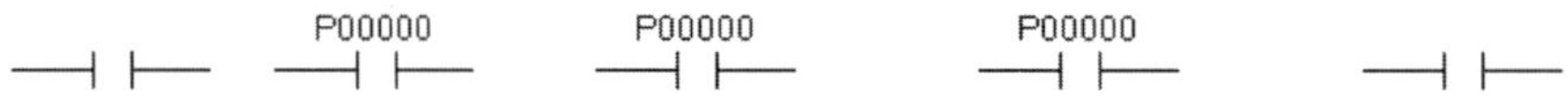

변수 보기 디바이스 보기 디바이스/변수 보기 디바이스/설명문 보기 변수/설명문 보기

- **코일 편집** : 연산 결과를 출력하기 위해 코일을 편집한다.
- 도구상자에서 코일을 선택한 후 프로그램 창에서 편집된 접점의 다음 셀에서 다시 한 번 클릭한다.

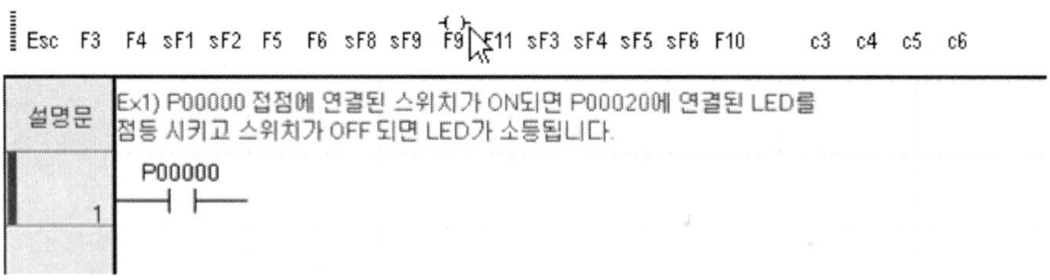

– 변수/디바이스 창에 P20을 입력한 후 '확인' 버튼을 누른다. 이때 변수/설명 자동 추가가 선택(체크)되어 있으면 변수/설명 추가 창이 나타난다. 변수/설명 추가 창에서 아래의 그림과 같이 편집한 후 '확인' 버튼을 클릭한다.

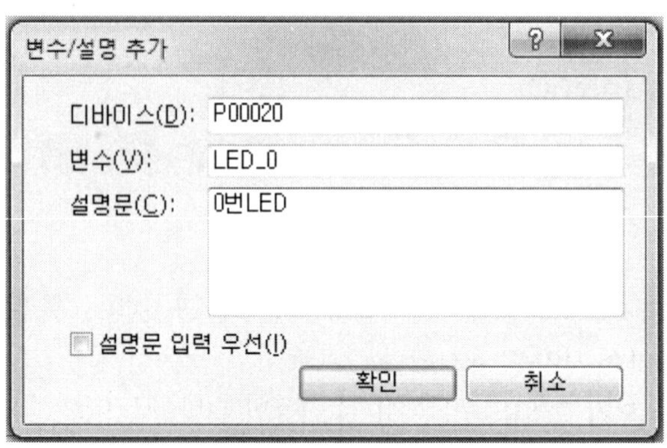

– 변수/디바이스 창에 P20을 입력한 후 '확인' 버튼을 누른다. 이때 변수/설명 자동 추가가 선택(체크)되어 있으면 변수/설명 추가 창이 나타난다. 변수/설명 추가 창에서 아래의 그림과 같이 편집한다.

- END 명령어 편집 : 프로그램의 편집이 완료되면 편집하여 프로그램의 끝임을 알리는 END 명령어를 편집한다.
- 도구 상자에서 펑션/펑션 블록을 선택한 후 프로그램 창에서 편집된 접점의 다음 셀에서 다시 한 번 클릭한다.

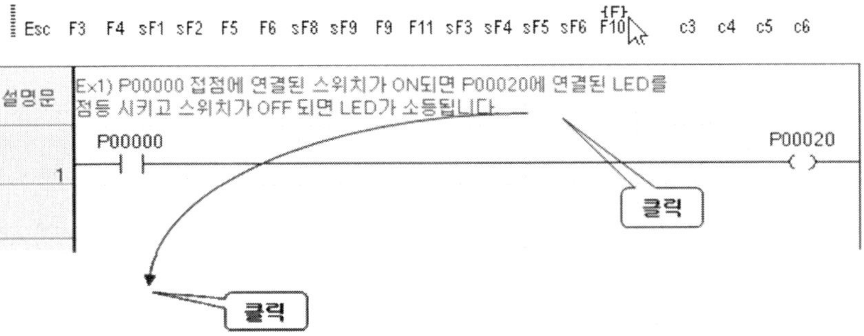

– 응용 명령 창에서 'END'를 입력한 후 'Enter' 키를 누르거나 '확인' 버튼을 클릭한다.

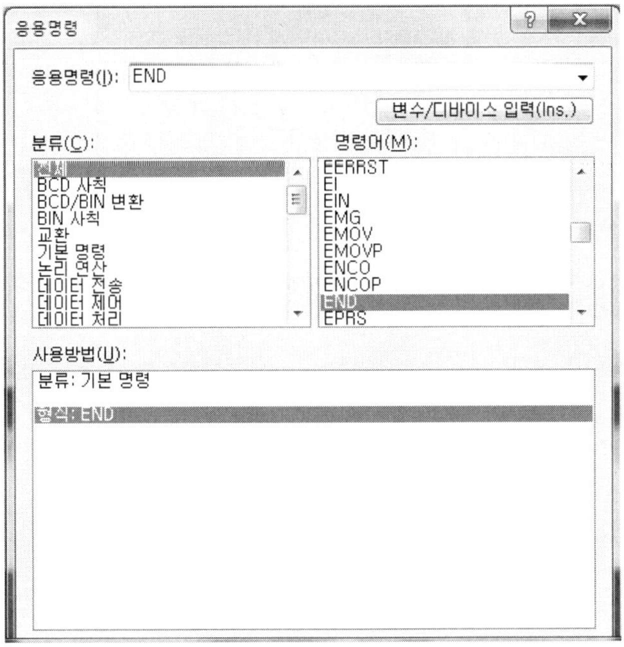

END 명령은 조건 없이 편집되어야 하고, 연산 데이터를 가지지 않는다.

(3) 변수 / 설명문

디바이스에 대한 변수 및 설명문은 앞에서 설명한 바와 같이 프로그램에서 디바이스를 최초로 호출할 때 편집할 수도 있지만 프로그램에서 디바이스를 호출하기 전에 먼저 등록할 수도 있다.

- XG5000의 기능을 이용한 일괄 변수/설명 편집 : XG5000의 변수/설명 창에서 디바이스에 대한 변수/설명을 편집할 수 있다. XG5000 변수/설명 창에 복사, 자동 증가 기능을 사용하면 좀 더 편리하게 변수 또는 설명을 편집할 수 있다.
- XG5000 프로젝트 창에서 변수/설명을 더블 클릭하여 변수/설명 창을 활성화시킨다. 변수 보기 탭을 선택하면 현재 등록되어 있는 변수 또는 설명문이 표시된다.

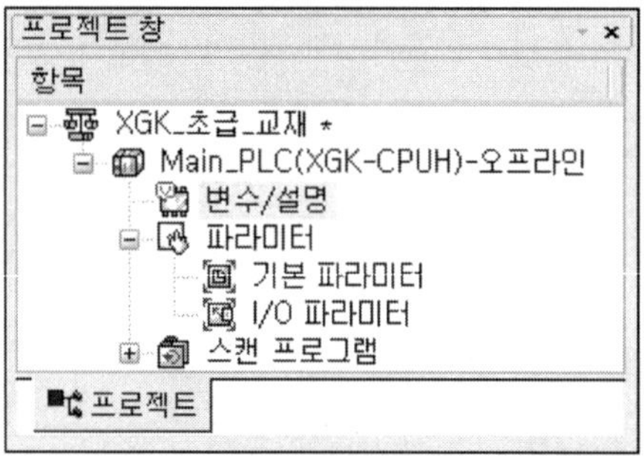

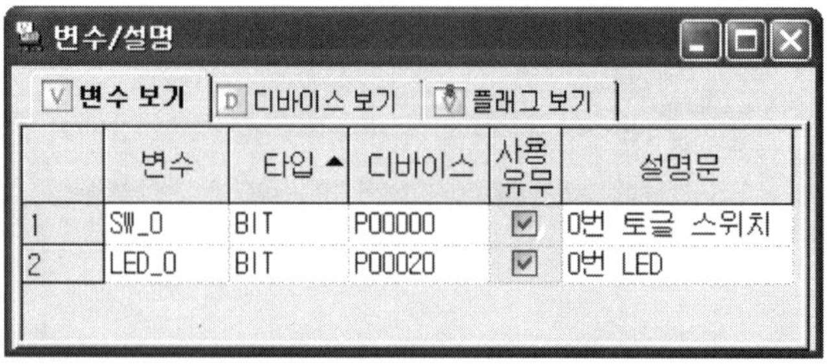

• 디바이스 보기 탭을 선택한 후 디바이스 항목에 표시할 디바이스의 선두 주소를 입력하고 타입에 데이터 타입(BIT 또는 WORD)을 선택하면 디바이스 항목에 지정된 주소부터 타입에 지정된 크기 주소가 순서대로 표시된다. 디바이스에 대해 변수 또는 설명문을 셀을 선택한 후 변수 또는 설명문을 편집하면 된다.

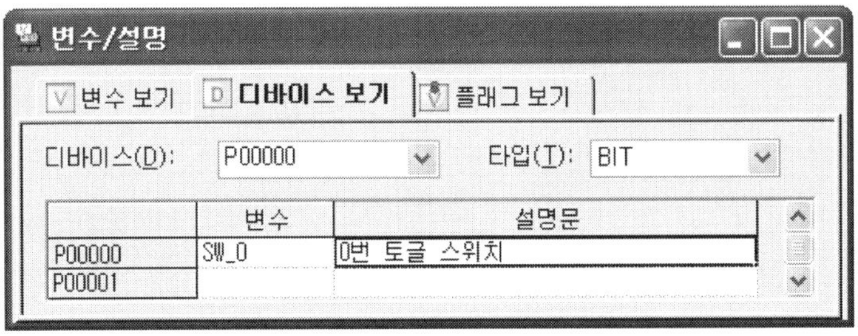

• 디바이스 설명문 복사

연속된 주소에 비슷한 내용의 설명문을 편집하고자 할 때 1개 디바이스의 설명문을 편집한 후 마우스를 아래 또는 위로 드래그하면 선택된 설명문이 복사된다. 이렇게 복사 후 수정할 내용을 수정할 수 있다.

(4) 접속

프로그램의 작성이 완료되었으면 작성된 프로그램 및 파라미터를 PLC로 전송하고 PLC를 RUN 상태로 전환해 주어야 PLC가 동작한다.

PLC에서 작성한 프로젝트를 PLC로 전송하기 위해서 PC와 PLC 간 접속이 이루어져야 하며, XGT는 다음과 같은 방법으로 PC와 접속할 수 있다.

• **접속 설정** : XG5000의 '온라인' 메뉴에서 '접속 설정'을 선택하면 접속 방법 및 단계를 선택하고, 선택된 통신 방법 및 단계에 따른 통신 세부 사항을 설정하는 단계로 구성된다. XG5000에서 접속 단계에 따라 5가지 접속 방법을 제공한다.

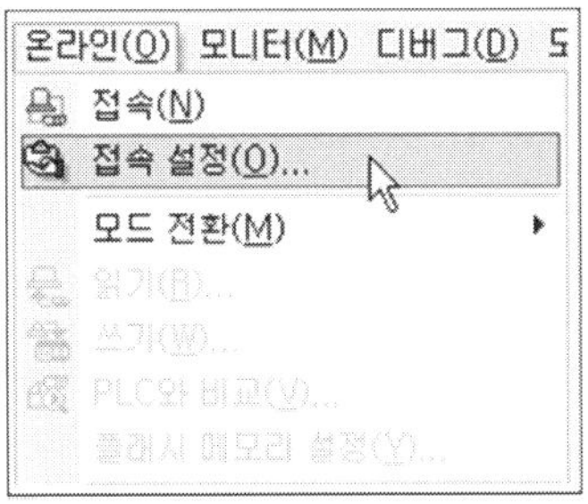

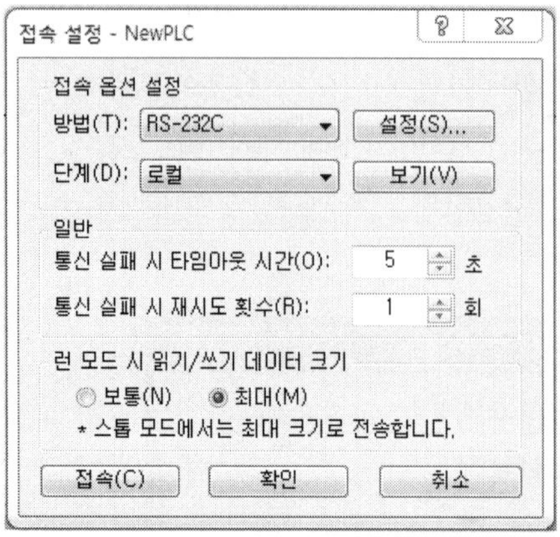

- **로컬 접속** : PC와 PLC CPU 간 접속하는 방법이다. XGT CPU에 USB 포트 및 RS-232C 포트가 있으므로 로컬 접속은 USB 및 RS-232C 통신을 이용할 수 있다.
- 로컬 접속 시 통신 방법으로 RS-232C를 선택했을 경우 통신 세부 사항을 설정해야 하며, USB를 선택했을 경우 통신 세부 사항을 설정하지 않는다.
- 접속 방법이 결정되었으면 통신 방법 및 단계 설정 화면에서 '접속' 버튼을 선택하거나 '온라인' 메뉴의 '접속'을 선택하면 접속 방법이 그림으로 표시된다. 이 화면에서 '확인' 버튼을 선택하면 PC와 PLC 간 접속이 이루어진다.

* 접속 설정 보기 화면은 XG5000 '도구' 메뉴의 옵션 선택에 따라 표시되지 않을 수도 있다. 옵션의 '온라인'에서 '접속' 시 접속 설정 내용 보기(V)가 선택(체크)되어 있을 때 '접속'하면 접속 설정 내용이 화면에 표시된다.

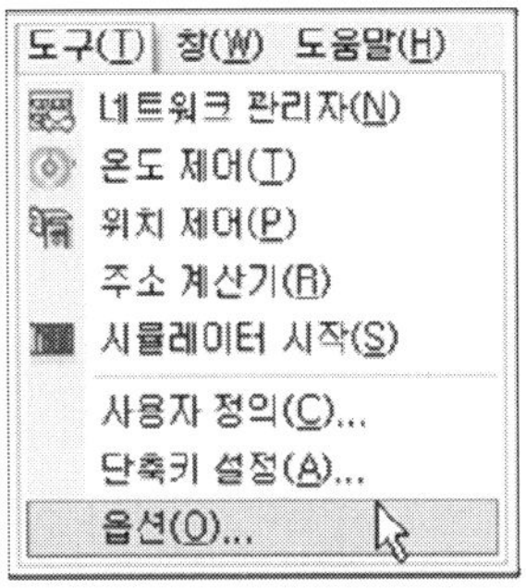

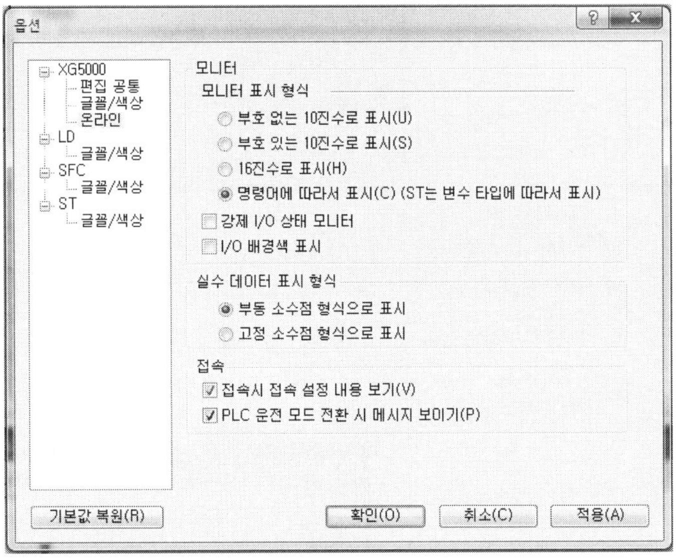

- PC와 PLC가 접속했을 때 상황에 따라 몇 가지 메시지가 발생할 수 있다. 각 메시지에 따른 조치를 취한 후 다시 접속한다.
- **접속 메시지 1** : USB 포트 사용 불가능
  접속 방법으로 USB를 선택하고 접속을 시도했을 때 USB 케이블이 연결되지 않거나 PC에 XGT PLC의 USB 드라이브라 설치되지 않았을 때 나타나는 메시지이다. USV 케이블의 연결 상태를 점검하고, 만일 PC에 XGT PLC의 USB 드라이브가 설치되지 않았을 경우 USB 드라이브를 설치한다.

- **접속 메시지 2** : COM 포트 사용 불가능
  접속 방법으로 RS-323C를 선택하고, 세부 사항 설정에서 지정한 통신 포트를 PC에서 사용할 수 없을 경우 나타나는 메시지이다. 세부 사항 설정 창에서 PC에서 사용 가능한 통신 포트를 지정한다.

- **접속 메시지 3** : PLC 연결 실패

  접속 설정에서 선택한 통신 포트는 사용할 수 있으나 PLC와 통신이 이루어지지 않을 때 발생하는 메시지이다. 로컬 접속을 사용할 경우 접속 케이블을 점검하고, 리모트 연결을 사용할 경우 접속 케이블 및 통신 파라미터를 점검한다.

- **접속 메시지 4** : 타입 불일치

  프로젝트의 PLC에 설정된 CPU 타입과 CPU 모듈의 타입이 서로 다른 경우 발생하는 메시지이다. PLC의 속성에서 PLC CPU 타입을 변경한다.

- **접속 메시지 5** : NAK 메시지

  접속 설정에서 로컬 & 리모트 접속을 선택했을 때 나타날 수 있는 메시지이다. 리모트 접속의 통신 케이블을 점검하고 상세 통신 설정 내용 및 리모트 접속 통신 모듈의 통신 설정 내용을 확인한다.

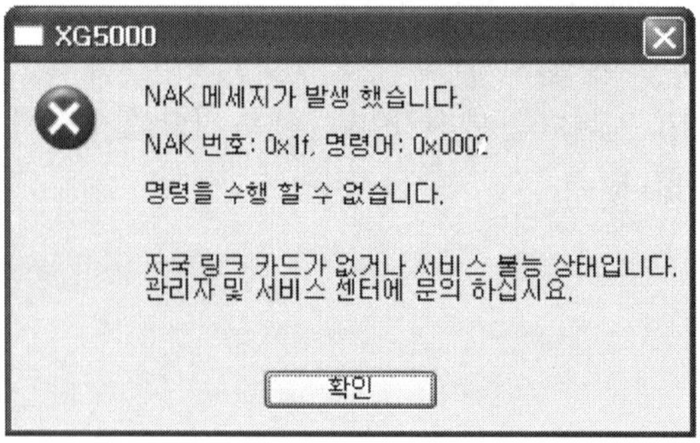

(5) PLC로 전송 및 PLC 운전

프로그램의 작성이 완료되고 PC와 PLC 간 접속이 완료되면 PC에서 작성한 파라미터, 프로그램, 설명문을 PLC로 전송하고 PLC를 운전시킨다.

• XG5000의 온라인 메뉴에서 '쓰기' 또는 단축 아이콘의 '쓰기' 아이콘( )을 선택한다.

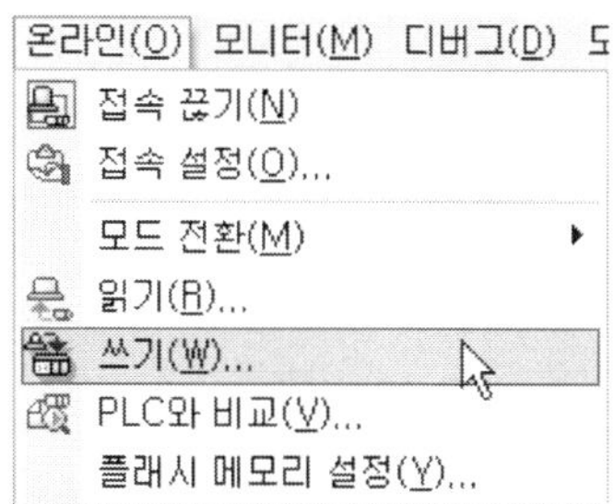

• **PLC로 전송할 항목 선택** : 파라미터 및 프로그램이 PLC로 전송되면 그 이전에 PLC에 저장되어 있던 파라미터 및 프로그램은 모두 삭제되므로 이전의 프로그램 및 파라미터를 보존하고자 할 경우 PLC로 전송하기 전 프로젝트 메뉴에서 'PLC로부터 열기' 또는 온라인 메뉴의 읽기를 실행하여 PLC에 저장되어 있는 파라미터 및 프로그램을 PC에 저장해야 한다.

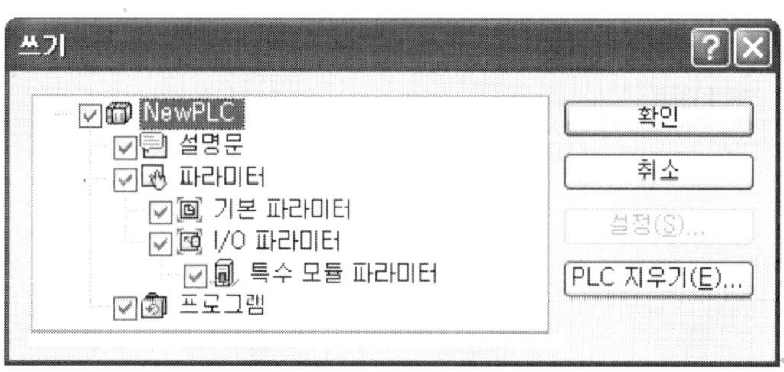

PLC 지우기는 PLC가 STOP 상태에서 선택이 가능하며, PLC에 새로운 파라미터 및 프로그램이 전송되면 PLC에 저장되어 있던 파라미터와 프로그램은 삭제되고, 래치 영역이 아닌 데이터 영역의 데이터는 삭제되지만 래치 영역(K, R 영역 포함)에 저장되어 있는 데이터는 지워지지 않는다. 새로운 프로그램을 전송하기 전에 래치 영역에 저장된 데이터를 지우고자 할 경우 'PLC 지우기' 버튼을 선택하여 래치 영역의 데이터를 지울 수 있다.

• **PLC STOP** : 프로젝트를 전송할 때 PLC는 STOP 상태가 되어야 한다. '쓰기'를 실행할 때 PLC가 RUN 상태이면 PLC를 STOP 모드로 전환할 것인지의 여부를 묻는다. 여기서 '예(YES)'를 선택하면 PLC를 STOP시킨 후 프로젝트를 전송하며, '아니오(NO)'를 선택

하면 PLC는 RUN 상태를 유지하며, 프로젝트를 전송하지 않는다. 단, 전송 목록에서 설명문만 선택되었을 경우 PLC가 RUN 상태에서도 설명문을 전송한다.

- **운전 모드 키 확인** : 프로젝트를 전송할 때 PLC가 RUN 상태이면 XG5000에서 PLC의 운전 모드를 전환할 수 있어야 한다. 그러나 CPU의 리모트 스위치가 OFF로 설정되어 있거나 운전 모드 스위치가 RUN 상태로 설정되어 있을 경우 다음과 같은 메시지가 표시된다. 이 경우 CPU의 REMOTE 스위치 및 RUN/STOP 스위치의 설정을 확인한다.

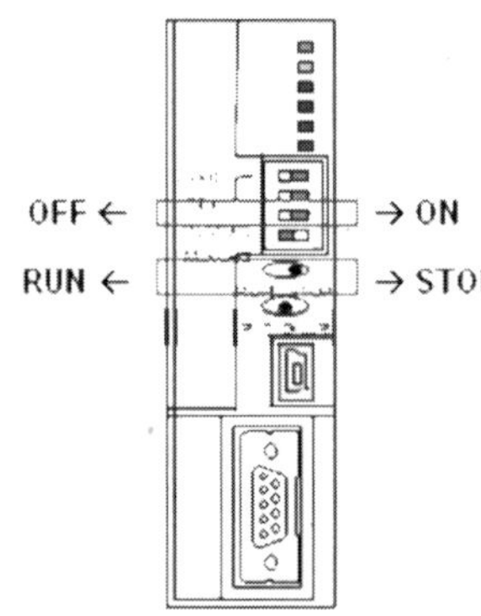

- **전송** : PLC가 STOP 모드로 전환되면 PC에서 작성한 파라미터, 프로그램 및 설명문이 PLC로 전송된다.
- '쓰기'는 기본 파라미터, I/O 파라미터, 프로그램 및 설명문 순으로 PC에서 PLC로 전송된다.

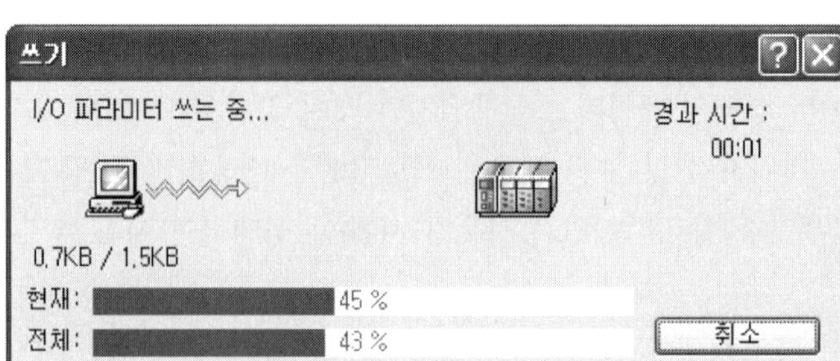

전송 도중 통신이 끊어졌을 경우, 다시 PC와 PLC 간 접속한 후 '쓰기'를 재실행한다.

– '쓰기'가 정상적으로 완료되었으면 다음과 같은 메시지가 표시된다.

– '쓰기'를 하는 시점에서 PLC가 RUN 상태였다면 전송이 완료된 후 다음과 같은 메시지가 표시된다. 여기서 '예(Y)' 버튼을 선택하면 PLC는 RUN 모드로 전환되며, 정상적인 프로그램의 연산 및 수행이 시작된다. '아니오(N)' 버튼을 선택하면 PLC는 STOP 모드를 유지하고, XG5000에서 RUN 모드로 전환하거나 CPU의 RUN 스위치를 ON시키면 RUN 모드로 전환된다.

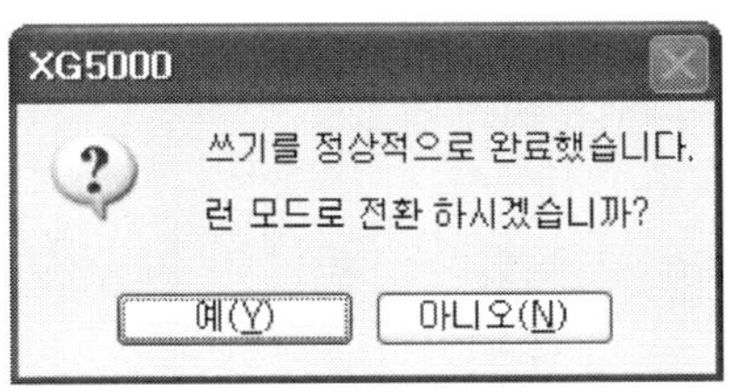

– PLC를 RUN 상태로 전환했을 때 PLC에 에러 또는 경고가 발생하면 다음과 같은 에러/경고 화면이 나타난다. 에러/경고 화면에는 현재 발생하고 있는 에러 또는 경고의 내용이 나타난다.

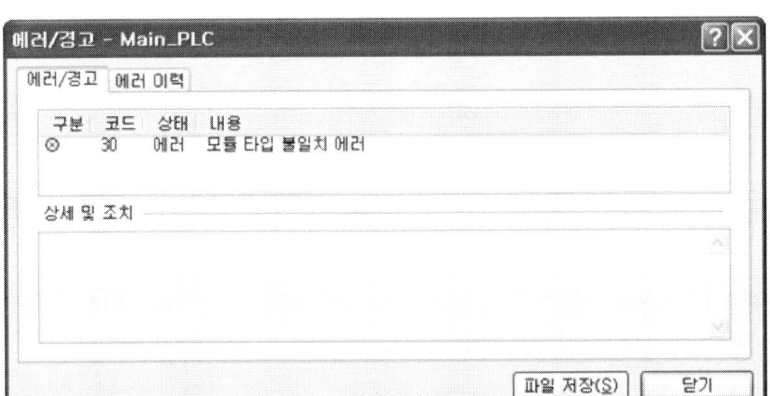

– PLC가 RUN 모드로 전환되면 단축 아이콘의 PLC 모드 전환 아이콘에 RUN 상태가 표시되며, XG5000 상태 표시창에 PLC 이름, 운전 모드, 접속 방법 등이 표시된다.

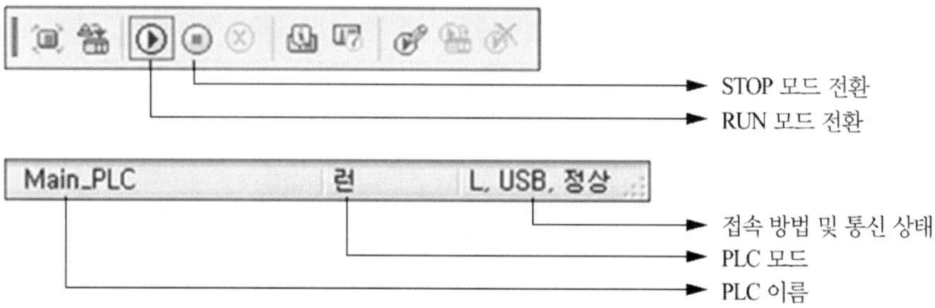

(6) 모니터링

PLC가 가지고 있는 데이터를 XG5000 화면에 표시하는 기능을 모니터링이라고 한다. 모니터링은 PLC의 운전 상태 및 데이터를 시각적으로 표시해주는 기능이므로 프로그램의 디버깅에 유용하게 사용할 수 있다.

XG5000은 운전 데이터를 화면에 표시하는 기능 외에 변수 모니터, 시스템 모니터, 디바이스 모니터, 사용자 이벤트, 데이터 트레이스 등의 다양한 모니터링 기능을 제공함으로써 사용자가 쉽고 편하게 디버깅할 수 있다. 또한 내부 디바이스의 경우 XG5000에서 데이터의 변경도 가능하다.

XG5000과 PLC가 접속된 상태에서 '모니터' 메뉴의 '시작'을 선택하거나 단축 아이콘의 '모니터 시작/끝' 버튼 ( )을 선택하면 모니터링 기능이 시작된다.

- 래더 모니터링(Ladder Monitoring)은 XG5000에서 래더 프로그램이 열려 있는 상태에서 모니터가 시작되면 래더 프로그램에 PLC의 현재 데이터를 표시하는 것을 의미한다.
- **래더 모니터링에서 접점, 코일 등 비트 데이터 표시** : 디바이스 또는 변수의 표시색과 래더 기호의 색을 통해 데이터 및 도통 상태를 확인할 수 있다.

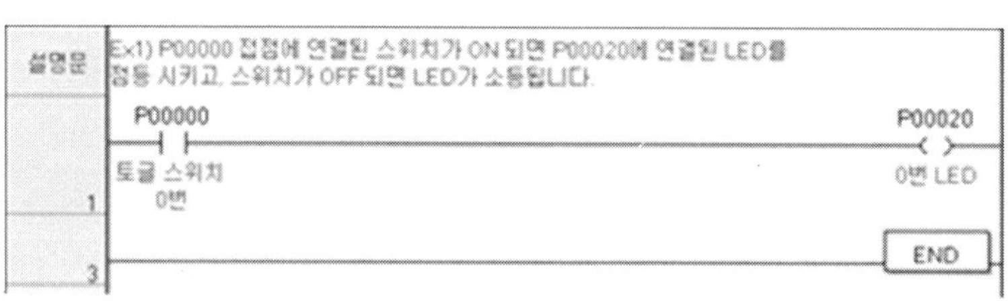

P00000 접점이 OFF되었을 때

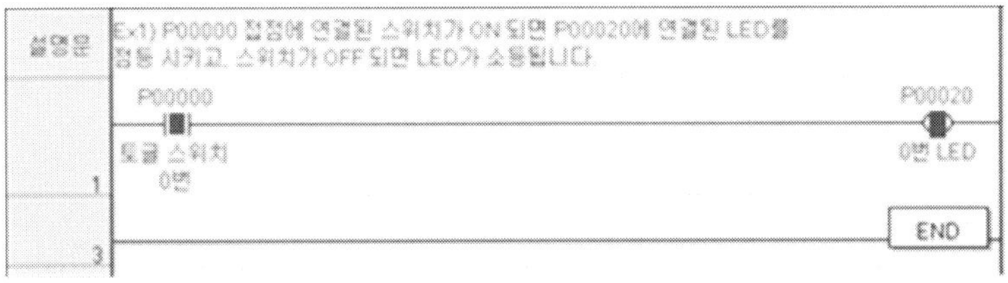

P00000 접점이 ON되었을 때

7.4 XG5000 프로젝트 구조

XG5000에서 프로젝트는 PLC로 구성되며, 한 개의 프로젝트에는 한 대 이상의 PLC를 등록할 수 있다. PLC의 하부 구성 요소로써 변수/설명, 파라미터, 프로그램, 태스크가 있으며, 프로그램은 스캔 프로그램과 태스크 프로그램이 있다.

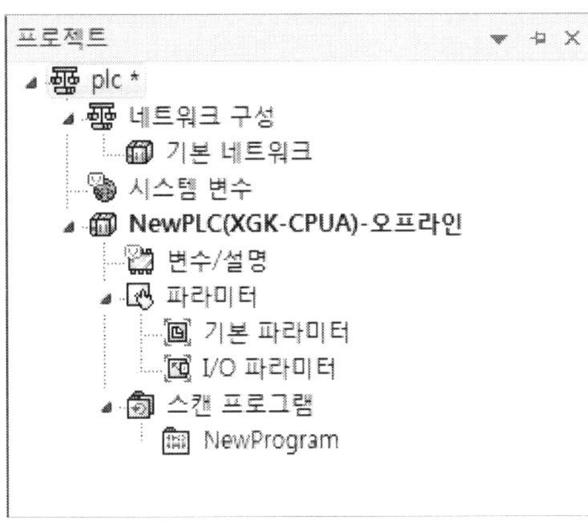

- **프로젝트** : 제어의 총괄 개념으로 1대 이상의 PLC로 구성된다. 특히, 멀티 PLC 프로젝트(2대 이상의 PLC가 등록된 프로젝트)는 PLC 간 네트워크 연결 시 강력한 기능을 발휘할 수 있다. 멀티 PLC 구성 시 구성 제품군에 다음과 같은 제약이 있다.
  - XGK 언어 계열 PLC : XGK 시리즈, XGB 시리즈 중 XBM, XBC CPU
  - XGI 언어(IEC 언어) 계열 PLC : XGR 시리즈, XGI 시리즈, XGB 시리즈 중 XEC CPU
- PLC : 실제 제어를 담당하는 단위(CPU)로 1대의 PLC는 각각의 변수/설명, 파라미터, 프로그램으로 구성되며, 프로그램은 스캔 프로그램과 태스크(Task)프로그램으로 구분된다.

- **변수/설명** : PLC 프로그램에서 사용한 변수 및 각 변수에 대한 설명문을 편집할 수 있다. 또한 PLC 프로그램 과정에서 변수 및 설명문을 편집했을 경우 그 내용을 변수/설명문에서 확인 및 수정할 수 있다.
- **파라미터** : PLC 기종에 따라 파라미터의 종류가 달라진다. XGK PLC의 경우 기본 파라미터와 I/O 파라미터로 구성된다.
- **스캔 프로그램** : PLC가 RUN 상태이면 연산이 수행되는 프로그램이다.
- **태스크 프로그램** : PLC가 RUN 상태이면서 특정 조건(정주기, 내부 접점 ON OFF)이 만족될 때만 수행되는 프로그램이다. 태스크 프로그램을 작성하기 위해서는 먼저 태스크가 등록되어야 한다.

(1) 프로젝트 항목의 편집

XG5000에서 프로젝트는 PLC로 구성되며, 한 개의 프로젝트에는 한 대 이상의 PLC를 등록할 수 있다. PLC의 하부 구성 요소로써 변수/설명, 파라미터, 프로그램, 태스크가 있으며, 프로그램은 스캔 프로그램과 태스크 프로그램이 있다.

- **프로젝트 등록 정보 편집** : 프로젝트 생성 시에 지정했던 프로젝트 정보를 편집할 수 있다.

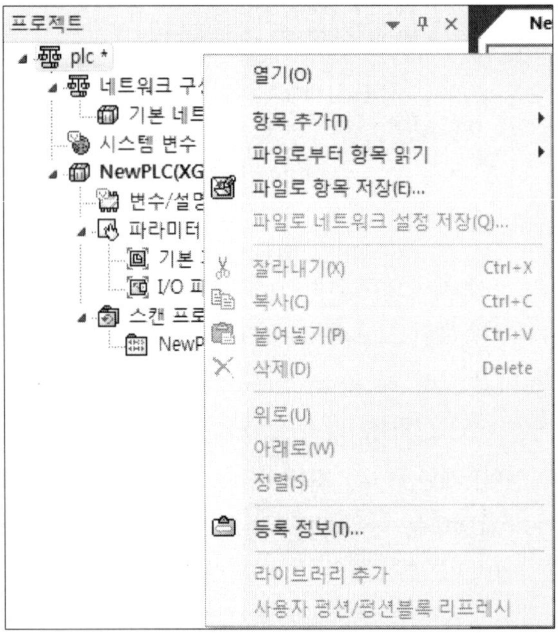

- 마우스로 프로젝트를 선택한다. (클릭)
- 마우스의 오른쪽 버튼을 클릭하여 팝업 메뉴 창을 호출한다.
- 팝업 메뉴 창에서 '등록 정보(T)...'를 선택한다.

- **프로젝트 이름** : 프로젝트 이름을 변경할 수 있다.
- **프로젝트 설명문** : 프로젝트 설명문을 변경할 수 있다.
- **파일 이름** : 프로젝트 파일의 저장 위치와 파일명을 표시한다. 여기서 파일의 저장 위치 및 파일 이름을 변경할 수 없다. 따라서 프로젝트 이름을 변경했을 경우 프로젝트 이름과 프로젝트 파일명이 달라질 수 있다. 프로젝트 이름과 프로젝트 파일명을 동일하게 변경하고자 할 경우 XG5000의 프로젝트 메뉴에서 '다른 이름으로 저장'을 실행한다.
  - 동일 프로젝트에 등록된 여러 대의 PLC 간 서로 통신을 할 경우 동시 접속, 동시 모니터링, 동시 런 중 수정 등 다양한 편리 기능을 사용할 수 있다.

(2) 기본 파라미터

기본 파라미터는 PLC 운전의 기본적인 속성을 지정한다. 기본 파라미터를 편집하기 위해서 파라미터 창에서 기본 파라미터를 더블 클릭하여 기본 파라미터 설정 화면을 호출한다.

1) 기본 동작 설정

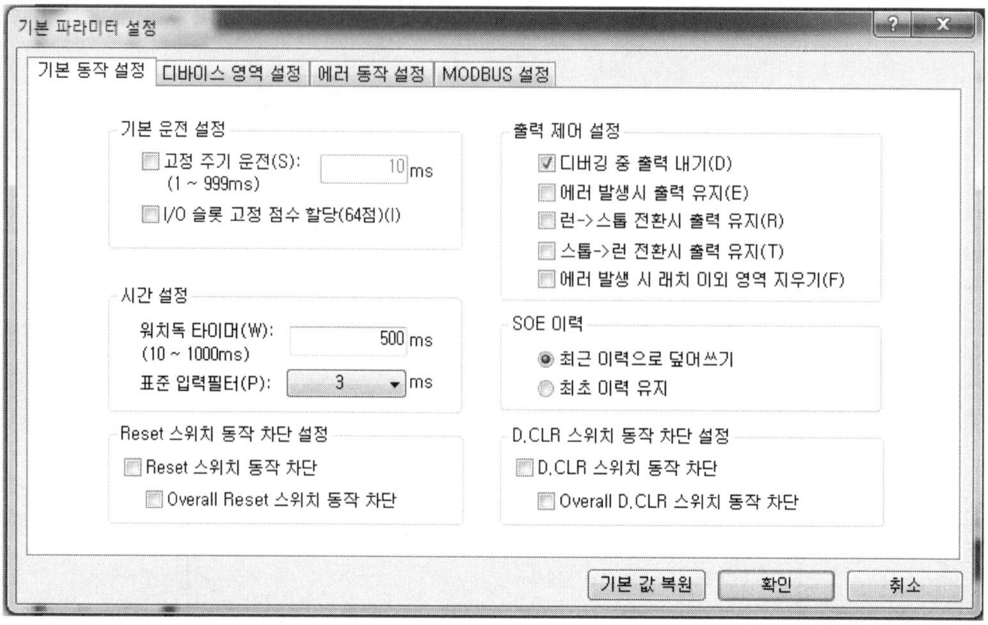

- 기본 운전 설정
  - **고정 주기 운전** : PLC의 스캔 시간을 고정 시간으로 운전할 때 설정한다. 설정 시간은 1~999ms까지 1ms 단위로 설정할 수 있으며, 실제 설정할 수 있는 시간은 프로그램 작성 후 프로젝트를 PLC로 전송한 후 최대 스캔 시간을 확인하고 최대 스캔 시간보다 길게 지정해야 한다.
  - **I/O 슬롯 고정 점수 할당(64점)** : I/O 주소를 고정식으로 할당할 것인지, 가변식으로 할당할 것인지를 선택한다. 이 항목이 선택되면(체크) 고정식 I/O 할당 방식을 사용한다.

- 시간 설정
  - **워치독 타이머** : PLC의 연산 폭주, 무한 루프 등을 감시하기 위해 설정하는 시간이다. 여기에 지정된 시간 내에 PLC의 1 스캔이 완료되어야 하며, 워치 독 타이머 설정 시간 이내에 1 스캔의 처리가 완료되지 않으면 PLC는 에러 상태가 된다.
  - **표준 입력 필터** : 디지털 입력 모듈에 대해 ON 또는 OFF 상태를 유지해 주어야 하는 시간이다. 디지털 입력 모듈의 입력 상태가 바뀌고(예 : OFF → ON) 표준 입력 필터 시간보다 짧은 시간 안에 다시 원래 상태로 복귀하게 되면(ON → OFF) 입력 신호가 바뀌지 않은 것으로 간주한다. 이것은 전기적 노이즈 입력에 의한 오동작을 방지하기 위한 기능으로 전기적 노이즈가 많은 현장에서는 표준 입력 필터 시간을 길게 설

정함으로써 전기적 노이즈 입력에 의한 오동작을 방지할 수 있다.
여기서 설정한 입력 필터 시간은 PLC 시스템 전체에 적용되는 필터 시간이며, I/O 파라미터에서 디지털 입력 모듈별로 입력 필터 시간을 지정할 수도 있다.

- 출력 제어 설정
  - **디버깅 중 출력 내기** : PLC를 디버깅 모드로 운전할 때 출력 모듈에 출력을 할 것인지의 여부를 선택한다.
  - **에러 발생 시 출력 유지** : PLC가 에러 상태가 되면 PLC는 연산을 수행할 수 없으므로 안전을 고려하여 디지털 출력을 리셋시킨다. 에러 발생 시 출력 유지를 선택(체크)하면 디지털 출력 모듈의 I/O 파라미터에서 비상 출력에 홀드로 선택된 채널에 대해 출력을 리셋시키지 않고 유지시킨다.
  - **런 → 스톱 전환 시 출력 유지** : 에러 상태와 마찬가지로 PLC가 STOP 모드가 되었을 때 PLC는 연산을 하지 않으므로 디지털 출력을 리셋시킨다. 런 → 스톱 전환 시 출력 유지를 선택(체크)하면 디지털 출력 모듈의 I/O 파라미터에서 비상 출력에 홀드로 선택된 채널에 대해 출력을 리셋시키지 않고 유지시킨다.
  - **스톱 → 런 전환 시 출력 유지** : PLC가 STOP 모드에서 RUN 모드로 변경될 때 래치 영역으로 설정된 데이터 메모리 영역 이외의 데이터를 클리어시킨다. 스톱 → 런 전환 시 출력 유지를 선택(체크)하면 출력 데이터 메모리 영역을 클리어하지 않고 STOP 상태의 데이터를 가지고 RUN 모드로 진입한다.
  - **에러 발생 시 래치 이외 영역 지우기** : PLC가 에러 상태가 될 때 모든 데이터를 유지한 상태에서 프로그램의 연산을 실행하지 않는다. 그러나 PLC가 통신 기능을 사용하고 있고, 통신 기능 중 시비 기능 및 고속 링크 기능을 사용하고 있다면 PLC가 에러 상태에서도 통신 기능은 계속 수행되어 PLC 데이터 메모리에 저장되어 있는 데이터를 송신하게 된다. 에러 발생 시 래치 이외 영역 지우기 기능을 선택(체크)하면 PLC가 에러 상태로 전환될 때 래치 영역 이외의 데이터를 클리어한다.

* '에러 발생 시 출력 유지', '런 → 스톱 전환 시 출력 유지'를 선택(체크)하더라도 출력 모듈의 I/O 파라미터에서 홀드를 선택하지 않으면 출력은 클리어 된다.

- SOE 이력

SOE(Sequence Of Events) 모듈은 이벤트가 발생한 순서와 시간을 기록하는 모듈이다. 일반 디지털 입력과는 달리 PLC 연산 중에 발생한 이벤트도 인식하고 기록할 수 있다. 한 개의 SOE 모듈은 최대 300개의 이벤트를 기록할 수 있는데, SOE 모듈의 메모리가 소진되었을 경우 SOE 모듈의 운전 상태를 설정한다.

- **최근 이력으로 덮어쓰기** : SOE 모듈의 메모리가 소진된 이후 이벤트가 발생했을 때 과거 데이터를 삭제한 후 최근 이벤트를 계속 기록한다.
- **최초 이력 유지** : SOE 모듈의 메모리가 소진된 이후 이벤트가 발생하더라도 더 이상 기록하지 않고 과거의 데이터를 그대로 유지한다.

• Reset 스위치 동작 차단 설정

CPU의 Reset 스위치의 동작을 설정한다.

- Reset 스위치 동작 차단이 선택(체크)되어 있으면 CPU의 Reset 스위치를 동작시키더라도 CPU가 Reset되지 않는다. Reset 스위치를 3초 이상 ON시키더라도 Overall Reset 기능을 수행하지 않는다.
- **Overall Reset 스위치 동작 차단** : Overall Reset이란 CPU의 Reset 스위치를 3초 이상 ON시키면 CPU가 Reset되면서 래치 영역의 데이터를 삭제시키는 기능이다. Overall Reset 스위치 동작 차단이 선택(체크)되어 있으면 CPU의 Reset 스위치를 3초 이상 ON시키더라도 래치 영역의 데이터가 삭제되지 않는다.

• D.CLR 스위치 동작 차단 설정

CPU가 STOP된 상태에서 CPU의 D.CLR 스위치를 ON시키면 래치 1영역(K, R 영역 포함)의 데이터가 삭제(Data Clear)되며, D.CLR 스위치를 3초 이상 ON 시키면 래치 2영역의 데이터까지 삭제된다.(Overall Data Clear)

- D.CLR 스위치 동작 차단이 선택(체크)되어 있으면 CPU가 STOP되어 있는 상태에서 D.CLR 스위치를 ON시켜도 래치 1영역의 데이터를 삭제하지 않으며, D.CLR 스위치를 3초 이상 ON시켜도 래치 1영역의 데이터를 삭제하지 않는다.
- Overall D.CLR 스위치 동작 차단이 선택(체크)되어 있으면 CPU가 STOP되어 있는 상태에서 D.CLR 스위치를 3초 이상 ON시켜도 래치 2영역의 데이터를 삭제하지 않는다.

* Reset 스위치 또는 D.CLR 스위치의 동작을 차단하더라도 XG5000 온라인 메뉴의 Reset 및 데이터 클리어 기능은 동작한다.

2) 디바이스 영역 설정

래치 영역을 설정한다. 래치 영역이란 PLC가 리셋되었을 때 데이터를 클리어하지 않고 유지하는 영역을 말한다. XGK 계열 PLC에서 래치 영역은 래치 1영역과 래치 2영역으로 나뉘며, 각 영역은 리셋 기능 및 데이터 클리어 기능에 따라 데이터를 유지 또는 클리어한다. 그리고 데이터 메모리 영역 중 K영역과 R영역은 디바이스 영역 설정에서 설정하지 않더라도 래치 기능을 수행한다.

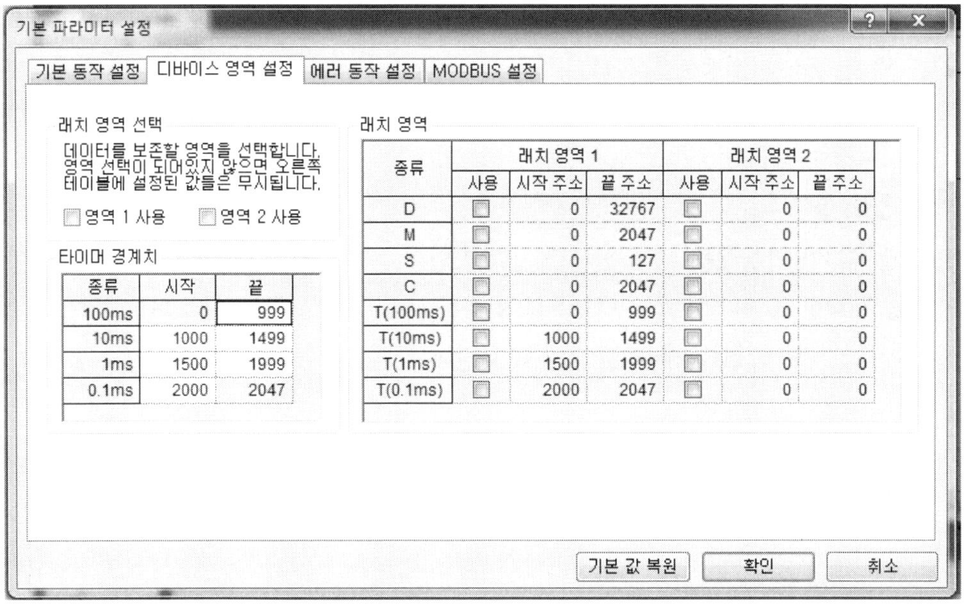

• 래치 영역 선택

	K.R 영역	래치 1	래치 2
CPU STOP/RUN	유지	유지	유지
전원 OFF/ON	유지	유지	유지
Reset	유지	유지	유지
Overall Reset	클리어	클리어	유지
래치 1 클리어	클리어	클리어	유지
래치 2 클리어	클리어	클리어	클리어
프로그램 쓰기	유지	유지	유지

• **타이머 경계치** : XGK PLC에는 T0000~T2041까지 2,048개의 타이머가 있으며, 타이머 설정 시간으로 100ms, 10ms, 1ms, 0.1ms 단위로 설정할 수 있다. 여기서 설정 시간별 타이머의 수를 조절하여 사용할 수 있다.

• 래치 영역 설정 방법

- 래치 영역 선택에서 영역 1 사용, 영역 2 사용을 선택(체크)하면 래치 영역에서 각 래치 영역별 '사용' 선택 행이 활성화된다.
- 래치 영역으로 사용하고자 하는 메모리 영역의 '사용'을 선택(체크)하면 시작 주소 끝 주소를 입력할 수 있다.
- D영역과 M영역에 대해서는 워드 단위, S영역(스텝 컨트롤러)에 대해서는 조 단위, C(카운터) 영역과 T(타이머) 영역에 대해서는 카운터 또는 타이머 번호 단위로, 연속적으로 설정할 수 있다.

- 래치 영역 1과 래치 영역 2가 정상적으로 동작하기 위해서는 메모리 영역이 중복되지 않게 주소를 설정해야 한다.
- 래치 영역 1과 래치 영역 2에 중복으로 등록된 메모리 영역은 래치 영역 1로 동작한다.

3) 에러 동작 설정

PLC에 에러가 발생했을 때 운전을 정지할 것인지, 에러를 무시하고 계속 운전을 할지의 여부를 선택한다. 여기서 운전 속행으로 설정된 에러가 발생했을 때 PLC는 해당하는 에러가 발생했을 때 운전을 계속하고, CPU의 CHK LED가 점멸하게 된다.

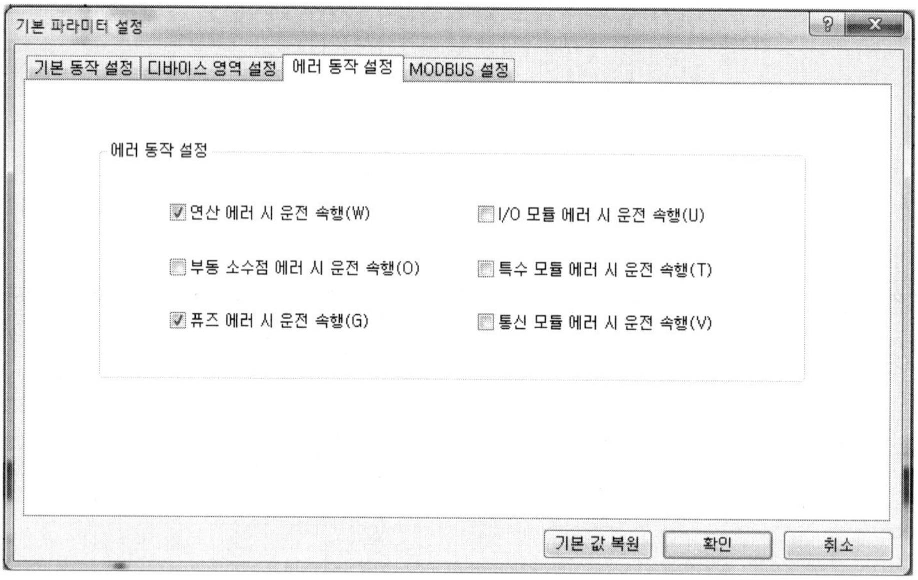

(3) I/O 파라미터

I/O 파라미터는 PLC에 장착된 디지털 입력 모듈, 디지털 출력 모듈, 특수 모듈의 운전 속성을 지정한다. 단, 특수 모듈 중 위치 제어 모듈(XG-PM)과 온도 제어 모듈(XG-TCON), 통신 모듈(XG-PD)은 별도의 소프트웨어 툴을 이용하여 파라미터를 설정한다.(사용설명서 참조) 디지털 입력 모듈의 I/O 파라미터 내용은 입력 필터 시간을 설정하는 것이며, 별도로 I/O 파라미터를 설정하지 않을 경우 기본 파라미터에서 설정하나 표준 입력 필터 시간으로 동작한다. 디지털 출력 모듈의 I/O 파라미터 내용은 채널별(8점 단위)로 PLC가 STOP 또는 에러 상태로 전환될 때 출력을 제어하는 비상 출력에 관한 내용으로 기본 설정은 출력을 클리어시키는 것으로 설정되어 있다. 만일 I/O 파라미터에서 비상 출력을 유지(홀드)로 설정하더라도 기본 파라미터에서 '에러 발생 시 출력 유지', '런 → 스톱 시 출력 유지'를 선택하지 않으면 비상 시 출력은 유지되지 않는다.

• 모듈 등록

I/O 파라미터를 설정하기 위해서는 I/O 파라미터에 모듈을 등록해야 한다. 모듈을 등록하는 방법은 PLC를 연결하여 PLC에 장착되어 있는 모듈을 읽어 등록하는 방법(온라인 등록)과 사용자가 모듈을 선택하여 등록하는 방법(사용자 등록)이 있다.

1) 사용자 등록

PLC 각 슬롯별로 장착할 모듈을 사용자가 선택하여 등록한다.

• 사용자 모듈 등록 순서

- 프로젝트 창에서 I/O 파라미터를 더블 클릭한다.

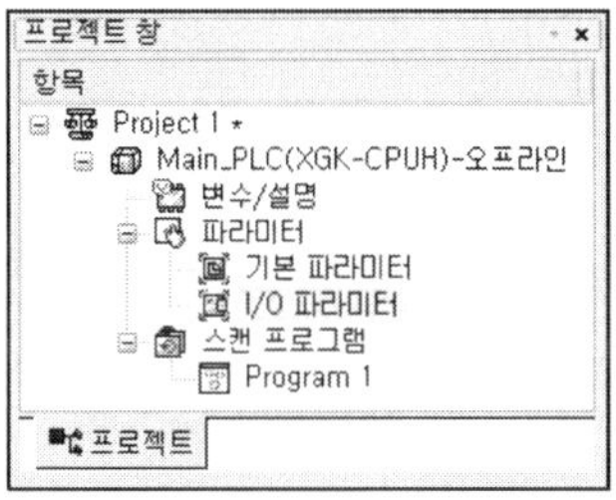

- I/O 파라미터 설정 창에서 슬롯을 클릭하면 모듈 종류가 표시된다.
- 모듈 종류를 확장시켜 장착할 모듈 종류를 선택하면 선택된 슬롯에 선택한 모듈이 등록된다.

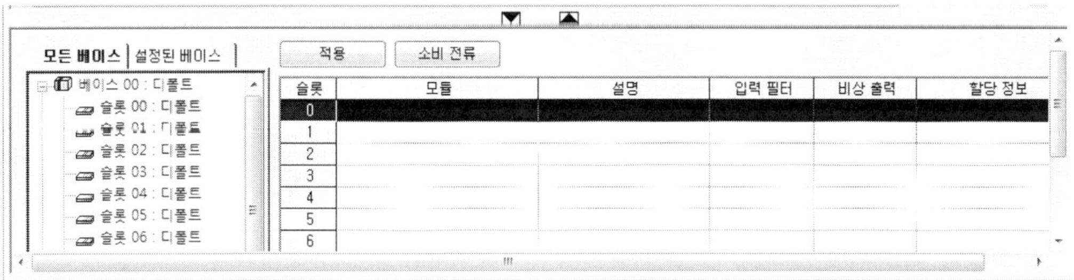

2) 온라인 등록

PLC 시스템이 구성되어 있을 때 PLC에 장착된 모듈의 종류를 읽어 I/O 파라미터에 등록한다. 온라인 등록은 PLC와 XG5000이 접속되어 있을 때 사용 가능하다.

• 온라인 모듈 등록 순서

- PLC STOP 모드 전환 : PLC를 접속한 후 온라인 메뉴 〉〉 모드 전환 〉〉 스톱을 눌러 PLC를 STOP 모드로 전환한다.

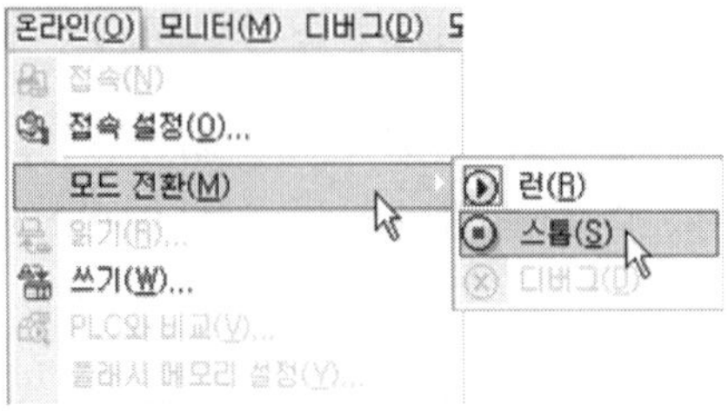

- 온라인 메뉴 〉〉 I/O 정보(I)를 선택하여 PLC에 장착된 모듈의 I/O 정보를 읽어 온다. I/O 정보 창에서 I/O 동기화 버튼을 클릭하면 PLC에서 읽어온 I/O 정보를 I/O 파라미터로 저장한다.
- 모듈을 선택(클릭)한 후 I/O 정보 창에서 상세 정보를 선택하면 모듈의 상세 정보를 확인할 수 있다.
- PLC가 STOP 모드가 아닐 경우 I/O 정보를 읽어오지만 'I/O 동기화(S)' 버튼이 활성화되지 않아 I/O 동기화를 할 수 없다.

제 8 장 PLC 구축 시 Trouble 및 Noise 대책

8.1 PLC 구축 시 Trouble 대책

PLC 반도체 소자로 구성된 IC 회로이다. 반도체 소자는 온도, 습도, 먼지 및 서지 전압과 Noise에 대하여 취약하다. 그러므로 PLC를 구축할 때는 환경적인 영향과 전원 및 Noise 대책을 수립하는 것이 가장 중요한 구축 기술이다.

(1) PLC 전원 구축 기술 및 Trouble 대책

① PLC 전원은 동력 전원과 공용하면 안 된다. 만약 동력 전원과 공용할 경우에는 정전압 변압기나 AVR을 설치하여 전원을 공급하여야 한다.

② PLC 전원은 Noise원 전원과 공용하면 안 된다. Noise원 전원과 공용 시 및 Noise원 기기가 많은 현장에서는 NCT(noise 절연 변압기)나 Noise 필터를 설치하여 전원을 공급하여야 한다.

③ PLC 모든 전원선은 Twist 시켜야 한다.

④ PLC 전원은 정전압 변압기, AVR, NCT 등과 같은 안정화 장치를 이용하여 전원을 공급해야 한다.

⑤ PLC 전원선은 다른 전력선과 근접시키면 안 된다.

⑥ PLC 입·출력 모듈 전원과 입력기기, 출력기기 전원과 공용하면 안 된다.

⑦ PLC 전원 모듈의 FG와 LG는 꼭 접지하여야 한다.

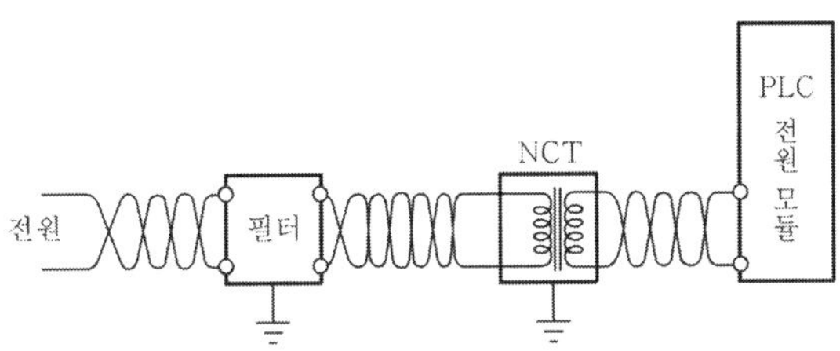

〈그림 8-1〉 필터와 NCT 조합 전원 장치

(2) 환경적 영향과 Trouble 대책

① 고온 및 저온에 대한 대책

PLC 반도 소자로 구성된 시스템이므로, 주위 온도가 0~55℃ 이내이어야 한다. PLC 주위온도가 0℃ 이하로 내려갈 우려가 있거나 55℃ 이상 되는 경우에는 이에 대한 대책이 필요하다.

㉮ 온도가 고온이 될 우려가 있는 경우에는 배전반에 냉각 팬을 설치하거나 통풍이 잘 되게 한다.

㉯ 직사광선을 피하도록 하고, 발열 장치를 접근시키지 않는다.

㉰ 배전반 주위 온도가 영하로 내려갈 수 있는 환경에서는 히터 설비를 하거나 PLC 전원을 계속적으로 공급한다.

㉱ 급격한 온도 변화가 없는 환경에 배전반을 설치한다.

② 습도 및 결로에 대한 대책

PLC 주위 습도는 5~95% RH 정도가 되어야 한다. 특히 고습도가 되면 누전 우려가 있고, 절연이 떨어지므로 이 경우에는 배전반에 흡습제를 설치하거나 배전반 주위에 히터 설비를 하여야 한다.

③ 먼지 및 분진에 대한 대책

PLC 주위에 먼지 및 분진이 발생하는 환경에는 먼지 및 분진 우려가 없는 장소에 PLC 배전반을 설치하여야 한다. 먼지 및 분진이 PLC 모듈 내부에 침투하면 회로를 단락 및 지락시켜서 PLC가 Down되는 현상이 일어나기 때문이다.

(3) Noise 영향 및 Trouble 대책

① Noise 종류

㉮ **자연계 노이즈** : 자연계 노이즈는 비교적 저주파로, 낙뢰를 제외하고는 주로 무선 송・수신 장치에만 영향을 주고, 아래와 같은 종류로 구분된다.

㉠ 전리층 노이즈

㉡ 태양계 노이즈

㉢ 우주 노이즈

㉣ 대기 노이즈(주로 낙뢰)

㉤ 열 노이즈(지구상의 대지・물・수증기의 열에 의한 노이즈)

㉥ 지구 내부 노이즈

㈏ **인공 노이즈** : 인공적으로 제작된 시스템 사이에 발생되는 노이즈로, 비교적 자연계에 비하여 고조파이다. 자연 노이즈는 시간에 따라 주기적이거나 변화하는 반면, 인공 노이즈는 연속적으로 발생한다.

㈐ **전도성 노이즈**

㉠ COMMON MODE 노이즈 : 각 전원선과 접시 사이에 나타나는 형태의 노이즈

㉡ NORAL MODE 노이즈 : 두 전원선 사이에 나타나는 형태 노이즈

㈑ **복사 노이즈** : 전도성 노이즈가 자유공간을 통해 정전 결합에 의해 2차 유도를 일으켜 복사되는 노이즈이다.

㈒ **부품 내부 노이즈** : 전자파 노이즈 대책을 마련하는 데 가장 어려운 부분이 내부 노이즈를 제거하는 기술이다. 이는 회로 내부의 발진 소자의 유무, 회로 패턴의 인접 현상에 의한 정전 유도 대전류에 의한 전자 유도, 2차 유도에 의한 복사 노이즈 문제 해결에 상당한 몫을 차지하고 있다.

② **노이즈 경로**

노이즈의 침입 경로는 통계(D.R.J. White, EMC Handbook, 1980)를 보면 〈그림 8-2〉와 같다.

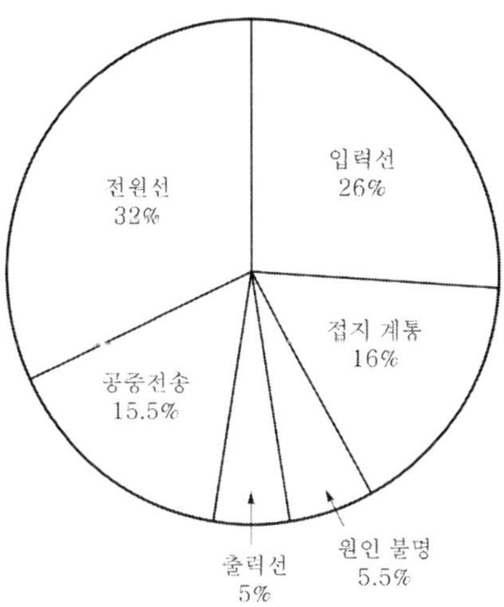

〈그림 8-2〉 Noise 경로에 따른 통계

㉮ 전원 라인의 전도 노이즈 구분 : 전도 노이즈는 다음과 같이 NM, CM으로 구분된다.

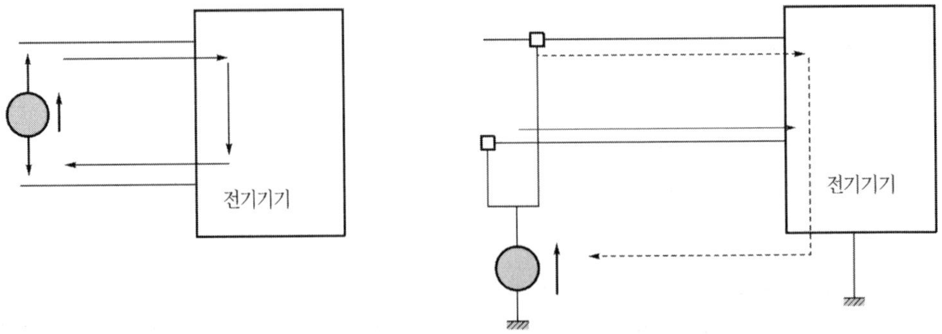

(a) Normal Mode Noise(NM) (b) Common Mode Noise(CM)

〈그림 8-3〉 전도 노이즈 분류

㉯ CM(Common Mode Noise)과 NM(Normal Mode Noise)과의 상관 관계 : 이 두 가지의 노이즈 구분은 흔히 사용하는 것으로, 이는 잡은 주파수에 따라 서로 상관관계를 갖는데, 이에 대해 살펴보면 다음과 같다.

㉠ CM → NM과의 상관관계 : 〈그림 8-4〉에서 E_n과 E_c는 다음 식으로 표시된다.

$$E_n = E_c\left(\frac{Z_1}{R_1} + Z_1 - \frac{Q_2}{R_2} + Z_2\right)$$

여기서, E_n : NM 노이즈

E_c : CM 노이즈

Z_1, Z_2: 전원선과 접지선 간의 임피던스

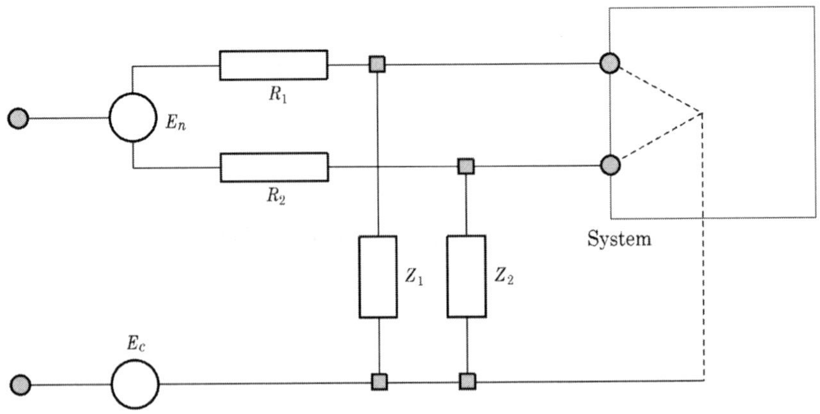

〈그림 8-4〉 CM과 NM과의 상관관계

위 식의 의미로 NM 노이즈와 CM 노이즈는 임피던스에 의해 상관관계가 있음을 나타내준다.

㉡ NM → CM의 변환 : NM을 CM으로 변환시켜 보면 〈그림 8-5〉와 같이 표현된다. 그림에서 NM과 CM은 다음 식으로 표시된다.

$$E_{c1} = E_n \frac{Z_1}{R_1} + Z_1$$

$$E_{c2} = E_n \frac{Z_2}{R_2} + Z_2$$

위와 같은 식은 시스템의 종류와 사용 주파수에 따라 달라지므로 실제 이용상 큰 의미가 부여되지 않는다.

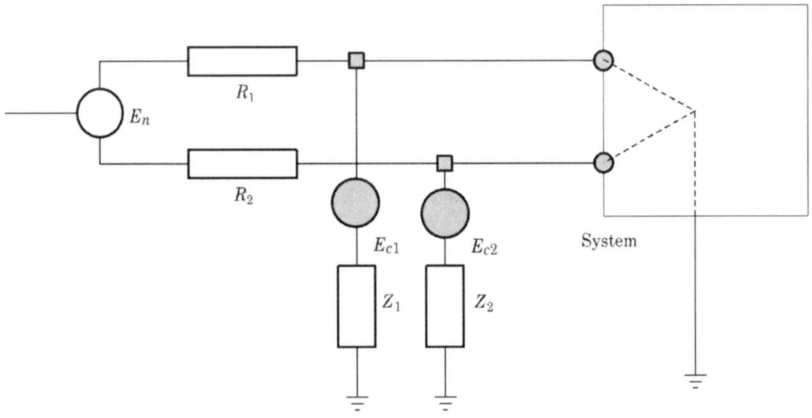

〈그림 8-5〉 NM의 CM으로의 변환

㉰ 기타 노이즈에 영향을 주는 요소(기기 내) : 노이즈에 영향을 주는 요소는 많지만 원인으로 볼 때 전압에 의한 정전 유도, 전류에 의한 전자 유도를 들 수 있는데, 전자의 경우 임피던스와 관계가 있고, 유도 경로는 도체와 접지 사이에 발생하여 CM 성분이 된다. 후자의 경우 유도 회로와 관계없이 도체와 도체 사이의 자계에 의한 상호 결합에 의해 생기며, 이는 NM과 관계가 깊다.

③ Noise에 의한 Trouble 대책 및 개선 사례

㉮ 접지 회로의 배선 방법 개선

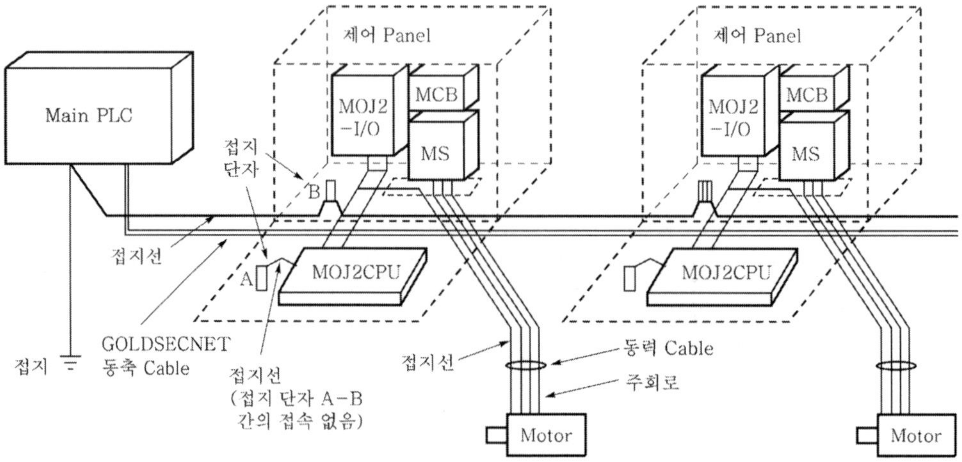

㉠ 이상 내용

- 동력용과 PLC 전원용의 접지선이 공용으로 되어 있어 Moter 운전 시 동력 Noise 유입에 의해 PLC가 오작동한다.
- 접지 단자 A-B 간은 Panel(철)에 접속되기 때문에 PLC의 접지선은 Impedance를 가지고 있다.
- 제어 Panel에서 동축 Cable과 동력 Cable이 배선 Duct 내에 함께 존재하고 있어 통신 장해를 일으켰다.

㉡ 개선 내용

- PLC 전원용 접지선과 동력용 접지선을 분리한다.
- PLC 전원용 접지선을 직접 PLC에 접속한다.
- 배선 Duct 내에서 동축 Cable과 동력 Cable을 분리한다.

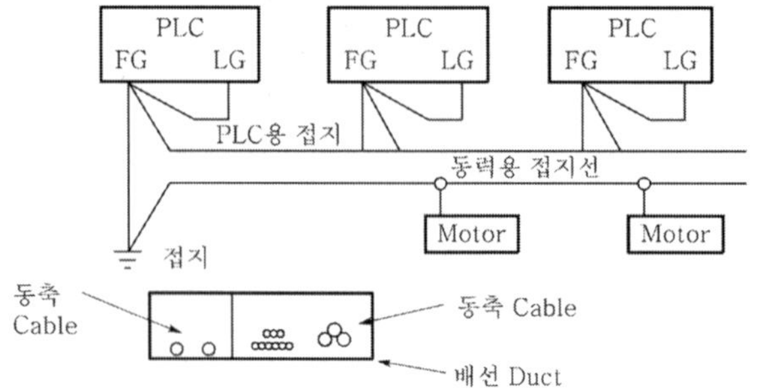

㉯ 신호 Cable의 Ground선 강화

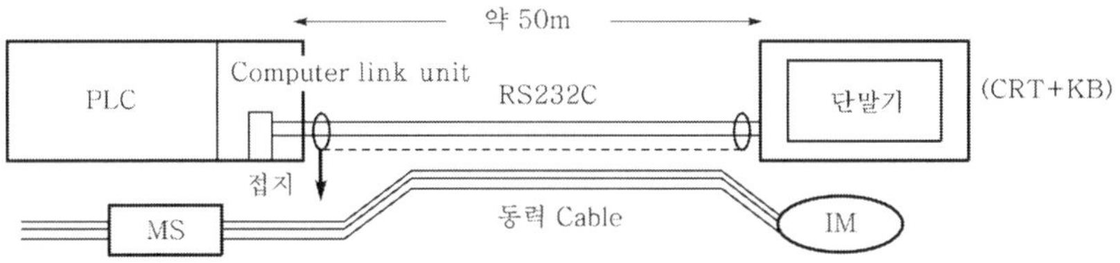

㉠ 이상 내용 : Motor 운전 시 RS232C선과 동력 Cable이 근접하여 단말기의 표시 이상이 발생했다(보통 RS232C선의 최대 거리는 15m이지만 미리 실험으로 확인한 후 채용했다).

㉡ 개선 내용 : 전 신호선과 SG선을 Twisted pair화하여 내 Noise성을 향상시키고, Ground(SG)선을 강화했다.

※ Encoder의 경우에도 신호선과 SG선의 Twisted pair화는 효과가 있다.

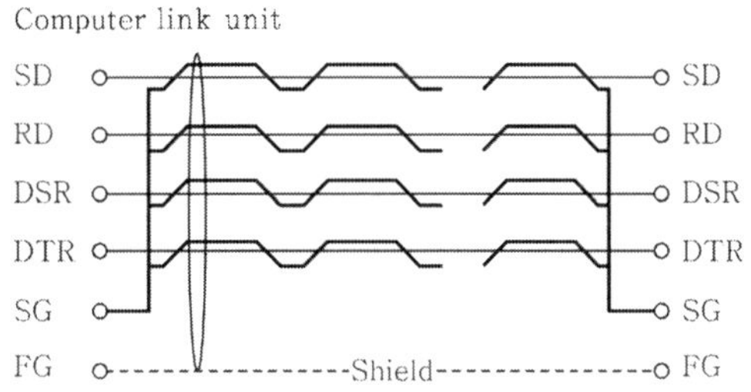

㉰ 전원 Noise filter의 1・2차선 분리

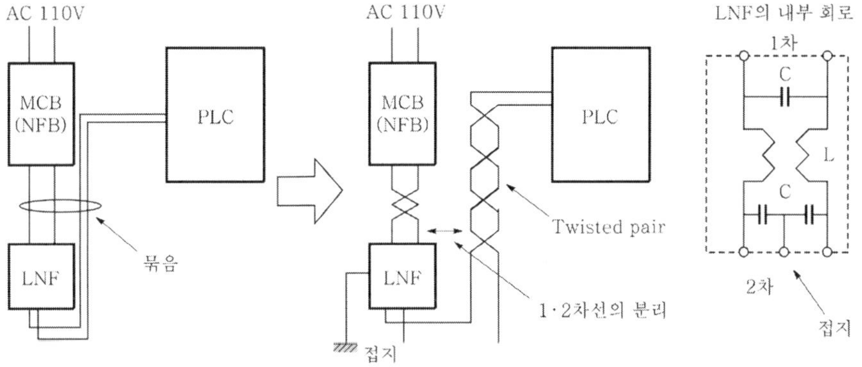

㉠ 이상 내용 : Noise filter(LNF)의 1・2차선을 함께 묶어 배선하였기 때문에 전원 Noise가 PLC에 침입했다. 또한, Noise filter를 접지하지 않았다.

㉡ 개선 내용

- Noise filter(LNF)의 1・2차선을 분리하고(약 10cm) 각각을 Twisted pair화했다.
- Noise filter의 접지 단자를 접지했다.

㉣ 동력선과 제어선(cable)의 분리

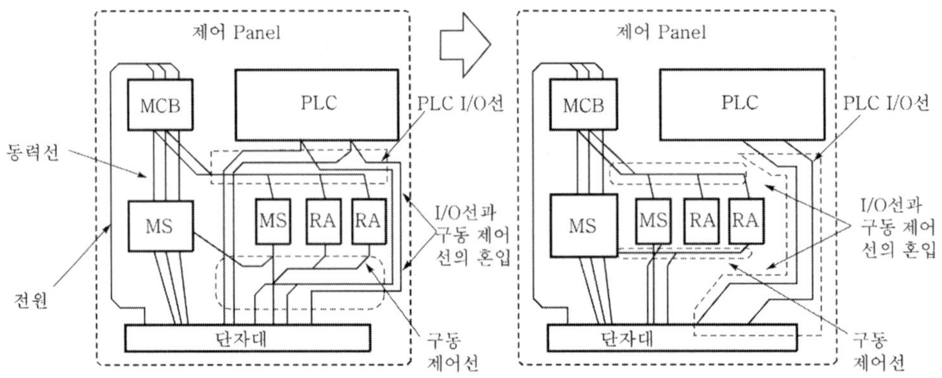

㉠ 이상 내용 : PLC I/O선과 구동 제어선, 동력선이 제어 Panel 배선 Duct 내에 혼입되 어 있어 전자 유도 Noise가 PLC I/O선을 통해 PLC에 침입하여 오작동을 발생시켰다.

㉡ 개선 내용 : PLC I/O선과 구동 제어선, 동력선의 배선 경로를 분리했다(10cm 이상 떨어뜨리거나 금속 차폐판을 설치했다).

㉤ 정전기 Noise의 대책

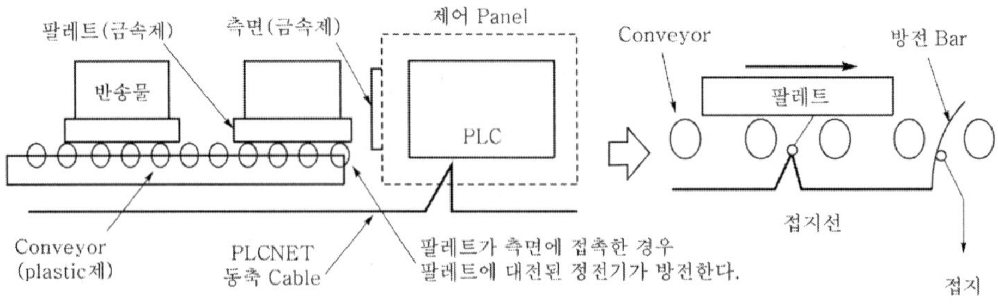

㉠ 이상 내용 : 팔레트에 대전된 정전기가 방전할 때 근접한 PLCNET 동축 Cable에 방전 Noise가 침입하여 CPU의 Stop과 통신 장해를 일으켰다.

㉡ 개선 내용

- Conveyor의 Roller 간에 방전 Bar를 설치하여 팔레트의 정전기 대전을 없앴다. 또한, 측면도 접지했다.
- Panel용 접지와 회로용 접지를 분리했다.
- 제어 Panel, PLC의 접지를 강화하고, 동시에 동축 Cable을 가능한 한 분리했다.

㉥ Noise 대책용 Shield 방법의 개선

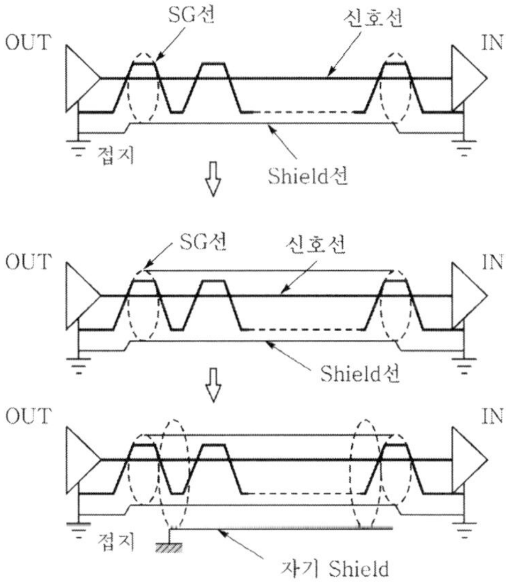

㉠ 이상 내용

- 근접한 제어선으로부터 Relay noise가 침투하여 입력 신호가 오작동했다.
- 똑같이 근접한 주회로 Cable로부터 동력 Noise를 받아 입력 신호가 오작동했다.

㉡ 개선 내용

- Shield선의 접지를 한점 접지로 했다.
- 신호 Cable을 자기 Shield가 있는 Cable로 했다.

㉳ Noise의 대책에 대한 접지 기술

㉠ 접지의 종류

<table>
<tr><th colspan="2">분 류</th><th>목 적</th><th>내 용</th></tr>
<tr><td colspan="2">대지 접지</td><td>• 인체에 대한 위험 방지
• 신호의 유도성 방해 방지</td><td>• 전위의 기준으로서 채용하고, 전자기기의 기준점에 접속
• 접지 공사의 종류(제 1, 2, 3종 및 특별 3종)
• 떨어진 2점 간의 대지 전위가 다른 경우는 그 2점 간의 접속을 피하는 것이 원칙</td></tr>
<tr><td rowspan="3">전자 기기의 접지</td><td>LG</td><td>전원 측으로부터의 Noise 방지</td><td>• AC line filter의 중점 접지
• Noise 전류의 Return으로서 대지 접지에 접속</td></tr>
<tr><td>FG</td><td>• 인체에 대한 위험 방지
• 신호의 유도성 방해 방지</td><td>• 전자기기의 외함, Shield 접지
• 보통 대지 접지에 접속</td></tr>
<tr><td>SG</td><td>신호의 유도성 방해 방지</td><td>• 회로 전위의 기준점
• 보통 DC common을 대지 접지에 접속</td></tr>
<tr><td colspan="2">신호 회로의 접지 회로</td><td>신호 전류의 귀환 회로
(신호 return)</td><td>신호 Retrun측은 신호 전류와 같은 전류가 흐르므로 다른 것과 Impedance를 가지지 않도록 SG에 접속</td></tr>
</table>

㉡ 접지 기술 및 Noise 대책

- 기기 간 접지 접속의 기본 : 공통 Impedance를 적게 하여 전위를 일치시킨다.

접지 방법의 종류
- 한 점 접지 : System 접지의 기본
- 다점 접지 : 고주파 기기의 접지
- 혼성 접지 : 대지 접지에 전위차가 있는 경우

- PLC system과 다른 기기와의 접지 방법
  - 동력 접지와 PLC system의 접지는 별도로 한 점 접지한다(공통 impedance를 적게 한다).
  - (a)의 방법이 가장 좋으며, (c)의 방법은 가능한 한 피한다.

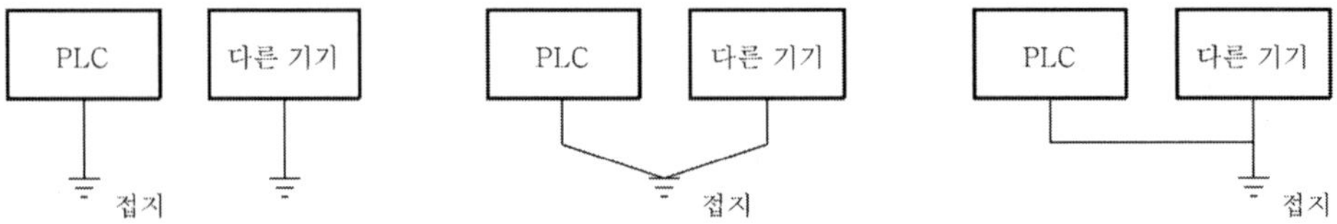

(a) 전용(개별) 접지 (b) 공용 접지 Ⅰ (c) 공용 접지 Ⅱ

- PLC 접지 단자의 접속 방법 : 그림 (a)의 방법이 가장 좋으나 접지 환경에 따라 (b), (c), (d)를 선택할 수도 있다.

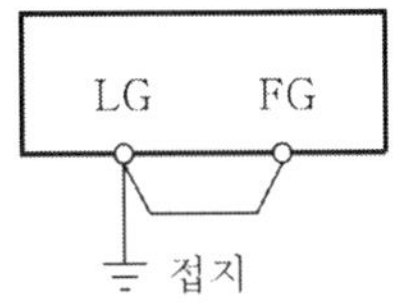

(a) LG · FG 접지

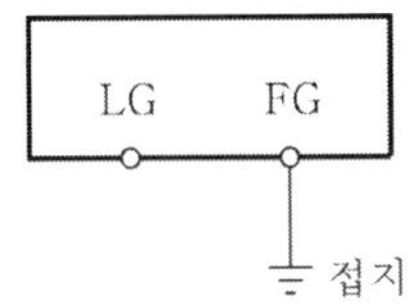

(b) FG만 접지

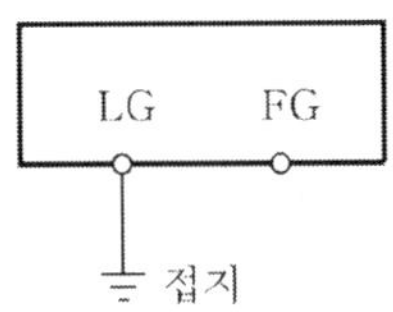

(c) LG만 접지

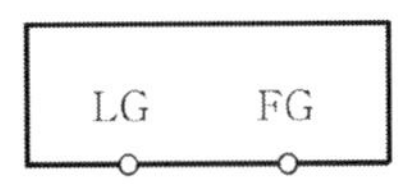

(d) 접속하지 않음

- 이동 기계의 접지 방법
  - 대차나 크레인 등의 이동 기계에는 대지 접지를 실시할 수 없으므로 기계 설비 자체를 대지로 간주하여 접지 회로를 구성한다.
  - 기계 설비 Main frame의 1점을 접지점으로 한다.
  - 동력용과 PLC용의 접지선을 별개로 접지점에 접속한다.

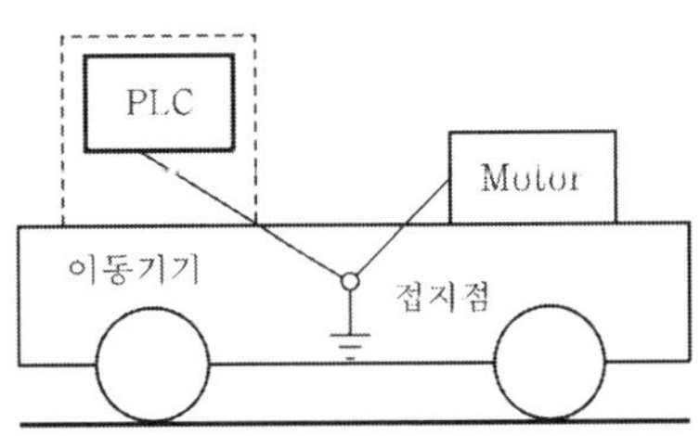

㉧ 전원부의 Noise 대책

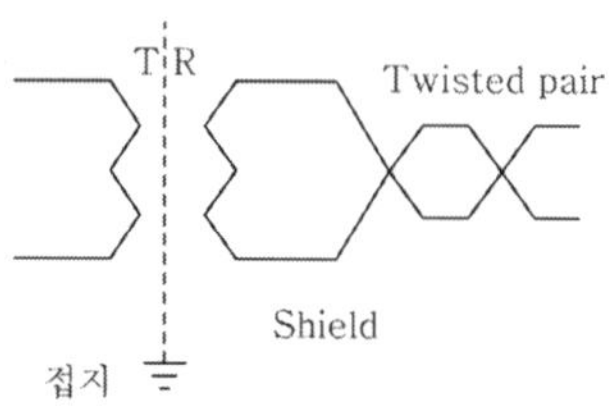

(a) Shield trans

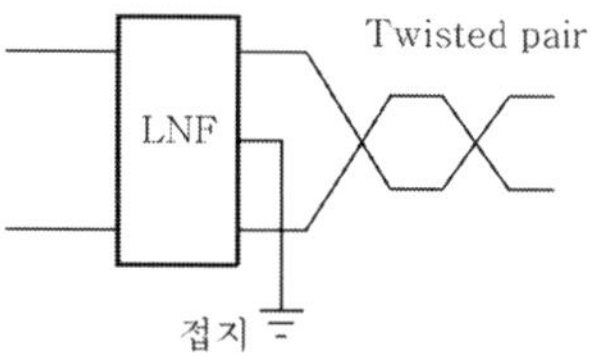

(b) Noise filter

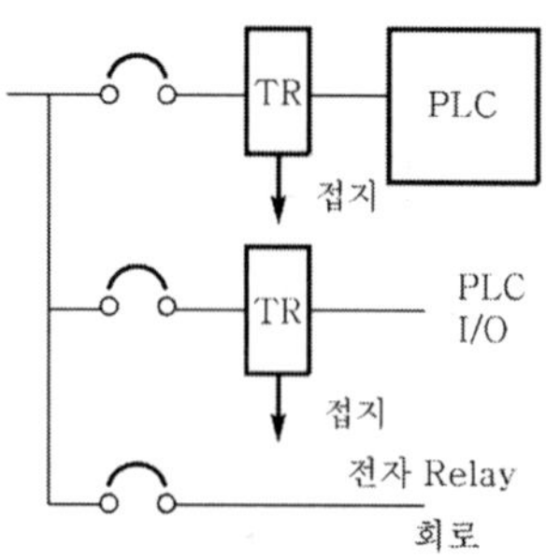

(c) Trans/Noise filter 겸용

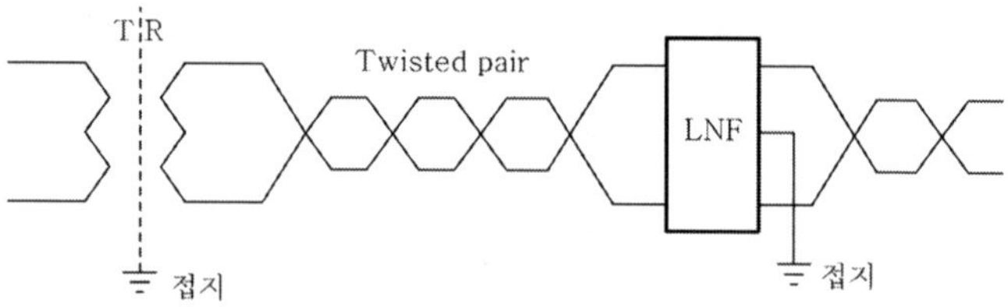

(d) 회로 분리

㉨ 입·출력 기기에 대한 Noise 대책

㉠ 입력 회로의 Noise, Surge 대책

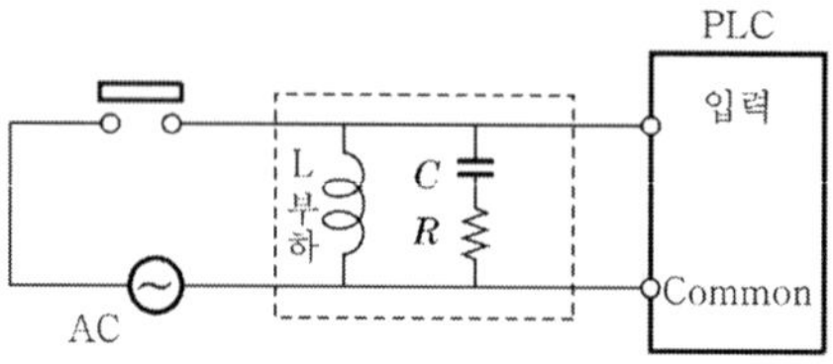

• CR: Surge killer

(a) AC 입력의 'L' 대책

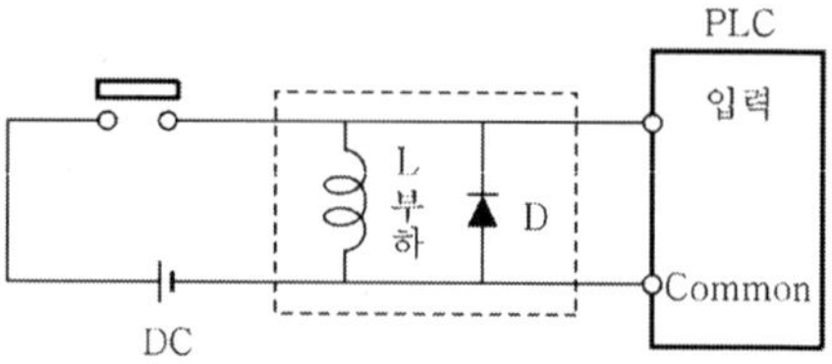

• D: Flywheel diode

(b) DC 입력의 'L' 대책

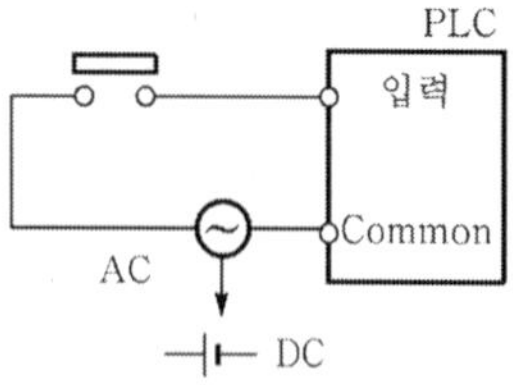

(c) 입력 전원의 직류화

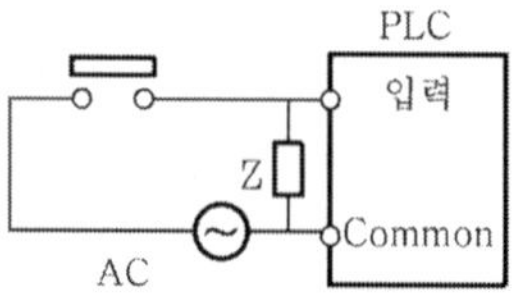

• Z: Dummy 저항
또는 CR Surge killer

(d) Surge killer 접속

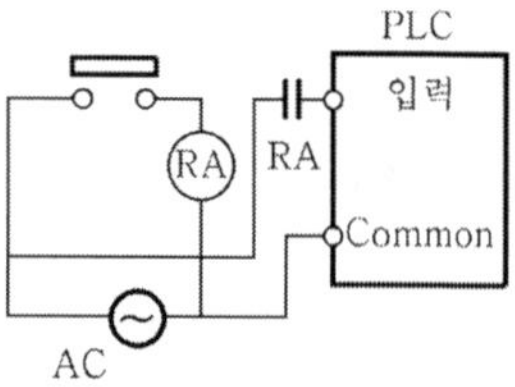

• RA: 보조 Relay

(e) 릴레이 중계 방식

㉡ 출력기기의 Noise 대책

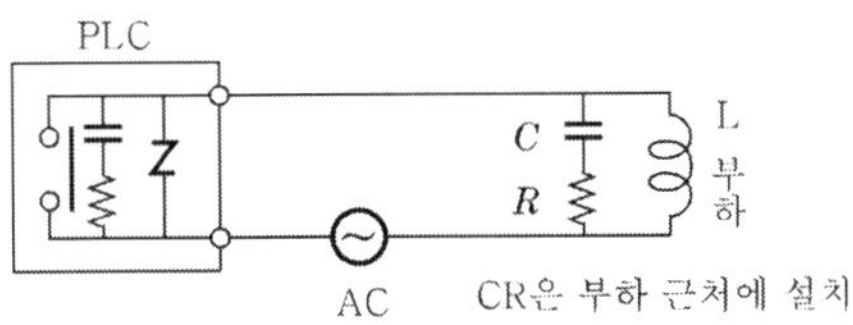

(a) AC 부하

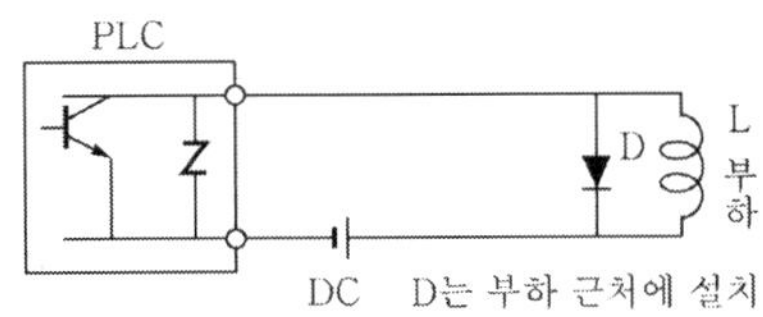

(b) DC 부하

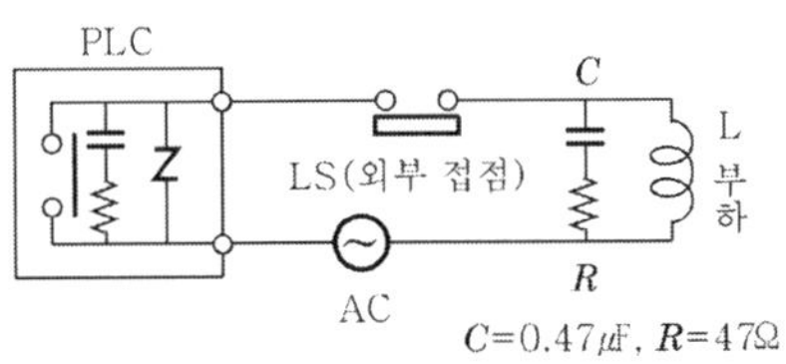

(c) 부하를 외부 접점에서 개폐할 경우(AC)

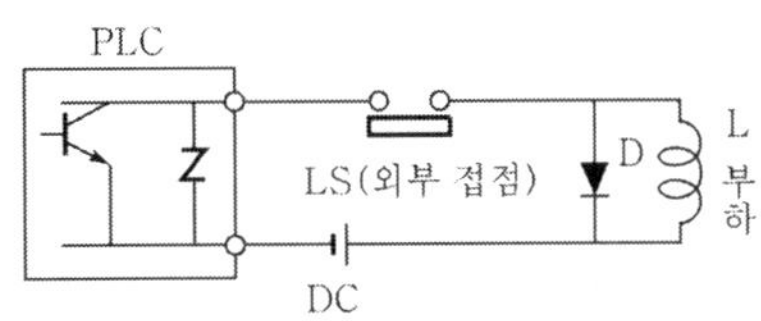

(d) 부하를 외부 접점에서 개폐할 경우(DC)

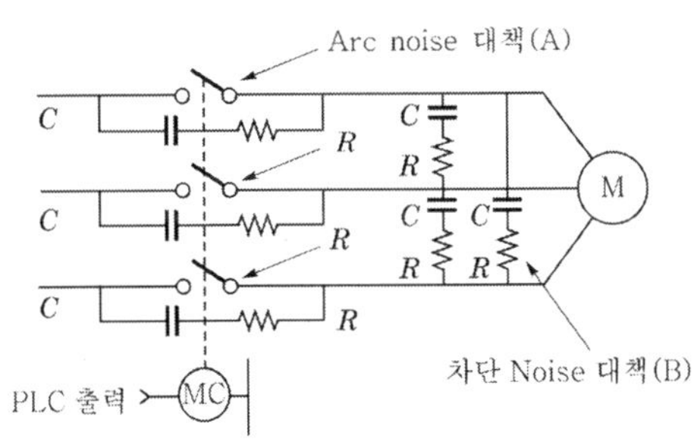

(e) 대용량 부하

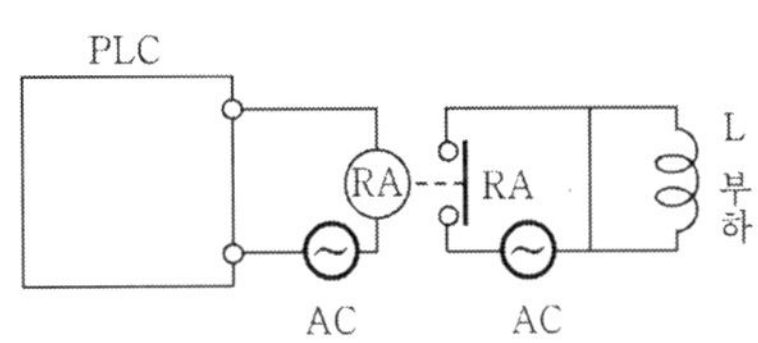

(f) Relay 중계에 의한 부하 구동

㉧ 배선용 Cable noise 차례 효과 비교

Cable의 종류	Cable의 형상	Digital 신호	Analog 신호
평행 2선		접점 등 비교적 Noise에 강한 신호를 단거리로 보낼 경우에 사용하고 Cross torque가 크다.	Noise에 의해 오차가 발생하므로 사용하지 않는다.
Shiled 부착 평행 2선	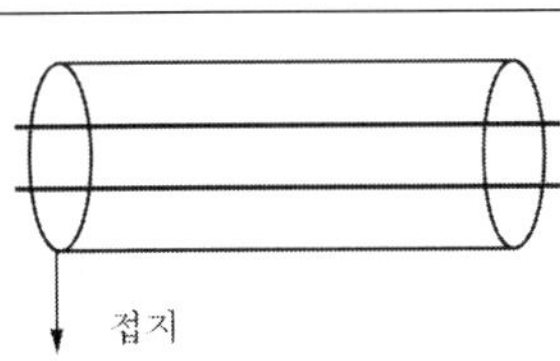	다심화한 Type이 Process에서의 Digital 신호에 사용된다(단, shield twisted pair calbe의 쪽이 noise 특성 양호).	높은 Level의 신호에는 사용하지 않는다.

Cable의 종류	Cable의 형상	Digital 신호	Analog 신호
Twisted pair cable		자계에 대해 특히 효과가 있고 Twisted pair pitch가 짧은 만큼 효과가 크다. 비교적 싼 가격으로 어느 정 도의 고속 신호도 가능하므로 비교적 Noise가 작은 장소에 잘 사용된다.	Analog 신호는 입력 Impe-dance가 커서 Noise에 대한 효과가 작기 때문에 거의 사용하지 않는다.
동축 Cable	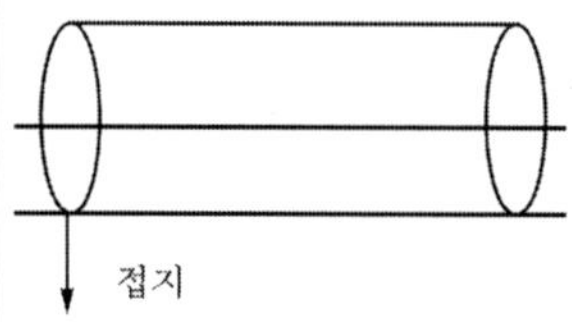	전계, 자계 양방향에 효과가 있고 고속 신호의 전송에도 적당하다. Shield가 신호 Return과 공통이므로 접지 전위가 다른 System에서는 신호의 절연이 필요하다.	높은 Level 신호에 잘 사용된다. Common mode 특성을 높이는 데는 다음 Shiled twised pair cable의 방법이 좋다.
Shiled twisted pair calbe	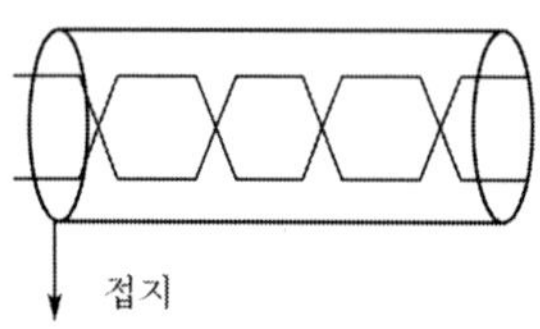	Noise에 대한 특성이 양호하다. Process에서의 Digital 신호에 대해 경제성을 고려하여 Twisted pair cable을 다심 화한 것이 잘 사용된다. 고속 신호의 전송에는 부적당하다.	Noise에 대한 특성 및 정측, 부측의 균형 특성이 좋으므로 고정도의 Data 통신에는 보통 이 Cable을 사용한다.
2중 Shield 동축 Cable	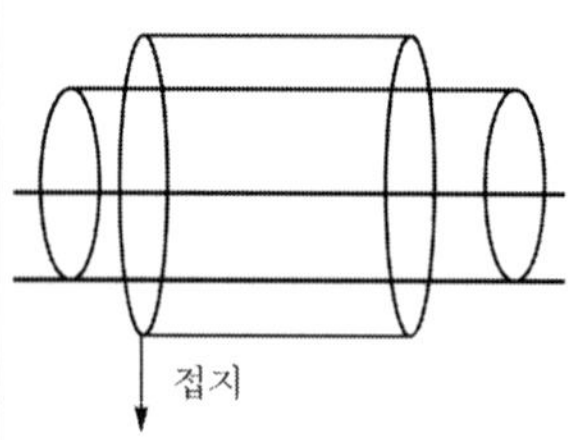	Noise 특성, 고속 전송 특성이 좋아 이상적이나 가격이 비싼 것이 단점이다.	고가이지만 Noise에 대한 특성이 좋으므로 Noise 환경이 나쁜 경우에 사용된다.

㉮ 제어반함 내에서 Noise 대책

㉠ 제어반 내의 기기 배치와 배선

- 구동 제어 및 동력 회로(동력용 주회로 제어회로)와 I/O 회로(PLC용 I/O, 통신 unit)용의 기기를 Block으로 나눈다.
- 위에 맞추어 구동 제어회로와 I/O 회로를 각각 나누어 배선한다(거리를 띄운다).
- 기기의 배치, 단자대의 배치, 배선 루트의 구분은 다음 표에 따른다.

〈표 8-1〉 용도에 따른 분리 기준

<table>
<tr><th colspan="2">구동 제어선</th><th colspan="5">I/O선</th></tr>
<tr><td>동력선</td><td colspan="5">제어선</td><td rowspan="4">통신선 Network
Analog IC</td></tr>
<tr><td rowspan="3">주회로</td><td rowspan="3">MS Coil Relay
솔레노이드</td><td colspan="4">PLC-I/O</td></tr>
<tr><td colspan="2">AC 110V</td><td colspan="2">DC 24V</td></tr>
<tr><td>입 력</td><td>출 력</td><td>입 력</td><td>출 력</td></tr>
</table>

- 기기 간 및 배선 간의 설치 간격은 경험적으로 10cm 이상 떨어뜨리거나 금속 차폐판을 설치한다(설치 간격의 설정은 noise 발생원이 되는 동력용 주회로 기기의 추천 거리를 참고).

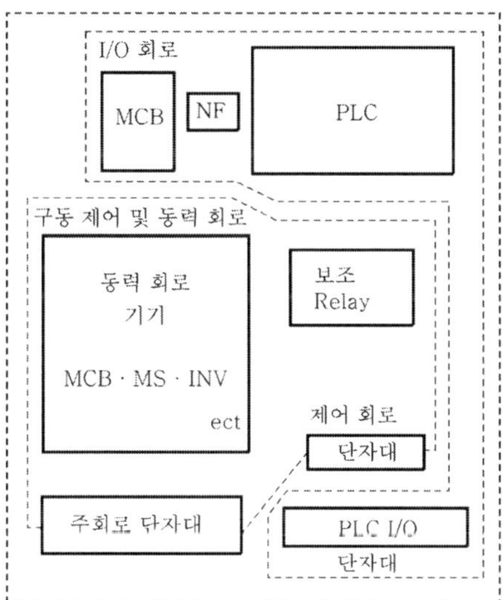

㉡ PLC unit의 배선(기준)

- 통신, 소전력(저전압, 소전류) 관련 Unit은 CPU의 근처에 설치한다.
- 고전압, 대전류를 취급(전자 제어회로와 I/F한다)하는 Unit은 CPU로부터 먼 측에 위치시킨다.
- I/O는 가능한 한 절연형을 사용한다.

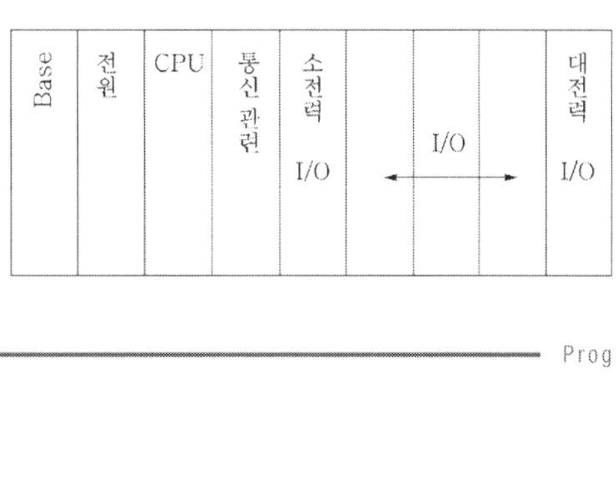

ⓒ 접지 단자의 설치 : 제어반 내에서 각 기기의 접지선은 단자대까지 개별로 접속한다.

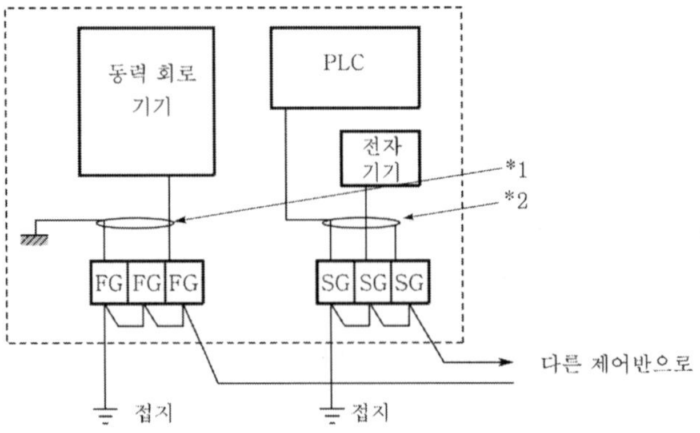

*1. 공통 Impedance를 갖게 하지 않는다.
*2. Noise trouble 발생 시 대응이 쉽다.

㉣ Shield 배선 처리

- Shield선을 PLC의 Unit까지 배선할 경우 : PLC의 Unit까지 다른 것으로부터 영향을 받게 하고 싶지 않은 경우
- Shield선을 외부 단자대에서 접지용 단자대에 접속 : 제어반 내에 외부 Noise를 입력하게 하고 싶지 않은 경우

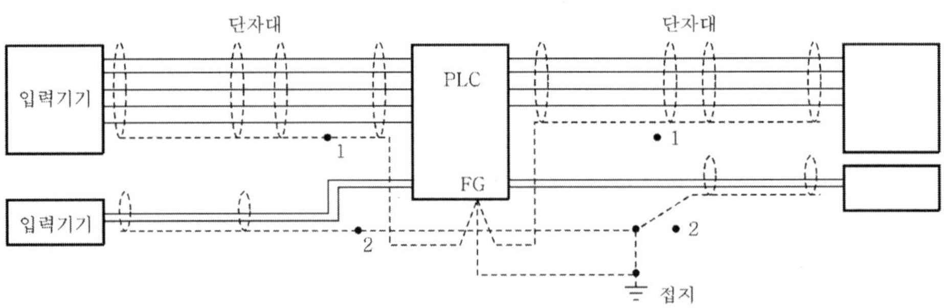

8.2 노이즈(noise) 장해 및 방지 대책

(1) 개요

근래에 고도 정보화 시대에 따라 다종다양한 OA 기기 등이 빌딩에 도입되고 있다. 전자, 통신 기기 등의 Electronics 기기는 거의가 반도체 부품으로 구성되어 있다. 그러나 반도체기기 시스템은 뇌 서지, 개폐 서지나 노이즈에 약하여 특성의 열화, 손상, 오작동 등을 일으켜 신뢰도가 저하되고 있으며, 특히 종래의 진공관이나 전자 릴레이와는 다르게 반도체는 자기 회복성이 없어 영구 파괴가 되어 회로 기능의 정지 등으로 2차적 손실을 유발시키는 사고가 많아 정보화 기기의 효율적 운용과 고 신뢰성 확보의 중요도는 점점 높아지고 있다.

노이즈에 의해서 일어나는 트러블은 일반적으로 일관성 있게 재현을 하기 힘들기 때문에 그것을 알기까지 상당한 시간이 필요하다.

노이즈는 물리 현상이며 결코 논리에서 벗어난 현상은 아니다. 다만, 일반적으로 노이즈의 모습을 정확히 파악하거나 노이즈의 상태를 전량 판단할 수 있는 계측 데이터를 얻는 데 그다지 익숙하지 못하기 때문에 재현성이 힘들고, 대책을 세운 효과의 확증을 얻기 힘든 현상에 대해서는 부득이 추측으로 판단하거나 경험이나 감(感)으로 대응하고 마는 경향이 있다.

따라서 본 장에서 앞 장의 내용보다 상세하게 노이즈 현상과 이러한 노이즈(잡음)에 따른 기기의 영향을 검토하고, 노이즈 저감 대책 및 대책의 실례(實例)를 소개하고자 한다.

(2) 전자파 장해 현상

우리의 현대 생활은 거의 모든 면에서 각종 전자파 사용에 전적으로 의존하고 있다. 늘 사용하는 컴퓨터, 라디오, TV 등의 가전제품 및 전화를 비롯한 각종 통신 분야는 물론 산업기기로부터 비행기나 선박의 항해, 우주 탐색에 이르기까지 그 어느 것 하나 전자파가 아니면 상상도 할 수 없는 것들이다.

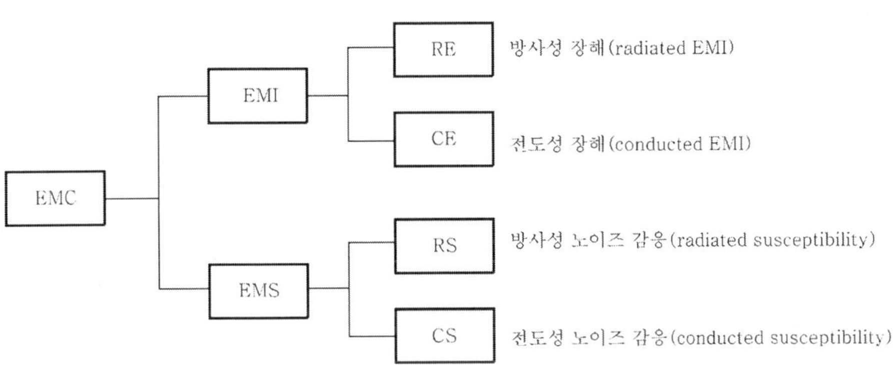

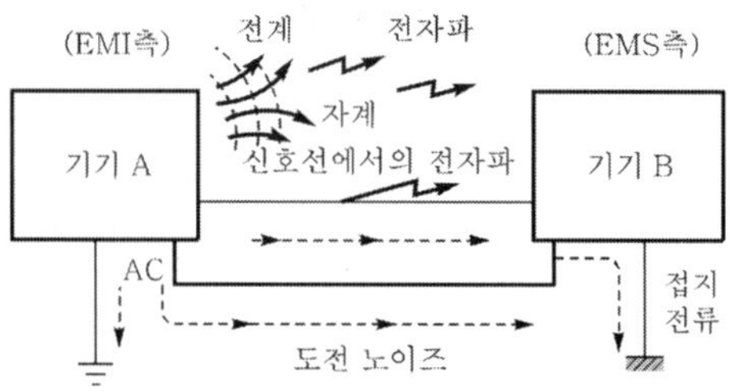

(a) 기기A가 노이즈를 발생할 경우의 시스템 동작

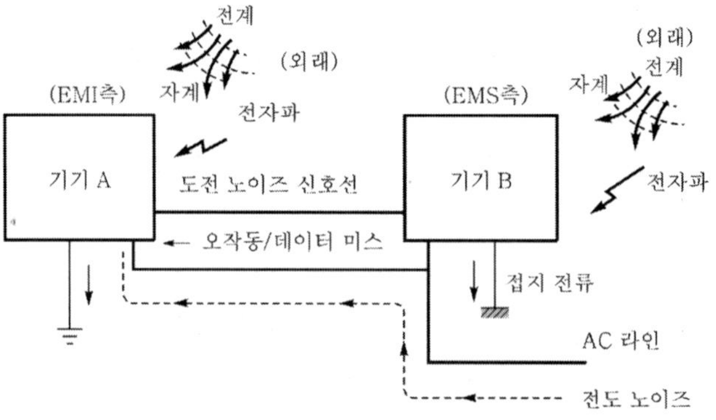

(b) 외래 노이즈에 의한 시스템 동작

〈그림 8-6〉 EMC의 개념도

전자기기 내부에서 노이즈 문제가 현저히 나타는 부분은 전원이다. 전원 노이즈는 스위칭 회로의 기본파 노이즈, 고주파 노이즈 및 정류파형 노이즈와 같은 전원 회로 내에 자체 발생 노이즈뿐만 아니라 AC line에 의해 통과되는 전원 회로 통과 노이즈도 중요한 문제가 되며, 이러한 노이즈에 의해 출력 리플이 생기고 입력 라인의 전도 노이즈와 기기로부터의 방사 노이즈의 원인이 되고 있다.

EMC(Electro-Magnetic Compatibility)는 전자기적 양립성 또는 환경 전자공학이라 해석 하며, EMI(Electro-Magnetic Interference)는 전자 잡음 현상 또는 전자 간섭이라 한다.

즉, 다시 말해서 EMI는 전기·전자 기기나 장치의 동작에 장해를 주는 현상을 말하고, 반면에 EMC는 EMI를 제어하여 기기나 장치의 신뢰성을 확보하는 수단을 제공하는 것이라 할 수 있다. 대부분의 전기·전자 기기는 어느 정도의 노이즈를 발생시키며 이러한 노이즈는 전원선이나 공중을 통한 전자 복사의 형태로 전달된다.

또한, 전기·전자 기기는 다른 기기에서 방출되는 노이즈에 감수성 및 내인성을 지니고 있다. 노이즈에는 전도나 방사 형태의 전자 에너지를 방출하는 노이즈 원과 전자 에너지를 전달하는 전파 매개체 및 노이즈에 의하여 방해를 받는 피해기기 등 3가지 요소가 존재한다.
이러한 요소 중에서 어느 한 가지만 배제되어도 전자 장해 현상은 일어나지 않게 된다. 따라서 EMC는 노이즈 방출 레벨을 낮추거나 노이즈 전달 경로를 차단함으로써 또는 기기의 노이즈 내력을 높임으로써 가능해 진다.

노이즈 발생원 → 전파 매개체 → 피해기기

〈그림 8-7〉 노이즈 현상의 3요소

특정한 환경 하에서 특정한 종류의 노이즈와 같은 전자 방해(Electro-Magnetic Interference : EMI)에 한정시키면 그 방해에 대한 기기의 내성(耐性), 즉 이뮤니티(immunity)의 레벨과 그 기기의 동작 자체에서 생기는 그 방해의 발생(emission) 레벨에 EMC가 연결된다.
방해의 발생은 통계적인 편차를 가지고 있고, 기기가 발생하는 방해는 환경에 이미 존재하는 방해에 중첩되기 때문에 〈그림 8-8〉과 같은 관계의 발생 레벨과 이뮤니티 레벨이 있다.

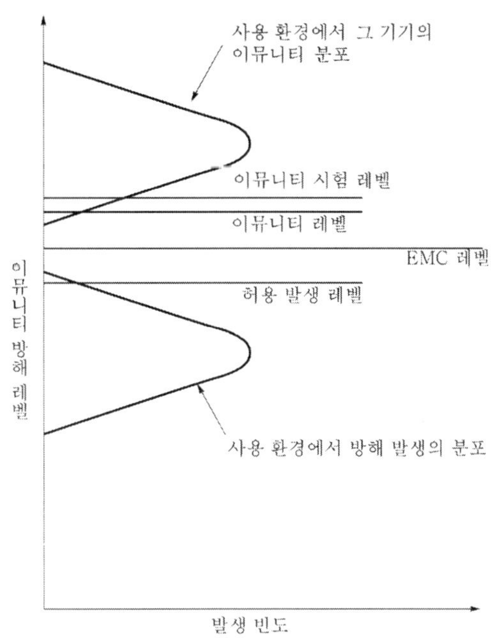

〈그림 8-8〉 EMC에 관계되는 상호관계

기기 설계에서 말하자면 허용 발생 레벨이 높고, 이뮤니티 레벨이 낮은 편이 EMC에 대한 대책을 필요로 하지 않으므로 용이하지만, 허용 발생 레벨이 높으면 그 환경에서의 방해가 커지기 때문에 다른 기기에 영향을 준다. 양자의 밸런스를 취하는 의미에서 일반적인 환경에서의 EMC 레벨이 설정된다.

(3) 노이즈의 종류

① 외부 노이즈와 내부 노이즈

㉮ 외부 노이즈

㉠ 정전기 방전(인체에서의 방전)

㉡ 접점 개폐(유 접점 회로 개폐에 대한 것)

㉢ 반도체 스위칭

㉣ 전력 계통의 개폐(고장 시의 과도 진동 전압)

㉤ 뇌 방전(뇌 방전에 기인한 것)

㉯ 내부 발생 노이즈

㉠ 물성적(열 잡음, 섀도 잡음, 접촉 잡음) 노이즈

㉡ 회로적(반사 크로스 토크) 노이즈

특히 전원 노이즈의 관점은 뇌 서지, 개폐 서지가 주 원인인 경우가 많다. 노이즈는 공간을 전파하여 도체를 전도해 전자·통신 기기에 침입한다.

② 노이즈 성질에 따른 분류

㉮ **전자파 노이즈** : 전자파란 전계와 자계가 서로 겹쳐서 진행하는 파(波)의 성질을 가진 것으로써, 그 속도는 광속과 같다. 바꾸어 말하면 전기의 흐름이 공중으로 튀어 나간 것으로 생각하면 된다.

그 주파수 대역은 대단히 폭이 넓으며, 우리들과 친숙한 전자파의 대표적인 것이다. 이 전자파가 OA 기기에 혼입함으로써 장해를 일으킨다.

일반적으로 수십 [kHz] 이상의 높은 주파수대에 들어가는 노이즈를 고주파 노이즈라고 한다. 그 발생 원인은 OA 기기 내부에서 만들어지는 고주파 신호나 내부 잡음이 전자파가 되어 외부로 튀어나가는 것이다.

㉯ **유도 노이즈** : 전선에 전류가 흐르면 그 주위에 자속이 생긴다. 이 교류 자속에 의해 다른 전선에 기전력(노이즈)을 발생시키는 것으로서, 전자 유도라고 불린다.

그리고 근접하는 2개의 전선이 있는 경우 그 사이에는 미소한 정전 용량(C)이 존재한다. 〈그림 8-9〉를 참고한다.

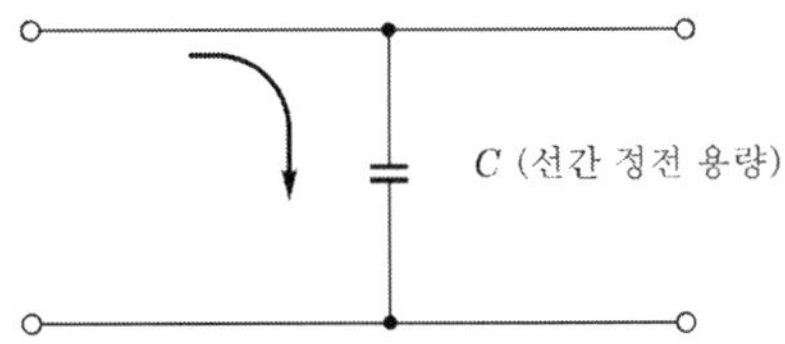

(a) 정전 용량 결합

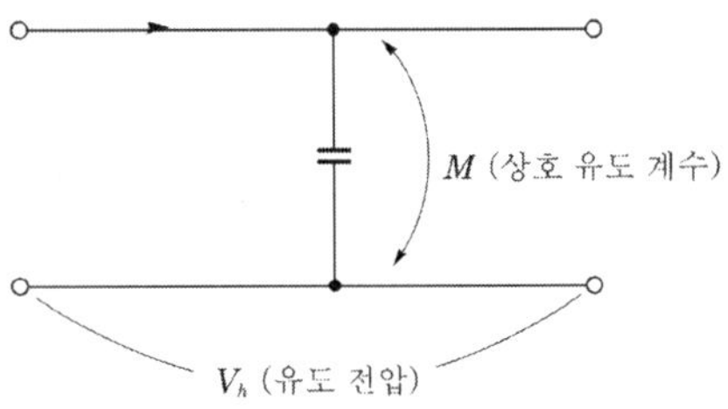

(b) 전자 유도

〈그림 8-9〉 유도 노이즈의 전달 방식

이 정전 용량의 임피던스 Z는 $Z = 1/j\omega C$(단, $\omega = 2\pi f$)이므로 주파수 f가 커지면 2선 간의 저항은 작아지고 전류가 흘러 노이즈가 된다. 이것을 정전 용량에 의한 결합이라고 한다.

이 두 가지는 유도 노이즈라고 하는 것으로, 전자파만큼 멀리까지 전파하지는 않지만 공중을 이동하는 성질은 동일하다.

㉰ **전원 노이즈** : 최근의 OA 기기는 그 대부분이 내부에 고주파수의 발진 회로 등 노이즈의 발생원이 될 수 있는 것을 가지고 있으며, 기기 내부에서 전원 측으로 복귀해 오는 것이 입력 귀환 노이즈, 즉 전원 노이즈이다.

이것이 동일한 AC 전원을 사용하고 있는 다른 기기에 침입하여 장해를 야기하는 것으로, 전원 노이즈의 대표적인 것은 스위칭 노이즈이다.

OA 기기 전원부는 반도체를 사용하여 고속으로 스위칭함으로써 기기의 생전력화와 소형, 경량화가 도모되고 있다. 그런데 전원을 ON/OFF하는 경우 〈그림 8-10〉과 같은 역기전력 V_L(노이즈)은 커지게 된다.

전자 회로는 고속으로 작동하기 때문에 그 전원도 안정적으로 공급되므로 고속으로 부하 변동에 대응하여야 한다. 이것이 전원 측에 노이즈가 되어 실리는 것이다.

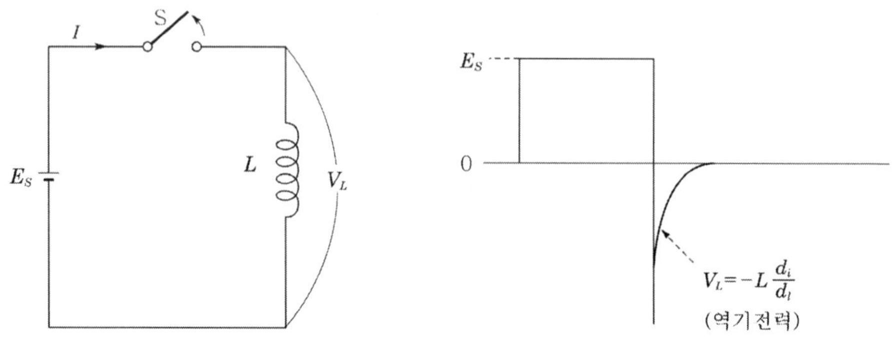

〈그림 8-10〉 스위칭에 의한 역기전력

③ Common mode 노이즈와 Normal mode 노이즈

전기 신호와 노이즈를 전도하는 전송 선로는 평행한 왕복 2선인 경우가 많다. 전도 노이즈를 취급할 때는 보통 〈그림 8-11〉처럼 왕복 2선 사이에 발생하는 선간 성분과 대지(또는 접지와 같은 공통 전위가 되는 것)와 각 2선과의 사이에 발생하는 대지 성분으로 구분하여 생각할 필요가 있다. 이것은 두 성분의 전송 선로의 임피던스 특성이 다르기 때문이다.

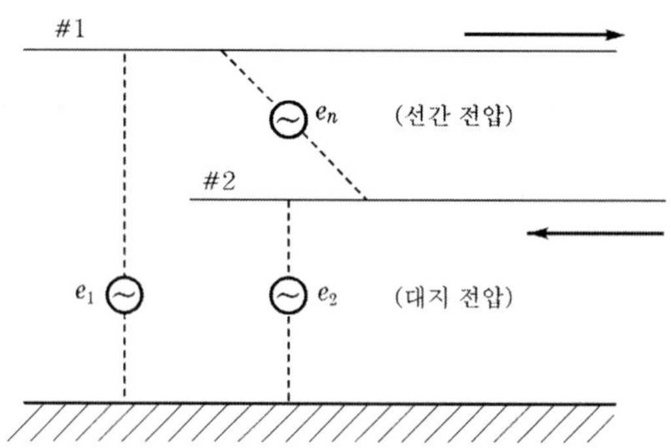

〈그림 8-11〉 선간 전압과 대지 전압

대지 성분 노이즈는 두 선에 대하여 동일위상으로 전달되며 Common mode(동상) 노이즈, 비대칭 노이즈라고도 한다. 이것에 대해 선간 성분 노이즈는 선간 신호와 같이 서로 다른 위상으로 전달되며 Normal mode(차동) 노이즈, 대칭 노이즈라고도 한다. 전도 노이즈가 선로 상을 진행해 갈 때 두 선로의 임피던스가 완전 대칭이면 Common mode 성분과 Normal mode 성분을 독립적으로 취급해도 좋지만, 실제로는 선로의 임피던스가 완전하게 대칭되기가 불가능하므로 선로 상을 진행하는 과정에서 Mode의 변환이 일어나 서로의 성분에 대해 방해를 주게 된다.

(4) 노이즈의 전달 경로

노이즈 발생기기에서 발생한 노이즈는 전달 경로를 통해서 피해기기에 영향을 미치게 되는데, 경로에 따라 노이즈를 분류하면 〈그림 8-12〉와 같이 전원선, 신호선, 어스선 및 대지 등의 전송 선로를 통해 전달되는 노이즈와 공간을 전달 경로로 해서 전달하는 공간 노이즈가 있다.

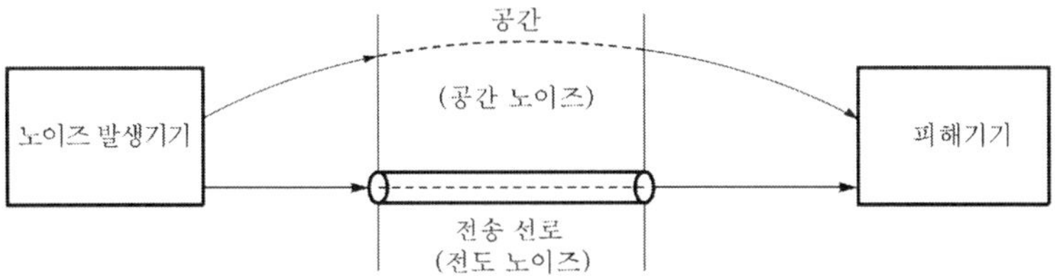

〈그림 8-12〉 노이즈의 전달 경로(원거리의 경우)

그러나 이러한 노이즈는 독립하여 전달되는 것이 아니라 〈그림 8-13〉과 같이 전달 과정에서 복잡하게 조합된 복합 형태의 노이즈로서 나타나게 된다.

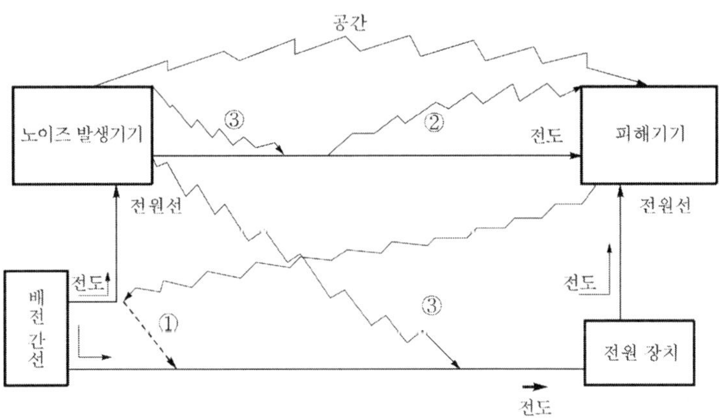

〈그림 8-13〉 복합 노이즈의 전달 경로

〈그림 8-13〉에서 노이즈의 전달 경로는 ①의 경로와 같이 노이즈 발생기기의 전송 선로가 피해기기의 전송 선로의 부근을 통과함에 따른 '전도 → 공간 → 전도' 노이즈, ②의 경로와 같이 노이즈 발생기기의 전송 선로가 안테나가 되는 '전도 → 공간' 노이즈, ③의 경로와 같이 전송 선로가 안테나가 되는 '공간 → 전도' 노이즈의 형태 등이 있다.
또한, 노이즈는 발생기기 내부 및 피해기기에서도 여러 경로를 통해 전달되는데, 이를 그림으로 나타내면 〈그림 8-14〉와 같다.

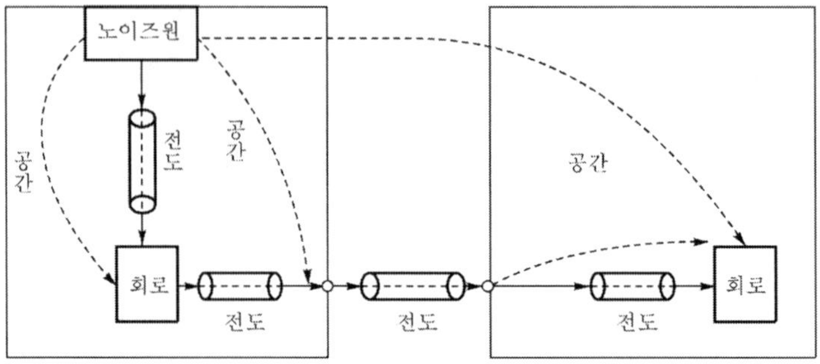

〈그림 8-14〉 기기 내부 및 외부에서의 노이즈 전달 경로

통상 기기 내부에 대해서는 전달보다는 '결합'이라는 용어를 사용하며, 노이즈에 의해 기기가 오작동 또는 파괴되는 장해 현상을 〈그림 8-15〉와 같은 관계로 나타내면 이해하기 쉽다.

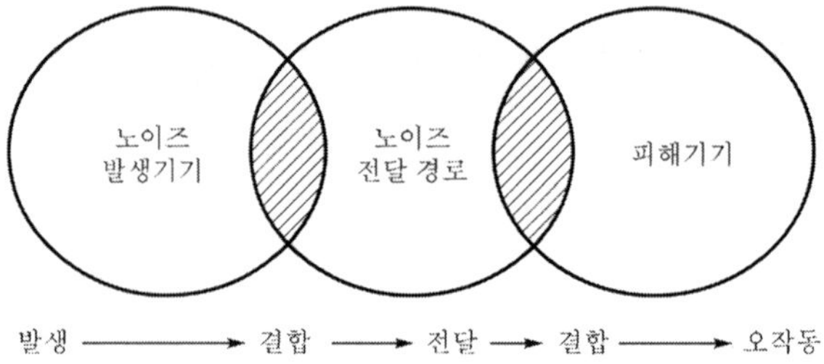

〈그림 8-15〉 기기 내부의 노이즈 전달 경로

(5) 노이즈의 영향

① 수동 소자에 의한 노이즈의 영향

수동 소자에 의한 노이즈 레벨은 작지만 저 레벨 신호계에는 보통 증폭기가 있기 때문에 노이즈의 영향이 크게 되는 경우가 있다.

㉮ **열 잡음** : 수동 소자에 의한 노이즈 중에서 가장 문제가 되는 것이 열 잡음이다. 이것은 도 체 속에서 자유전자의 불규칙 운동에 의해 발생되며, 온도에 비례한 요동 전류가 생긴다. 도체 중의 평균 전류는 0이지만 불규칙 요동에 의해 회로 단자 잡음 전압을 발생시킨다고 할 수 있다.

일반적으로 열잡음은 V 이하로 작게 나타나지만 회로 소자의 내부에서 물리적으로 발생되는 것도 있으므로 제거하기가 곤란하다.

㉯ **과잉 잡음** : 비교적 높은 저항 값을 가지는 탄소 피막 저항과 Thermit 저항에 직류 전압을 인가하면 0.01~1Hz 정도의 낮은 주파 성분을 가진 노이즈가 발행한다. 이

노이즈의 크기도 보통 V 이하이지만 열잡음보다 훨씬 큰 경우도 있다.

㉰ **열 기전력** : 서로 다른 금속이 접촉하는 저항기, 콘덴서 및 스위치 등의 접촉점에서 온도 분포가 일정하지 않으면 열 기전력이 생겨 직류 전압 회로에서는 이것이 문제가 된다. 따라서 전자 부품의 접속 리드 선에는 열 기전력이 생기는 경우도 있으므로 주의해야 한다.

㉱ **콘덴서의 누설 전류** : 알루미늄 전해 콘덴서와 같이 누설 전류가 비교적 큰 경우 그것이 노이즈로 되는 경우가 있다. 특히 역극성의 전압이 인가되면 누설 전류는 온도와 함께 크게 되어 트랜지스터의 Burst 잡음에 가까운 노이즈를 발생시킨다. 역극성 전압이 인가되는 경우는 반드시 과도현상뿐 만이 아니고 저주파 교류를 전달할 때 등에도 해당되므로 주의해야 한다.

㉲ **변압기 및 변류기의 누설 자계** : 변압기 및 변류기에서 누설 자계가 변화하면 그 부근 의 리드선 등에 잡음 전류를 유기하는 경우가 있다. 즉, 변류기의 누설 자계에 의해 1차 측의 리드선에 유도 전류가 노이즈로 중첩되어 출력 전류에 오차를 발생시킨다.

또한, 변압기의 권선이 구조상의 문제로 진동을 일으키면 철심에 뒤틀림이 가해지게 되고, 이것이 1・2차 권선 간에 정전 용량을 변화시키게 되어 노이즈의 요인으로 되는 경우도 있다.

② 능동 소자에 의한 노이즈의 영향

트랜지스터, IC 등의 능동 소자가 발생하는 노이즈는 주로 열 잡음, Shock 잡음 및 $1/f$ 잡음이다.

이 가운데 저주파 회로에서 특히 문제가 되는 것은 $1/f$ 잡음(저주파)인데 트랜지스터 등에서는 컬렉터 전류가 크게 되면 증가하는 경향이 있다.

또한, 일반적으로 트랜지스터보다 연산 증폭기 등의 IC쪽에서 노이즈가 많이 발생되며, 보통 $1/f$ 잡음은 Shock 잡음에 비해 $\sqrt{2}$ 배 이상 크게 나타나지만 능동 소자에서 발생되는 노이즈 레벨은 [μV] 정도 이하로 낮다.

㉮ **Shock 잡음** : 반도체 다이오드, 트랜지스터 등에서는 캐리어의 확산에 의한 불규칙 요동으로 Shock 잡음 전류가 발생한다.

㉯ **$1/f$ 잡음** : 서로 다른 두 종류의 도체가 접촉한 부분에서 $1/f$ 잡음이 발생하는데, 저주파 신호를 취급하는 트랜지스터 및 집적 회로에서 영향이 가장 크다. 이 잡음은 소자의 제조 방법과 표면 처리 등에 의해서 어느 정도 감소시킬 수 있다.

Power spectrum이 주파수 f에 반비례하는 형태를 나타내는 이 잡음을 Flicker 잡음, Contact 잡음이라고도 한다.

③ 스위치 회로에 의한 노이즈의 영향

회로 소자에 의해 발생하는 노이즈보다 기계식 릴레이 또는 반도체 스위치 등으로 구성된 스위칭 회로에서 발생한 노이즈의 영향이 더 크게 나타난다. 이러한 스위칭 회로에 의한 노이즈는 과도현상에 의해 생기는 것으로, 스위칭 시의 전압과 전류의 크기, 스위칭 속도 및 회로의 부하 상태 등에 의해서 결정된다.

일반적으로 전압, 전류가 크고 스위칭 속도가 빠를수록, 또한 부하가 유도성일수록 스위칭 회로에서 발생되는 노이즈는 크다.

기계식의 릴레이 또는 스위치의 경우 접점 재료 및 접점 상태에 의해서도 노이즈 크기의 상태가 달라진다.

㉮ 스위칭 회로에서 발생하는 노이즈의 예

㉠ 로터리(rotary) 스위치에 의해 유도성 부하를 개폐할 때 : 로터리 스위치에 의해 변압기의 탭(tap)을 전환시킬 때 불과 10V 정도의 전압 개폐에서도 200V 이상의 펄스성 노이즈가 발생하는 경우가 있다.

㉡ 스냅(snap) 스위치에 의해 단권 변압기의 1차 측을 개폐할 때 : 스위치가 있는 전원 전압 조정용 슬라이드 트랜스의 경우 1차 측의 개폐에 의해 2차 측에 30배 이상의 펄스성 노이즈가 발생되어 이것에 접속된 기기에 노이즈의 영향을 준다.

㉢ 리드 릴레이로써 저항 부하를 개폐할 때 : 저항 부하일 때 스위칭 시에 노이즈는 발생 되지 않지만 릴레이 접점의 채터링(chattering) 등에 의해 노이즈가 발생되는 경우가 있다.

㉣ 아날로그 스위치 IC로써 용량성 부하의 회로를 개폐할 때 : 아날로그 스위치가 가진 임피던스에 의해 저항 부하에서도 임펄스성 노이즈가 발생하여 부하가 용량성이면 그 정전 용량에 노이즈가 흡수되는 경우가 생긴다.

㉯ **스위칭 회로에 의한 노이즈의 영향** : 스위칭 회로에 의한 노이즈의 영향은 크게 세 가지로 나눌 수 있다.

㉠ 회로 소자의 손상

㉡ 디지털적 오차 신호

㉢ 아날로그적 오차 신호

④ 노이즈의 트러블 실태

㉮ 생산 현장에서의 노이즈 장해

㉠ 생산 현장과 노이즈 장해 : 기업 간의 경쟁 속에서 생산 현장에서의 Trouble 발생은 곧 품질의 저하, 설비의 손상, 종업원의 안전상 불안, 담당자의 고대한 부담 등을 초래하며, 또한 이것만으로 그치지 않고 제품의 납기 지연, 생산 효율의 저하, 신뢰의 상실 등 기업 활동 전체에 파급되는 정도가 크다. 다음의 〈표 8-2〉는 생산 현장에서의 장해 사례를 나타낸 것이다.

〈표 8-2〉 생산 현장의 노이즈 장해 사례

발생 현장	장해를 받은 장치	내 용
단조 공장	산업용 로봇	무인화를 위해 채용한 로봇이 빈번하게 정지하여 그때마다 사람이 대신 설비를 조작하는 등 자동화의 장점이 없다.
화학 공장	하역 로봇	월 수회 정도로 하역 로봇이 폭주하여 하물을 옮기는 도중에 떨어뜨리는 등 위험한 사고가 발생하였다.
중전기기 공장	머시닝 센터	공구 교환 시에 오작동하여 지정한 것과 다른 공구를 취급하여 공구가 절단되는 사고가 발생하였다.
수지 가공 공장	레이저 가공기	레이저 빔의 컨트롤러가 빈번하게 오작동하여 여러 불량품을 다량으로 출하시키는 경우가 있어서 사람이 감시, 재 체크하였다.
제판 공장	식판 제조기	온도 컨트롤러가 오작동하여 대량의 재료가 쓸모없게 되었고, 출하가 중지되어 고객에 대한 신뢰가 떨어졌다.
자동차 공장	자동차 조립 라인	제조 라인의 시퀀스가 장시간 다운되어 공장 전체의 기능이 마비됨에 따라 다액의 손해가 발생하였다.
약품 공장	병조립 자동기	고주파 용접기의 동작에 의해 자동 계량 장치가 오작동하여 가공했을 때의 원료에 대한 제품의 비율이 현저하게 떨어졌다.
금형 공장	방전 가공기	X-Y 테이블이 오작동하여 장시간 가공한 고가의 금형이 순식간에 불량품으로 되는 사고가 빈발하였다.
음향기기 공장	환경 시험 장치	시험 중에 조건 설정이 변동하고 시험이 정지되어 제품의 데이터 제출이 지연되었다.

㉡ 생산 현장에서 노이즈 장해의 경향 : 생산 현장의 경우는 제한된 공간에 여러 종류의 기기·장치가 동시에 가동되고 대용량의 전력 설비가 있는 등 다음과 같은 경향이 있다.

- 대전력을 사용하므로 에너지가 큰 노이즈 발생원이 있는 경우가 많다.
- 다음의 〈표 8-3〉은 생산 현장에 많이 있는 노이즈 장해의 예를 나타낸 것이다.
- 피해 측의 내성을 높이기 위해 발생원보다 피해기기 측에서 대책을 세우는 경우가 많다.
- 노이즈의 동태와 Trouble의 발생 빈도가 랜덤하게 변하기 쉽다. 이것은 여러 종류의 기기가 분주하게 가동함으로써 다음과 같은 상황이 생기기 때문이다.
  - 배전 선로의 임피던스가 시시각각 크게 변화한다.
  - 많은 라인 노이즈가 발생되어 노이즈 위상이 합치게 되면 중첩되어 레벨이 급히 변화하는 경우가 있다.

〈표 8-3〉 생산 현장의 노이즈 발생기기

부대 전기 설비	전기 공작 설비
배전 모선	정류자 모터
역률 개선 장치	범용 인버터
누전 차단기	고주파 유도 가열로
형광등, 수은등	용접기
크레인	방전 가공기
엘리베이터	레이저 발생기
컴프레셔	플라스마 이용기기
공조기	정전 집진 장치
전화 교환기	사이리스터 이용기기
CVCF	초음파 발생기

㈏ **통신기기에서의 노이즈 장해** : 통신기기의 전자 환경 문제는 다음과 같이 나누어 생각할 수 있다.

㉠ 통신기기가 TV, 라디오 등의 다른 기기에 영향을 주는 방해파 문제

㉡ 고압 송전선, 방송 송신소 등의 외래 노이즈에 의한 통신기기의 전송 품질 열화, 오작동을 취급하는 Immunity 문제

㉢ 뇌 서지, 정전기 등에 의한 통신기기의 파괴를 취급하는 기기 파괴 문제

㉣ 통신기기 상호간의 노이즈 간섭 문제

통신기기는 미약한 신호를 전송하기 때문에 ㉡의 Immunity 문제가 종래부터 검토되어 왔으나 최근 ISDN(서비스 종합 디지털망)에 의해 통신기기의 디지털화가 이루어지면서 ㉡만이 아니고 ㉠에 대해서도 검토할 필요성이 생겼다.

㈐ **의료기기에서의 노이즈 장해**

㉠ 병원에서의 노이즈 문제의 특징 : 병원에서 노이즈 문제를 생각할 경우 다음 사실을 염두에 두어야 한다.

- 신호가 미소하다.
- 신호의 주파수대가 저주파 영역에 있다.
- 신호원 임피던스가 크다.
- 정밀기기와 강력 에너지 기기가 병용된다.
- 디지털계와 아날로그계가 간섭된다.
- 무선 텔레미터를 이용한다.
- 안전을 위해 입·출력 플로팅화한다.

〈표 8-4〉 생체 전기·물리 현상의 진폭과 주파수 성분

생체 현상	진 폭	주파수 성분
신전도	0.1~2mV	0.05~100Hz
뇌파	1~50μV	0.5~70Hz
근(筋)전도	0.1~10mV	10~10,000Hz
혈류	1~100μV	DC~100Hz
혈압	1~100mV	DC~100Hz

㉡ 노이즈 장해 사례 : ME 기기를 중심으로 한 상호 간섭은 〈그림 8-16〉처럼 생각할 수 있다. 또한, 노이즈 장해의 원인을 전자계 종류별로 나타내면 〈표 8-5〉와 같다.

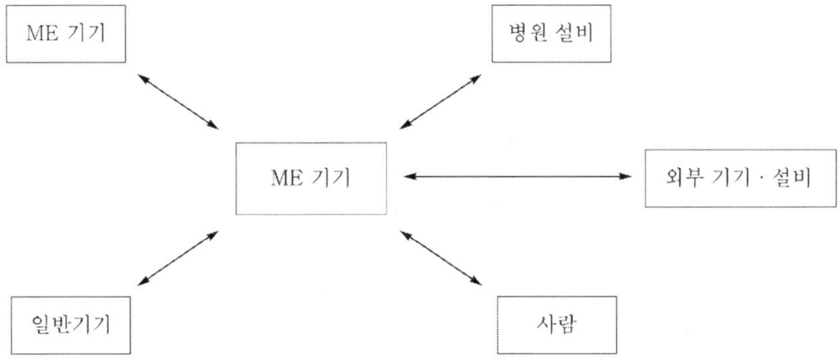

〈그림 8-16〉 ME 기기의 상호 간섭

〈표 8-5〉 노이즈 종류와 영향 예

노이즈의 종류	영향 예
고주파 노이즈	선기 베스, 텔레비터 등 라디오, 텔레비전, 무선국 등
저주파 노이즈	상용 교류 장해(hum) 등
초저주파 노이즈	드리프트, 기선(基線) 동요 등
임펄스 노이즈	방전 노이즈, 과도현상 등 디지털 기기, 컴퓨터 등
정전기 노이즈	플로팅 기기
자기 노이즈	교류 장해(모터) 정자계(靜磁界)
전원 저하·순간 정전	컴퓨터 내장기기 등

특히 병원의 ME 기기로서 최대의 노이즈원은 전기 메스이다. 전기 메스는 500kHz~ 10MHz, 500W 정도의 강력 고주파 발진기이다. 또한, 펄스성 발진 때문에 광대역 노이즈를 발생시킨다. 더욱이 출력파형 포락선이 전원 회로의 리플로서 변조되고 있기 때문에 고감도 증폭기는 입력이 포화하여 비선형성으로 검파되면 저주파 노이즈가 발생한다.

(6) 전력 계통의 EMI 현상

① ELF 전자계

전력 기술의 발전과 보급이 확대되고, 이에 따르는 전력 설비의 증가로 인하여 주변기기에 대한 전자파 간섭 현상은 물론 일반 대중 및 관련 직업 종사자들이 자계 및 전계에 단기간 혹은 장기간 노출될 가능성이 매우 커지고 있다.

특히 주변의 송·변전 설비 및 송전선 등 고압 전력 설비에서 발생하는 ELF(Extremely Low Frequency) 전자계는 우리의 생활과 뗄 수 없는 밀접한 관계를 가지고 있기 때문에 인체에 미치는 영향의 유무에 관해서 일반 국민 및 관련 직업 종사자들에게 지대한 관심을 받고, 더불어 상당한 논란의 대상이 되어 왔다.

전력 계통에서의 EMI 현상을 선로에 따라 분류해 보면 〈표 8-6〉과 같다.

사용되는 계통 전압에 따라 송전선, 배전선, 일반 수용가의 전등선으로 구분되며, 송전선은 발전소와 변전소 간, 배전선은 변전소와 주상 변압기 간, 전등선은 주상 변압기와 일반 수용가 간의 선로이다.

〈표 8-6〉 선로에 따른 전력 계통에서의 EMI 현상 분류

선로에 따른 전력 계통에서의 EMI 현상

송전선 (154, 345kV)	배전선 (22.9kV)	전등선 (220/110V)
• 정전 유도(인체의 유해성 문제) : 전자계의 생물학적 영향 • 전자 유도(송·배 전선 주변의 통신선 유도 문제) : 가공 송전선에 의한 통신선 유도 문제 • 초고압 송전 선로 코로나 방전에 의한 전자파 잡음(RI, TVI) • TV Ghost : 송전 선로가 TV 전파의 수평 편파에 미치는 영향	• 전자유도 : 지중 배전선에 의한 통신선 유도 문제 • 고조파(harmonic) : 계통에서의 고조파 문제	• 순시 정전 • 순시 전압 강하 • 주파수 변동 • 임펄스 현상 • 고주파 및 고주파 잡음 : 일반 전기, 전자기기에 의한 문제 • 전등선의 안테나 효과

② 정전 유도 현상

교류 송전선의 정전 유도는 송전선 주위에 있는 물체(인체, 동・식물, 자동차, 건물 등)에 작용하여 전압 및 전류를 발생시키는 현상을 말하며, 일반적으로 두 가지의 형태가 있다. 하나는 피유도 물체가 정해진 전위(통상 접지)에 있는 경우로 용량 결합에 의해서 유도된 전류 값이 문제가 되는 경우, 다른 하나는 피유도 물체가 절연되어 있어 정전기적으로 발생하는 유도 전압이 문제가 되는 경우이다.

일반적으로 전자 설비나 기기는 건물 내에서 사용되기 때문에 건물의 차폐 효과로 인하여 그 영향은 거의 없다고 알려져 있으며, 대부분 다음과 같은 경우에 문제가 된다.

㉮ 절연된 피유도 물체(예를 들면 자동차)에 접지된 인체가 접촉할 때의 Shock 및 유도 전류

㉯ 절연된 인체의 접지된 물체가 닿았을 때의 Shock

㉰ 전계의 인체 및 동・식물에의 영향

③ 전자 유도 현상

송전선의 전자 유도 현상은 주로 통신선과 같이 송전선에 근접한 긴 도체에서의 유도 전압이 문제가 되며, 유도 전압의 크기는 전력선과 통신선의 기하학적 배치 및 전자장에 영향을 주는 주위의 매질에 따라 결정된다. 이러한 유도 전압은 평상시에는 잡음 기전력으로 나타나서 통신에 장해를 주며, 지락 사고와 같은 사고 시에는 높은 위험 전압이 유기되는 때도 있기 때문에 이 문제는 전력 회사와 통신 회사가 협정에 의거해 처리하고 있다.

④ 전계 및 자계의 영향

송전 선로의 시설 증가 및 송전 전압의 초고압화와 더불어 규제나 권고의 차원에서 가장 관심을 끌고 있는 분야는 ELF(Extremely Low Frequency) 전계, 즉 50/60Hz의 전력 주파 전계이다. 그래서 국내・외의 규제 당국과 여러 과학 단체에서는 있을지도 모르는 인체 유해성에 관해 집중적으로 연구하고 있으나 아직 명확하게 규명된 것은 없다. 하지만 일부에서는 인체에 위험을 초래할지도 모른다는 막연한 생각으로 송전 설비 건설이 지연되거나 중단된 예가 있고, 여론을 불러 일으켜 규제를 해야 한다는 압력을 넣기도 하였다.

실험에 의하면 10kV/m의 전계 강도에서 인체에 유기되는 전류는 수십 [μA] 정도여서 단 기간 노출 시에는 별다른 문제가 없는 것으로 되어 있고, 기기에 유기되는 유도 전류는 기기에 따라 다르지만 자동차와 같이 큰 물체도 1kV/m당 최대 0.6mA 정도이기 때문에 일 반 전기, 전자기기에 유도되는 전류는 지극히 적다고 할 수 있다. 또한, 자계의 경우 대형 변압기 주위나 고압 전력선이 건물 내로 지나가는 곳에서 만약 자계 강도가 약 1A/m (12.5mG) 이상 될 때에는 CRT 화면이 진동하는 등의 영향을 나타내기도 하지만 가공 송전선에서 어느 정도 떨어진 곳에서는 이보다 작기 때문에 별다른 영향이 없는 것으로 알려져 있다.

⑤ 이상 전압 현상

전력선에 이상 전압이 발생하면 이에 따른 전원의 차단이나 과도 특성의 발생이 있게 되는데, 이것이 전자 방해의 원인으로 되는 경우가 있다. 이상 전압의 원인으로는 다음과 같은 것들이 있다.

㉮ 뇌(유도뢰, 직격뢰)

㉯ 선로 개폐 이상 전압

㉰ 고장 시의 과도 이상 전압

(7) 노이즈 장해 방지 대책

노이즈 장해 방지의 기본은 불요 전자파를 외부로 누출시키지 않도록 하는 것이지만 각종 전기·전자 기기를 사용할 때에는 거의 불가능하고, 일반적으로 노이즈를 전달 경로 및 피해 측에서 노이즈에 대한 대책을 세우는 경우가 많다.

또한, 외래 노이즈에 대한 기기의 내력을 향상시키기 위해서는 회로 설계 단계에서 사용 소자의 특성, 배선 방법과 사용선 및 커넥터의 종류, 그리고 접지 등의 종합적인 관계를 고려해야 한다.

노이즈 장해를 방지하기 위한 대책은 〈표 8-7〉과 같이 나눌 수 있다.

〈표 8-7〉 노이즈 장해 방지 대책

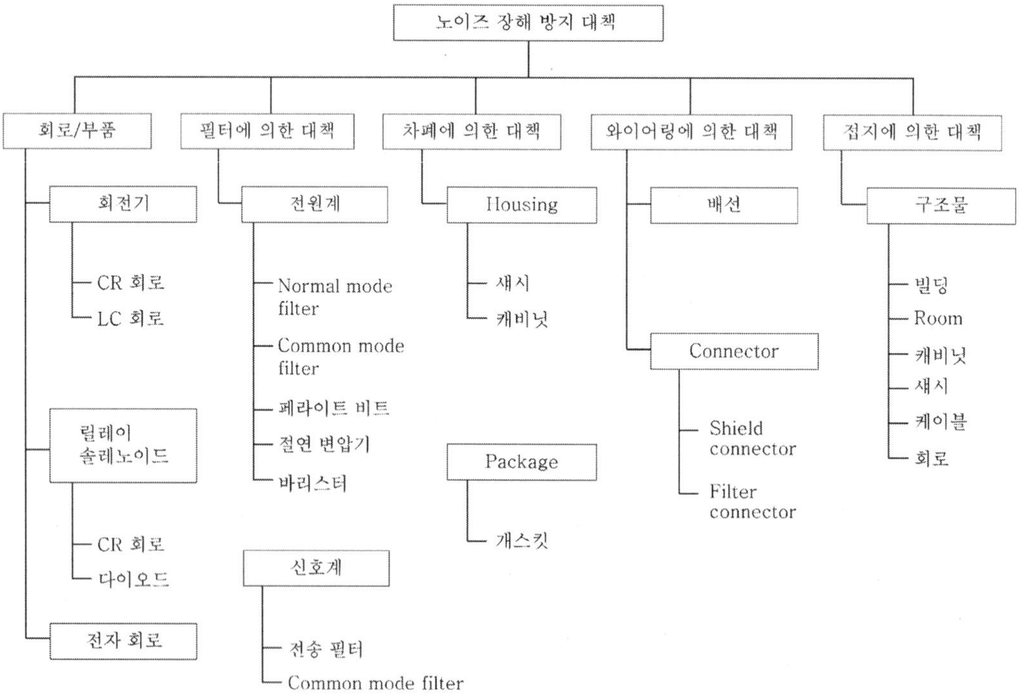

이와 같은 대책은 기본적인 개념으로써 구체적으로는 노이즈의 종류에 따라서 개개의 대책이 필요하다.

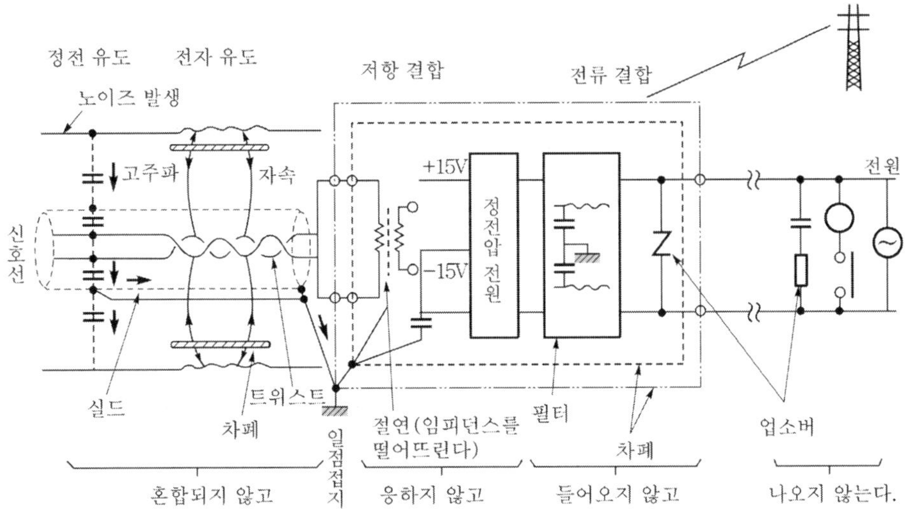

〈그림 8-17〉 노이즈 장해 방지 대책의 개념도

이렇게 함으로써 노이즈가 나오지도 않으며, 들어가지도 않고, 응하지도 않는 원칙을 충분히 지키는 것이 기본이다.

① Filtering

일반적으로 전원계, 신호계 모두 도체를 통해 전도되는 노이즈의 전달 mode는 Normal mode와 Common mode로 구분된다.

스위칭 소자와 개폐기, 모터 등 노이즈의 발생원 근처에는 Normal mode 구성의 필터를 설치하고, 외래 노이즈에 의한 오작동 방지용 또는 노이즈 발생원을 가진 기기의 AC 전원 케이블 근처에는 Common mode 구성의 필터를 설치하는 경우가 많다. 이것은 노이즈 발생원이 보통 Normal mode인 것에 대해 원거리에서 전달되는 노이즈는 Common mode인 경우가 많기 때문이다.

〈그림 8-18〉은 각 mode의 노이즈를 고려한 필터의 구성 회로를 나타낸 것이다.

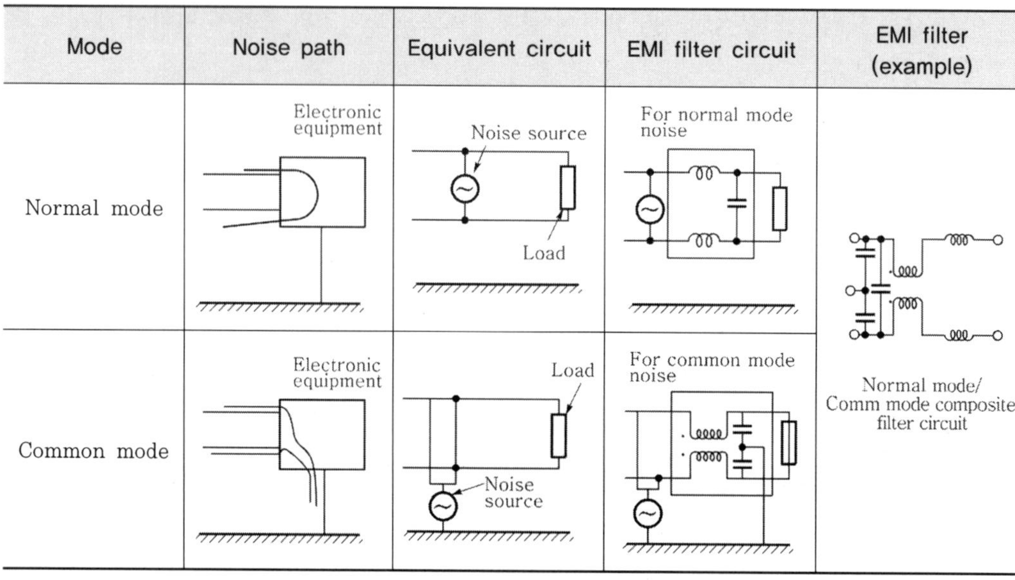

〈그림 8-18〉 필터의 구성 회로

㉮ **전원 라인 필터** : 전원 방해를 방지하기 위해 사용하는 필터는 보통 전원 주파수를 통과 대역으로 하고 고주파의 전원 방해를 제거하는 Low-pass 필터 특성을 가진다.

단상에 대한 필터의 기본 회로는 〈그림 8-19〉와 같다.

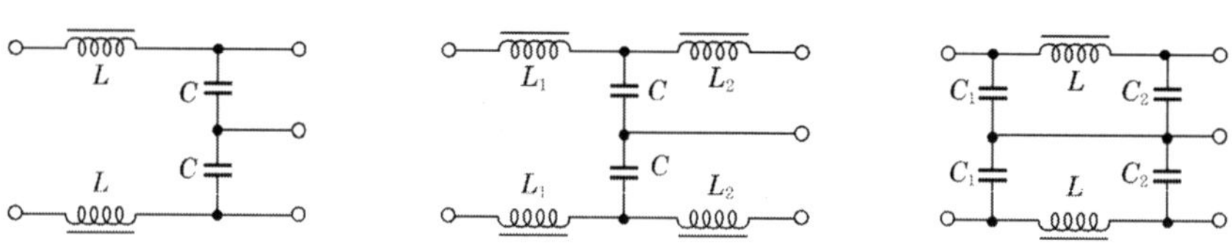

(a) L형 (b) T형 (c) π형

〈그림 8-19〉 전원 필터의 기본 회로

필터 회로를 구성할 때는 회로 임피던스 등의 여러 조건을 고려해야 한다. 예를 들면, 배전선의 대지 임피던스는 선간 임피던스보다 크므로 배전선과 접지 사이에 삽입하는 정전 용량은 적어도 좋지만 Normal mode 성분의 노이즈 제거에 대한 효과가 적게 되므로 선로 사이에 대용량의 콘덴서를 삽입하도록 한다.

〈표 8-8〉은 회로 임피던스에 적합한 필터 회로의 구성을 나타낸 것이다.

〈표 8-8〉 필터의 효과적 회로 구성과 회로 임피던스

Z_l / Z_s	Z_l이 작을수록 효과가 커지는 회로	Z_l이 클수록 효과가 커지는 회로
Z_s가 작을수록 효과가 커지는 회로	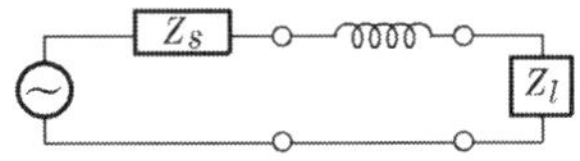	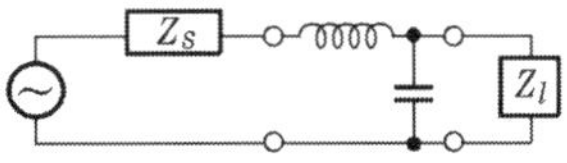
Z_s가 클수록 효과가 커지는 회로	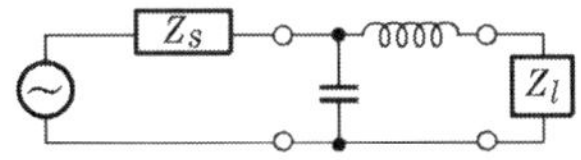	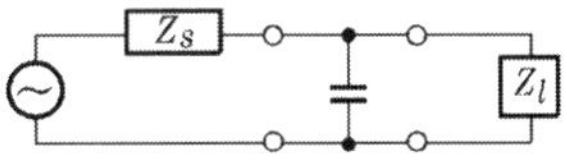

전원 필터에는 보통 차폐실용 필터와 일반 전자기기용 필터가 있는데, 차폐실용은 14kHz~10GHz에서 80~100dB 또는 100dB 이상의 감쇄 특성을 가지는 경우가 많다. 그러나 전자기기용 필터는 150kHz 이하의 노이즈에 대해서 각 기기의 방해 배제 능력이 크다.

또한, TTL 등과 같은 반도체 소자는 30MHz 이상에서는 감응하지 않기 때문에 보통 150kHz~30MHz의 주파수 대역에서 감쇄 특성을 가지는 필터가 많이 사용되고 있다.

㉯ 필터 설계 시 주의사항

㉠ 필터는 반드시 차폐된 구조로 하며, 필터의 케이스와 내부는 전기적으로 양호하게 접촉되도록 한다.

㉡ 콘덴서를 사용할 때 리드선은 가능한 한 짧게 한다.

㉢ 모든 배선을 접지 면에 가깝게 하여 상호간의 결합을 적게 하고 루프 구성이 되지 않도록 한다.

㉣ 필터의 단자는 전류 용량이 충분한 것을 사용하도록 한다.

㉰ 필터의 취급 방법

㉠ 〈그림 8-20〉과 같이 필터의 입력 측과 출력 측과의 배선 간에 전자기적 결합이 없도록 해야 한다.

㉡ 접지선은 고주파에 대해서 저 임피던스이어야 한다.

㉢ 필터 케이스를 기기 케이스에 직접 설치하고 저 저항으로 Bonding하도록 한다.

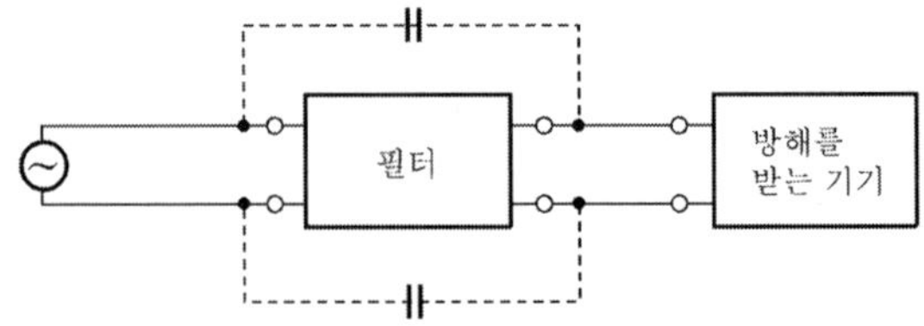

(a) 정전 결합에 의한 필터 효과의 손실

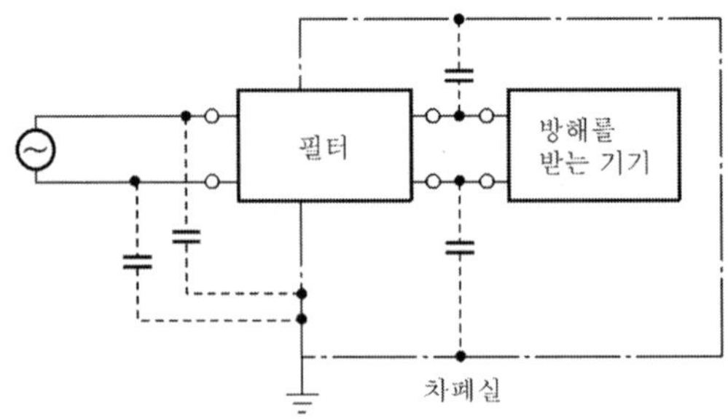

(b) 차폐실의 효과

〈그림 8-20〉 외부 결합을 방지하기 위한 필터의 취급 방법

② Shielding

노이즈 발생원과 노이즈의 영향을 받는 기기를 서로 차단하는 것을 차폐라고 하는데, 차폐 방식에는 〈표 8-9〉와 같이 노이즈가 있는 공간에서 노이즈가 없는 공간을 만드는 경우의 수동적 차폐와 노이즈원을 차폐시켜 노이즈가 없는 공간을 만드는 경우의 능동적 차폐 두 가지가 있다.

노이즈 발생원과 기기와의 결합에는 전장(電場)에 의한 정전 유도 결합과 자장(磁場)에 의한 전자 유도 결합이 있는데 이것에 대한 차폐 특성은 각각 다르다.

〈표 8-9〉 수동적 차폐와 능동적 차폐

구 분	수동적 차폐	능동적 차폐
개념도	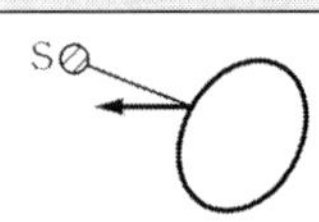	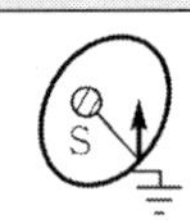
방해원	차폐체의 외부에 있다.	차폐체의 내부에 있다.
접지	차폐를 위해서는 필요 없다.	필요하다.
2중 차폐를 행할 경우	• 외측 : 동 • 내측 : 철	• 외측 : 철 • 내측 : 동

㉮ **정전 차폐** : 〈그림 8-21〉은 정전 유도 현상과 등가 회로를 나타낸 것이다. 등가 회로에 서 V_2를 감소시키기 위해서는 C_{12}를 작게 하도록 정전 차폐를 실시하면 된다. 즉, 〈그림 8-22〉와 같이 도체 1과 도체 2 사이에 접지된 도체를 삽입하여 C_{12}가 존재하지 않도록 한다.
따라서 회로 전체를 금속상으로 차폐하여 접지시키면 외부 노이즈로부터 회로를 보호할 수 있는 차폐 케이스가 된다.

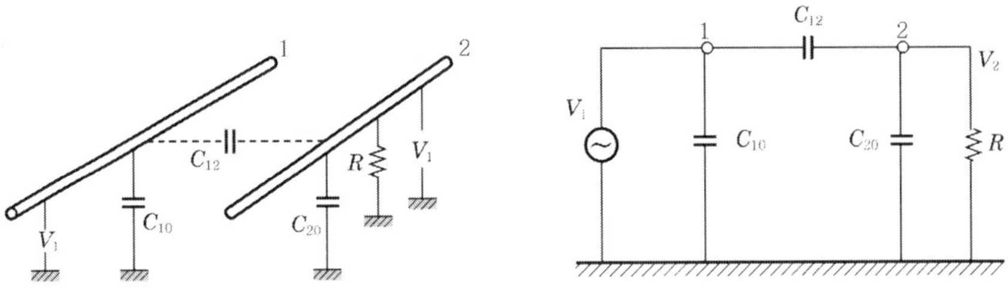

(a) 2개 도체 간의 정전 결합　　(b) 정전 결합의 등가 회로

〈그림 8-21〉 정전 결합

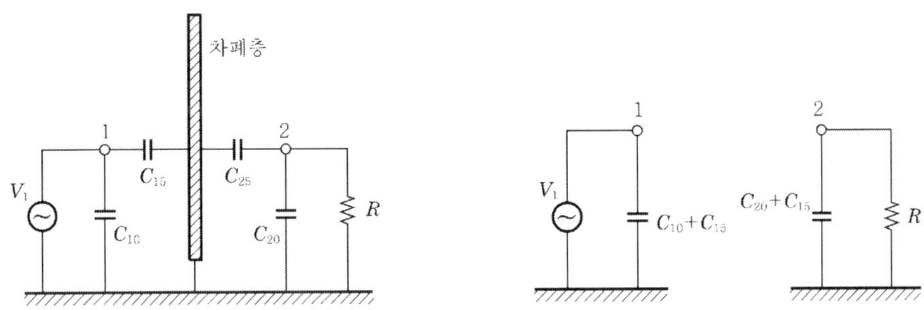

(a)　　(b)

〈그림 8-22〉 정전 차폐

㉯ **전자 차폐** : 〈그림 8-23〉은 전자 유도 현상과 등가 회로를 나타낸 것이다. 이것을 방지 하지 위해서는 다른 경로를 구성하여 회로 1의 자속을 회로 2에 쇄교하지 않도록 하는 전자 차폐를 실시한다.

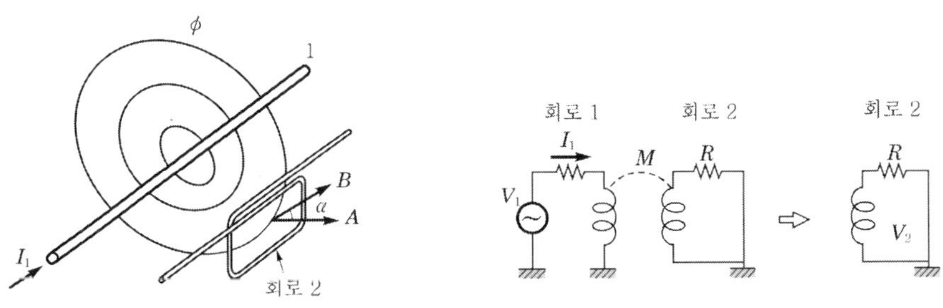

〈그림 8-23〉 전자 결합과 등가 회로

즉, 고투자율의 금속판을 두 회로의 중간에 삽입하면 자속은 공기에 비해서 투자율이 큰 자성 재료쪽으로 통과하므로 전자 결합이 감소된다. 따라서 외부 자속에 영향을 받기 쉬운 기기는 고투자율의 금속 케이스를 설치하면 내부로 자속이 침투하는 것을 막을 수 있다. 정전 차폐는 얇은 금속제의 케이스만으로도 가능하지만 전자 차폐는 차폐 물체의 모양에 의해 좌우된다. 또한, 전자 차폐 물체의 두께가 두꺼울수록 와전류가 생겨 이것에 의해 반자계(反磁界)가 발생됨으로써 차폐 효과가 있게 된다. 이 경우에는 고투자율의 재료가 쓰이지 않고 고도전율(비저항이 낮다)의 동판이나 알루미늄 판으로 대상물을 차폐시키는 것이며, 이때 차폐 물체를 접지시키면 정전 유도의 효과도 함께 나타난다.

고투자율 재료에 의한 차폐를 자기 차폐, 고도전율 재료에 의한 차폐를 전자 차폐라고 하는 경우도 있다. 자속과 회로와의 쇄교를 차단함으로써 차폐시키는 방법 외에 회로의 면적을 작게 함으로써 전자 유도를 차폐시키는 방법이 있다.

즉, 〈그림 8-24〉 (a)와 같은 경우는 도선간의 간격에 의해서 면적이 형성되어 자속이 통과함으로써 전자 유도 현상을 일으키게 되지만 〈그림 8-24〉 (b), (c)와 같이 전선을 꼬아 놓으면 면적이 작아질 뿐만 아니라 유도 전압이나 발생된 자속의 극성이 서로 반대가 되어 전체적인 유도가 감소된다.

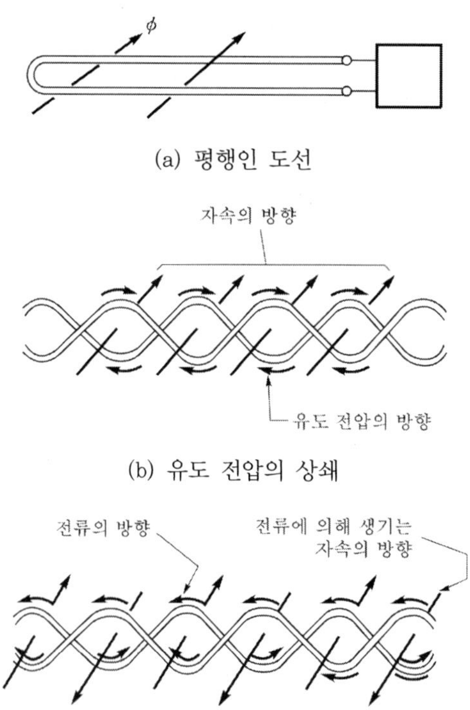

(a) 평행인 도선

(b) 유도 전압의 상쇄

(c) 복사 자계의 상쇄

〈그림 8-24〉 꼬임선의 노이즈 저감 효과

③ Wiring

전자 장치의 배선에는 〈그림 8-25〉와 같이 내부의 논리 회로를 동작시키는 디지털 신호와 장치 외부와의 사이에 연결되어 있는 입・출력 신호선, 전력을 공급하는 전원 배선과 리드 선, 또한 접지를 연결하기 위한 그라운드선 등이 있으며 이들에 대한 배선 방법은 각각 다르다. 이것을 정리하면 다음과 같다.

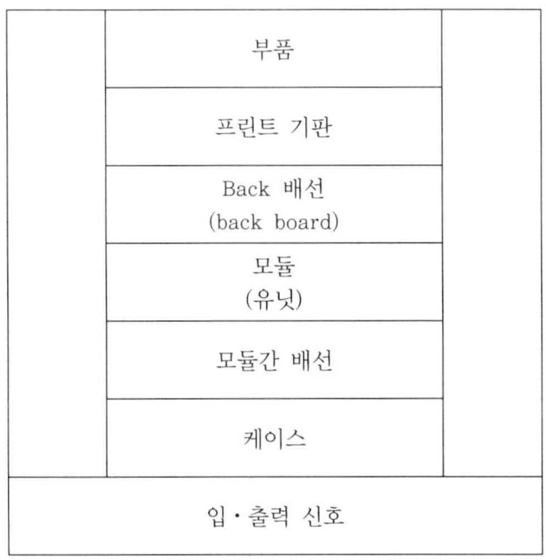

〈그림 8-25〉 전자 장치의 구성

㉮ **부품과 부품의 접속** : 프린트 배선
㉯ **프린트 기판끼리의 접속** : 프린트 배선(back 배선)
㉰ **모듈간의 배선** : 절연 전선, 꼬임선(twist pair cable), 차폐선, 차폐되어 있는 꼬임선
㉱ **입・출력 신호 배선** : 절연 전선, 꼬임선, 차폐선, 차폐되어 있는 꼬임선, 동축 케이블
㉲ **전원에 관련되는 배선** : 절연 전선, 플레이트, 동판, Mini bus

각 배선에서 취급하는 주파수는 ㉮에서 ㉲로 갈수록 낮게 되고, 사용하는 전력은 크다고 할 수 있다. 주파수가 낮고 전력이 큰 경우에는 배선의 전류 용량만 주의하여 배선 재료와 방법을 결정한다.
배선 방법을 생각할 때는 다음의 사항을 염두에 두어야 한다. 즉, 배선 길이가 길고 짧음에 따라 이것을 집중 정수 회로 또는 분포 정수 회로로서 취급한다.

신호의 주파수를 f, 파장을 $\lambda = \frac{C}{f}$(단, C는 진공 중의 광속도), $\lambda = \frac{\nu}{f}$(단, ν는 도체 중의 전달 속도), 도선상의 전파 지연 시간을 T_0, 신호선의 길이를 l이라 하면 일반적으로 다음과 같이 나누어진다.

- $l \ll \frac{\lambda}{4}$: 집중 정수 회로로서 취급
- $l \gg \frac{\lambda}{4}$: 분포 정수 회로로서 취급

디지털 회로의 경우는 신호가 도선상을 한 번 왕복하는 시간이 펄스의 Rise-time보다 작은 범위에서는 집중 정수 회로로서 취급해도 좋다. 즉, 이때는 신호의 전달 지연 시간을 고려하지 않아도 상관없다.

④ Grounding

㉮ **접지의 목적** : Grounding은 접지 또는 어스라고 하며, 회로나 전자기기를 대지 전위와 같은 전위로 만들어 주는 것을 말한다. 접지의 목적을 크게 두 가지로 나누면 다음과 같다.

㉠ 회로의 기준 전위를 정해준다.

㉡ 감전 등의 사고로부터 인체를 보호한다.

전자 회로는 바르고 정확하게 접지함으로써 신호의 기준 전위가 정해지고 안정한 동작이 보장되며, 접지점의 전위가 변하면 노이즈가 발생한다고 할 수 있다.

㉯ **접지와 노이즈** : 회로의 기준 전위인 접지 전위가 변함으로써 노이즈가 발생하는 경우를 들면 다음과 같다.

㉠ 접지 회로에 신호 전류가 흐르는 경우 : 접지 회로의 임피던스에 의한 전압 강하로 접지전위가 변한다.

㉡ 여러 개의 접지점이 있어 접지 회로 간에 루프를 형성하는 경우 : 접지점 간 전위차와 루프에 의한 전자 유도로 루프 전류가 흘러 기준 전위가 변한다. 〈그림 8-26〉에 나타내었다.

- 접지점 G_1, G_2 사이의 전위차에 의해 전류가 흐른다.
- 접지 루프에 쇄교 자속으로 인한 전위차가 발생한다.

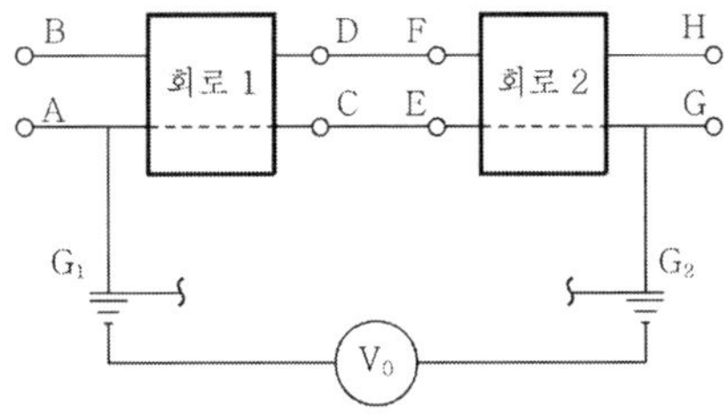

(a) 접지점 G_1, G_2 사이의 전위차에 의해 전류가 흐른다.

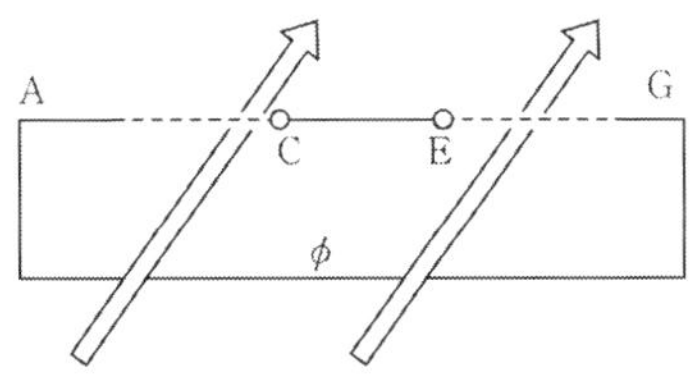

(b) 접지 루프에 쇄교 자속으로 인한 전위차가 발생한다.

〈그림 8-26〉 접지 루프

㉰ **접지 방식** : 회로를 접지하는 방식은 일점 접지 방식(single-point grounding connection)과 다점 접지 방식(multi-point grounding connection)으로 나눌 수 있으며, 〈그림 8-27〉과 같이 A, B, C, D 4개의 회로에 대해서 살펴보자.

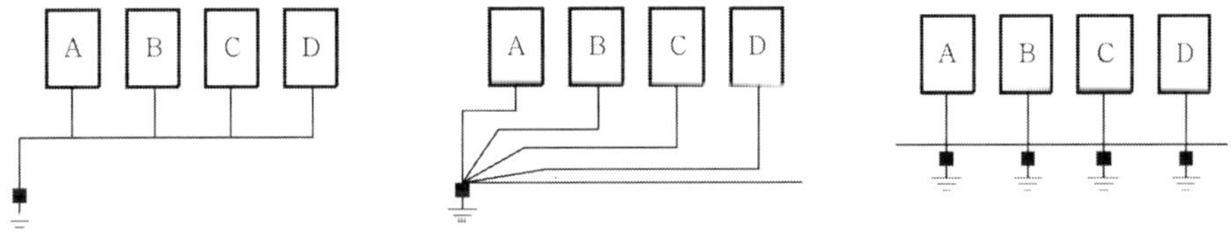

(a) 일점 직렬 접지 방식 (b) 일점 병렬 접지 방식 (c) 다점 접지 방식

〈그림 8-27〉 접지 방식

㉠ 일점 접지 방식 : 일점 접지 방식에는 직렬 방식과 병렬 방식이 있으며, 접지 도체에 전류가 흘러 도체에 존재하는 약간의 임피던스에 의한 영향에 대해 두 방식을 비교해 보면 다음과 같다. 이때 간략화하기 위해서 〈그림 8-28〉과 같이 A, B 2개만을 가진 회로를 생각해 보기로 한다.

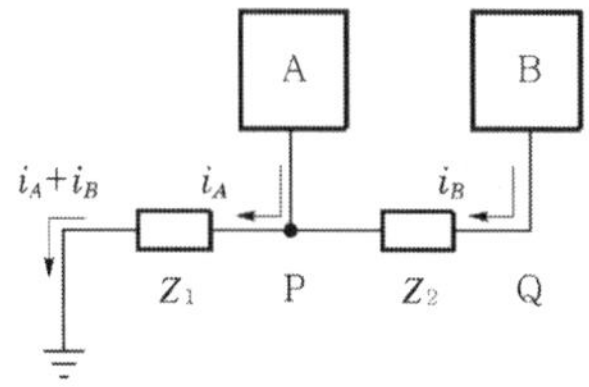

(a) 직렬 방식

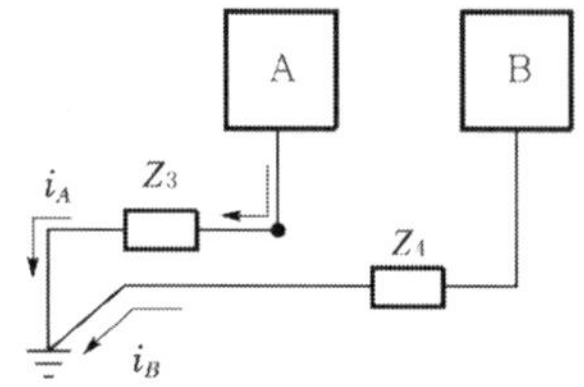

(b) 병렬 방식

〈그림 8-28〉 일점 접지 방식

〈그림 8-28〉 (a)의 직렬 방식에서는 회로 A, B의 공통 임피던스인 Z_1에 의해서 P점의 전위는 $V_p=(i_A+i_B)Z_1$이 되고, Q점의 전위는 $V_Q=(i_A+i_B)Z_1+i_BZ_2$가 된다. 즉 A, B는 전위가 상호간에 의해서 영향을 주고받으며 $i_A \ll I_B$라면 A의 입력에 I_BZ_1의 영향이 노이즈로 나타나게 된다.

반면에 〈그림 8-28〉 (b)의 병렬 방식에서는 공통 임피던스가 존재하지 않으므로 회로 사이의 상호 간섭은 일어나지 않지만 회로 배선이 복잡해지는 단점이 있다.

실제적인 방법은 출력 전류를 흘리는 접지선과 기준 전위를 정하기 위한 접지선과 구분하고 후자에는 전류를 가능한 한 흘리지 않도록 한다. 또한, 안전을 위해 케이스를 접지하는 선로도 구분하여 이러한 3종류의 기능이 다른 접지선을 병렬 방식으로 일점 접지하도록 한다.

동일 기능을 가진 접지선은 회로 간에 연결하여도 저주파에서는 문제가 없으며, 〈그림 8-29〉와 같은 접지방식도 허용된다. 그러나 고주파에서는 접지선 임피던스의 영향이 크므로 다점 접지방식을 사용해야 한다.

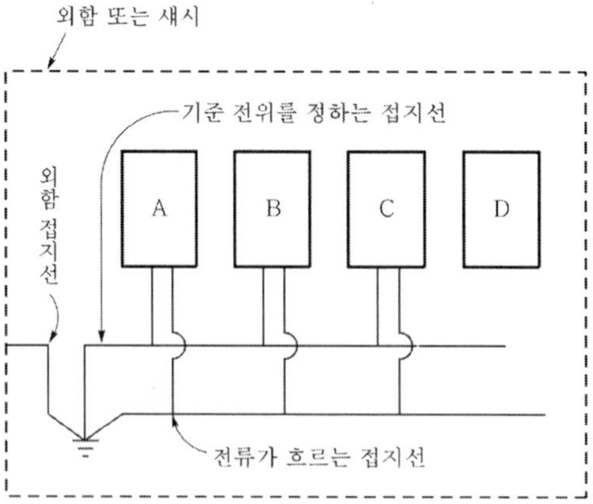

〈그림 8-29〉 저주파수에서 바람직한 일점 접지 방식

㉡ 다점 접지 방식 : 동작 주파수가 높은 회로에서는 접지선의 인덕턴스가 접지 임피던스를 증대시킴과 동시에 접지선 사이의 유도 결합이 일어나며, 또한 접지선 사이의 표유 용량에 의해서도 접지선 사이의 결합이 일어나는 경우도 많아진다. 따라서 접지 임피던스를 최소로 낮추고 결합에 의한 영향을 줄이기 위해 접지 면을 만들어 그 표면에 접지 단자를 최단거리로 접속하는 〈그림 8-27〉 (c)와 같은 다점 접지방식이 사용된다.

㉱ 고주파 노이즈에 대응한 접지

㉠ 접지 저항의 평가 : 접지 저항의 평가는 접지 전극에서 본 접지 저항의 값을 측정하여 이 값이 낮을수록 좋은 접지라고 되어 있다. 그리고 접지 저항의 측정은 10~100Hz의 저주파 교류를 전원으로 사용하여 측정한다. 즉, 이 측정법에서 얻어진 접지 저항 의 값은 비교적 낮은 주파수대의 전류(사용 전원의 기본파인 50Hz/60Hz, 혹은 그것들 의 고조파 정도)가 접지 전극에 흐른 경우의 저항값으로 노이즈와 같이 극히 주파수가 높은 고주파 전류가 흘렀을 경우의 저항값(임피던스)과는 결코 일치하지 않는다〈그림 8-30 참고〉.

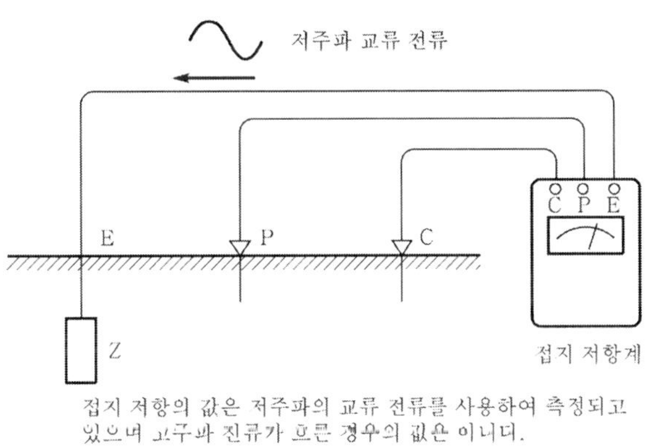

〈그림 8-30〉 접지 저항의 측정

㉡ 표피 효과 : 노이즈는 고주파이기 때문에 표피 효과가 강하고 주파수가 높은 전류는 접지선의 단면 전체에는 흐르지 않으며, 접지선의 표면 부근에만 흐를 수가 있다〈그림 8-31 참고〉.

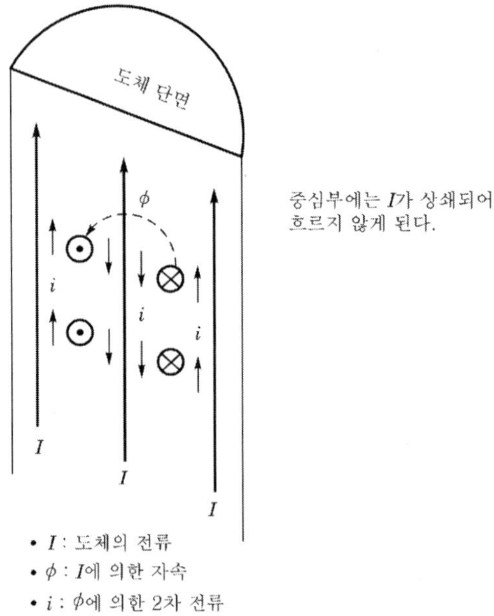

〈그림 8-31〉 도체 내를 흐르는 전류의 표피 효과

㉢ 접지선의 임피던스 : 빌딩의 고층화나 공장의 대형화에 수반하여 접지선이 길어지면 고주파 전류에 대해서는 접지선의 임피던스도 문제된다. 이것은 접지선이 길어질수록 동선이 갖는 도체 저항이 증가할 뿐만 아니라 인덕턴스도 증가(인덕턴스는 노이즈의 주파수에 비례하여 임피던스가 높아진다)하기 때문에 고주파 전류에 대하여 접지선에 전위차가 생기기 쉬우며, 좋은 접지라고 할 수 없다〈그림 8-32 참고〉.

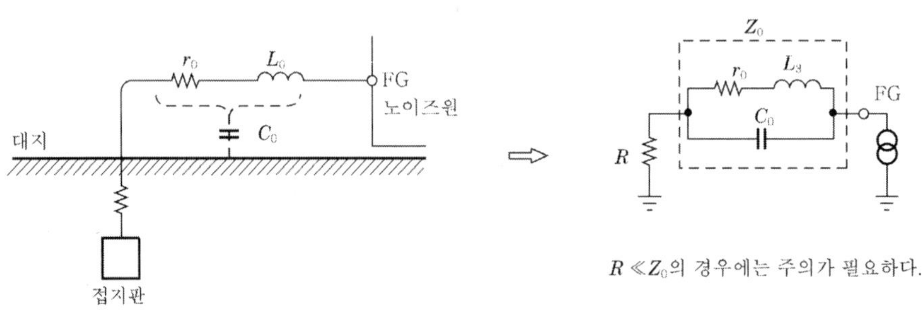

〈그림 8-32〉 고주파 노이즈에 대한 접지선의 등가 회로

㉣ 공통 임피던스 : 노이즈를 발생하는 기기의 접지선과 노이즈에 민감한 기기의 접지선을 공용하거나 또는 따로 따로 접지선을 설정하여도 그것이 같은 접지 전극에 접속되어 버리는 경우에는 노이즈를 발생하는 기기로부터 접지선에 누설되는 고주파의 전류가 접지선이나 접지 전극의 공통 임피던스에 의해서 전위차가 발생하고 접지선을 공유하고 있는 다른 기기의 그라운드 전위를 동요시킨다〈그림 8-33 참고〉.

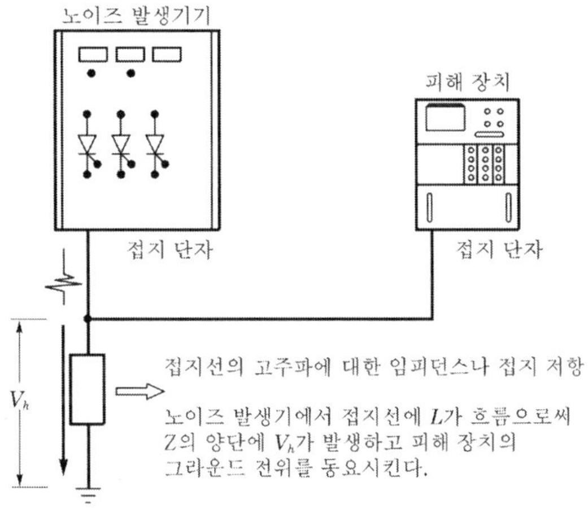

〈그림 8-33〉 공통 임피던스의 영향

㉤ 그라운드 루프 : 같은 제어계에 속하는 복수의 시스템이 동일한 접지 단자를 공유하여 접지되고 그것들의 시스템이 다시 금속 동체나 도전성의 구조체를 통하여 도통하는 경우에는 접지선에 의해 큰 그라운드 루프가 형성되어서 노이즈를 일으킬 우려가 있다〈그림 8-34 참고〉.

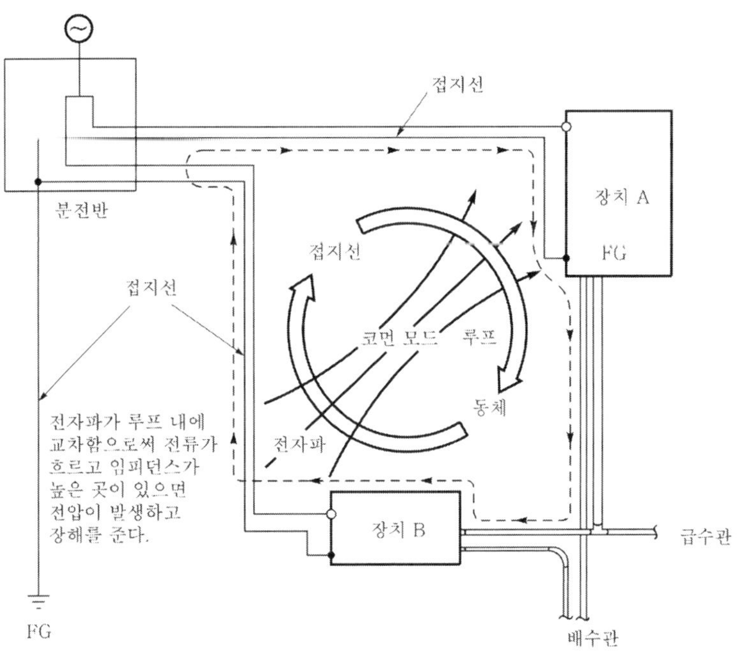

〈그림 8-34〉 접지선에 Common mode 루프의 발생

㉤ **뇌 서지 보호를 위한 등전위화** : 정보화기기의 뇌 서지 보호에 있어서 보호 장치는 기본적으로 접지되기 때문에 접지의 역할이 대단히 중요하며, 접지의 역할은 대지 전위 상승을 억제하는 것과 등전위화를 이루는 것으로 대별할 수 있다. 즉, 접지의 목적은 접지 시스템에 발생한 이상 전류를 대지로 방류하여 전위 상승을 억제하는 것과 접지 시스템 전위의 균등화를 도모하는 것이다.

따라서 정보화 기기의 전원 계통, 신호의 입·출력 회선, 접지 시스템을 등전위화하면 효과적으로 뇌 서지를 보호할 수 있다. 〈그림 8-35〉에 나타낸 바와 같이 부하기기의 가까이에 보호 장치를 설치하고, 그의 접지 단자와 기기의 외함을 공통으로 접지선에 접속한다. 따라서 접지선의 전위가 상승하여도 기기의 외함과 전원의 상대적 전위차는 보호 장치의 제한 전압만큼의 낮은 전위로 유지할 수 있다.

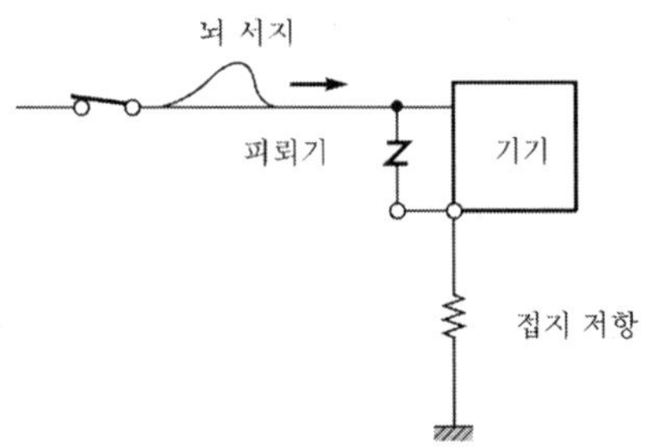

〈그림 8-35〉 등전위화

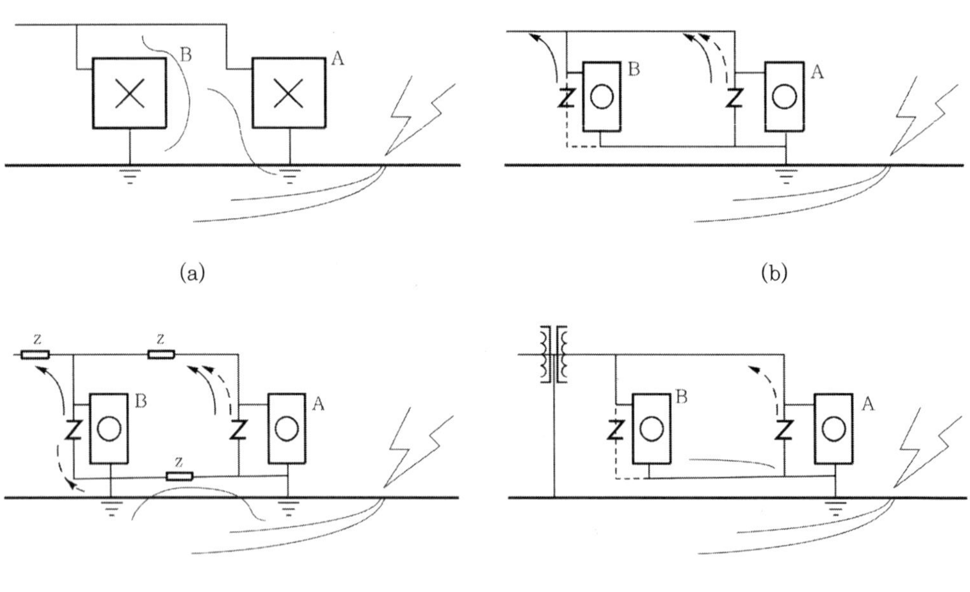

(a) (b)

(c) (d)

〈그림 8-36〉 연접 접지와 1점 접지

〈그림 8-36〉 (a)에 나타낸 바와 같이 각 장치에 독립한 접지를 설치한 때에는 A장치 외함의 전위가 높게 되고, 뇌 서지는 장치를 파괴한 후 전원으로 흘러 들어가 대지의 전위가 낮은 곳에 있는 B장치를 파괴하여 대지로 돌아가는 회로, 즉 뇌격 전류의 분류에 의하여 피해가 생긴다. 또한, 〈그림 8-36〉 (b)와 같이 접지한 장치에는 피뢰기를 부착하여 장치와 전원선의 등전위화를 도모한다. B장치의 외함과의 사이에 연접 접지를 접속하여 B장치에 있어서도 등전위화가 유지된다. 그러나 연접 접지선은 전원선과 동일 경로를 갖도록 하지 않으면 파두부에서 서지의 도착 시간차로 인하여 등전위화가 이루어지지 않아 손상을 일으키는 경우가 있다.
〈그림 8-36〉 (c)와 같이 양쪽 장치 공히 접지선을 접속한 때에는 A장치의 피뢰기 작용에 대해 전원선, 연접 접지선이 같은 전위로 서지가 진행하여도 B장치의 접지에 의해서 B장치의 외함 전위만이 저하하여 등전위화가 이루어지지 않아 피해가 발생한다. 보안상 B장치의 외함을 그 위치의 대지 전위로 유지할 필요가 있을 때는 반드시 파선으로 표시한 것과 같이 이곳에도 피뢰기를 설치하여 등전위화를 도모한다. 그림 (b)와 (c) 모두 A장치의 접지선에서 나타난 서지는 전원선 쪽에 보내지므로 이 전원선에 연결되어 있는 기기, 극단적인 경우는 옥외로 전달되어 다른 수용가 혹은 주변기기 등의 사고로 연결되는 경우도 있다.
다른 곳에 피해가 발생하며, 그 지락 전류는 A장치의 접지선에서 그 피뢰기를 통하여 공급되고, 그 파형은 뇌 전류의 분류이므로 파미장이 길어 피뢰기도 파괴한다.
〈그림 8-36〉 (d)는 도중에 실드 변압기를 넣어 다른 회선에서의 피해를 차단하고 A장치의 피뢰기 부담을 경감시켜 주는 것이 효과적이다. 연접 접지에 있어서 여기에 접지하지 않은 장치에는 피뢰기의 설치가 필요하다.

(8) 노이즈 대책 실례

① 노이즈 실태 파악과 대책 순서

㉮ 일반적으로 노이즈 대책은 발생원이 명확하면 발생원 측과 피해기 측의 어느 쪽에 대책을 세우는가를 다음과 같은 관점에서 검토할 수 있다.

㉠ 대책에 수반하는 실행적인 난이도 : 작업 스페이스나 부품을 추가하는 스페이스의 유무, 차폐를 한 경우의 상황 등

㉡ 대책의 성공률 : 시스템이 복잡하고, 거대해지면 그라운드의 임피던스 증가나 차폐 시공의 곤란 등으로 성공률은 저하한다.

㉢ 대책에 드는 코스트 : 예컨대, 라인 노이즈를 방지하는 데는 전류나 전압이 작고 혹은 소비 전력이 작으며 3상보다도 단상 쪽이 코스트가 적다.

㉣ 장래에 대한 장해 예측 : 발생원측에 대책을 세울 수 있다면 새로이 피해 장치가 생길 가능성은 작다.

ⓜ 도의적 책임의 유무 : 트러블이 발생한 상황에도 따르지만 일반적으로 후에 도입된 장치가 도의적 책임을 지는 일이 많다.

㈏ 생산 현장에서의 노이즈 대책에 있어서도 학문적인 해석이 기초가 되는 것은 말할 필요가 없지만 이들을 하나하나 분석한다는 것은 매우 어려운 일이기 때문에 다음의 순서에 따라서 대책을 세우는 것이 바람직하다.

㉠ 문제가 되는 것은 노이즈뿐만 아니라 다른 외란의 동태를 파악하여 관측, 측정, 기록한다. 이때 간과하기 쉬운 전류에 주의한다.

㉡ ㉠에서 조사한 자료를 〈표 8-10〉에 따라서 정리한다.

㉢ 문제의 원인이 되는 전기, 자기, 특히 고주파 노이즈의 전파 경로를 정확하게 파악한다.

㉣ 노이즈 방지에 중요한 〈표 8-11〉의 3요소에 입각하여 대책을 세운다.

〈표 8-10〉 노이즈의 종류와 대책

노이즈	내 용	대 책
고주파 노이즈	수 kHz 이상의 노이즈	방사 노이즈는 차폐시키고 전도 노이즈는 방지 소자 사용
전원의 고조파	전력의 기본 주파수의 정수배에 해당하는 주파수 성분	필터, 자동 전압 조정기(AVR)
기본파 노이즈	• Surge : 이상 고전압이 반 사이클에서 수 사이클 동안 지속 • Sag : 이상 저전압이 반 사이클에서 수 사이클 동안 지속 • Flicker : 고·저 전압이 반복되는 현상	자동 전압 조정기(AVR)
순시 정전	반 사이클에서 수 사이클의 단주기 정전	CVCF

〈표 8-11〉 노이즈 방지의 3요소

1	차폐	방사 노이즈 방지	방사 노이즈 방지
2	접지	방사 및 전도 노이즈 모두에 중요	
3	노이즈 방지 부품	전도 노이즈 방지	전도 노이즈 방지

② 생산 현장에서의 대책 실례

최근 생산 현장에서는 인건비 삭감과 작업의 합리화를 위해 컴퓨터에 의한 자동 생산 시스템이 도입되는 경우가 늘고 있다. 그러나 그 대부분은 순서 제어(sequence control)에 Relay를 사용해 온 생산 라인을 그대로 자동화하는 경우가 많아서 뜻밖의 사태가 발생하는 경우가 많다.

다음에 어떤 회사에서의 예를 들어보기로 한다.

㉮ **문제점** : 컴퓨터로 제어되는 고속 자동 수량 검사 장치를 생산 현장에 설치한 회사는 즉시 소비자로부터 표시된 수량이 틀린다는 항의를 계속 받았다고 한다. 클레임 건수는 출하량 중 약 100만 개당 40개 정도이지만 출하량이 많기 때문에 한 달에 약 40건에 달하여 회사 전체 신용에 크게 문제가 되었다고 한다.

㉯ **생산 현장 내의 환경**

㉠ 컴프레서, 인버터, 솔레노이드 밸브 등 노이즈를 발생하는 기기류가 검사 장치 가까이 있었다.

㉡ 검사 장치까지의 배선이 가늘고 길기 때문에 라인 임피던스가 높고, 말단에서는 전압 변동이 심해서 방사 노이즈의 영향을 받기 쉬운 상태였다.

㉢ 신호선과 전력선이 함께 있어서 유도에 의한 노이즈가 발생되기 쉬운 상태였다.

㉣ 오실로스코프에는 여러 종류의 노이즈가 나타났고, 임펄스성 노이즈도 있었다.

㉰ **실시된 대책**

㉠ 검사 장치의 전원 선을 옥내 배선용 F-cable 대신 연선 차폐 케이블로 사용하였다.

㉡ 말단에는 방사 방지용 분전반을 설치하였고 검사 장치는 모두 여기서 전용 급전선을 사용하였다.

㉢ 신호 선은 모두 차폐시켰다.

㉣ 전원선과 장치 간은 잡음 방지 트랜스(noise cut transformer)를 사용하여 분리 절연(isolation)시켰다.

㉤ 3.5mm^2 굵기의 전선을 14mm^2로 바꾸어 전압 변동을 줄였다.

㉱ **실시 결과** : 대책 수립 및 공사를 실시한 후 조사한 노이즈는 전보다 훨씬 감소되었고 새로운 제품이 출하된 뒤 약 3개월 동안 클레임 건수는 하나도 발생되지 않았다.

③ **노이즈 대책 실시 시 주의사항**

㉮ **케이블 실드** : 〈그림 8-37〉과 같이 아래와 같은 경우는 실드가 실시되어 있어도 충분한 효과를 얻을 수 없다.

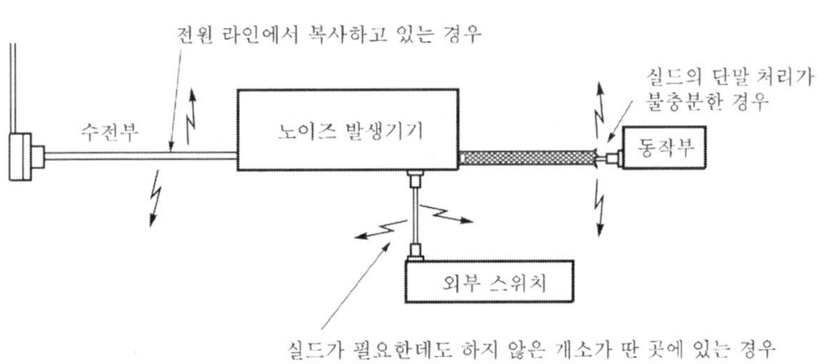

〈그림 8-37〉 충분한 실드 효과를 얻을 수 없는 요인

㉠ 실드 재질의 선정이나 처리 방법이 불충분한 경우
㉡ 노이즈가 복사에 의해서 공간에 누설되고 있는 개소가 다른 곳에도 있는 경우
㉢ 전원 라인에 노이즈가 누설되고 있는 경우

예를 들어 〈그림 8-38〉 (a)와 같이 출력선을 편조선으로 차폐하면 출력선에서 복사하고 있던 노이즈는 상당히 감소하나 실드를 실시할 때 단순히 편조선으로 케이블을 감싼 것만으로는 〈그림 8-39〉와 같이 복사 노이즈는 억제되지 않는 것이 확인되었다.
이때에는 〈그림 8-38〉 (b)와 같이 편조선을 메탈한 커넥터를 통하여 프레임 그라운드이고 차폐체인 동체에 튼튼하게 접속하지 않으면 효과가 없다.

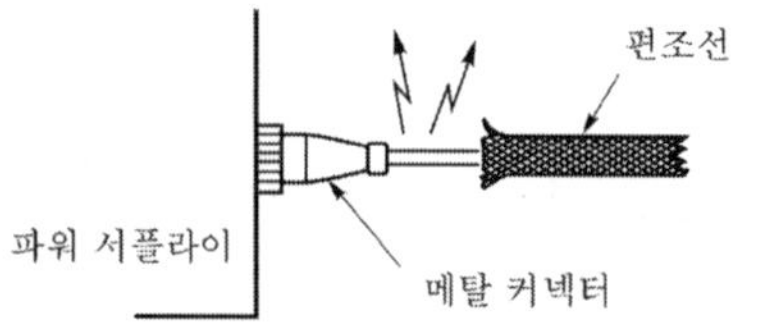

(a) 실드를 메탈 커넥터에서 떼어낸다.(×)

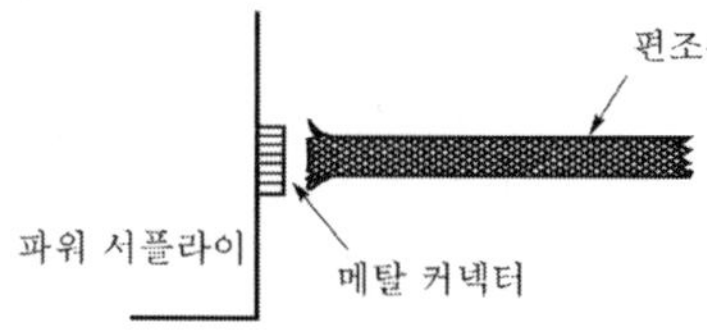

(b) 실드를 메탈 커넥터에 입혀서 확실하게 조여 붙인다.(○)

〈그림 8-38〉 실드 케이블 처치 방법

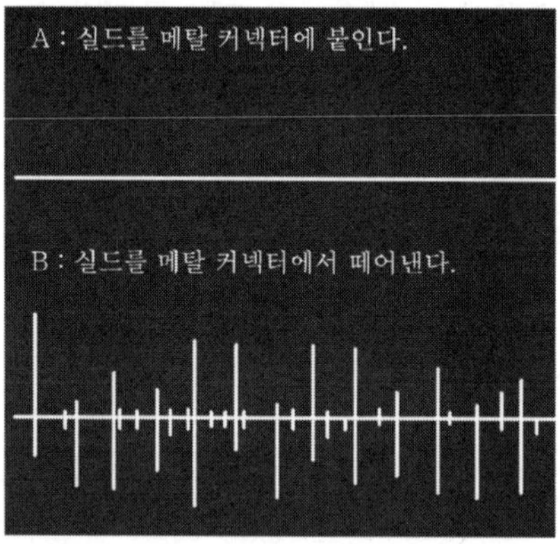

• X = 0.5ms/div • Y = 10V/div

〈그림 8-39〉 차폐 방법에 따른 복사 노이즈의 방지 효과 비교 파형

㈏ **실드 트랜스와 노이즈 컷 트랜스** : 실드 트랜스(electrostatic shielded transformer)는 절연 트랜스의 1차 코일과 2차 코일 간에 정전 차폐 판(실드)을 설정하고, 1·2차 간의 결합 스트레이 커패시턴스를 작게 한 트랜스로, 다음과 같은 효과를 얻지 못한다.

㉠ 노멀 모드를 방지할 수 없다. 트랜스에는 본래 전자 유도 작용(1차 도체 전류의 변화에 따라서 생긴 자속 변화가 그것과 쇄교하고 있는 2차 도체에 2차 전압을 유기하는 작용)이 있기 때문에 〈그림 8-40〉과 같이 고주파 노이즈의 노멀 모드 성분은 정전 차폐 판이 있어도 2차 측에 유도한다.

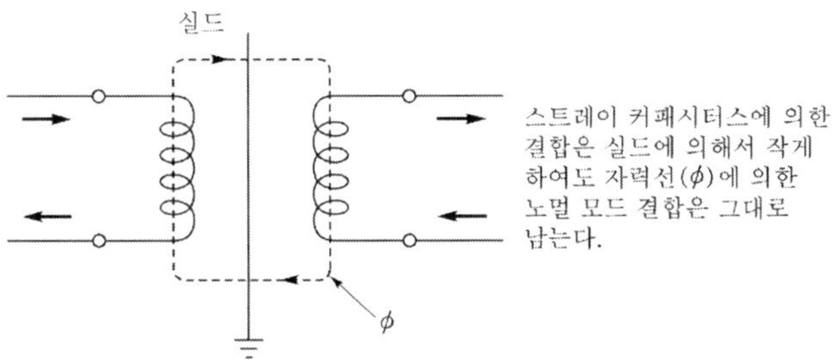

〈그림 8-40〉 실드 트랜스의 자기 결합

㉡ 코먼 모드도 충분한 효과를 얻지 못한다. 더욱이 코먼 모드 성분도 〈그림 8-41〉에 나타내듯이 코일의 양 끝에서 본 임피던스의 불평형에 의해 불균형이 생기고 그 차의 성분($I_u - I_v$)이 유도하여 변성되며, 2차 측에 노멀 모드 노이즈로 되어 발생한다. 즉, 노멀 모드 노이즈를 방지하지 못하는 실드 트랜스에서는 코먼 모드 노이즈에 있어서도 충분한 효과를 얻을 수가 없고, 따라서 고주파 노이즈 방지 소자로서는 불충분하게 된다〈그림 8-42 참고〉.

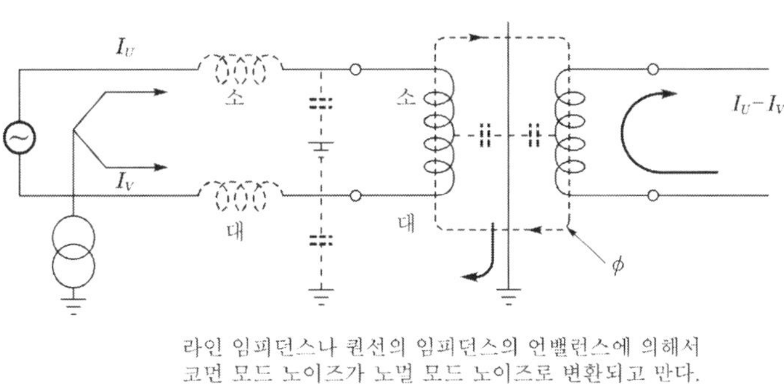

〈그림 8-41〉 코먼 모드 노이즈에 대한 실드 트랜스의 작용

노멀 모드 노이즈	• 상 : 1차측 전압 파형 (더티측) • 하 : 2차 전압 파형 (클린측) • Y = 100V/div • X = 1ms/div	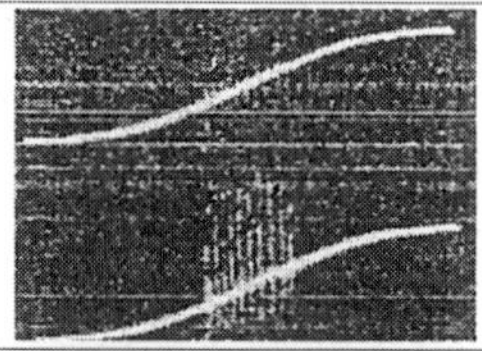
코먼 모드 노이즈	• 상 : 1차측 전압 파형 (더티측) • 하 : 2차 전압 파형 (클린측) • Y = 100V/div • X = 0.5ms/div	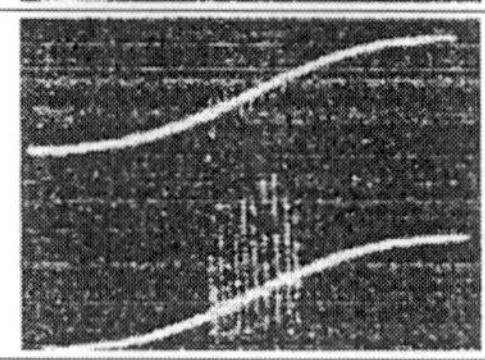

노멀 모드는 통과, 코먼 모드의 주파수가 낮은 부분은 방지되고 있지만 높은 부분은 통과

〈그림 8-42〉 릴레이에 의한 채터링 노이즈에 대한 실드 트랜스의 실제 효과

〈그림 8-43〉 노이즈 컷 트랜스(noise cut transformer)의 특성이 쌍방향으로 효과가 있기 때문에 노이즈를 발생하는 장치에 부착하고, 외부에 노이즈를 내지 않는 대책으로 사용하는 일도 가능하나, 전원 측에서 장치에 침입해 오는 라인 노이즈도 동시에 방지할 수 있기 때문에 이 장치가 외부에서 거꾸로 받는 노이즈 장해에도 도움이 된다. 따라서 전원 선에 노이즈 컷 트랜스를 장착하고 라인 노이즈를 차단하면 〈그림 8-44〉와 같이 제어 전원에서 발생하고 있던 노이즈를 감쇄시킬 수 있다는 것을 알 수 있다.

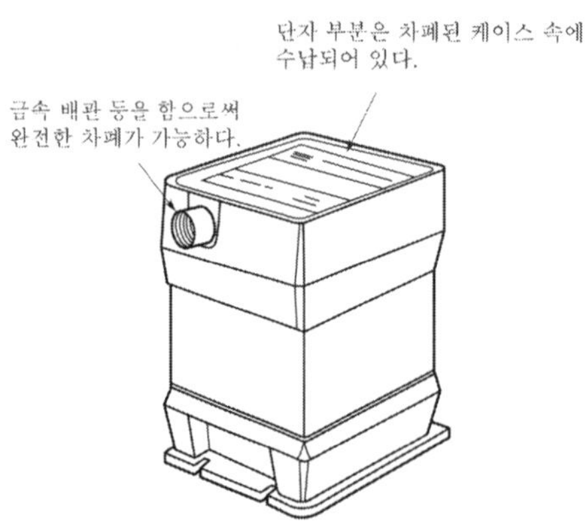

〈그림 8-43〉 노이즈 컷 트랜스

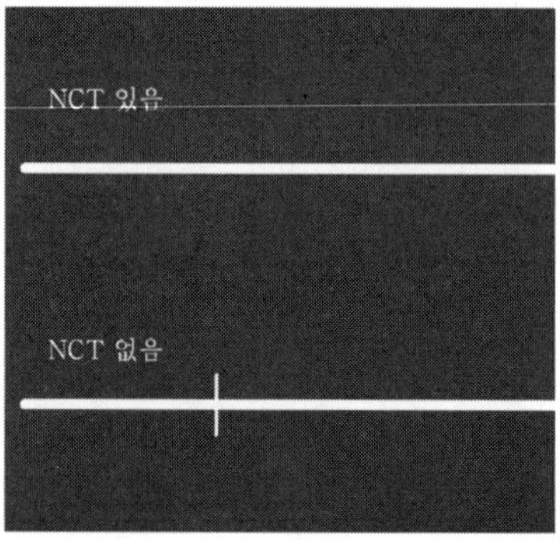

• X = 0.1ms/div • Y = 50V/div

〈그림 8-44〉 노이즈 컷 트랜스의 설치 효과

㉰ LC **필터** : 메이커 측 제품 속에 LC 필터가 원래 내장되어 있을 때 대책을 세우는 과정 에서 새로이 LC 필터를 추가한 것은 〈그림 8-45〉와 같이 2개의 필터를 직렬로 접속하게 된다(캐스케이드 접속). 이와 같이 복수의 LC 필터가 조합되는 회로에

서는 효과적으로 각각의 상수가 합성된 전혀 다른 필터가 생기며, 노이즈 방지 대책이 크게 바뀐다.

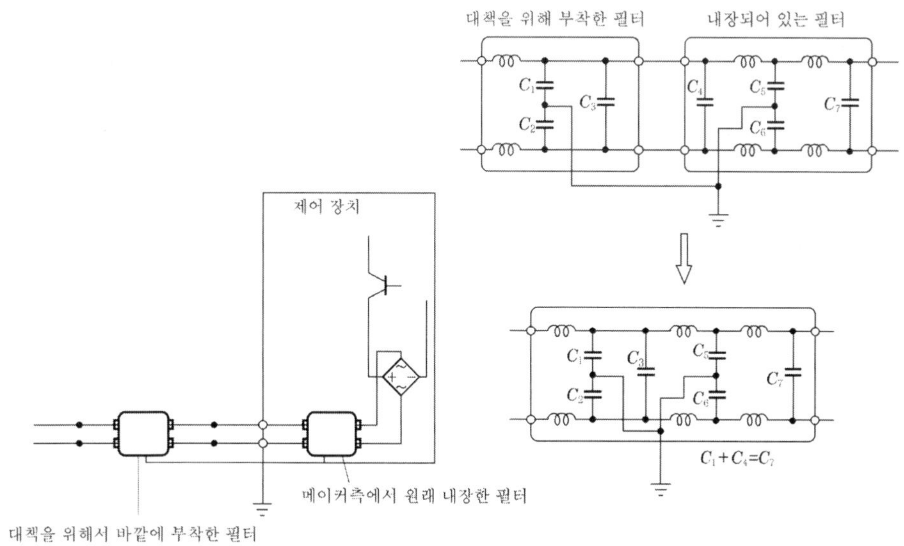

〈그림 8-45〉 필터를 기기 바깥에 부착한 때의 합성

또한, 〈그림 8-46〉과 같이 LC 필터를 외부에 부착할 때 도전부가 노출되어 있으면 전원에서 누설되는 노이즈가 전원 단자와 LC 필터 단자 간에 복사되어서 효과를 얻지 못하는 경우가 있다〈그림 8-47, 48 참고〉. 즉, 부득이 노이즈 방지 소자를 기기 외부에 부착하여 대책을 세우는 경우에는 동시에 복사 노이즈 대책(차폐 등)도 병용하면 실패가 적어진다.

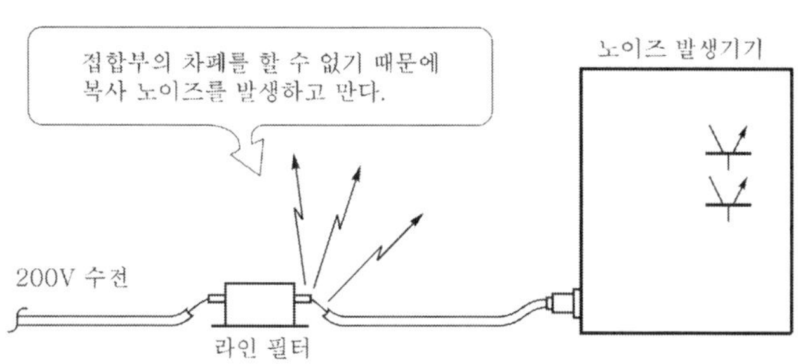

〈그림 8-46〉 기기 내장용 필터를 외부에 부착하여 사용하는 경우의 문제점

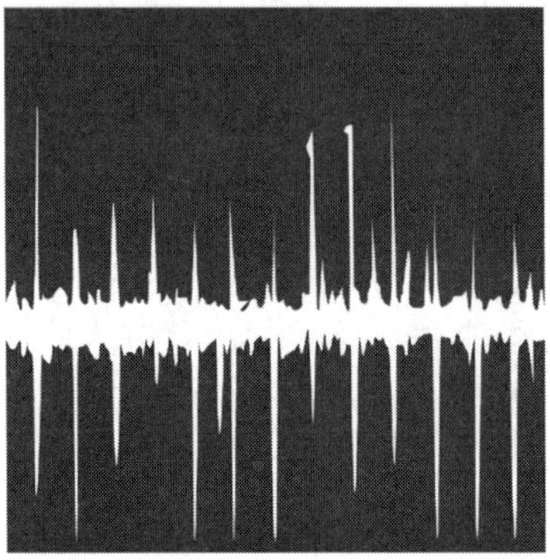

• X = 10μs/div • Y = 5mV/div

〈그림 8-47〉 복사 노이즈의 예

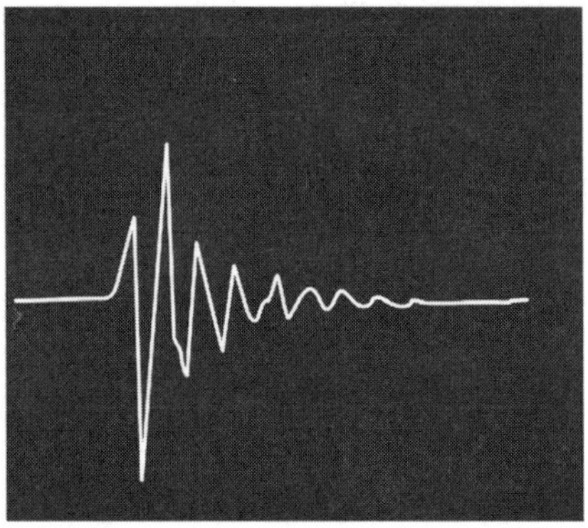

• X = 0.5μs/div • Y = 20mV/div

〈그림 8-48〉 복사 노이즈의 확대

㉣ **접지** : 〈그림 8-49〉에 나타내듯이 코먼 모드 노이즈는 외부에 부착된 LC 필터에 의해서 콘덴서 C_2에 바이패스되어 접지선으로 인도된다. 그러나 접지는 제7항 ④ Grounding에서 설명한 바와 같이 가끔 접지선에 고주파 노이즈가 들어올 때 접지의 존재 방식에 따라서는 효과를 기대할 수 없게 된다.

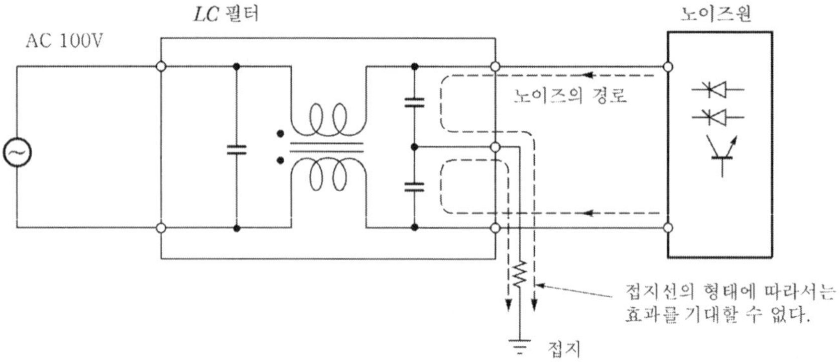

〈그림 8-49〉 접지의 문제

(9) 결론

반도체 기기를 이용한 정보화 시스템은 현대사회의 중추신경의 역할을 하고 있으며, 전자 기기는 뇌 서지나 노이즈에 약하여 특성의 열화, 손상, 오작동 등을 일으켜 신뢰도가 저하되고 있다. 정보화 기기의 합리적 운용과 고 신뢰성 확보는 현대사회의 산업 활동을 비롯하여 일상생활에 대단히 중요한 핵심 요소로 대두되고 있으며, 정보화 시스템의 고장과 일시적인 정지는 막대한 경제적 손실과 2차적 손실을 유발하게 되어 이에 대한 대책이 연구되고 있으나 사고의 원인 규명과 대책에 대하여 아직 해결되지 못한 내용이 많이 남아 있다.

실제로 EMI 연구의 최종 목표인 Noise 대책을 위해서는 먼저 충분한 설비를 갖추고 정확한 측정을 해야 하며, 노이즈의 최소화라는 관점에서 각종 규격으로 수동 및 능동적 규제를 시행하고, 시험 기관과 제조업체 간에 상호 유기적으로 원활히 연계되어 EMI 대책이 강구되어야만 비로소 소기의 목적이 달성되리라고 본다.

제 9 장 PLC 고장 진단 및 보전 기술

9.1 PLC 고장 진단 기술

(1) 입력 모듈의 LED 표시가 되지 않을 때의 점검 요소

① 입력기기 고장 확인

② 입력기기와 입력 모듈 간의 배선 확인

③ 입력기기와 릴레이 중계방식일 때 릴레이 고장 확인

④ 입력 모듈 전원 확인

위 네 가지 사항을 입력 모듈 단자에서 테스터에 의해서 확인이 가능하다. 네 가지 요소가 이상이 없을 때는 입력 모듈의 Bit가 고장이다.

(2) CPU 모듈에 Error LED가 점멸할 때의 점검 요소

① 메모리 이상(메모리 불량)

② Program 이상

③ WDT Error 발생

④ CPU 모듈 접촉 불량

⑤ CPU와 I/O 모듈 통신 불량

⑥ I/O 모듈 접촉 불량

⑦ 파라미터 설정 오류

⑧ I/O 모듈이 동기화가 안 되었을 때

CPU Error 진단은 온라인 메뉴 진단에서 PLC Error로 확인 가능하다.

(3) PLC가 간헐적으로 Down될 때의 점검 요소

① Noise 영향

㉮ PLC 전원과 Noise원 전원과 공용

㉯ Noise원 기기와 PLC 모듈이 근접되었는지 확인

㉰ PLC 접지 불량(PLC 접지를 떼어 본다)

② 순간 전압 변동

모터 전원과 전원이 공용인지 확인한다.

③ 환경적인 영향

온도, 먼지, 습기에 의하여 최초가 오작동한다.

④ WDT가 설정되었을 때 시스템이 일시 정지된다.

(4) PLC로 제어되는 출력기기가 제대로 제어되지 못하거나 오차가 발생할 때의 점검 요소

① 센서 불량 및 고장을 확인한다.

② 센서 Cable 배선 불량(다른 전력선과 근접되었는지 확인)을 확인한다.

③ Program data가 변경되었는지 확인한다.

④ 출력기기의 기계적 부분에 이상이 있는지 확인한다.

(5) 출력 모듈의 LED가 점등되지 않을 때의 점검 요소

① 입력기기가 제대로 작동하는지 입력 모듈의 해당 Bit 표시 LED를 확인한다.

② CPU 모듈에 Error가 발생했는지 확인한다.

③ ①, ②번에 이상이 없을 때는 출력 모듈의 Bit가 고장이다.

(6) 출력기기가 동작하지 않을 때의 점검 요소

① 출력 모듈의 출력 Bit 표시 LED가 점등되는지 확인한다.

② 출력기기 전원을 확인한다(fuse 용단 확인).

③ 출력기기가 릴레이 중계 방식일 때 릴레이 고장인지 확인한다(릴레이를 교체해 본다).

④ 출력 모듈과 출력기기 간의 배선 불량인지 확인한다.

⑤ 출력 모듈의 전원 확인 및 fuse 용단을 확인한다.

⑥ 출력 모듈의 해당 Bit가 정상적으로 동작하는지 테스터로 확인한다(출력 모듈의 Bit 고장이 자주 발생한다).

9.2 입력 회로의 트러블 유형 및 대책

현상	원인	대책
입력신호가 OFF되지 않음	외부기기의 누설 전류(근접 스위치 등으로 구동하는 경우) 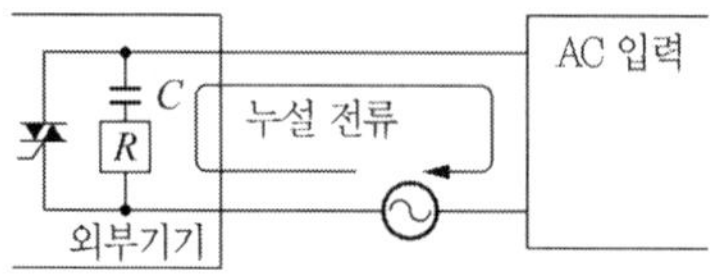	• 입력 모듈의 단자 사이 전압이 복귀 전압 값을 밑돌도록 적당한 저항 및 커패시터를 접속한다. 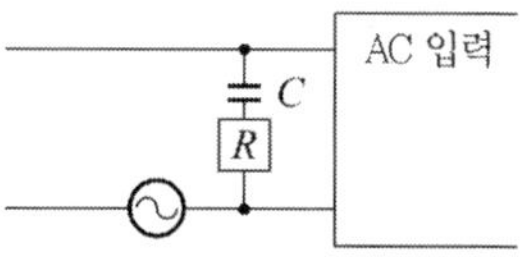 • CR 값은 누설 전류의 값에 따라 결정한다. 추천값 $C=0.1\sim0.47$MF $R=47\sim120[\Omega](1/2[W])$ • 또는 완전하게 회로를 독립시켜 별도 표시 회로를 설치한다.
입력신호가 OFF되지 않음(네온 램프가 점등한 상태로 있는 경우도 있음)	외부기기의 누설 전류(네온 램프가 붙은 리밋 스위치에 의해 구동) 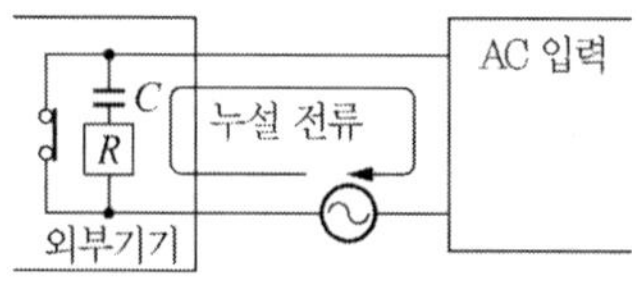	
입력신호가 OFF되지 않음	배선 케이블의 전선 사이 용량에 의한 누설 전류 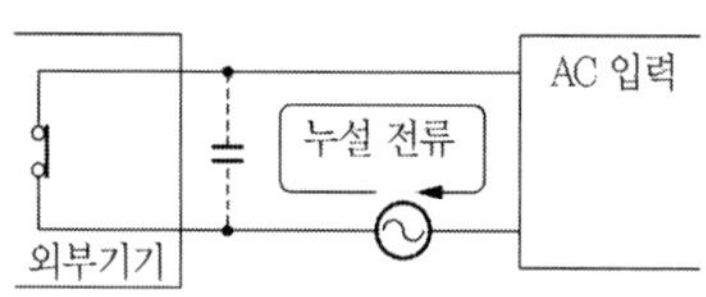	아래 그림과 같이 전원을 외부기기 측에 설치한다. 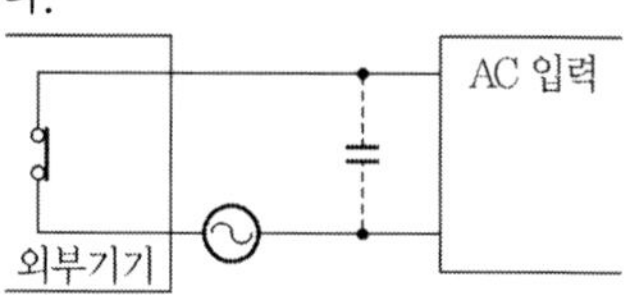
입력신호가 OFF되지 않음	외부기기의 누설 전류(LED 표시 붙은 스위치에 의한 구동) 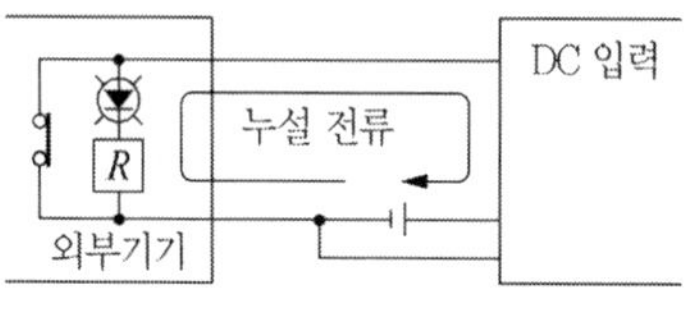	입력 모듈 단자와 코먼 단자 사이 전압이 OFF 전압을 상회하도록 적당한 저항을 아래 그림과 같이 접속한다. 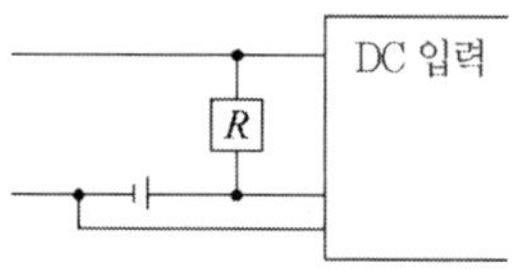
입력신호가 OFF되지 않음	• 서로 다른 복수의 전원 사용에 의한 순환 전류 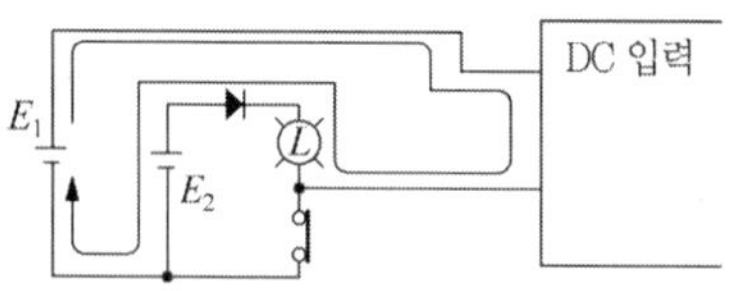 • $E_1 > E_2$인 경우 순환됨	• 복수의 전원을 단일전원으로 한다. • 순환 전류 방지 다이오드를 접속한다.(아래 그림) 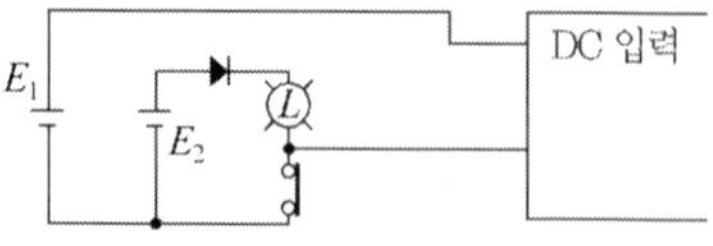

9.3 출력 회로의 트러블 유형 및 대책

현상	원인	대책
출력 접점 OFF 시 부하에 과대전압이 인가됨.	• 부하가 내부에서 반파 정류되어 있는 경우(솔레노이드 밸브에 이와 같은 경우가 발생함) • 전원 극성이 (+)의 경우 C는 충전되고, 극성(−) 때는 C에 충전된 전압+전원 전압이 다이오드(D)의 양단에 인가된다. 전압의 최댓값은 약 $2\sqrt{2}$ 이다. 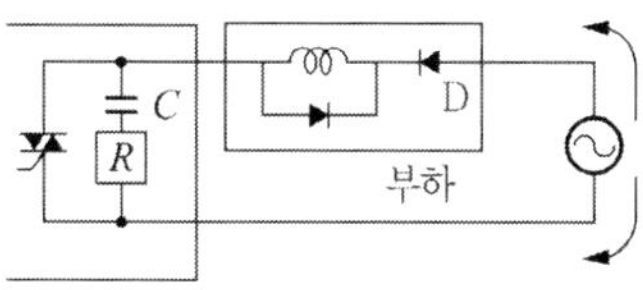 주) 이와 같이 사용하면 출력 소자는 문제가 되지 않지만 부하에 내장되어 있는 다이오드(D)의 성능이 저하되어 문제를 일으키는 경우가 있다.	부하에 병렬로 수십[kΩ]~수백[kΩ]의 저항을 접속한다. 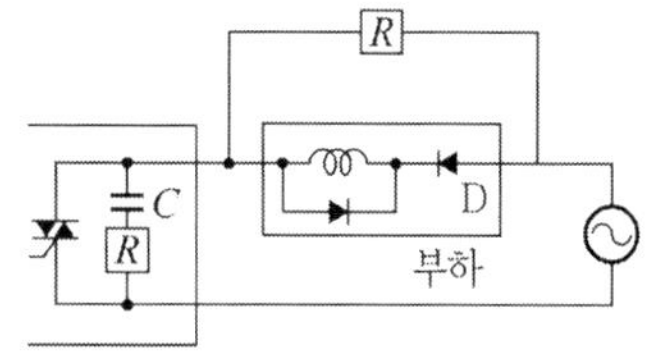
부하가 OFF되지 않음.	출력 소자와 병렬로 접속된 서지 흡수 회로에 의한 누설 전류 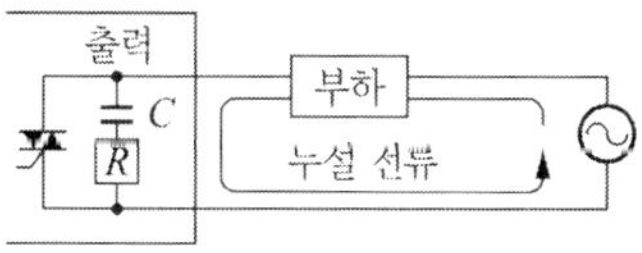	부하에 병렬로 수십[kΩ] 정도의 저항이나 동등한 임피던스로 된 CR을 접속한다. 주) 출력 모듈로부터 부하까지의 배선 길이가 긴 경우에 선간 용량에 의한 누설전류도 있기 때문에 주의가 필요하다. 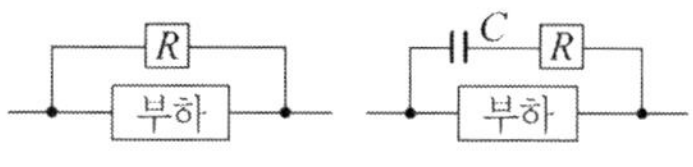
부하가 $C-R$식 타이머의 경우 시간 이상	출력 소자의 병렬로 접속된 서지 흡수 회로에 의한 누설 전류 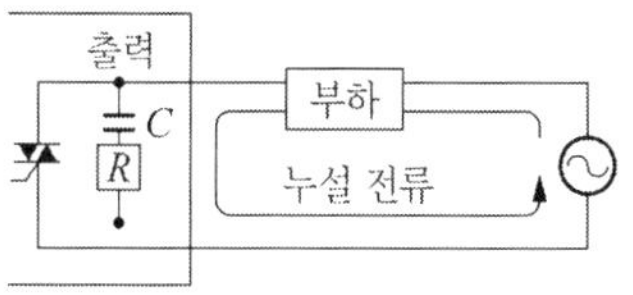	• 릴레이로 중개하여 $C-R$식 타이머를 구동한다. • $C-R$식 타이머 이외의 것을 사용한다. 주) 타이머에 따라 내부 회로가 반파 정류인 것도 있으므로 주의가 필요하다. 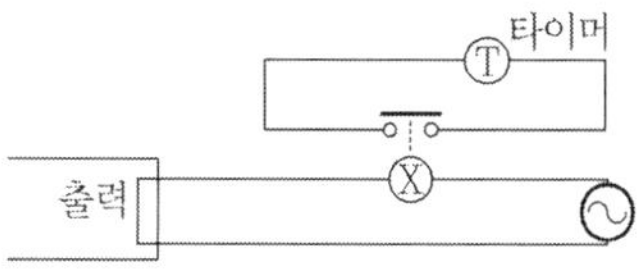

현상	원인	대책
부하가 OFF되지 않음(직류용).	• 서로 다른 2개의 전원 사용에 의한 순환전류 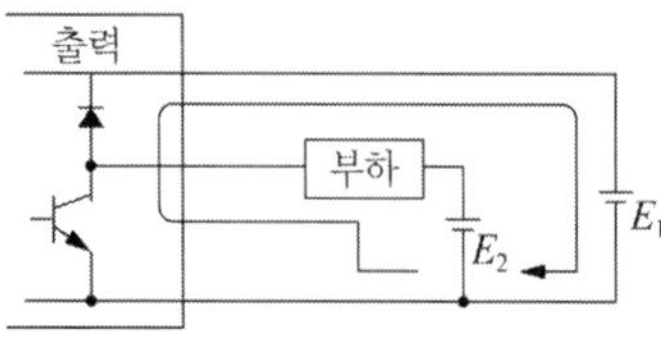 • $E_1 < E_2$인 경우 순환됨 • E_1이 OFF(E_2는 ON)인 경우에도 순환됨.	• 복수의 전원을 단일전원으로 한다. • 순환전류 방지 다이오드를 접속한다. 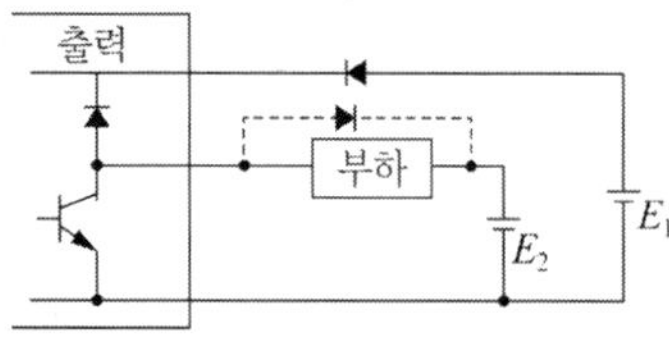 주) 부하가 릴레이 등인 경우에는 그림의 점선과 같이 역기전압 흡수용 다이오드를 접속할 필요가 있다.
부하의 OFF 응답 시간이 이상하게 길다.	• OFF 시의 과도전류[트랜지스터 출력으로 솔레노이드와 같은 큰 전류의 유동성 부하(시정수 L/R이 큰 것)를 직접 구동시킨 경우) 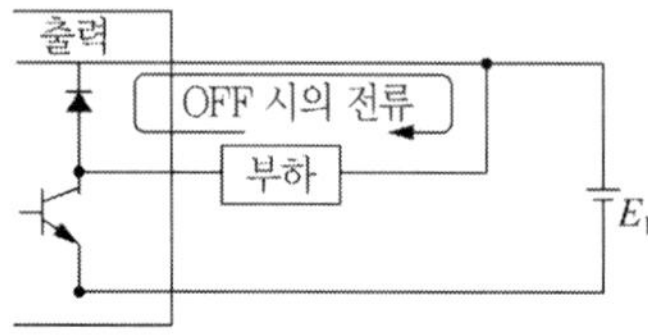 • 트랜지스터 출력의 OFF 순간 다이오드를 통해 전류가 흐르기 때문에 부하에 따라서는 1초 이상 지연되는 경우도 있음.	아래와 같이 시정수가 작은 마그네틱 콘택터 등을 넣어서 그 접점으로 부하를 구동시킨다. 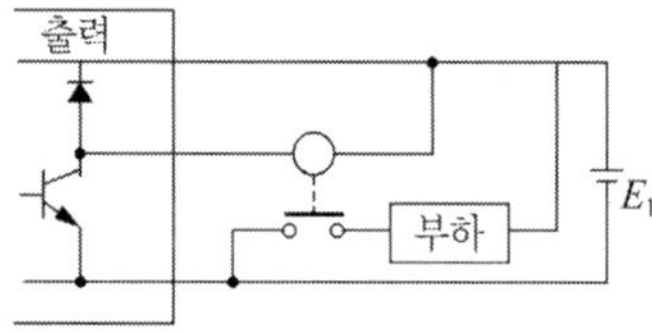
출력용 트랜지스터가 파괴된다.	백열전등의 돌입전류 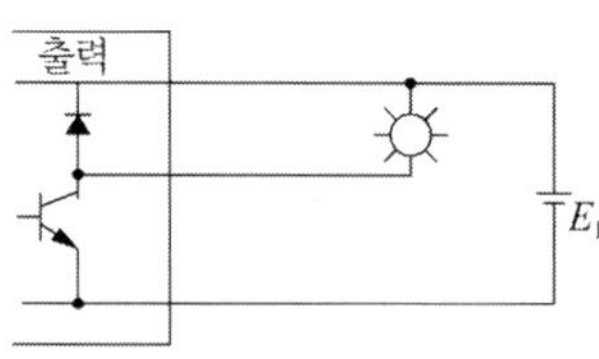 점등 순간 10배 이상의 돌입전류가 흐르는 경우가 있다.	• 릴레이로 중개하여 $C-R$식 타이머를 구동한다. • $C-R$식 타이머 이외의 것을 사용한다. 주) 타이머에 따라 내부 회로가 반파 정류인 것도 있으므로 주의가 필요하다. 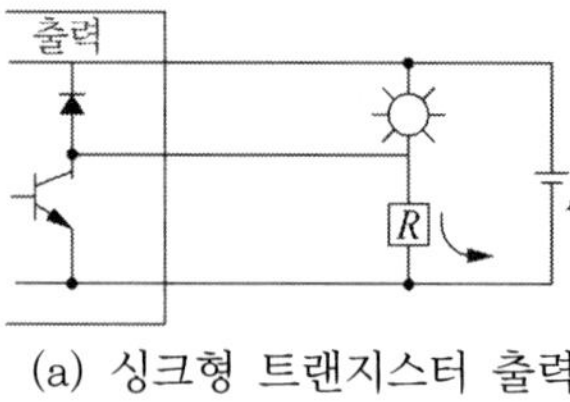 (a) 싱크형 트랜지스터 출력 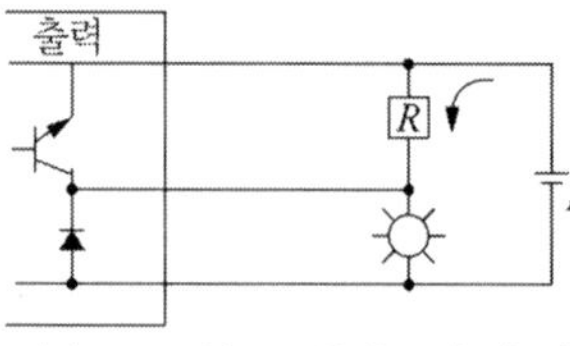 (b) 소스형 트랜지스터 출력

9.4 유지 보수 및 보전 기술

(1) 보전의 이해

공장 자동화 시스템이 고장 없이 가동되어 생산성을 높이는 것이 PLC 사용의 최대 목표라 할 수 있다.

PLC는 반도체를 사용한 전자회로로, 반영구적이므로 릴레이 제어반처럼 예방 보전적인 부품의 교환 처리는 필요하지 않으나 릴레이 출력 카드나 전지 등의 정기적인 교환은 필요하다. 만일 고장이 나면 모듈을 교환하면 된다.

그 밖의 시스템 고장 요인으로는 다음 7가지가 있다.

㉠ PLC의 하드웨어
㉡ PLC의 소프트웨어
㉢ PLC의 제어 및 조작반
㉣ 기계의 검출부
㉤ 기계의 구동부
㉥ 기계의 본체
㉦ 시스템 주변기기의 환경

장치나 시스템이 가동될 때 그 기능이나 성능을 유지하기 위한 점검, 조정, 대체, 수리 등의 작업을 보전(保全)이라 하는데, 크게 예방 보전과 사후 보전의 2가지가 있다. 생산 설비, 항공기 등 경제적 손실이 크거나 중대 사고에 연결되는 것은 예방 보전이 적용되고, 일반 제품은 사후 보전이 적용된다.

① 예방 보전

㉮ **일상 점검** : 일상 점검은 PLC 본체에 관한 것과 외부에서 공급되는 전원이나 온도, 습도 등의 주위 환경에 관한 것이다. 어느 것이나 매일 운전하기 전에 점검하는 것이 바람직하며, 구체적인 점검 항목을 작성하는 것이 필요하다.

㉯ **정기 점검** : 3개월, 6개월 등의 비교적 긴 시간마다 점검하는 것으로, 현상이 천천히 변화하기 때문에 매일 점검할 필요가 없는 것에 해당한다.

② 사후 보전

㉮ **이상 발견** : 평소와는 다른 현상으로 동작되는 경우로써, 무엇이 이상한지 원인을 명확히 찾아내는 것이 필요하다. PLC의 자기 진단에 의한 것 외에 사용자 프로그램으로 중요한 동작과정을 진단하여 기계 장치의 이상 유무를 판단할 수 있다. 이 외의 발견 방법으로는 PLC 하드웨어 및 주변기기의 이상 상태 체크, 기계의 움직임에 의한 이상 상태 체크, 제품의 형상이나 생산량에 의한 이상 체크 등이 있다.

㉯ 이상 현상과 조치 : 이상이 발견되면 즉시 복구하여 시스템이 재가동될 수 있도록 한다. 이때 주의할 것은 이상이 다른 곳까지 파급되는 경우가 있으므로 다른 곳에서의 영향도 함께 진단할 필요가 있다.

(2) PLC 점검 요령

〈표 9-1〉 점검 항목과 내용

점검 항목	점검 내용	점검주기	
		일상	정기
주변환경	주변 온도, 습도, 먼지, 오일 미스트 등을 확인	○	
전원	Maker 지정 범위 내인가 확인	○	
취부 상태 (배선)	Unit(I/O 포함) 취부 상태의 느슨해짐 정도, 절단 단자, 볼트의 조임 확인 배선 cable의 손상, 열화 확인 압력 단자(cable)의 근접	○ ○ ○ ○	
표시	동작(상태) 표시기의 정상 동작 확인		
Battery	전압은 정상인가, Maker 보증기간 내인가 (표시 램프, 모니터 등에서 check)		○
Relay	동작 시에 '삐리리' 음은 없는가		○
Fuse	느슨해짐, 절단은 없는가		○
Program (usersoft)	Master program(보관)과 Program 내용을 보고 비교, 조합하여 상호 확인		○
제어반	냉각 fan 및 Air-filter의 청소		○
이물 제거	먼지, 이물질 등을 청소 제거		○
예비품	보관 개수 check 보관 환경 check 동작 check		○ ○ ○

〈표 9-2〉 교환 부품

부품명	표준 교환 연수	교환 방법, 기타
Battery	2~3년 (단, 수명은 maker 및 종류에 따라 다르다)	신품과 교환
(전원 회로) 평활 콘덴서	5년	신품과 교환 Maker와 상담 후에 결정
Relay류	–	개폐 전류, 개폐 빈도에 따라 다르기 때문에 Maker 규정에 의해 결정
Fuse	10년	신품과 교환

PLC가 다음의 항목에 해당할 때는 〈표 8-2〉의 교환 연수 단축을 고려할 필요가 있다.

① 온도, 습도가 높은 장소 또는 그 변화가 심한 장소에서 사용할 경우
② 전원(전압, 주파수, 파형 찌그러짐 등)이나 부하의 변동이 큰 경우
③ 진동, 충격이 심한 장소에 설치된 경우
④ 먼지, 염분, 아황산가스 및 유황, 수소 등의 나쁜 환경 속에서 사용할 경우
⑤ 사용 전 보관 환경이 나쁜 경우(장기 보존, 장기 정지 등)

〈표 9-3〉 필요한 예비품

NO.	부품명	수량	비 고
1	Battery	1~2개	전지의 보존수명은 약 3년이다. 1~2개는 예측할 수 없는 경우에 대비한다.
2	Fuse	사용 수	Fuse는 단락이나 과전류뿐만 아니라 전원 ON/OFF 등의 돌입전류에 의해 끊어질 수 있기 때문에 넉넉하게 준비한다.

시퀀스 제어 & PLC 제어 실무 기술

발　행 / 2023년 8월 10일

판	권
소	유

저　자 / 최 완 호
펴 낸 이 / 정 창 희
펴 낸 곳 / 동일출판사
주　소 / 서울시 강서구 곰달래로31길7 (2층)
전　화 / (02) 2608-8250
팩　스 / (02) 2608-8265
등록번호 / 109-90-92166

ISBN 978-89-381-1573-7 93560
값 / 21,000원